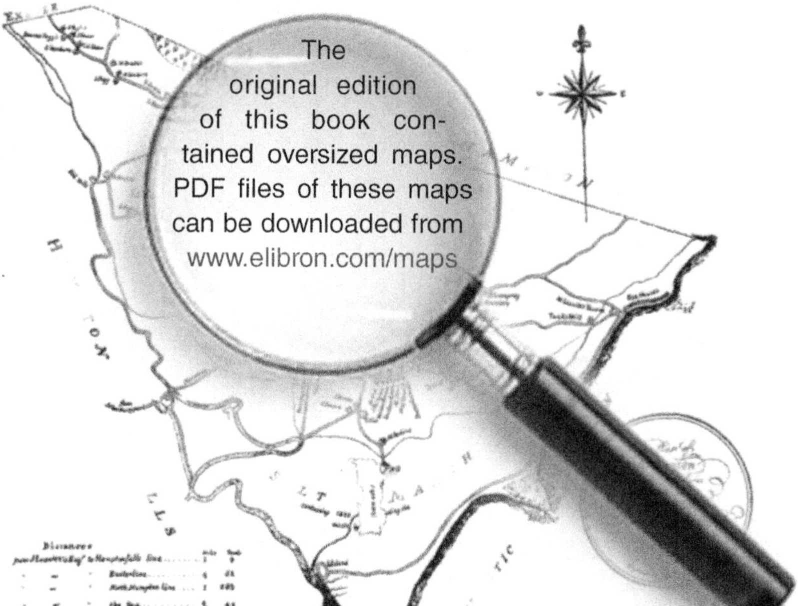
The original edition of this book contained oversized maps. PDF files of these maps can be downloaded from www.elibron.com/maps

Maurice d'Ocagne

Traité
de
nomographie

Théorie des abaques
Applications pratiques

Elibron Classics
www.elibron.com

Elibron Classics series.

ISBN 0-543-69880-7 (paperback)
ISBN 0-543-69879-3 (hardcover)

This Elibron Classics Replica Edition is an unabridged facsimile
of the edition published in 1899 by Gauthier-Villars, Paris.

TRAITÉ

DE

NOMOGRAPHIE.

PARIS. — IMPRIMERIE GAUTHIER-VILLARS
26647 Quai des Grands-Augustins, 55.

TRAITÉ

DE

NOMOGRAPHIE

THÉORIE DES ABAQUES. — APPLICATIONS PRATIQUES.

PAR

MAURICE D'OCAGNE,

INGENIEUR DES PONTS ET CHAUSSEES, PROFESSEUR A L'ECOLE DES PONTS ET CHAUSSÉES,
REPETITEUR A L'ECOLE POLYTECHNIQUE.

PARIS,
GAUTHIER-VILLARS, IMPRIMEUR-LIBRAIRE
DU BUREAU DES LONGITUDES, DE L'ÉCOLE POLYTECHNIQUE,
Quai des Grands-Augustins, 55.

1899

INTRODUCTION.

Réduire à de simples lectures sur des tableaux graphiques, construits une fois pour toutes ([1]), les calculs qui interviennent nécessairement dans la pratique des divers arts techniques, tel est le but que se propose la *Nomographie*.

Si, à chacune des variables qui sont liées par une certaine équation, on fait correspondre un système d'éléments géométriques (points ou lignes), cotés au moyen des valeurs de cette variable, et que le lien établi par l'équation entre ces variables se traduise géométriquement par une certaine relation de position facile à constater entre les éléments géométriques correspondants, l'ensemble de ceux-ci constitue un *abaque* de l'équation considérée.

C'est la théorie des abaques, c'est-à-dire celle de la représentation graphique cotée des lois ([2]) mathématiques définies

---

([1]) Ce caractère, absolument fondamental pour la Nomographie, la distingue du Calcul graphique proprement dit, dont les principes ont été pour la première fois présentés avec quelque généralité par Cousinery, sous le nom bien choisi de *Calcul par le trait* (1840). Calcul auquel se rattache notamment la Statique graphique, et dans lequel, *pour une opération effectuée sur des données particulières,* on substitue à un calcul numérique le tracé d'une épure. On doit *chaque fois,* pour un choix différent des données, recommencer cette épure. Les abaques, au contraire, fournissent, *à la fois,* le résultat d'une certaine opération *pour tous les états possibles des données* compris à l'intérieur d'un certain champ de variation. On peut dire que l'abaque synthétise en quelque sorte les constructions géométriques correspondant à une infinité d'états différents des données.

([2]) En grec : νόμος.

par des équations à un nombre quelconque de variables, qui est désignée aujourd'hui sous le nom de *Nomographie* (1).

Le principe de la représentation plane des équations à deux variables était acquis le jour où Descartes eut jeté les fondements de la Géométrie analytique.

Pour les équations à trois variables le premier exemple de représentation plane semble être dû à Pouchet qui, dans son *Arithmétique linéaire* (1795), fait usage d'un système de courbes cotées tracées sur un quadrillage régulier. La même idée se retrouve dans les travaux de d'Obenheim, officier du Génie (*Balistique*, 1814; *Mémoire sur la planchette du canonnier*, 1818); de Piobert, officier d'Artillerie (*Mémorial de l'Artillerie*, 1826); de Bellencontre, également officier d'Artillerie (*Mémorial de l'Artillerie*, 1830); d'Allix, ingénieur de la Marine (*Nouveau système de tarifs*, 1840). C'est Terquem qui fit remarquer, à propos des publications de d'Obenheim et de Bellencontre (*Mémorial de l'Artillerie*, 1830), la généralité de ce mode de représentation des équations à trois variables, en l'assimilant à celui des surfaces topographiques au moyen de la projection de leurs courbes de niveau, dont les inventeurs furent Philippe Buache (*Essai de Géographie physique* dans les *Mémoires de l'Académie des Sciences* pour 1752), Ducarla (*Expression des nivellements*, 1782) et Dupain-Triel (*Méthode nouvelle de nivellement*, 1804) (2).

Toutefois, dans cette première période d'une cinquan-

---

(1) C'est en publiant, en 1891, notre brochure : *Les Calculs usuels effectués au moyen des abaques*, où cette théorie se trouve pour la première fois esquissée dans son ensemble, que nous avons proposé ce nom qui a reçu maintenant la sanction de l'usage, et que la Commission internationale du Répertoire bibliographique des Sciences mathématiques a adopté pour désigner la division **X 3** de ce Répertoire.

(2) D'après M. Favaro, l'emploi des courbes de niveau, dans certains cas particuliers, se rencontre chez divers auteurs plus anciens : Bassantin (*Astronomique Discours*, 1557); le P. Jean-François (*Art du fontainier*, 1665).

taine d'années, l'emploi des tableaux graphiques de calcul resta fort restreint. Il fallut que l'application de la loi du 11 juin 1842, qui avait décidé l'établissement de notre premier réseau de chemins de fer, fît sentir la nécessité d'évaluer par des méthodes rapides les terrassements considérables que comportaient de tels travaux, pour que des ingénieurs comme Lalanne et Davaine fussent amenés à se préoccuper du parti qui pouvait, à cet égard, être tiré des méthodes graphiques. C'est à cette heureuse circonstance que nous devons l'invention due à Lalanne (1843) de l'ingénieux principe de l'anamorphose qui, développé en un Mémoire paru en 1846 dans les *Annales des Ponts et Chaussées*, devait se prêter à de si nombreuses applications.

Ce n'est qu'en ces dernières années que M. Massau, dans son important *Mémoire sur l'intégration graphique* (*Annales de l'Association des ingénieurs sortis des Écoles spéciales de Gand*, 1884) a porté le principe de l'anamorphose à son plus haut degré de généralité.

Pour le cas particulier qu'avait d'abord envisagé Lalanne, M. Lallemand, ingénieur des Mines, a su donner aux abaques anamorphosés une forme spéciale, à laquelle il a attaché la désignation d'*abaques hexagonaux* (*Comptes rendus*, 1886). Ces abaques, outre l'avantage d'une plus grande précision dans la lecture, sont susceptibles de se prêter à l'introduction de variables nouvelles.

Nous avons de notre côté, dans les *Annales des Ponts et Chaussées* de 1884, fait connaître le principe d'un mode nouveau, et beaucoup plus général, de représentation graphique des équations, auquel nous avons été amené par une certaine transformation dualistique appliquée aux abaques de Lalanne et auquel nous avons, depuis lors, donné toute l'extension qu'il comporte, en montrant, par exemple, comment il se prête à la multiplication du nombre des variables.

La comparaison de ces diverses méthodes nous conduisit

à opérer leur synthèse en une théorie unique, celle à propos de laquelle est né le terme de *Nomographie*, et qui a fait l'objet de notre brochure de 1891.

Nous avons eu l'heureuse chance, en publiant cette théorie, d'inciter divers hommes techniques à effectuer de nombreuses applications des principes qui s'y rencontrent, et plus spécialement de la *méthode des points alignés* (dite, dans cette première brochure, des *points isoplèthes*), applications qui se trouvent mentionnées pour la plupart dans le corps du présent Ouvrage (Ch. III). En outre, M. Goedseels a, sous le nom d'*abaques à transversales quelconques*, étudié une généralisation intéressante des abaques à points alignés.

Nous avons, d'autre part, depuis la publication de notre première brochure, eu connaissance des travaux fort ingénieux poursuivis par M. le professeur R. Mehmke qui, en particulier, par sa méthode des images logarithmiques, a su tirer un parti nouveau de l'anamorphose logarithmique.

Nous étions donc fort encouragé à reprendre et à compléter la théorie dont notre brochure de 1891 ne contenait que l'esquisse. Plusieurs Notes publiées dans divers recueils, et dont on trouvera la liste ci-après, ont marqué les étapes de nos recherches dans la voie d'une plus haute généralisation. Nous pensons être maintenant parvenu au terme de la synthèse que nous avions entreprise. C'est pourquoi nous nous sommes décidé à publier le présent *Traité*.

Préoccupé avant tout d'être utile aux gens techniques : 1° nous avons, pour l'exposé de la théorie, adopté l'ordre qui consiste à partir du cas le plus simple, celui des équations à deux variables, pour atteindre progressivement à des cas de plus en plus compliqués; 2° nous avons, d'un bout à l'autre de cet exposé; multiplié les exemples d'application, tous puisés, dans la pratique des arts techniques, d'ailleurs, les plus variés.

Ces exemples d'application, ainsi que quelques digressions

d'un caractère plutôt accessoire, sont imprimés en petit texte.

La synthèse la plus générale, englobant *toutes les méthodes possibles de représentation plane des équations à un nombre quelconque de variables,* fait l'objet d'un dernier Chapitre, celui par lequel nous aurions débuté si nous nous étions adressé aux seuls mathématiciens, et sur lequel nous nous permettrons d'attirer spécialement leur attention en raison des problèmes intéressants dont il peut leur fournir la matière.

Nous ne terminerons pas cette Introduction sans remercier bien sincèrement notre ami Albert Gauthier-Villars du soin qu'il a apporté à la publication de l'Ouvrage, et M. Duporcq, ingénieur des Télégraphes, de l'excellent concours qu'il a bien voulu nous prêter pour la revision des épreuves.

Paris, 15 mai 1899.

M. d'Ocagne.

LISTE DES PUBLICATIONS DE L'AUTEUR

RELATIVES A LA NOMOGRAPHIE ([1]).

ABREVIATIONS.

A. C. A. M...	Annales du Conservatoire des Arts et Métiers.
A. F. A. S...	Association française pour l'avancement des Sciences.
A. M...... ..	Acta Mathematica (Stockholm).
A. P. C......	Annales des Ponts et Chaussées.
B. A....... ..	Bulletin des Sciences astronomiques.
B. D....... ..	Bulletin des Sciences mathématiques, de M. Darboux.
C. R....... ..	Comptes rendus des séances de l'Académie des Sciences.
G. C.........	Génie civil.
J. E. P......	Journal de l'École Polytechnique.
N. A....	Nouvelles Annales de Mathématiques.
R. G. S... ..	Revue générale des Sciences pures et appliquées.
R. Q. S.	Revue des Questions scientifiques (Bruxelles).
S. M.........	Bulletin de la Société mathématique de France.
S. P. M. K...	Bulletin de la Société physico-mathématique de Kazan.
S. S. B.....	Annales de la Société scientifique de Bruxelles.
Z. S.........	Zeitschrift fur Mathematik und Physik.

1. 1884. — Procédé nouveau de calcul graphique (*A. P. C.*, nov., p. 531). [Note reproduite dans *Coordonnées parallèles et axiales*, p. 73.]

2. 1890. — Méthode de calcul graphique fondée sur l'emploi des coordonnées parallèles (*G. C.*, t. XVII, p. 343).

3. 1891. — Sur la représentation plane des équations à quatre variables (*C. R.*, t. CXII, p. 421).

([1]) Les travaux énumérés dans cette liste seront désignés, dans le corps de l'Ouvrage, par la lettre **O** suivie de leur numéro d'ordre. Pour les citations bibliographiques relatives aux Recueils dont les titres figurent en tête de cette liste, on se référera aux abréviations adoptées ici et dont la plupart sont empruntées à l'*Index du Répertoire bibliographique des Sciences mathématiques*.

4. 1891. — Nomographie. Les calculs usuels effectués au moyen des abaques. Essai d'une Théorie générale (Gauthier-Villars).

5. » — La Nomographie (*R. G. S.*, p. 604).

6. 1892. — Le calcul sans opération. La Nomographie (*R. Q. S.*, t. XXXII, p. 48).

7. 1893. — Sur une méthode nomographique générale (*C. R.*, t. CXVII, p. 216 et 277).

8. » — Le calcul simplifié au moyen des procédés mécaniques et graphiques (*A. C. A. M.*). [Tiré à part, sous forme de brochure.]

9. » — Problème d'Algèbre relatif à la Nomographie (*N. A.*, 3e sér., t. XII, p. 469).

10. » — Sur les équations représentables par trois systèmes rectilignes de points isoplèthes (*Mathematical papers read at the international Mathematical Congress held in connection with the world's Columbian Exposition, Chicago*, p. 258).

11. 1894. — Abaque en points isoplèthes de l'équation de Képler (*S. M.*, t. XXII, p. 197).

12. » — Abaque général de la Trigonométrie sphérique (*B. A.*, t. XI, p. 5).

13. » — Abaques de déblai et remblai en points isoplèthes (*A. P. C.*, mars, p. 467).

14. » — Conférences sur la Nomographie, faites aux élèves de l'École Polytechnique (Autographie).

15. 1896. — Abaque de l'équation des marées diurnes et semi-diurnes (*C. R.*, t. CXXII, p. 298).

16. » — Sur les équations représentables par trois systèmes linéaires de points cotés (*C. R.*, t. CXXIII, p. 988).

17. » — Sur l'emploi des systèmes réguliers de points cotés dans la représentation des équations (*Ibid.*, p. 1254).

18. » — Sur la représentation nomographique des équations du second degré à trois variables (*S. M.*, t. XXIV, p. 81).

19. » — Application générale de la Nomographie au calcul des profils de remblai et déblai (*A. P. C.*, mars, p. 406). [Tiré en brochure.]

20. 1896. — Sur la représentation par des droites et par des cercles des équations du deuxième degré à trois variables (*S. P. M. K.*, 2ᵉ sér., t. VI, p. 93).

21. 1897. — Sur la représentation des équations du second ordre par des droites et par des cercles (*S. M.*, t. XXV, p. 9).

22. » — Theorie des équations représentables par trois systèmes linéaires de points cotés (*A. M.*, t. XXI, p. 301).

23. 1898. — Sur la méthode nomographique la plus générale résultant de la position relative de deux plans superposés (*C. R.*, t. CXXVI, p. 397).

24. » — Sur quelques applications pratiques de la méthode des points cotés (*R. G. S.*, t. IX, p. 116).

25. » — Application de la méthode nomographique la plus générale résultant de la superposition de deux plans aux équations à trois et à quatre variables (*S. M.*, t. XXVI, p. 16).

26. » — Une leçon sur les abaques (*J. E. P.*, 2ᵉ sér., 4ᵉ C., p. 205).

27. » — Sur les abaques à points cotés pour équations à trois et quatre variables (*S. S. B.*, t. XXII, Iʳᵉ Partie, p. 78).

28. » — Sur les questions de Mathématiques pures que soulève l'étude de la Nomographie (*B. D.*, XII_2, p. 177).

29. » — Sur les types les plus généraux d'équations représentables par des systèmes cotés de cercles et de droites (*Z. S.*, t. LXIII, p. 269).

30. » — Abaque de la nouvelle formule de M. Bazin, relative aux canaux découverts (*A. P. C.*, 1ᵉʳ trim., p. 304).

ERRATA.

Pages

13, troisième ligne, au lieu de « 1^{mm} », il faut « 2^{mm} ».

228, note en bas de la page, dernière ligne, ajouter « p. 41 ».

320, quatrième ligne, au lieu de « trouvent », il faut « trouvant ».

390, note en bas de la page, au lieu de « notre Mémoire **O.30** », il faut « notre Note **O.23** et notre Mémoire **O.25** ».

396, deuxième ligne, au lieu de « $E_2 \mapsto \Gamma'_1$ », il faut « $E_1 \mapsto \Gamma'_1$ ».

403, deuxième note en bas de la page, au lieu de « **O.30** », il faut « **O.25** ».

TRAITÉ

DE

NOMOGRAPHIE.

CHAPITRE I.

ÉQUATIONS A DEUX VARIABLES.

I. — Échelles de fonctions.

1. *Échelle normale d'une fonction.* — Soit $f(\alpha)$ une fonction de la variable α, prise dans un intervalle où elle est uniforme, c'est-à-dire n'a pour chaque valeur de α qu'une seule valeur bien déterminée.

Portons sur un axe Ox, à partir de l'origine O (*fig.* 1), les longueurs

$$x_1 = l f(\alpha_1), \qquad x_2 = l f(\alpha_2), \qquad x_3 = l f(\alpha_3), \qquad \ldots,$$

l étant une longueur arbitrairement choisie, et inscrivons, à côté

Fig. 1.

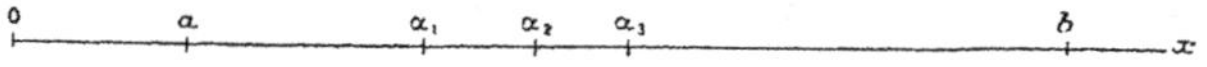

des points qui limitent ces segments, points qui seront marqués d'un trait, aussi fin que possible, perpendiculaire à l'axe, les valeurs correspondantes α_1, α_2, α_3, ... de la variable [1].

---

[1] La première idée d'une échelle de ce genre, construite dans un cas particulier, semble due à Gunter, au début du XVIIe siècle (*voir* la note au bas de la page 10).

L'ensemble des points cotés ainsi obtenus constitue l'*échelle de la fonction* $f(\alpha)$. La longueur l est dite le *module* de cette échelle.

Cette échelle sera limitée à deux valeurs particulières a et b de la variable α.

Partant de la limite inférieure a, on pourra construire l'échelle sans faire intervenir l'origine O. Il suffira, en effet, pour obtenir les points $\alpha_1, \alpha_2, \alpha_3, \ldots$ et b de porter sur l'axe, à partir du point coté a, choisi arbitrairement, les segments

$$\begin{aligned}
\delta_1 &= l[f(\alpha_1) - f(a)],\\
\delta_2 &= l[f(\alpha_2) - f(a)],\\
\delta_3 &= l[f(\alpha_3) - f(a)],\\
&\ldots\ldots\ldots\ldots,\\
L &= l[f(b) - f(a)].
\end{aligned}$$

L est la *longueur* de l'échelle; a et b sont ses *limites*.

Si, pour la construction de l'échelle, on fait croître la variable α par *échelons* égaux à un nombre rond (1, 2, 5, 10, ...) d'unités d'un certain ordre décimal, on obtient une échelle *normale* de la fonction. C'est le cas de beaucoup le plus fréquent. Dans le choix de l'échelon il faut avoir soin que les points les plus rapprochés sur l'échelle considérée laissent entre eux un intervalle voisin d'une certaine limite fixée par l'expérience et que nous appellerons le *minimum d'intervalle graphique* de l'échelle.

Dans la plupart des cas ce minimum d'intervalle graphique sera fixé au *millimètre* (1). Il pourra parfois être abaissé au-dessous. On reviendra plus loin sur ce point (n° 4).

Remarque. — Si la fonction $f(\alpha)$, après avoir crû dans un certain sens, se met, à partir d'une certaine valeur de α, à croître dans l'autre sens, il sera nécessaire de reporter, à partir de cette valeur de α, l'échelle de la fonction sur un second axe parallèle au premier.

---

(1) Disons une fois pour toutes que, si sur certaines figures de cet Ouvrage on rencontre des divisions beaucoup plus petites, cela tient à ce que ces figures ont été obtenues au moyen d'originaux que les nécessités du format ont conduit à réduire par la Photographie.

2. *Analyse de la graduation.* — On réalisera, en général, par tâtonnements la condition relative au minimum d'intervalle. Il est facile néanmoins d'indiquer une marche rationnelle pour que la graduation obtenue satisfasse à cette condition.

Nous supposons $a < b$. Admettons, en outre, pour fixer les idées, que de a à b, les accroissements de la fonction, correspondant à des accroissements égaux de la variable, aillent constamment en diminuant en valeur absolue. C'est, par exemple, le cas pour la fonction $\sqrt{\alpha}$, de 0 à ∞.

S'ils allaient constamment en augmentant en valeur absolue, comme pour la fonction α^2, de 0 à ∞, il faudrait, dans la marche qui va être indiquée, partir de b au lieu de partir de a.

Si, enfin, ils allaient alternativement en diminuant et en augmentant, on fractionnerait l'intervalle total en intervalles partiels pour lesquels le sens de leur variation resterait le même.

Plaçons-nous donc dans la première hypothèse, et, prenant, par exemple, le millimètre comme unité de longueur, posons (¹)

$$l\,|f(b)-f(a)| = \mathrm{L},$$

la longueur L étant environ celle que nous voulons donner à l'échelle. De là nous tirons le module l correspondant, puis nous arrondissons la valeur trouvée, de façon à avoir pour ce module une valeur commode, ce qui conduit à une valeur de L voisine de celle que nous avions prise d'abord.

Soit, pour fixer les idées, la fonction $\sqrt{\alpha}$ à représenter de $\alpha = 1$ à $\alpha = 100$. Adoptons pour notre échelle une longueur voisine de 200^{mm}. Pour cela posons

$$l(\sqrt{100}-\sqrt{1}) = 200^{\mathrm{mm}},$$

d'où

$$l = \frac{200}{9} = 22^{\mathrm{mm}},22\ldots.$$

Nous prendrons évidemment ici $l = 25^{\mathrm{mm}}$, d'où résultera pour L la valeur

$$\mathrm{L} = 25 \times 9 = 225^{\mathrm{mm}}.$$

La valeur de l étant ainsi déterminée, si nous désignons, en outre, par m le minimum d'intervalle graphique, nous poserons

$$l\,|f(a)-f(a-i)| = m.$$

De là, par les procédés de l'Algèbre, soit directement, soit par approximations successives, suivant la nature de la fonction $f(\alpha)$, nous tirerons la valeur de i. Cette valeur tombera entre $\frac{1}{10^{n+1}}$ et $\frac{1}{10^n}$.

(¹) La notation $|\mathrm{X}|$ indique la valeur absolue de X. On prendra donc la différence $f(a)-f(a-\varepsilon)$ ou $f(a-\varepsilon)-f(a)$ suivant que de $a-\varepsilon$ à a la fonction est croissante ou décroissante.

Considérant les trois intervalles définis par

$$\frac{1}{10^{n+1}}, \quad \frac{2}{10^{n+1}}, \quad \frac{5}{10^{n+1}}, \quad \frac{1}{10^{n}},$$

nous verrons dans lequel de ces intervalles sera comprise la valeur de i. Nous commencerons dès lors à faire croître α par *échelons* successifs égaux à la limite supérieure de cet intervalle; si donc i tombe dans le premier intervalle nous commencerons par faire croître α, à partir de a, de $\frac{2}{10^{n+1}}$ en $\frac{2}{10^{n+1}}$. Si i tombe dans le deuxième intervalle, nous ferons croître α de $\frac{5}{10^{n+1}}$ en $\frac{5}{10^{n+1}}$. Si i tombe dans le troisième intervalle, nous ferons croître α de $\frac{1}{10^{n}}$ en $\frac{1}{10^{n}}$.

De cette façon, nous sommes assurés que, jusqu'en un point qui sera déterminé plus loin, les premiers intervalles de l'échelle seront supérieurs à m.

Revenons à notre exemple de la fonction $\sqrt{\alpha}$. Ici, puisque $l = 25$, nous avons, en prenant $m = 1^{mm}$,

$$25(\sqrt{1} - \sqrt{1-i}) = 1,$$

d'où

$$1 - i = \left(\frac{24}{25}\right)^2 \quad \text{et} \quad i = 0,0784.$$

Comme on a

$$0,05 < 0,0784 < 0,1,$$

nous commencerons à faire croître α de 0,1 en 0,1.

Si nous représentons par θ_1 la valeur de l'échelon adopté, nous pourrons continuer à nous servir de cet échelon jusqu'à la valeur a_1 de α telle que

$$l\,|f(a_1) - f(a_1 - \theta_1)| > m > l\,|f(a_1 + \theta_1) - f(a_1)|.$$

Pour la régularité, nous ferons coïncider le changement d'échelon avec une valeur ronde de α. Il nous suffira donc de prendre la valeur ronde immédiatement inférieure à la valeur a_1 définie par la double inégalité ci-dessus.

Si la valeur a_1 est un peu inférieure à une valeur ronde dont elle est très voisine, on pourra tout aussi bien effectuer le changement d'échelon à cette valeur ronde parce qu'en somme la détermination du minimum d'intervalle graphique n'a rien d'absolu et qu'on peut, sans inconvénient, descendre légèrement au-dessous (1).

---

(1) C'est pour cette raison qu'au n° 1 nous avons dit que l'intervalle entre les points les plus rapprochés devait rester *voisin* de ce minimum et non lui rester *supérieur*, d'une façon absolue.

Si nous revenons encore à notre exemple de $\sqrt{x}$ avec $l = 25^{mm}$, nous voyons que l'échelon de 0,1, que nous avons adopté à partir de la valeur 1, ne devrait être théoriquement conservé que jusqu'à la valeur a_1 telle que

$$25(\sqrt{a_1} - \sqrt{a_1 - 0{,}1}) > 1 > 25(\sqrt{a_1 + 0{,}1} - \sqrt{a_1}),$$

ce qui donne $a_1 = 1{,}6$, car on a

$$25(\sqrt{1{,}6} - \sqrt{1{,}5}) = 1{,}005,$$
$$25(\sqrt{1{,}7} - \sqrt{1{,}6}) = 0{,}972.$$

Mais ici on conservera évidemment l'échelon de 0,1 jusqu'à $x = 2$, pour prendre à partir de cette valeur l'échelon de 0,2.

On voit que l'écartement entre les points 1,9 et 2 sera égal à

$$25(\sqrt{2} - \sqrt{1{,}9}) \quad \text{ou} \quad 0^{mm},895,$$

dimension très admissible.

En résumé, considérant la suite

$$\frac{2}{10^{n+1}}, \quad \frac{5}{10^{n+1}}, \quad \frac{10}{10^{n+1}}, \quad \frac{20}{10^{n+1}}, \quad \frac{50}{10^{n+1}}, \quad \frac{100}{10^{n+1}}, \quad \dots,$$

appelons θ_1 l'échelon initial déterminé ci-dessus, qui est une des trois premières fractions écrites, et représentons par

$$\theta_1, \quad \theta_2, \quad \theta_3, \quad \dots$$

ce que devient la suite précédente lorsqu'on la fait commencer à ce terme.

Nous nous servirons, à partir de a, de l'échelon θ_1 jusqu'à la valeur ronde a_1 pour laquelle le produit

$$l\,|f(a_1) - f(a_1 - \theta_1)|$$

est le plus voisin de m, ce que nous exprimerons par la notation

$$l\,|f(a_1) - f(a_1 - \theta_1)| = m \pm \varepsilon.$$

Nous emploierons ensuite l'échelon θ_2 jusqu'à la valeur a_2 pour laquelle, avec la notation précédente, on aura

$$l\,|f(a_2) - f(a_2 - \theta_2)| = m \pm \varepsilon,$$

et ainsi de suite.

Sous une forme encore plus condensée, nous pourrons énoncer la règle à laquelle nous avons abouti sous la forme suivante :

Données :

Fonction $f(x)$;
Limites a et b;
Longueur approchée de l'échelle L_0;
Minimum de l'intervalle graphique m.

Opérations :

1° Donner à l la valeur *arrondie* satisfaisant à l'équation

$$l|f(b)-f(a)| = L_0 \pm \varepsilon.$$

2° Déterminer θ_1 en prenant celle des trois quantités

$$\frac{2}{10^{n+1}}, \quad \frac{5}{10^{n+1}}, \quad \frac{10}{10^{n+1}}$$

qui est immédiatement supérieure à la valeur i définie par

$$l|f(a)-f(a-i)| = m \pm \varepsilon.$$

Soit

$$\theta_1, \quad \theta_2, \quad \theta_3, \quad \theta_4, \quad \theta_5, \quad \ldots$$

la portion de la suite

$$\frac{2}{10^{n+1}}, \quad \frac{5}{10^{n+1}}, \quad \frac{10}{10^{n+1}}, \quad \frac{20}{10^{n+1}}, \quad \frac{50}{10^{n+1}}, \quad \ldots,$$

qui commence à θ_1.

3° Déterminer a_1, a_2, a_3, ... par les équations

$$l|f(a_1)-f(a_1-\theta_1)| = m \pm \varepsilon,$$
$$l|f(a_2)-f(a_2-\theta_2)| = m \pm \varepsilon,$$
$$l|f(a_3)-f(a_3-\theta_3)| = m \pm \varepsilon,$$
$$\ldots\ldots\ldots\ldots\ldots\ldots\ldots\ldots\ldots$$

Dès lors, la graduation procédera par échelons θ_1 de a à a_1, par échelons θ_2 de a_1 à a_2, par échelons θ_3 de a_2 à a_3, ..., et ainsi de suite jusqu'à b. Rien d'ailleurs n'empêche, si les nombres a_{i-1} et a_i semblent trop rapprochés, de sauter θ_i et de passer immédiatement à θ_{i+1}.

Remarque. — En raison de l'égalité des échelons successifs dans chaque section de la graduation, il est inutile d'inscrire les cotes de tous les points constituant cette graduation. Il suffira d'inscrire ces cotes de distance en distance, de telle façon qu'il n'y ait point d'hésitation à déterminer mentalement les cotes des points intermédiaires. C'est ainsi que, sur un double-décimètre, la chiffraison en centimètres suffit, la lecture étant d'ailleurs rendue plus facile par l'allongement des traits correspondant aux demi-centimètres. Un artifice analogue pourra toujours être mis en œuvre avec toute autre graduation.

3. *Construction géométrique d'une échelle.* — Pour construire l'échelle de la fonction $f(\alpha)$, on peut avoir recours à la courbe C dont l'équation est

$$x = l f(y).$$

Il suffit de prendre sur la courbe le point dont l'ordonnée est α pour que l'extrémité de son abscisse donne sur Ox le point coté α de l'échelle demandée.

Si la courbe C peut être obtenue point par point au moyen d'une construction géométrique simple, son tracé dispense de tout calcul.

Supposons, par exemple, que la fonction dont on désire l'échelle soit $\sqrt{a^2 - \alpha^2}$, a étant une constante; dans ce cas, le module l étant égal à 1, la courbe C, définie par l'équation

$$x^2 = a^2 - y^2,$$

sera un cercle de rayon a ayant son centre à l'origine; son tracé est immédiat.

Sans que la construction soit toujours d'une aussi grande simplicité, on conçoit, par cet exemple, le parti que l'on pourra, le cas échéant, retirer de l'emploi d'une construction géométrique.

Le plus souvent, on procédera de la façon suivante : ayant déterminé directement un certain nombre de points de cote ronde, on élèvera en ces points, perpendiculairement à l'axe portant l'échelle, des ordonnées proportionnelles à leurs cotes. Les extrémités de ces ordonnées sont autant de points de la courbe C. On tracera dès lors cette courbe et l'on s'en servira ainsi qu'il vient d'être dit pour obtenir les points de l'échelle, intermédiaires entre ceux qui ont été obtenus directement.

La détermination des échelons successifs se fera ici avec une grande facilité. On donnera à l'ordonnée y des accroissements successifs égaux à un certain échelon jusqu'à ce que l'accroissement correspondant de l'abscisse x tombe au-dessous du minimum d'intervalle graphique choisi. On adoptera alors un échelon supérieur au précédent et on le conservera jusqu'à ce que la même circonstance se reproduise; et ainsi de suite.

Remarque. — Le procédé géométrique ci-dessus permettra de construire l'échelle d'une fonction définie par une courbe C obtenue expérimentalement.

4. *Interpolation à vue*. — Un point étant pris sur l'axe de l'échelle, en dehors des points qui constituent sa graduation, on pourra se proposer d'évaluer approximativement la valeur correspondante de la variable α. Cette évaluation porte le nom d'*interpolation à vue*.

Les deux points de la graduation qui comprennent le point considéré fournissent des valeurs approchées par excès et par défaut de la valeur cherchée, au degré d'approximation défini par l'échelon correspondant.

La question qui se pose consiste à apprécier l'appoint à ajouter à la valeur approchée par défaut pour avoir la valeur cherchée.

Cet appoint s'estime au jugé d'après l'allure de la graduation aux environs du point considéré.

Soit, par exemple, à lire la cote du point M sur l'échelle de la *fig*. 2. On aura sensiblement pour cette cote la valeur 3,47.

Sur l'échelle de la *fig*. 2 *bis*, on aurait 3,45.

Fig. 2.

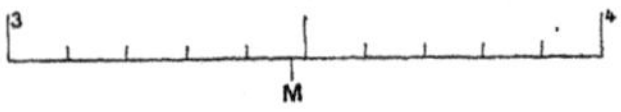

Fig. 2 *bis*.

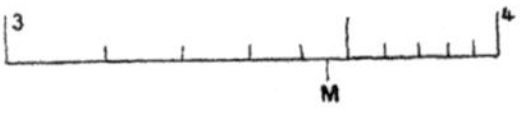

On voit que le degré de précision de ce genre d'interpolation dépend du plus ou moins d'habitude du lecteur.

Toutefois l'expérience prouve qu'un lecteur tant soit peu exercé arrive à ne pas se tromper du $\frac{1}{10}$ de l'échelon lorsque l'intervalle graphique n'est pas sensiblement inférieur à 1^{mm}.

Avec un intervalle de $0^{mm},5$ l'approximation n'est pas sensiblement supérieure au $\frac{1}{5}$.

Cela montre qu'il n'y a pas de sérieux avantage à employer des intervalles inférieurs à 1^{mm}

Il y aurait sur ce point particulier à faire une étude qui relève de la Physiologie. Il est probable que le degré d'approximation relatif est à peu près constant pour des divisions supérieures à 1^{mm} environ et qu'il décroît, à partir de là, avec une assez grande rapidité.

Remarque. — Les échelles construites dans la pratique, sous les dimensions qui ont été reconnues commodes, ne donnent généralement que trois chiffres significatifs (exceptionnellement quatre); encore le dernier chiffre n'est-il fourni que par l'interpolation à vue, ainsi que cela a lieu avec les graduations du double-décimètre et de la règle à calcul. Ce degré d'approximation suffit d'ailleurs dans une foule d'applications, et notamment dans celles qui relèvent de l'art de l'ingénieur.

5. *Échelles usuelles.* — Les échelles les plus fréquemment employées dans les applications (1) sont les suivantes :

1° *Échelle régulière.* — On a une telle échelle quand la fonction $f(\alpha)$ se réduit à α, parce qu'ici les points obtenus en faisant croître α par échelons égaux sont régulièrement espacés sur la droite portant cette échelle.

Le type de cette échelle est fourni par la graduation du double-décimètre (*fig.* 3); il est inutile d'y insister.

Fig 3.

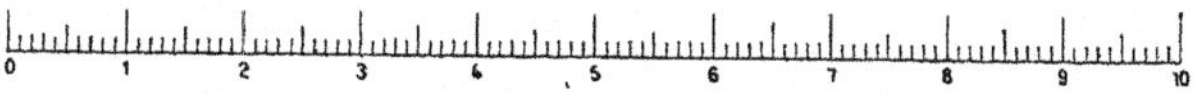

La distance constante entre points dont la cote diffère d'une unité donne dans ce cas le module de l'échelle.

2° *Échelle logarithmique.* — C'est l'échelle de la fonction

(1) La construction de ces échelles s'effectue très rapidement lorsqu'on dispose de Tables numériques, qui se rencontrent aujourd'hui dans un grand nombre de manuels, telles que : Tables des carrés, des cubes, des racines carrés et cubiques, des inverses et des logarithmes des nombres; Tables des lignes trigonométriques naturelles et de leurs logarithmes.

$\log x$. Un exemple très courant en est fourni par la graduation de la règle à calcul ordinaire [1] (*fig.* 4).

Fig. 4.

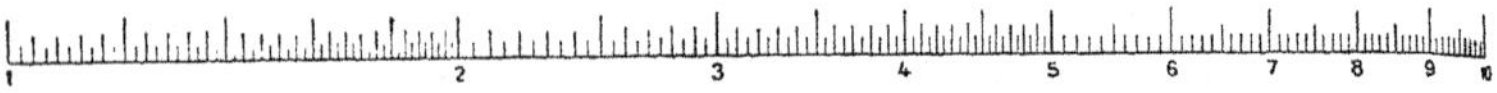

Sur cette graduation l'intervalle entre les points 1 et 10 est de 125^{mm}, et les échelons sont de 0,02 de 1 à 2, de 0,05 de 2 à 5, enfin de 0,1 de 5 à 10.

Voici au surplus comment l'analyse de cette graduation peut être faite conformément au procédé qui se trouve résumé à la fin du n° 2.

Prenons

$$L = 125^{mm}, \qquad m = 0^{mm},5.$$

Le module est donné par

$$l(\log 10 - \log 1) = 125^{mm},$$

d'où

$$l = 125^{mm}.$$

Pour déterminer θ_1 nous avons l'équation

$$125[\log 1 - \log(1 - i)] = 0,5,$$

d'où

$$\log(1 - i) = -0,004 = \bar{1},995$$

et

$$1 - i = 0,988$$
$$i = 0,012.$$

Comparant cette quantité aux trois suivantes

$$0,02, \qquad 0,05, \qquad 0,1,$$

nous voyons qu'ici il faut prendre

$$\theta_1 = 0,02$$

et, par suite,

$$\theta_2 = 0,05,$$
$$\theta_3 = 0,1.$$

---

(1) La première échelle logarithmique semble avoir été construite par Gunter (1581-1626). *Voir* notre brochure **O.8**, p. 56.

Les valeurs a_1, a_2, a_3 sont alors données par les équations

$$125[\log a_1 - \log(a_1 - 0,02)] = 0,5,$$
$$125[\log a_2 - \log(a_2 - 0,05)] = 0,5,$$
$$125[\log a_3 - \log(a_3 - 0,1\ )] = 0,5,$$

ou

$$\log\frac{a_1}{a_1 - 0,02} = \log\frac{a_2}{a_2 - 0,05} = \log\frac{a_3}{a_3 - 0,1} = 0,004,$$

ou encore

$$\frac{a_1}{a_1 - 0,02} = \frac{a_2}{a_2 - 0,05} = \frac{a_3}{a_3 - 0,1} = 1,01,$$

ou enfin

$$\frac{a_1}{0,02} = \frac{a_2}{0,05} = \frac{a_3}{0,1} = \frac{1,01}{0,01} = 101,$$

d'où, en arrondissant comme il a été dit,

$$a_1 = 2,$$
$$a_2 = 5,$$
$$a_3 = 10.$$

Un autre modèle usuel de règle à calcul [1] porte une échelle logarithmique pour laquelle l'intervalle de 1 à 10 (fractionné en deux tronçons superposés sur la règle) a une longueur de 1^m. Sur cette règle l'échelon est de 0,002 de 1 à 2, de 0,005 de 2 à 5, et de 0,01 de 5 à 10.

Il est essentiel de remarquer que, si l'on prolonge l'échelle logarithmique au delà de 10, elle se reproduira de 10 à 100 avec la même longueur et les mêmes intervalles, mais ceux-ci correspondant à des échelons dix fois plus grands; de même de 100 à 1000 avec des échelons encore dix fois plus grands, et ainsi de suite. En d'autres termes, sur l'échelle de 1 à 10, d'abord construite, les unités peuvent être prises comme se rapportant à un ordre décimal quelconque, c'est-à-dire que le degré d'approximation *relatif* est constant.

La justification de cette remarque résulte de ce que

$$l\log(10^n\alpha) = l(n + \log\alpha),$$

en sorte que, de 10^{n-1} à 10^n l'échelle est la même que de 1 à 10.

---

[1] Construit par la maison Tavernier-Gravet, à Paris.

Il suffit seulement de supposer l'origine rejetée à la distance nl de l'origine primitive dans le sens négatif.

3° *Échelle segmentaire.* — Cette échelle, d'un emploi très fréquent aussi, est celle qui correspond à la fonction $\frac{2\alpha}{\alpha+1}$.

Soient A et B les points de cette échelle correspondant à $\alpha=0$ et $\alpha=\infty$. Si M est le point correspondant à une valeur α quelconque, on voit immédiatement que

$$\frac{AM}{MB}=\alpha.$$

Autrement dit, la cote de chaque point fait connaître le rapport des segments déterminés sur AB par ce point; d'où le nom d'*échelle segmentaire.*

Si nous prenons pour la longueur de l'échelle entre les limites 0 et ∞ la valeur $L=200^{mm}$, ce qui donne pour le module $l=100^{mm}$, et si nous adoptons pour minimum de l'intervalle graphique $m=1^{mm}$, nous voyons, en appliquant le procédé indiqué au n° 2 que l'échelle peut être constituée (*fig.* 5) [1] au moyen des échelons suivants [2] :

De 0	à	0,5	0,01
0,5		1	0,02
1		4	0,1
4		10	0,5
10		15	1
15		30	5
30		50	10
50		100	50

[1] L'échelle construite avec le module indiqué ici a été réduite par la Photographie pour donner la *fig.* 5.

[2] Ces échelons ont été déterminés rigoureusement par la condition de ne pas descendre au-dessous du minimum d'intervalle graphique qu'on s'est fixé. M. Prévot, qui a une grande habitude du maniement pratique des abaques, estime qu'il vaut mieux sacrifier un peu cette condition pour n'opérer les changements d'échelon que sur des nombres constitués par des puissances de 10 multipliées par 1, 2 ou 5. Par exemple, dans le cas ci-dessus, on prendrait :

De 1	à	2	0,05
2		5	0,1
5		10	0,5
10		20	1
20		50	5
50		100	10

On voit qu'ici la portion de l'échelle correspondant à la variation de α de 100 à ∞ est un peu inférieure à 1^{mm}.

Fig. 5.

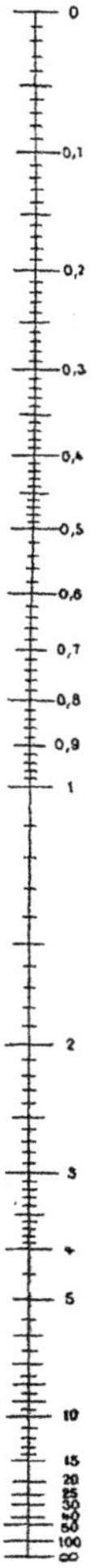

Mais si, dans une application, α doit varier entre telles limites que l'on veut, comprises dans cet intervalle, par exemple de 100 à 200, on n'aura qu'à construire entre ces limites une échelle ayant la longueur convenable pour l'application qu'on aura en vue.

Nous jugeons inutile d'insister davantage sur la construction des échelles usuelles. Ce qui précède suffira, sans doute, à montrer la voie à suivre dans des cas analogues.

6. *Échelles dérivées. Étalons de graduation.* — Lorsqu'on possède une échelle de la fonction $f(\alpha)$, il est très facile de construire l'échelle de la nouvelle fonction obtenue en y remplaçant α par une certaine fonction de α et, plus particulièrement, par $p\alpha + q$, ce qui est le cas le plus ordinaire.

La nouvelle échelle est alors dite *dérivée* de la première, et celle-ci prend le nom d'*étalon*. Les échelles construites précédemment, si on les envisage à ce point de vue, seront donc appelées : *étalon régulier, étalon logarithmique, étalon segmentaire*.

Supposons, par exemple, qu'on ait à construire sur un axe l'échelle de la fonction $\log(p\alpha + q)$. On part de la valeur $\alpha = a$ et l'on commence à construire l'échelle avec un certain échelon θ.

Ayant appliqué l'étalon logarithmique le long de l'axe à graduer, on marque d'abord un trait en face du point de l'étalon dont la cote est $pa + q$, puis, à partir de là, d'autres traits en face des points de cet étalon pris de $p\theta$ en $p\theta$. Comme, en général, $p\theta$ a une valeur simple telle que 0,1, 0,2, 0,5, cette opération se fait très rapidement. Elle n'est, en tout cas, pas plus compliquée que celle qui consiste à porter sur un axe la graduation $p\alpha + q$ au moyen de l'étalon régulier.

On pourra même énoncer cette opération en disant tout simplement que l'*on porte la graduation* $p\alpha + q$ *au moyen d'un étalon logarithmique*.

Tout dessinateur devant aujourd'hui avoir sous la main un étalon logarithmique (graduation de la règle à calcul) aussi bien qu'un étalon régulier (graduation du double-décimètre), on voit qu'*au point de vue de la simplicité de la construction il sera indifférent d'adopter une solution comportant le tracé de l'échelle soit de* $f(\alpha)$, *soit de* $\log f(\alpha)$. On trouvera dans la suite de l'Ouvrage de nombreuses occasions d'appliquer cette remarque, l'emploi des échelles logarithmiques y étant très fréquent.

7. *Échelles transformées. Échelle linéaire générale*. — On peut également déduire d'une échelle donnée d'autres échelles par application de transformations géométriques simples; les nouvelles échelles ainsi obtenues sont alors dites *transformées* de la première.

L'exemple le plus simple qui puisse être donné d'une telle transformation est celui de l'échelle linéaire la plus générale [1], qui se déduit homographiquement d'une échelle régulière.

Une telle échelle est définie par l'équation

$$x = \frac{m\alpha + n}{p\alpha + q}, \qquad \text{avec} \qquad \delta = mq - np \neq 0.$$

Si, sur le support A′A de l'échelle, nous reportons l'origine au

Fig. 6.

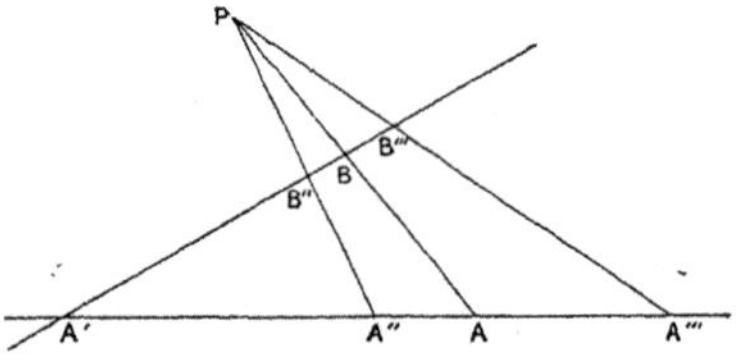

point A′ (*fig*. 6) correspondant à la valeur α' de la variable, l'équa-

[1] Il est essentiel de remarquer que le terme de *linéaire*, ici défini, ne doit pas être confondu avec celui de *rectiligne*, qui désigne les échelles dont le support est une ligne droite, quelle que soit leur graduation.

tion qui définit l'échelle devient

$$X = \frac{\delta(\alpha - \alpha')}{p'\alpha + q'}.$$

Par le point A' menons un axe A'B de direction quelconque, sur lequel nous porterons *une échelle régulière d'intervalle également quelconque, mais telle que son point* α' *coïncide avec le point* A'. Cette échelle sera dès lors définie par une équation de la forme

$$Y = k(\alpha - \alpha').$$

La droite joignant les points A et B, cotés α sur l'une et l'autre échelles, a pour équation, par rapport aux axes A'A et A'B,

$$\frac{X(p'\alpha + q')}{\delta(\alpha - \alpha')} + \frac{Y}{k(\alpha - \alpha')} = 1$$

ou

$$k(p'\alpha + q')X + \delta Y = k\delta(\alpha - \alpha').$$

Cette équation renfermant le paramètre α au premier degré, *la droite* AB *passe par un point fixe* P, qui sera dit le *centre de rayonnement*.

Pour construire ce centre, il suffit de prendre les couples de points A'' et B'', A''' et B''' correspondant à deux valeurs quelconques α'' et α''' du paramètre, et de prendre l'intersection des droites A''B'' et A'''B'''.

L'échelle régulière portée sur A'B, *projetée à partir du centre* P, *donne sur* A'A *l'échelle linéaire demandée.*

Remarque. — Si A_0 et A_∞ sont les points cotés 0 et ∞, on a, pour les abscisses de ces points,

$$x_0 = \frac{n}{q}, \qquad x_\infty = \frac{m}{p}.$$

Donc

$$A_0A = x - x_0 = \frac{m\alpha + n}{p\alpha + q} - \frac{n}{q} = \frac{\delta\alpha}{q(p\alpha + q)},$$

$$AA_\infty = x_\infty - x = \frac{m}{p} - \frac{m\alpha + n}{p\alpha + q} = \frac{\delta}{p(p\alpha + q)}$$

et, par suite,

$$\frac{A_0A}{AA_\infty} = \frac{p}{q}\alpha.$$

Cette dernière égalité montre que, lorsqu'on a marqué les points A_0 et A_∞, l'échelle linéaire peut être obtenue comme dérivée d'un étalon segmentaire de même longueur (n° 5, 3°, et n° 6).

8. *Échelles isogrades.* — Nous avons supposé jusqu'ici que l'échelle était construite pour des valeurs de la variable croissant par échelons égaux. Cela conduit, pour toute échelle autre qu'une échelle régulière, à des points irrégulièrement espacés sur la droite servant de support. Rien n'empêche, si l'on préfère avoir des points régulièrement espacés, de satisfaire à cette condition en sacrifiant alors l'égalité des échelons. On obtient ainsi ce que nous appelons une échelle *isograde*.

Fig. 7.

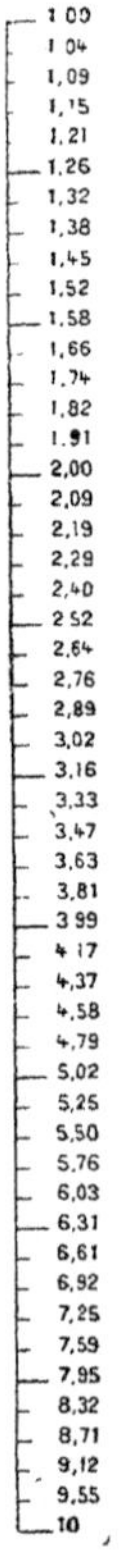

Le principe de la construction d'une telle échelle est bien simple. Partant de la valeur a, et s'étant donné, en outre du module l, l'intervalle constant i entre les points de division successifs, on détermine les cotes $\alpha_1, \alpha_2, \alpha_3, \ldots$ de ces points par les équations

$$\frac{i}{l} = f(\alpha_1) - f(a) = f(\alpha_2) - f(\alpha_1) = f(\alpha_3) - f(\alpha_2) = \ldots.$$

La détermination de $\alpha_1, \alpha_2, \alpha_3, \ldots$ se fera très aisément si l'on possède une Table de la fonction $f(\alpha)$. On n'aura qu'à relever les valeurs de l'argument correspondant à des valeurs de la fonction croissant en progression arithmétique.

La *fig.* 7 donne l'échelle logarithmique isograde construite de 0 à 10 avec $l = 125^{mm}$, $i = 2^{mm},5$.

Le défaut d'une telle disposition est d'exiger une chiffraison complète, au lieu que, avec les échelles normales, comme nous l'avons indiqué dans la remarque finale du n° 2, on peut n'inscrire des chiffres que de loin en loin, comme sur un double-décimètre. Nous en signalerons plus loin un avantage (n° 29, 2°).

II. — Abaques d'équations à deux variables.

9. *Abaques à échelles accolées.* — Prenons d'abord l'équation à représenter sous la forme

$$\alpha_2 = f_1(\alpha_1),$$

qui est très fréquente dans la pratique.

Supposons construites, de part et d'autre d'un même axe et à partir de la même origine, les échelles

$$x = l\alpha_2 \qquad \text{et} \qquad x = l f_1(\alpha_1).$$

Dès lors, deux valeurs de α_1 et de α_2, se correspondant en vertu de l'équation précédente, seront inscrites en face d'un même point de l'axe supportant les deux échelles. Il suffira donc, étant donnée l'une d'elles, α_1 par exemple, de *lire la valeur de α_2 correspondant, sur la seconde échelle, au point coté α_1 sur la première.*

Si α_1 a pour limites a_1 et b_1, on construira l'échelle (α_1) entre ces limites et l'échelle (α_2) entre les valeurs correspondantes a_2 et b_2, données par

$$a_2 = f_1(a_1), \qquad b_2 = f_1(b_1).$$

Exemples :

1° *Abaque du nombre probable des écarts.* — Si la fonction $\Theta(t)$ est définie par l'égalité (¹)

$$\Theta(t) = \frac{2}{\sqrt{\pi}} \int_0^t e^{-t^2}\, dt,$$

on sait que le nombre probable N, sur 1000, des écarts inférieurs, en valeur absolue, à celui dont le rapport à l'écart probable est ρ, est donné par

$$N = 1000\, \Theta(\rho).$$

Prenant comme module $l = 0^{mm},13$, on aura l'abaque de cette équation en construisant sur un même axe les deux échelles

$$x = 0^{mm},13\ N \qquad \text{et} \qquad x = 130^{mm}\, \Theta(\rho).$$

(¹) On possède les Tables de cette fonction. *Voir* notamment le *Calcul des probabilités* de M. J. Bertrand, p. 329.

On obtient ainsi la *fig.* 8, empruntée au *Traité de nivellement de haute précision*, de M. Lallemand [1].

Fig. 8

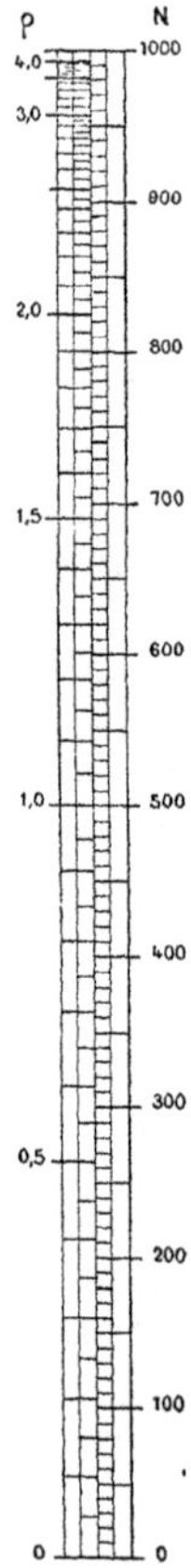

[1] Page 227 du tirage à part de cet Ouvrage, extrait du Volume : *Lever des plans et nivellement* de l'*Encyclopédie des Travaux publics* (1889), et page 575 de ce Volume.

2° *Abaque de la dépression de l'horizon.* — La formule qui fait connaître, en minutes, la dépression δ de l'horizon de la mer en fonction de l'altitude h, en mètres, de l'œil de l'observateur au-dessus du niveau de la mer, lorsqu'on tient compte de la réfraction, est

$$\delta = 1,8385\sqrt{h}.$$

Si, prenant pour module $l = 8^{\text{mm}}$, on construit sur le même axe les deux échelles

$$x = 8^{\text{mm}}\,\delta$$

et

$$x = 14^{\text{mm}},708\sqrt{h},$$

on obtient la *fig.* 9, empruntée au Mémoire de M. Favé sur les Éphémérides graphiques (¹).

Fig. 9.

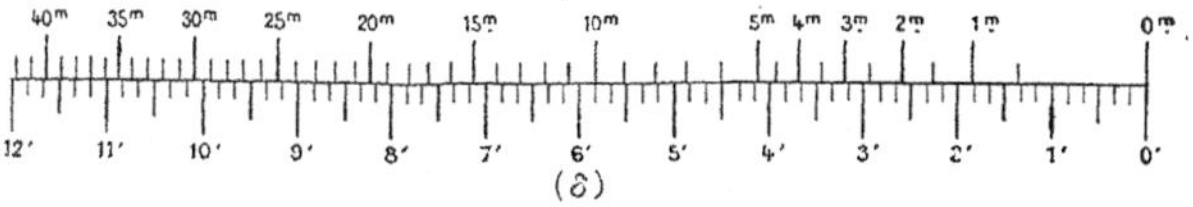

Les calculs nautiques s'effectuant encore à l'aide de la division sexagésimale du cercle, l'intervalle correspondant à chaque minute d'angle a été divisé en six parties égales, de sorte que l'échelle de la dépression est divisée de 10 en 10 secondes. D'après ce que nous avons dit à propos de l'interpolation à vue (n° 4), un bon lecteur obtiendra donc sur cette échelle la dépression à 1 seconde près.

Par exemple, pour $h = 15^{\text{m}}$, on lit $\delta = 7'7''$.

Remarque. — Nous avons supposé les deux échelles portées sur le même axe, mais nous pouvons tout aussi bien les supposer portées sur deux axes parallèles, les points se correspondant de l'un à l'autre sur des perpendiculaires à leur direction commune, qu'on pourra mener par les points de division de l'une des deux échelles, (α_2) par exemple.

10. *Inversion des échelles.* — Reprenant l'équation

$$\alpha_2 = f_1(\alpha_1),$$

(¹) *Annales hydrographiques*; 1894.

supposons qu'on la résolve par rapport à α_1. Elle devient alors

$$\alpha_1 = f_2(\alpha_2).$$

Les fonctions f_1 et f_2 sont dites *inverses* l'une de l'autre.

Fig. 10.

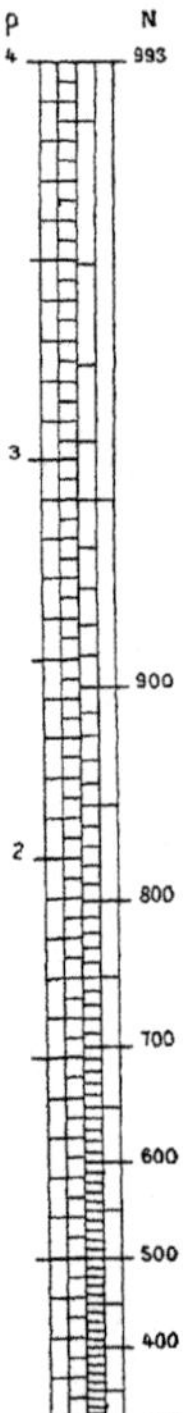

On pourrait construire l'abaque de l'équation mise sous cette nouvelle forme ainsi qu'on l'a fait précédemment, mais si le premier abaque a déjà été construit, l'établissement du second est immédiat. Il suffit, en effet, après avoir disposé le long d'un axe une échelle régulière pour α_1, d'inscrire de l'autre côté de l'axe les valeurs correspondantes de α_2, relevées sur le premier abaque.

Les échelles qui accompagnent l'échelle régulière sur l'un et sur l'autre abaque sont dites, comme les fonctions correspondantes, *inverses* l'une de l'autre.

Par exemple, si l'on opère l'inversion de l'échelle de l'abaque de la *fig.* 8 on obtient l'abaque de la *fig.* 10, qui se rencontre dans le *Cours d'Artillerie* du commandant Jouffret (¹).

11. *Abaques à deux échelles irrégulières. Échelles logarithmiques.* — L'équation entre α_1 et α_2 peut encore être mise sous la forme

$$f_1(\alpha_1) = f_2(\alpha_2),$$

soit qu'on ne puisse, par les procédés de l'Algèbre élémentaire, dégager du signe fonctionnel ni α_1 ni α_2, soit qu'on ait intérêt à adopter pour l'une des variables une échelle spéciale. Il arrivera notamment que, en vue d'avoir pour l'une des variables une approximation relative constante, on la représentera par une échelle logarithmique.

La construction de l'abaque dans cette hypothèse est tout aussi simple. Il suffit de placer, de part et d'autre d'un même axe, les échelles définies par

$$x = l f_1(\alpha_1) \qquad \text{et} \qquad x = l f_2(\alpha_2).$$

Voici, à titre d'exemple, l'abaque de l'équation

$$\tang \alpha_1 = \sin \alpha_2,$$

dressé par M. Lallemand avec $l = 0^m,1$ (*fig.* 11).

(¹) *Cours d'Artillerie : Les Projectiles*, p. 118. (Fontainebleau, 1881.) Le commandant Jouffret considérant non pas la valeur absolue des écarts, mais ces écarts eux-mêmes pris avec leur signe, l'échelle se reproduit symétriquement de part et d'autre du zéro, les cotes de l'échelle du nombre probable des coups étant diminuées de moitié.

Si, l'équation étant mise sous la forme

$$(1) \qquad \alpha_1 = f_2(\alpha_2),$$

on adopte pour la variable α_1 l'échelle

$$(2) \qquad x = \varphi_1(\alpha_1),$$

l'échelle de la variable α_2 s'obtiendra par l'élimination de α_1 entre

Fig. 11.

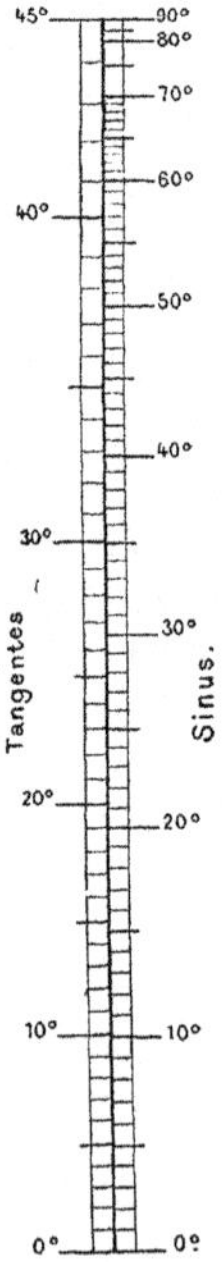

équations (1) et (2), ce qui donnera

$$x = \varphi_2(\alpha_2).$$

Si l'élimination peut se faire sous cette forme explicite, on est ramené au cas précédent. Sinon, après avoir construit l'échelle (α_1), on calcule les valeurs de α_1 qui, en vertu de l'équation (1), correspondent à un certain nombre de valeurs de α_2 et, en face des points ainsi obtenus sur l'échelle (α_1), on inscrit ces valeurs de α_2. On obtient de cette façon l'échelle (α_2) sans avoir eu à effectuer l'élimination algébrique destinée à faire connaître l'équation (3).

Exemple : *Abaque auxiliaire pour le calcul de l'erreur probable d'une nivelée.* — Dans la détermination de l'erreur accidentelle probable d'une nivelée par diagrammes anamorphosés, l'abscisse X et l'ordonnée Y, à l'origine, de la droite de répartition sont données, en décimillimètres, par les formules

$$(1) \qquad X = 6,44\,\eta\sqrt{2,823 - \log\eta},$$

$$(2) \qquad Y = \frac{665}{\eta},$$

en fonction de l'erreur probable η, qui est représentée par une échelle logarithmique.

L'abaque de l'équation (2) se construit immédiatement, l étant le module, au moyen des formules

$$x = l\log\eta, \qquad x = l(\log 665 - \log Y).$$

En prenant $l = 11^{\text{cm}}$, on obtient ainsi l'échelle de gauche de la *fig.* 12 ([1]).

Pour construire directement l'échelle (X) de l'équation (1), il faudrait, après avoir éliminé η entre cette équation et l'équation

$$x = l\log\eta,$$

ce qui donne

$$X = 6,44 \times 10^{\frac{x}{l}}\sqrt{2,823 - \frac{x}{l}},$$

tirer de là x sous forme explicite, ce qui ne se peut pas. On est donc obligé de procéder comme il vient d'être dit, c'est-à-dire de calculer les valeurs de X pour un certain nombre de valeurs de η et de marquer les points correspondants en se servant de l'échelle de η. On obtient ainsi l'échelle de droite de la *fig.* 12.

Remarque. — Nous avons supposé jusqu'ici que les échelles étaient toujours construites sur des droites. C'est en effet ce qu'il y a de plus simple; mais rien, le cas échéant, ne s'opposerait à

([1]) Cette figure reproduit la *fig.* 77 du *Traité de nivellement de haute précision* de M. Lallemand.

ce qu'elles fussent disposées le long d'une courbe, si, par exemple, les valeurs de l'une des variables provenaient d'un premier abaque où cette variable serait nécessairement représentée par des points cotés distribués sur une certaine courbe.

Fig. 12.

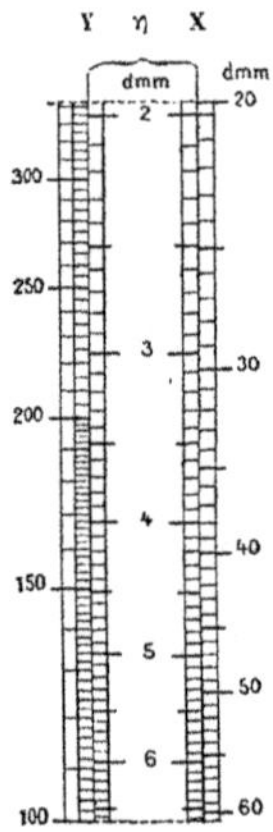

12. *Abaques cartésiens à deux variables.* — On peut affecter à chacune des deux variables une échelle régulière en établissant le lien entre points correspondants par l'intermédiaire d'une courbe.

Imaginons que l'on porte sur deux axes rectangulaires Ox et Oy les échelles

$$x = l_1 \alpha_1 \qquad \text{et} \qquad y = l_2 \alpha_2,$$

et que, par les points de division marqués sur chacun de ces axes, on leur élève des perpendiculaires.

Si les valeurs α_1 et α_2 satisfont ensemble à l'équation

$$(1) \qquad F(\alpha_1, \alpha_2) = 0,$$

les perpendiculaires élevées aux axes correspondants par les points cotés α_1 et α_2 se coupent en un certain point. Les points répondant ainsi aux divers couples de valeurs α_1 et α_2 satisfaisant à l'équation (1) sont distribués sur une certaine courbe C qui, rapportée aux axes Ox et Oy, a pour équation

$$F\left(\frac{x}{l_1}, \frac{y}{l_2}\right) = 0.$$

Les divers points de la courbe C, déterminés individuellement, sont facilement marqués sur le plan grâce au quadrillage ci-dessus défini, et l'on voit que la courbe C obtenue en joignant tous ces points suffit à constituer un abaque de l'équation (1). Un tel abaque dérivant de l'emploi des coordonnées cartésiennes sera dit *cartésien*.

Fig. 13.

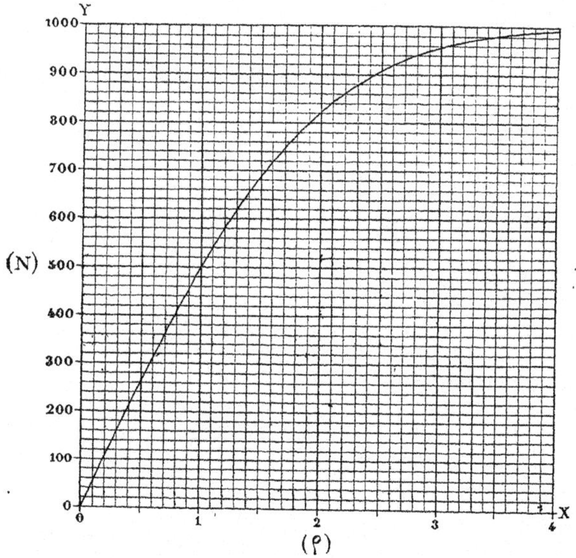

Si l'on se donne l'une des variables, α_1 par exemple, il suffit de prendre le point où la courbe C est rencontrée par la perpendiculaire à Ox passant par le point de cet axe coté α_1 et de lire la cote α_2 du pied de la perpendiculaire abaissée de ce point sur Oy.

Il ne sera d'ailleurs pas nécessaire de tracer ces perpendiculaires. Si, par hasard, elles coïncident avec deux des droites du quadrillage, cela va de soi. S'il n'en est pas ainsi, on peut, par la pensée, les intercaler entre celles-ci, effectuant de la sorte sur le quadrillage une interpolation à vue, analogue à celle dont nous avons déjà parlé (n° 4) à propos des simples échelles.

La *fig.* 13 donne un abaque de ce genre pour l'équation

$$N = 1000\Theta(\rho)$$

déjà envisagée au n° 9, construit avec les modules $l_1 = 1^{\text{cm}}$ pour Ox, $l_2 = 0^{\text{cm}},004$ pour Oy.

Remarque. — Si la variable α_1 a pour limites les valeurs a_1 et b_1, il n'y a lieu de tracer la courbe C qu'entre les perpendiculaires à Ox correspondant aux points $x = l_1 a_1$ et $x = l_1 b_1$. Les perpendiculaires abaissées sur Oy des extrémités de cet arc de courbe déterminent les limites correspondantes a_2 et b_2 de la variable α_2.

13. *Emploi d'un transparent.* — Pour éviter à la fois le tracé d'un système de droites parallèles et la nécessité d'effectuer, le cas échéant, une interpolation à vue entre ces droites, il est tout naturel d'avoir recours à une droite tracée sur un transparent mobile mais convenablement orienté, qu'on fera glisser sur l'abaque.

Selon le cas, on se servira de cet artifice pour l'un des deux ou pour les deux systèmes de droites parallèles constituant le quadrillage défini au numéro précédent.

Dans les deux cas, le transparent portera deux axes rectangulaires qui seront dits ses *index*. Si l'on fait glisser l'un d'eux le long de l'axe Ox de l'abaque, les diverses positions de l'autre suppléeront aux perpendiculaires à cet axe non tracées. On en trouvera un exemple plus loin (n° 23; 3°).

Si, en maintenant ses index respectivement parallèles aux axes de l'abaque, on déplace le transparent de façon que son *centre* (point de rencontre des index) reste sur la courbe C de l'abaque, on voit que, pour chacune de ses positions, les cotes des points où les index couperont les échelles des axes fourniront un système de valeurs correspondantes.

Pour maintenir l'orientation du transparent, on peut tracer sur l'abaque une série de parallèles à la direction de l'un des axes, laissant entre elles des intervalles égaux assez petits, 5^{mm} par exemple. L'index du transparent parallèle à l'axe considéré tombera entre deux de ces parallèles, et l'on sait que l'œil apprécie très exactement le parallélisme de deux droites peu écartées l'une de l'autre.

Fig. 14.

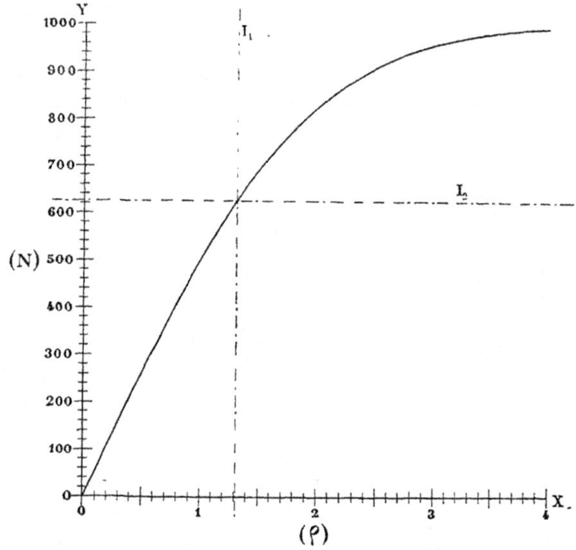

On peut aussi constituer le transparent au moyen d'une matière rigide et mince (verre, corne, celluloïd, etc.) ayant deux bords rigoureusement parallèles aux deux index. Dans ce cas, après avoir mis l'index I_2 en coïncidence avec Ox, de façon que le centre du transparent se trouve au point coté α_1, on applique une règle contre le bord du transparent parallèle à I_1 et l'on fait glisser ce transparent le long de cette règle jusqu'à ce que son centre soit venu sur la courbe C. L'index I_2 rencontre alors l'axe Oy en un point dont la cote fait connaître α_2.

La *fig.* 14 reproduit l'abaque précédent, modifié comme il vient d'être dit. La position du transparent, correspondant à l'exemple numérique $\rho = 1,3$, $N = 620$, est indiquée en pointillé.

14. *Emploi d'une échelle mobile.* — Supposons que, dans le mouvement qui vient d'être décrit, le transparent entraîne l'axe Ox. On voit alors que l'on devra l'arrêter dans une position telle que le point de l'axe Ox coté α_1 se trouve sur la courbe C. Cela suggère l'idée de cette autre disposition de l'abaque :

On ne laisse subsister sur le tableau que l'axe Oy, avec sa graduation, et la courbe C, et on le complète par un transparent portant deux axes, l'un $O'y'$, non gradué, destiné à diriger les mouvements du transparent en glissant le long de Oy, l'autre, $O'x'$, perpendiculaire au premier, portant la graduation (α_1) précédemment marquée sur Ox.

Fig. 15.

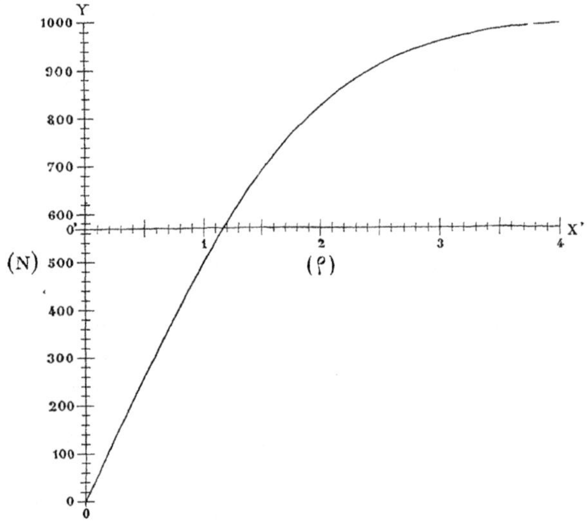

Le mode d'emploi de l'abaque est alors le suivant :

On fait glisser le transparent en maintenant $O'y'$ en coïn-

cidence avec Oy *jusqu'à ce que le point* α_1 *de l'axe* $O'x'$ *se*

Fig. 16.

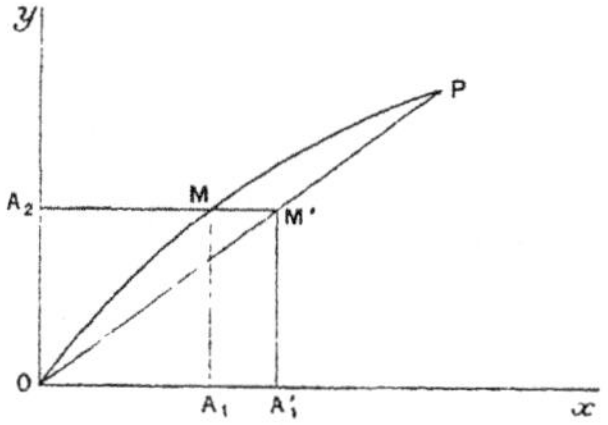

trouve sur la courbe C. *La cote du point de* Oy *avec lequel coïncide* O' *est alors égale à* α_2.

Fig. 17.

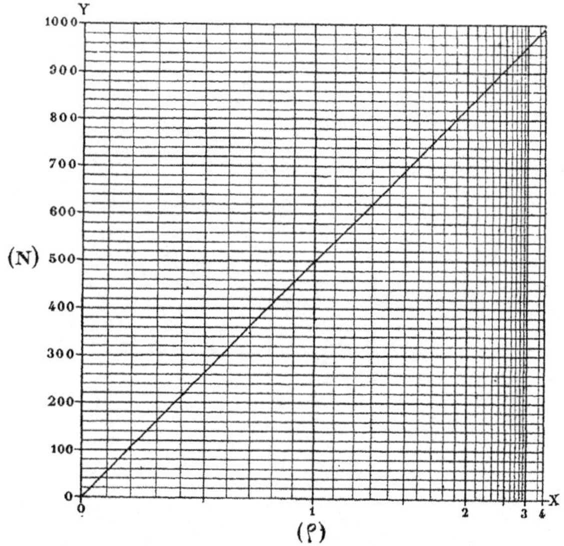

On pourrait évidemment rendre mobile l'axe Oy au lieu de Ox. La *fig.* 15 montre ce que devient, avec cette nouvelle disposition, l'abaque de la *fig.* 14. Il ne faut pas perdre de vue, en examinant cette figure, que l'axe $O'x'$ est lié à un axe $O'y'$ qu'on peut faire glisser le long de Oy.

15. *Anamorphose.* — Nous avons supposé les variables α_1 et α_2 représentées respectivement sur les axes Ox et Oy par

Fig. 18.

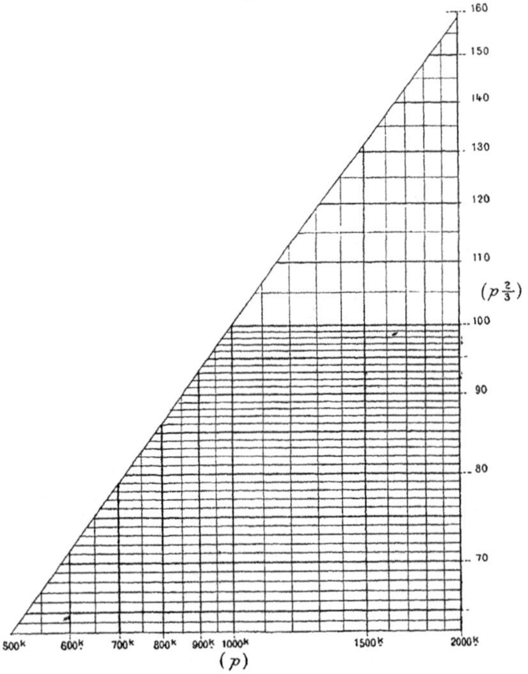

des échelles régulières. C'est évidemment ce qui est le plus simple; mais on peut, dans certains cas particuliers, être amené à adopter d'autres échelles. Il n'y aurait alors rien à changer à ce qui précède; on aurait encore recours à la courbe lieu du point de rencontre des perpendiculaires aux axes Ox et Oy, élevées par les points cotés α_1 et α_2; seulement cette courbe ne serait pas la même que dans le cas précédent.

On peut, en particulier, toujours substituer une droite à la courbe qui serait construite au moyen de deux échelles régulières, en transformant convenablement une de ces échelles.

Soit, par exemple (*fig.* 16), OP la courbe obtenue avec des échelles régulières portées sur Ox et Oy. Les points A_1 et A_2 respectivement cotés α_1 et α_2 correspondent au point M de la courbe OP. Pour substituer à la courbe OMP la droite OM′P, choisie d'ailleurs au hasard, il suffit de modifier l'échelle portée sur Ox en plaçant la cote α_1, d'abord inscrite à côté du point A_1, à côté du point A'_1 obtenu en prolongeant la perpendiculaire A_2M à Oy jusqu'en son point de rencontre M′ avec la droite OP et abaissant du point P la perpendiculaire $M'A'_1$ sur Ox.

Cette transformation, qui substitue la droite OM′P à la courbe OMP, est ce que Lalanne a appelé une *anamorphose géométrique,* ainsi qu'on le verra plus loin (n° 24).

Appliquée à l'abaque de la *fig.* 13 l'anamorphose donne celui de la *fig.* 17.

Voici un autre exemple emprunté à la *Pratique du calcul des planchers* du capitaine du Génie Grison [1] :

Cet abaque, reproduit par la *fig.* 18, fait connaître la valeur de

$$q = p^{\frac{2}{3}}$$

en fonction de celle de p, pour p variant de 500 à 2000.

---

(1) Brochure autographiée à l'École du Génie de Grenoble (1891). L'abaque du capitaine Grison s'étend en réalité de $p = 50$ à $p = 2000$.

CHAPITRE II.

ÉQUATIONS A TROIS VARIABLES. ABAQUES A ENTRECROISEMENT.

I. — Abaques cartésiens. Anamorphose.

16. *Abaques cartésiens à trois variables.* — Soit à construire un diagramme coté pour l'équation

$$F(\alpha_1, \alpha_2, \alpha_3) = 0. \tag{1}$$

L'idée qui se présente tout d'abord à l'esprit est celle-ci : donnons à l'une des variables, de préférence à celle qui sera le plus généralement calculée en fonction des deux autres (¹), α_3, par exemple, une valeur déterminée. Nous aurons alors une équation entre les deux variables α_1 et α_2 que nous pourrons représenter, ainsi que cela a été indiqué au n° 12, au moyen d'une courbe tracée sur le quadrillage défini par les équations

$$x = l_1 \alpha_1, \tag{α_1}$$

$$y = l_2 \alpha_2, \tag{α_2}$$

l_1 et l_2 étant des modules choisis en vue de la meilleure disposition.

L'équation de cette courbe sera

$$F\left(\frac{x}{l_1}, \frac{y}{l_2}, \alpha_3\right) = 0. \tag{α_3}$$

(¹) Bien qu'un abaque à trois variables permette, en général, indifféremment le calcul d'une des variables en fonction des deux autres, il convient, principalement pour la limitation du diagramme, de distinguer celles que l'on a le plus habituellement à considérer comme indépendantes. Dans la pratique ce choix n'est pas douteux, attendu que, dans la plupart des formules représentées, c'est toujours la même variable qui est prise pour inconnue.

Cette courbe le long de laquelle l'élément α_3 conserve une même valeur a été dite par Lalanne une *courbe d'égal élément,* puis par l'auteur allemand Vogler une *courbe isoplèthe* (ἴσος, égal; πλῆθος, quantité). Ce dernier terme a été depuis lors adopté par Lalanne. Nous dirons tout simplement une *courbe cotée.*

Construisons de même les courbes répondant à une série de valeurs de α_3, croissant par échelons réguliers, en ayant soin d'*inscrire à côté de chacune d'elles la valeur de α_3 correspondante.*

Remarquons d'ailleurs qu'il suffira de tracer la portion de chaque courbe comprise à l'intérieur du rectangle formé par les perpendiculaires élevées respectivement à Ox et à Oy par les points correspondant aux valeurs limites a_1 et b_1 de α_1, a_2 et b_2 de α_2, qui sont des données de la question, puisque nous avons supposé que α_1 et α_2 étaient les variables indépendantes.

Nous obtenons donc, à l'intérieur d'un rectangle quadrillé (*fig.* 19), un système de courbes cotées qui nous fournit la re-

Fig. 19.

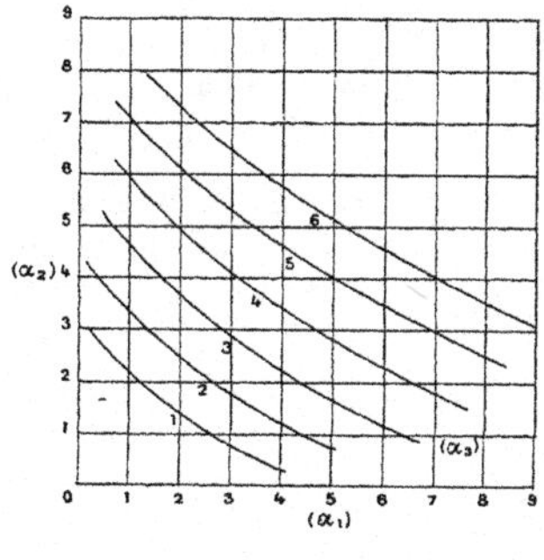

présentation demandée dans les limites admises pour les variables indépendantes. Ce rectangle quadrillé figurant une sorte de damier (en grec, ἄβαξ), on a donné à ce genre de diagrammes le nom d'*abaques* qui, par voie d'extension, a fini par désigner toute espèce de diagramme coté.

Faisant une fois pour toutes la convention de désigner par les termes d'*horizontale* et de *verticale* les parallèles respectives à Ox et à Oy, nous pourrons énoncer le mode d'emploi d'un tel abaque, en vue d'obtenir la valeur de α_3 lorsqu'on s'est donné α_1 et α_2, de la manière suivante : *lire la cote α_3 de la courbe passant par le point de rencontre de la verticale cotée α_1 et de l'horizontale cotée α_2*.

Par exemple, sur la *fig.* 19, pour $\alpha_1 = 2$, $\alpha_2 = 5$, on a $\alpha_3 = 4$.

Il va sans dire que cette lecture suppose, le cas échéant, le secours d'une interpolation à vue. Par exemple, sur la *fig.* 19, pour $\alpha_1 = 4,5$, $\alpha_2 = 2,5$, on lirait $\alpha_3 = 3,5$.

Nous avons admis que l'équation considérée servait de préférence à calculer α_3 en fonction de α_1 et α_2, mais on voit immédiatement que l'abaque permet tout aussi bien d'obtenir α_1 ou α_2 lorsque l'autre de ces deux variables est donnée ainsi que α_3.

Par exemple, α_2 et α_3 étant données, *on aura α_1 en lisant la cote de la verticale passant par le point de rencontre de l'horizontale cotée α_2 et de la courbe cotée α_3*.

Les abaques ainsi constitués, dérivant directement de l'application des coordonnées cartésiennes, sont dits *abaques cartésiens*. Terquem a remarqué qu'ils peuvent être considérés comme fournissant la représentation par courbes de niveau de la surface définie par l'équation (1) où α_1, α_2 et α_3 sont prises pour des coordonnées cartésiennes de l'espace.

Remarque. — Les courbes (α_3) ont une enveloppe dont l'équation s'obtient, comme on sait, en éliminant α_3 entre l'équation (α_3) et sa dérivée par rapport à α_3

$$\frac{\partial}{\partial \alpha_3} F\left(\frac{x}{l_1}, \frac{y}{l_2}, \alpha_3\right) = 0.$$

Mais le tracé de cette enveloppe ne sera généralement d'aucune utilité. Elle peut d'ailleurs être complètement extérieure à la partie utile de l'abaque, limitée à l'aire d'un rectangle, ainsi qu'on vient de le voir.

17. *Rattachement aux abaques à échelles accolées.* — A simple titre de curiosité, nous ferons remarquer que le principe de la représentation des équations à trois variables, obtenu ci-dessus par la voie la plus naturelle, peut également se dégager du mode de représentation des équations à deux variables, exposé au n° 9, lorsqu'on tient compte de la remarque qui termine ce numéro.

Donnant à α_1 dans l'équation (1) du numéro précédent *une valeur particulière* α_1^0, nous avons à représenter une équation entre les deux variables α_2 et α_3

$$F(\alpha_1^0, \alpha_2, \alpha_3) = 0. \tag{1}$$

Pour cela, portons respectivement, sur l'axe Oy et sur la parallèle à cet axe dont l'abscisse est

$$x = l_1 \alpha_1^0, \tag{2}$$

les graduations (α_2) et (α_3) définies par

$$y = l_2 \alpha_2 \tag{3}$$

et

$$y = \varphi(\alpha_3, \alpha_1^0), \tag{4}$$

cette dernière équation étant celle qu'on obtient en explicitant par rapport à y l'équation

$$F\left(\alpha_1^0, \frac{y}{l_2}, \alpha_3\right) = 0. \tag{4'}$$

Lorsque nous donnerons à α_1^0 d'autres valeurs, la graduation de Oy ne variera pas et nous aurons de nouvelles graduations sur d'autres verticales, en vertu des équations (2) et (4).

Nous pourrons joindre par une courbe tous les points qui, sur ces verticales, correspondent à une même valeur de α_3, valeur qui servira de cote à cette courbe.

L'équation d'une telle courbe s'obtient par l'élimination de α_1^0 entre (2) et (4) ou, ce qui revient au même, entre (2) et (4'). Elle est donc

$$F\left(\frac{x}{l_1}, \frac{y}{l_2}, \alpha_3\right) = 0.$$

On voit qu'on retrouve bien ainsi les courbes précédentes.

18. *Emploi d'un transparent ou d'une échelle mobile.* — On pourra ici encore recourir à l'emploi d'un transparent tel qu'il a été décrit au n° **13**.

Le mode d'emploi de l'abaque sera alors le suivant (*fig.* 20):

Le transparent étant orienté, faire passer ses index I_1 *et* I_2 *respectivement par les points cotés* α_1 *et* α_2 *sur* Ox *et* Oy; *la cote de la courbe sur laquelle se trouve alors le centre du transparent fait connaître* α_3.

Par exemple, sur la *fig.* 20, pour $\alpha_1 = 10$, $\alpha_2 = 8$, on a $\alpha_3 = 5$.

On pourra aussi, comme cela a été indiqué au n° **14**, rendre mo-

Fig. 20.

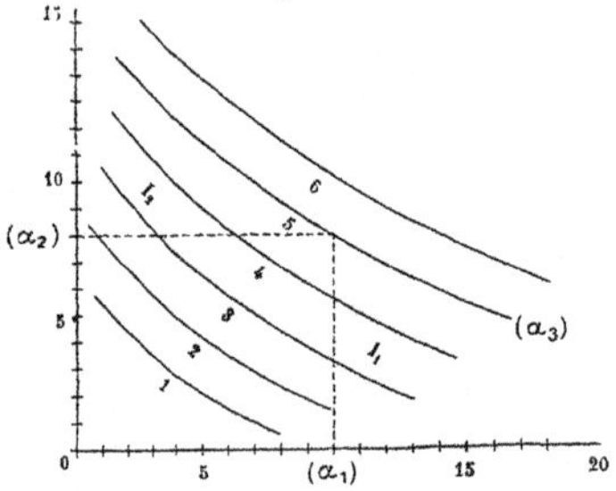

bile l'un des axes Ox ou Oy, le second par exemple. Dans ce cas, le mode d'emploi devient le suivant (*fig.* 21):

Fig. 21.

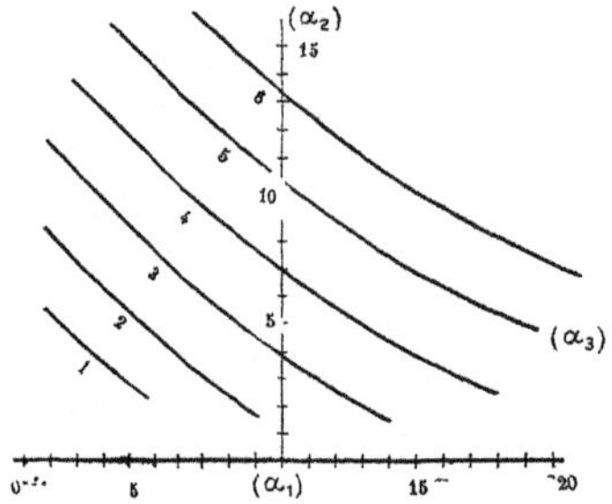

On amène l'origine O' *de l'axe mobile* O'y' *au point* α_1 *de l'axe* Ox. *Le point* α_2 *de l'axe* O'y' *tombe alors sur une courbe dont la cote fait connaître* α_3.

Sur la *fig.* 21, pour $\alpha_1 = 10$, $\alpha_2 = 4$, on a $\alpha_3 = 3$.

19. *Exemples.* — Les exemples d'application de cette méthode sont extrêmement nombreux. Ils comprennent notamment tous les tableaux graphiques construits depuis les premiers essais de Pouchet jusqu'aux travaux de Lalanne, dont quelques-uns ont été cités dans l'Introduction.

Nous signalerons simplement ici le tableau de multiplication de Pouchet, parce que c'est le premier en date de tous les abaques connus.

Premier type d'abaque de multiplication. — La multiplication se traduit par l'équation

$$\alpha_1 \alpha_2 - \alpha_3 = 0.$$

Si, pour la représenter, nous portons sur les axes Ox et Oy les graduations

$$x = 5^{mm} \alpha_1 \quad \text{et} \quad y = 5^{mm} \alpha_2,$$

nous obtenons pour les courbes cotées (α_3) les hyperboles équilatères

$$xy - 25 \alpha_3 = 0.$$

C'est ainsi qu'a été obtenue la *fig.* 22, qui ne doit être considérée que

Fig. 22.

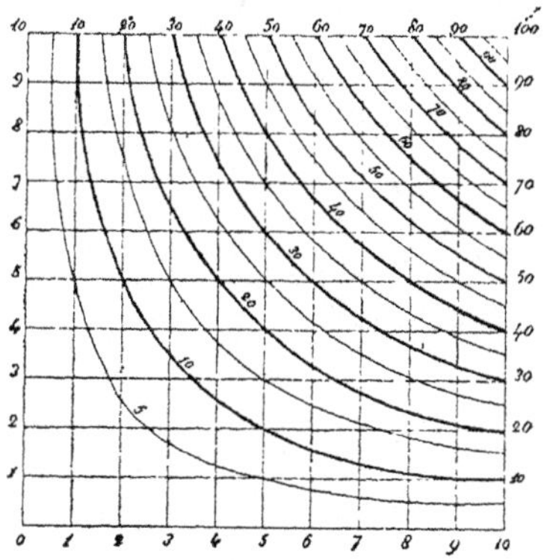

comme un schéma de l'abaque de Pouchet, construit avec une bien plus grande précision.

Il est essentiel de remarquer que la méthode s'applique sans nulle difficulté lorsque les trois variables sont liées par une loi qui n'est connue qu'empiriquement. En effet, à chaque couple de valeurs de deux des variables α_1 et α_2, prises comme indépendantes, correspond le sommet du quadrillage situé au croisement de la verticale (α_1) et de l'horizontale (α_2). Supposons que nous inscrivions en ce point la valeur correspondante de α_3. Nous n'aurons plus ensuite qu'à joindre, par une ligne continue, tous les points répondant à une même valeur de α_3 pour avoir la courbe cotée (α_3), de même qu'en unissant sur un plan topographique les points de même cote par un trait continu on obtient ses courbes de niveau.

Les applications de cette méthode sont très fréquentes. On trouvera quelques détails, à ce sujet, dans le *Calcul graphique* de Favaro (traduction Terrier, p. 154 et suiv.) et dans l'important Ouvrage que M. Marey a consacré à la *Méthode graphique dans les Sciences expérimentales* (Ire Partie, Chap. V).

20. *Superposition des graduations.* — Supposons qu'une équation entre les trois variables α_1, α_2, α_3 soit telle que, si l'on a

$$F(\alpha_1, \alpha_2, \alpha_3) = 0,$$

on ait aussi, *quelle que soit la solution* $(\alpha_1, \alpha_2, \alpha_3)$,

$$F\big(f_1(\alpha_1), f_2(\alpha_2), f_3(\alpha_3)\big) = 0,$$

f_1, f_2 et f_3 étant des fonctions connues.

Dans ces conditions, l'abaque, construit entre certaines limites, permettra de résoudre encore l'équation proposée pour des valeurs prises en dehors de ces limites.

Supposons, en effet, que l'abaque ait été construit avec les limites a_1 et b_1 pour α_1, a_2 et b_2 pour α_2, a_3 et b_3 pour α_3. A côté de chaque valeur de α_1, α_2 et α_3 comprise entre ces limites, nous pourrons inscrire respectivement la valeur de $f_1(\alpha_1)$, de $f_2(\alpha_2)$ et de $f_3(\alpha_3)$, en doublant ainsi chacune des lignes de graduation. Dès lors, si nous prenons pour α_1 et α_2 des valeurs respectivement comprises entre $f_1(a_1)$ et $f_1(b_1)$, et entre $f_2(a_2)$ et $f_2(b_2)$, nous voyons que l'abaque nous fournira la valeur correspondante de α_3, à la condition que nous fassions usage, pour les éléments, droites et courbes, qui le constituent, des cotes inscrites dans les secondes lignes de graduation.

Il suffit que les limites primitives soient telles que les amplitudes de variation s'étendant de a_1 à b_1 et de $f_1(a_1)$ à $f_1(b_1)$ d'une part, de a_2 et b_2, et de $f_2(a_2)$ à $f_2(b_2)$ de l'autre, aient une partie commune pour qu'il n'y ait pas de lacune dans le champ de variation auquel l'abaque est applicable.

C'est en cela que consiste le principe de la *superposition des graduations*.

Après avoir construit l'abaque, on peut, sans rien changer aux droites et aux courbes tracées, superposer aux graduations primitives de nouvelles graduations s'en déduisant suivant des lois connues et fournissant encore des solutions de *la même équation*.

Il pourra arriver que les fonctions $f_1(\alpha_1)$, $f_2(\alpha_2)$, $f_3(\alpha_3)$, ou certaines d'entre elles, soient assez simples pour que le calcul de leur valeur se fasse immédiatement de tête. Ce sera le cas, par exemple, si $f_1(\alpha_1)$ se réduit au produit de α_1 par un facteur simple comme 2, 5, 10 ou une puissance de 10. Lorsque cette circonstance se produira, il sera évidemment inutile d'inscrire sur l'abaque la seconde graduation qu'une opération mentale permettra de déduire immédiatement de la première.

A ce point de vue, les cas particuliers qui suivent méritent une attention spéciale. Ils se rencontrent d'ailleurs assez fréquemment dans la pratique.

21. *Multiplicateurs correspondants.* — 1° Il arrivera que, si l'on multiplie deux des variables α_1 et α_2 par des facteurs *quelconques* λ_1 et λ_2, la nouvelle valeur α'_3 de la troisième variable pourra se déduire de sa valeur α_3 correspondant à α_1 et α_2.

Cela aura lieu lorsque l'on aura

$$\alpha_3 = \Delta(\alpha_1^{n_1}\alpha_2^{n_2}), \tag{1}$$

Δ étant une fonction quelconque, n_1 et n_2 des constantes quelconques. On voit, en effet, que l'on a dans ce cas, en représentant par ∇ la fonction inverse de Δ,

$$\alpha'_3 = \Delta\left(\lambda_1^{n_1}\lambda_2^{n_2}\nabla(\alpha_3)\right). \tag{2}$$

Le cas le plus simple est celui où l'on a

$$\alpha_3 = k\alpha_1^{n_1}\alpha_2^{n_2}, \tag{1 bis}$$

parce qu'alors (2) devient

$$\alpha'_3 = \lambda_1^{n_1}\lambda_2^{n_2}\alpha_3. \tag{2 bis}$$

Autrement dit, *si le système de valeurs* $(\alpha_1, \alpha_2, \alpha_3)$ *satisfait à l'équation* (1 *bis*), *il en est de même du système* $(\lambda_1\alpha_1, \lambda_2\alpha_2, \lambda_1^{n_1}\lambda_2^{n_2}\alpha_3)$.

On peut alors dire que λ_1, λ_2 et $\lambda_1^{n_1}\lambda_2^{n_2}$ constituent des *multiplicateurs correspondants* pour les variables α_1, α_2 et α_3.

En prenant pour λ_1 et λ_2 des valeurs simples, telles que 10 et ses puissances par exemple, on voit que les nouvelles valeurs de α_1, α_2, α_3 se déduiront de celles inscrites sur l'abaque, par une simple opération mentale, sans difficulté aucune.

2° Supposons maintenant que les facteurs par lesquels on multiplie α_1 et α_2, au lieu d'être indépendants l'un de l'autre soient λ et λ^m, m étant une constante.

La circonstance indiquée se présentera dans ce cas lorsqu'on aura

$$\alpha_3 = \Delta\left(\alpha_1 f\left(\alpha_1\alpha_2^{-\frac{1}{m}}\right)\right), \tag{3}$$

Δ et f étant des fonctions quelconques. On voit, en effet, que, dans ce cas,

$$\alpha'_3 = \Delta\left(\lambda\nabla(\alpha_3)\right). \tag{4}$$

L'équation (3) pourra encore s'écrire

$$\alpha_3 = \Delta\left(\alpha_1^n f(\alpha_1^p\alpha_2^q)\right), \tag{3'}$$

le nombre m étant alors

$$m = -\frac{p}{q}.$$

Dans ce cas ([1]), on aura

$$(4') \qquad \alpha'_3 = \Delta\left(\lambda^n \nabla(\alpha_3)\right).$$

Si, par exemple, l'équation est de la forme

$$(5) \qquad h_2 \alpha_2 \alpha_1^{n_2} + h_3 \alpha_3 \alpha_1^{n_3} + 1 = 0,$$

elle peut s'écrire

$$\alpha_3 = -\frac{\alpha_1^{-n_3}}{h_3}(h_2 \alpha_2 \alpha_1^{n_2} + 1)$$

et rentre bien ainsi dans le type (3'). Alors

$$m = -n_2,$$

et la formule (4') donne

$$\alpha'_3 = \lambda^{-n_3} \alpha_3.$$

Autrement dit, *si le système* ($\alpha_1, \alpha_2, \alpha_3$) *satisfait à l'équation* (5), *il en est de même du système* ($\lambda\alpha_1, \lambda^{-n_2}\alpha_2, \lambda^{-n_3}\alpha_3$).

C'est-à-dire que, dans ce cas, *les variables* α_1, α_2 *et* α_3 *admettent les multiplicateurs correspondants* λ, λ^{-n_2}, λ^{-n_3} ([2]).

Considérons en second lieu l'équation

$$(6) \qquad \alpha_3 = (h\alpha_1^p \alpha_2^q)^{\alpha_1^n}.$$

Pour voir qu'elle rentre dans le type (3'), il suffit de l'écrire

$$\alpha_3 = e^{\alpha_1^n \log(h\alpha_1^p \alpha_2^q)}.$$

On a dès lors

$$m = -\frac{p}{q},$$

([1]) Il ne faudrait pas croire que sous cette forme l'équation fût plus générale que sous la précédente. Il suffit, en effet, de poser

$$\Delta(t^n) = \Delta_1(t), \qquad \sqrt[n]{f(u^p)} = f_1(u), \qquad \frac{q}{p} = -\frac{1}{m},$$

pour qu'elle devienne

$$\alpha_3 = \Delta_1\left(\alpha_1 f_1\left(\alpha_1 \alpha_2^{-\frac{1}{m}}\right)\right).$$

([2]) Dans ce cas, le principe des multiplicateurs correspondants se trouve appliqué dans notre brochure de 1891 (p. 91). Il a été exposé sous forme géométrique par M. A. Chancel dans une étude dont il sera question plus loin (n° 118, 2°).

et la formule (4') devient

$$\alpha'_3 = \alpha_3^{\lambda^n}.$$

Par suite, *lorsque le système* $(\alpha_1, \alpha_2, \alpha_3)$ *satisfait à l'équation* (6), *il en est de même du système* $\left(\lambda\alpha_1, \lambda^{-\frac{p}{q}}\alpha_2, \alpha_3^{\lambda^n}\right)$.

C'est par l'examen de divers cas particuliers que nous avons été conduit aux types (1) et (3).

M. G. Kœnigs, à qui nous avions soumis la question, a démontré qu'ils sont les plus généraux correspondant à la propriété caractéristique de chacun d'eux. On trouvera plus loin sa démonstration (n° 133).

22. *Abaques à lignes droites.* — Parmi les abaques qui viennent d'être définis, il convient de distinguer ceux sur lesquels les courbes (α_3) se réduisent à des droites ; de tels abaques se rencontrent fréquemment dans la pratique.

Si nous nous reportons au n° 16, nous voyons que, pour que cette circonstance se présente, il faut que l'équation (α_3) soit de la forme

$$(\alpha_3) \qquad \frac{x}{l_1} f(\alpha_3) + \frac{y}{l_2} \varphi(\alpha_3) + \psi(\alpha_3) = 0,$$

et, par suite, l'équation (1)

$$\alpha_1 f(\alpha_3) + \alpha_2 \varphi(\alpha_3) + \psi(\alpha_3) = 0.$$

Dans ce cas, il pourra être plus intéressant que dans le cas général de considérer l'enveloppe E des courbes (α_3) qui sont ici des droites. Si, en effet, la portion utile de cette enveloppe se trouve dans les limites de l'abaque, elle pourra dispenser du tracé des droites (α_3). Il suffira d'inscrire la cote de chacune de ces droites à côté de son point de contact avec la courbe E.

Étant données des valeurs pour α_1 et α_2, pour avoir la valeur correspondante de α_3 il suffira de mener par le point de rencontre des axes du quadrillage cotés α_1 et α_2 une tangente à la courbe E (ce qui se fera très aisément au moyen d'un index rectiligne marqué sur un transparent) et de lire la cote du point de contact de cette tangente. On pourra évidemment, le cas échéant, avoir ainsi plusieurs solutions, lorsque du point de rencontre des droites cotées α_1 et α_2 il sera possible de mener plusieurs tangentes à la courbe E.

23. *Exemples : 1° Second type d'abaque de multiplication.* — L'équation de la multiplication étant écrite

$$\alpha_1 \alpha_2 - \alpha_3 = 0,$$

il suffit de constituer le quadrillage au moyen des droites

$$(\alpha_1) \qquad x = l_1 \alpha_1,$$

$$(\alpha_3) \qquad y = l_3 \alpha_3,$$

pour que les courbes cotées (α_2) soient des droites issues de l'origine

$$(\alpha_2) \qquad y = \frac{l_1}{l_3} \alpha_2 x.$$

En prenant $l_1 = 5^{mm}$, $l_3 = 0^{mm},5$, on obtient ainsi l'abaque de la *fig.* 23 (¹).

Fig. 23.

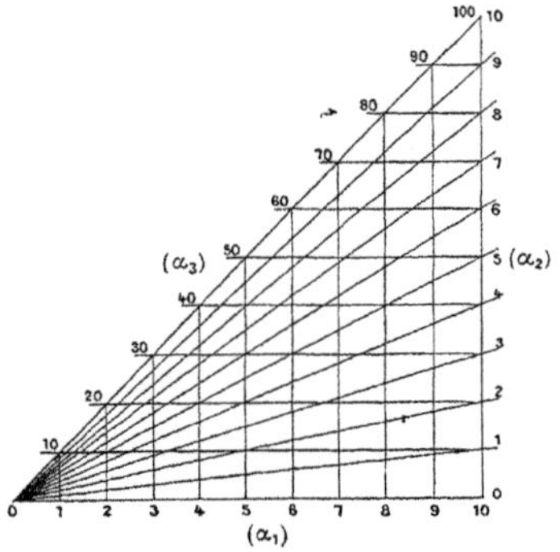

Il va sans dire qu'ici s'applique le principe des multiplicateurs correspondants, l'équation étant la plus simple du type du n° 21, 1°. Les multiplicateurs correspondants pour α_1, α_2 et α_3 sont respectivement λ_1, λ_2 et $\lambda_1 \lambda_2$.

(¹) Le *triangle à calcul* de M. P. Chenevier, qui figure dans les galeries du Conservatoire des Arts et Métiers, n'est autre qu'une forme particulière de cet abaque, dans laquelle, au lieu de tracer un certain nombre des droites (α_2) issues de l'origine, on a fixé en cette origine un fil que l'on peut tendre pour le faire passer par les points d'une graduation placée sur un bord du cadre et repérant les positions des droites (α_2) non tracées.

On obtient une meilleure disposition de l'abaque (*fig.* 23 *bis*) en prenant des axes de coordonnées non plus rectangulaires, mais faisant entre eux un angle égal à $\frac{3\pi}{4}$. Nous devons cette remarque à l'obligeance de M. Frochot, ancien conservateur des Forêts [1].

Fig. 23 *bis*.

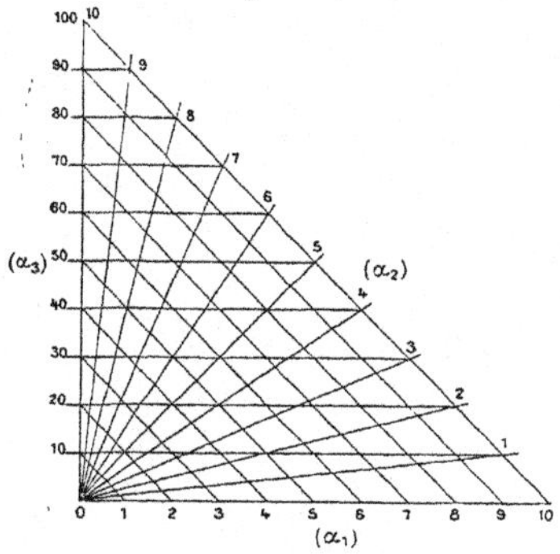

2° *Abaque de Lalanne pour l'équation trinome du troisième degré.* — Soit l'équation

$$z^3 + pz + q = 0.$$

Choisissant un module l quelconque, nous pouvons construire l'abaque de cette équation en prenant

$$x = lp, \qquad y = lq,$$

ce qui nous donne pour z les droites

$$y + zx + lz^3 = 0.$$

L'abaque ainsi obtenu (*fig.* 24) est celui qui a été construit par Lalanne [2].

Nous avons d'ailleurs fait remarquer [3] qu'on pouvait se borner à tracer

---

(1) C'est en 1892, au Congrès de l'*Association française pour l'Avancement des Sciences,* qui se tenait à Pau, que M. Frochot nous a communiqué son abaque. Il l'avait, croyons-nous nous rappeler, publié dans un Ouvrage, mais nous manquons sur ce point d'indication précise.

(2) Mémoire sur les Tables graphiques (*A. P. C.*, 1er semestre, 1846).

(3) **O.4**, p. 25.

les droites correspondant aux valeurs *positives* de z, les valeurs absolues des racines négatives de l'équation étant obtenues comme racines positives de la transformée en $-z$, c'est-à-dire de l'équation qui se déduit de la précédente par simple changement de q en $-q$.

Fig. 24.

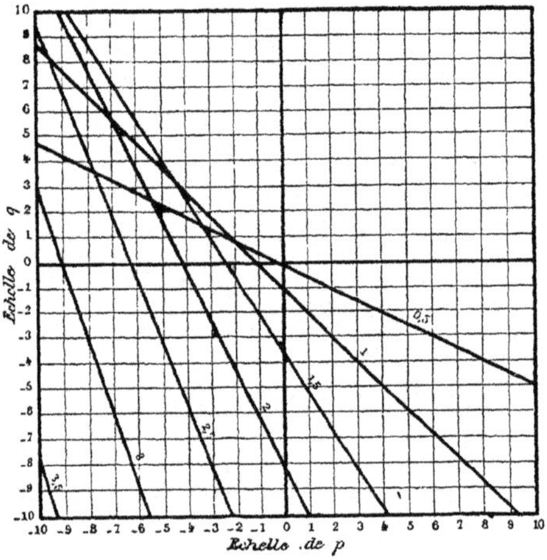

Cet artifice peut être considéré comme dérivant du principe des multiplicateurs correspondants (n° 21).

L'équation donnée peut, en effet, s'écrire

$$qz^{-3} + pz^{-2} + 1 = 0.$$

Sous cette forme, elle rentre évidemment dans le type (5) du n° 21, et l'on voit ainsi que, pour les variables q, p, z, on a, en faisant $\lambda = -1$, les multiplicateurs correspondants $(-1)^3$, $(-1)^2$, -1, ou -1, 1 et -1. C'est bien là la remarque qui vient d'être faite au sujet des racines négatives.

Mais, plus généralement, on peut dire que les variables q, p, z admettent les multiplicateurs correspondants n^3, n^2 et n. Pour montrer l'utilité de cette remarque, nous prendrons l'exemple suivant :

Si l'on représente par

z la hauteur en mètres sur laquelle le parement d'un mur de réservoir peut être maintenu vertical à partir du couronnement;

a la largeur en mètres du mur au couronnement;

λ le rapport de la pression limite admissible par mètre carré au poids de 1^{mc} de maçonnerie:

θ le rapport du poids de 1^{mc} d'eau à celui de 1^{mc} de maçonnerie,

M. Delocre a fait voir, dans son Mémoire classique sur les grands barrages, que la hauteur z est donnée [1] par la racine positive de l'équation

$$z^3 + \frac{a^2}{\theta} z - \lambda \frac{a^2}{\theta} = 0 \quad \text{si} \quad \frac{a^2}{\theta} > \frac{\lambda^2}{4}$$

ou

$$z^2 + \frac{4a^2}{\theta\lambda} z - \frac{3a^2}{\theta} = 0 \quad \text{si} \quad \frac{a^2}{\theta} < \frac{\lambda^2}{4}.$$

Posons

$$a = 10^m, \qquad \lambda = 20^m, \qquad \theta = \frac{1}{2}.$$

Ici,

$$\frac{a^2}{\theta} = 200, \qquad \frac{\lambda^2}{4} = 100,$$

et c'est la première équation qui est applicable. Cette équation devient

$$z^3 + 200 z - 4000 = 0.$$

L'abaque de la *fig.* 24 ne nous donne pas directement z. Ayons dès lors recours aux multiplicateurs ci-dessus définis en prenant $n = 10$.

Il vient ainsi

$$\left(\frac{z}{10}\right)^3 + 2\frac{z}{10} - 4 = 0,$$

et l'abaque donne

$$\frac{z}{10} = 1^m,18,$$

d'où

$$z = 11^m,8.$$

3° *Abaque du poids de la vapeur d'eau contenue dans l'air* [2].

Si p est le poids en grammes de la vapeur d'eau contenue dans 1^{mc} d'air à t^o, lorsque la tension de la vapeur est f en millimètres, on a

$$p = \frac{810 f}{760 + 2,78 t}.$$

---

(1) Les inégalités de condition, telles qu'elles sont énoncées ici, se rencontrent pour la première fois, dans une Note publiée par nous, en mars 1891, dans les *Annales des Ponts et Chaussées* (p. 443). Par suite d'un lapsus, le sens de toutes les inégalités de cette Note a été renversé, ainsi que nous l'avons fait remarquer depuis dans un *erratum*.

(2) Nous avons construit cet abaque en 1886, pour la Direction de l'Artillerie de l'Arsenal de Rochefort, en vue d'observations à faire, plusieurs fois par jour, dans des poudrières qui étaient de son ressort.

D'ailleurs la tension f est fournie par les Tables de Regnault ([1]) en fonction de la température de condensation t' lue sur l'hygromètre.

L'équation ci-dessus peut s'écrire

$$760p + 2,78tp - 810f = 0.$$

Pour la représenter nous poserons, l_1 et l_2 étant deux modules quelconques

$$x = l_1 \times 810f,$$
$$y = l_2 \times 2,78t,$$

ce qui donne pour les droites (p)

$$760p + p\frac{y}{l_2} - \frac{x}{l_1} = 0.$$

Faisons, par exemple ([2]),

$$l_1 = 0^{mm},0037, \qquad l_2 = 0^{mm},43.$$

Nous obtenons ainsi l'abaque de la *fig.* 25.

Les graduations de Ox et de Oy sont alors données par

$$x = 3^{mm}f,$$
$$y = 1^{mm},2t,$$

et les droites (p) par

$$760p + \frac{py}{0,43} - \frac{x}{0,0037} = 0.$$

Toutes ces droites convergent au point $x = 0$, $y = -326^{mm},8$. On les appelle des *radiantes* (n° 27).

([1]) Jamin, *Cours de Physique de l'École Polytechnique*, t. II (3e édition) p. 223.

([2]) Ces nombres ont été choisis pour mettre le texte d'accord avec la *fig.* 25 qui a été obtenue par réduction photographique de l'abaque construit à plus grande échelle en 1886. Sans cela on eût pris

$$l_1 = 0^{mm},0037, \qquad l_2 = 0^{mm},36$$

de façon à avoir à porter les graduations

$$x = 3f, \qquad y = t.$$

Il pourrait, de prime abord, sembler plus simple de choisir l_1 et l_2 de façon à n'avoir à porter que les graduations

$$x = f, \qquad y = t,$$

mais alors les radiantes (p) se rapprochant de la direction parallèle à Oy, leurs points de rencontre avec les verticales (f) se détermineraient avec moins d'exactitude.

Fig. 25.

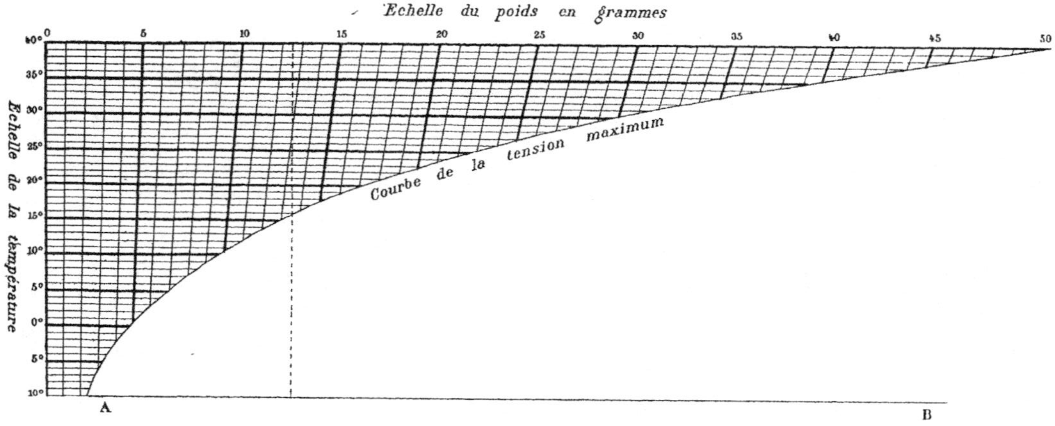
Echelle du poids en grammes
0
5
10
15
20
25
30
35
40
45
50
40°
35°
30°
25°
20°
15°
10°
5°
0°
5°
10°
Echelle de la température
Courbe de la tension maximum
A
B

L'échelle de t ou *échelle des températures* sera construite entre $t = -10^\circ$ et $t = 40^\circ$. Sa longueur sera égale à $1^{mm},2 \times 50 = 60^{mm}$.

Pour construire les droites (p) déterminons les points où elles coupent les horizontales 0° ($y = 0$) et 40° ($y = 1^{mm},2 \times 40 = 48^{mm}$).

Pour $y = 0$, nous avons, en prenant comme unité le millimètre,

$$x = 760 \times 0,0037p = 2,81p;$$

pour $y = 48$

$$x = \left(760 + \frac{48}{0,43}\right) 0,0037p = 3,22p.$$

Construisons ces droites pour des valeurs de p croissant d'unité en unité de 0 à 50.

Les abscisses des deux points déterminant la droite extrême ($p = 50$) seront, pour $t = 0^\circ$ ($y = 0$) et $t = 40^\circ$ ($y = 48$),

$$x = 140^{mm},5 \qquad \text{et} \qquad x = 161^{mm}.$$

Reste à construire l'échelle de la tension f. Celle-ci étant fonction de la température de condensation t', nous pourrons la déterminer par le procédé indiqué au n° 12, c'est-à-dire en traçant la courbe qui fait connaître les variations de f en fonction de t (traduction graphique de la table de Regnault), les modules le long de Ox et Oy étant précisément les nombres 3^{mm} et $1^{mm},2$ obtenus plus haut. En d'autres termes, on construira la courbe définie par

$$x = 3^{mm} f,$$
$$y = 1^{mm},2t',$$

les valeurs correspondantes de t' et de f étant celles que donne la table de Regnault.

Cette courbe, que nous désignerons par F, étant tracée, on voit à quoi se réduit le mode d'emploi de l'abaque : *lire la cote p de la radiante passant par le point de rencontre de l'horizontale t et de la verticale f, cette dernière coupant la courbe* F *au même point que l'horizontale t'.*

Usant ici d'un artifice (¹) signalé au n° 13 nous remplacerons le système des verticales par un index mobile tracé sur un transparent dont l'orientation sera maintenue par la coïncidence, avec l'axe AB de l'abaque, d'un second index de ce transparent, perpendiculaire au premier.

Dès lors, le mode d'emploi de l'abaque peut s'énoncer ainsi : *l'index d'orientation du transparent étant mis en coïncidence avec* AB, *faire passer l'index de lecture par le point de la courbe* F *situé sur l'horizontale t', suivre cet index jusqu'en son point de rencontre avec l'ho-*

(¹) C'est précisément à l'occasion de cet abaque que nous avons eu pour la première fois recours à cet artifice.

rizontale t et lire la cote p de la radiante passant par ce dernier point.

Par exemple, pour $t = 30°$, $t' = 16°$, la position de l'index étant celle indiquée en pointillé sur la figure, on lit $p = 12^{gr},9$. On aurait pu évidemment tout aussi bien écrire au pied de chaque verticale la valeur correspondante de t' obtenue par l'intermédiaire de la courbe F, et effacer celle-ci.

4° Nous dirons encore un mot des abaques publiés par M. Genaille sous le titre *Les graphiques de l'ingénieur*, et nous indiquerons sommairement leur disposition dans un cas. Si une charge est uniformément répartie sur une poutre de portée a, on a

$$pa^2 = q,$$

q étant un nombre qui dépend de la section de la poutre et de la limite de pression admise par unité de surface [1].

A chaque type de fer du commerce correspond une valeur de q. L'abaque de l'équation précédente, en permettant de calculer q, définira donc le type de fer à adopter pour des valeurs données de a et de p.

Cet abaque peut être construit au moyen du quadrillage défini par

$$x = l_1 q, \qquad y = l_2 p,$$

ce qui donne pour a les droites cotées dont l'équation est

$$l_1 a^2 y = l_2 x,$$

droites passant par l'origine. Au lieu d'inscrire la valeur de q au pied de la verticale correspondante, on peut y inscrire les éléments de la section donnant cette valeur de q. Les abaques ainsi obtenus pour les différentes espèces de poutres sont ceux que M. Genaille a fait connaître au Congrès de 1884 de l'Association française pour l'avancement des Sciences, et dont des exemplaires à grande échelle figurent dans les galeries du Conservatoire des Arts et Métiers [2].

---

(1) On a $q = \frac{8RI}{n}$, I étant le moment d'inertie polaire de la section, n la distance des fibres qui supportent la plus grande tension, R la limite de pression admise.

(2) Aux exemples qui viennent d'être donnés ci-dessus, et qui pourraient, sans profit d'ailleurs pour le lecteur, être beaucoup multipliés, nous tenons à joindre la mention d'abaques de ce genre, pour le calcul du profil de certains murs de soutènement, dans la livraison de septembre 1898 de la *Revue du Génie* par le lieutenant Belhague (*Pl. IX*) et le commandant Bertrand (*Pl. XI*). La très intéressante étude du premier de ces officiers sur la construction de la route de Tananarive à Moramanga fait ressortir l'utilité de l'emploi des abaques pour des travaux qui, comme celui-ci, exigent une grande célérité.

II. — Anamorphose.

24. *Principe.* — Nous avons vu au n° 15 qu'en substituant aux échelles régulières, qu'il est tout naturel, de prime abord, de porter le long de Ox et de Oy, d'autres échelles fonctionnelles, on peut toujours transformer en une ligne droite la courbe représentative d'une équation liant les variables auxquelles correspondent ces deux échelles.

Dans quel cas une telle modification apportée aux deux échelles Ox et Oy d'un abaque cartésien à trois variables transformera-t-elle *à la fois* toutes les courbes de cet abaque en lignes droites?

La réponse à cette question est facile.

Pour qu'avec les graduations

$$(\alpha_1) \qquad x = l_1 f_1(\alpha_1),$$
$$(\alpha_2) \qquad y = l_2 f_2(\alpha_2),$$

les courbes (α_3) constituant l'abaque soient des droites, il faut et il suffit que leur équation soit de la forme

$$(\alpha_3) \qquad \frac{x}{l_1} f_3(\alpha_3) + \frac{y}{l_2} \varphi_3(\alpha_3) + \psi_3(\alpha_3) = 0.$$

Ceci aura lieu si l'équation proposée est

$$f_1(\alpha_1) f_3(\alpha_3) + f_2(\alpha_2) \varphi_3(\alpha_3) + \psi_3(\alpha_3) = 0.$$

Nous obtenons ainsi à la fois la forme des équations auxquelles cet artifice est applicable et l'indication de la manière dont cet artifice doit être mis en œuvre.

Dans le cas où il ne s'agit que de la courbe isolée constituant l'abaque d'une équation à deux variables, comme au n° 15, une telle transformation n'offre aucun avantage appréciable, le travail requis pour l'établissement d'une échelle fonctionnelle étant équivalent à celui qu'exige la détermination des points de la courbe correspondante; on n'économise, somme toute, que le tracé de la courbe réunissant les divers points obtenus individuellement. Il n'en va pas de même ici, et l'avantage y devient très sensible.

Si le travail exigé par le changement de graduation équivaut à peu près à la construction d'une courbe, comme on aurait un certain nombre n de celles-ci à tracer, on voit que l'économie réalisée peut-être représentée environ par le travail requis par le tracé de $n-1$ courbes. Une fois, en effet, le nouveau quadrillage établi, il suffit d'y marquer deux points pour obtenir chacune des lignes droites destinées à remplacer les courbes qu'on aurait eu à construire point par point dans le système primitif, et qui ont, en outre, sur celles-ci l'avantage d'un tracé rigoureux.

Le principe d'une telle transformation a été indiqué, pour la première fois, par Léon Lalanne qui lui a donné le nom d'*anamorphose géométrique* (¹). C'est sous la forme indiquée au n° **28** qu'il s'est d'abord présenté à lui et cela à propos des applications traitées plus loin aux n°ˢ **29** (1°) et **108**.

25. *Exemple : abaque de tir.* — Dans un travail relatif à une question de tir (²), le capitaine G. Ricci, de l'artillerie italienne, se propose de construire l'abaque de l'équation

$$\rho(d\cos\varphi-\alpha)=d^2-\alpha^2,$$

destinée à faire connaître α lorsque ρ et φ sont donnés.

Il suffit d'écrire cette équation sous la forme

$$\frac{d^2-\alpha^2}{\rho}-d\cos\varphi-\alpha=0,$$

pour voir qu'elle rentre dans le type précédent. Nous porterons donc sur les axes les graduations

$$(\rho)\qquad x=\frac{l_1}{\rho},$$

et

$$(\varphi)\qquad y=l_2\cos\varphi,$$

et nous aurons ainsi pour les courbes (α)

$$(\alpha)\qquad \frac{d^2-\alpha^2}{l_1}x-\frac{d}{l_2}y-\alpha=0$$

c'est-à-dire des droites.

Le capitaine Ricci a construit cet abaque pour ρ, variant entre 1000 et

---

(¹) *Mémoire sur les Tables graphiques et sur la Géométrie anamorphique* (*A. P. C.*, 1ᵉʳ semestre 1846).

(²) *Rivista di Artiglieria e Genio*, t. IV, p. 165 (novembre 1896). On trouvera dans le *Bulletin astronomique*, t. III, p. 62 et 232, une série d'intéressantes applications du même principe, dues à M. Radau.

8000 (de 100 en 100 entre 1000 et 6000, de 200 en 200 entre 6000 et 8000), pour φ variant entre 0° et 120° (de 2 en 2 entre 10° et 20°, de 1 en 1 entre 20° et 120°), enfin, pour α variant entre -800 et 500, de 10 en 10.

En vue de réduire les dimensions de l'abaque, il l'a fractionné en trois parties accolées les unes aux autres. Pour chacune de ces trois parties l_2 a été pris égal à $0^{m},20$, tandis que l_1 varie de l'une à l'autre. Ayant adopté $l_1 = 500^{m}$ pour la partie qui s'étend de 8000 à 3000, l'auteur a réduit cette valeur de l_1 à la moitié, soit à 250^{m}, de 3000 à 2000 et à son sixième, soit à $83^{m},33$, de 2000 à 1000. Il en résulte que sur les verticales suivant lesquelles ces trois abaques partiels s'accolent ($\rho = 3000$ et $\rho = 2000$) les droites (α) changent de direction.

La *fig.* 26 donne une réduction de cet abaque.

26. *Abaques à parallèles.* — Les équations du type signalé au n° 24 peuvent revêtir la forme très simple

$$f_1(\alpha_1) + f_2(\alpha_2) + f_3(\alpha_3) = 0,$$

qui est extrêmement fréquente dans la pratique. Dans ce cas, ayant constitué le quadrillage de l'abaque en élevant respectivement aux axes Ox et Oy des perpendiculaires par les points des échelles que définissent les équations

$$(\alpha_1) \qquad x = l_1 f_1(\alpha_1),$$

$$(\alpha_2) \qquad y = l_2 f_2(\alpha_2),$$

on obtient pour équation des courbes cotées (α_3)

$$\frac{x}{l_1} + \frac{y}{l_2} + f_3(\alpha_3) = 0,$$

qui représente un système de droites parallèles.

Le coefficient angulaire de ces droites étant constant et égal à $-\frac{l_2}{l_1}$, il suffira, après avoir déterminé la direction correspondante qui s'obtient en joignant le point de l'axe Ox d'abscisse l_1 au point de l'axe Oy d'ordonnée l_2, de déterminer un point pour chacune de ces droites. On pourra prendre notamment leurs points de rencontre avec l'axe Ox, définis par

$$x = -l_1 f_3(\alpha_3).$$

On pourra aussi prendre leurs points de rencontre avec la perpendiculaire Oz à leur direction menée par l'origine O, droite dont l'équation est

$$l_1 x = l_2 y.$$

Fig. 26.

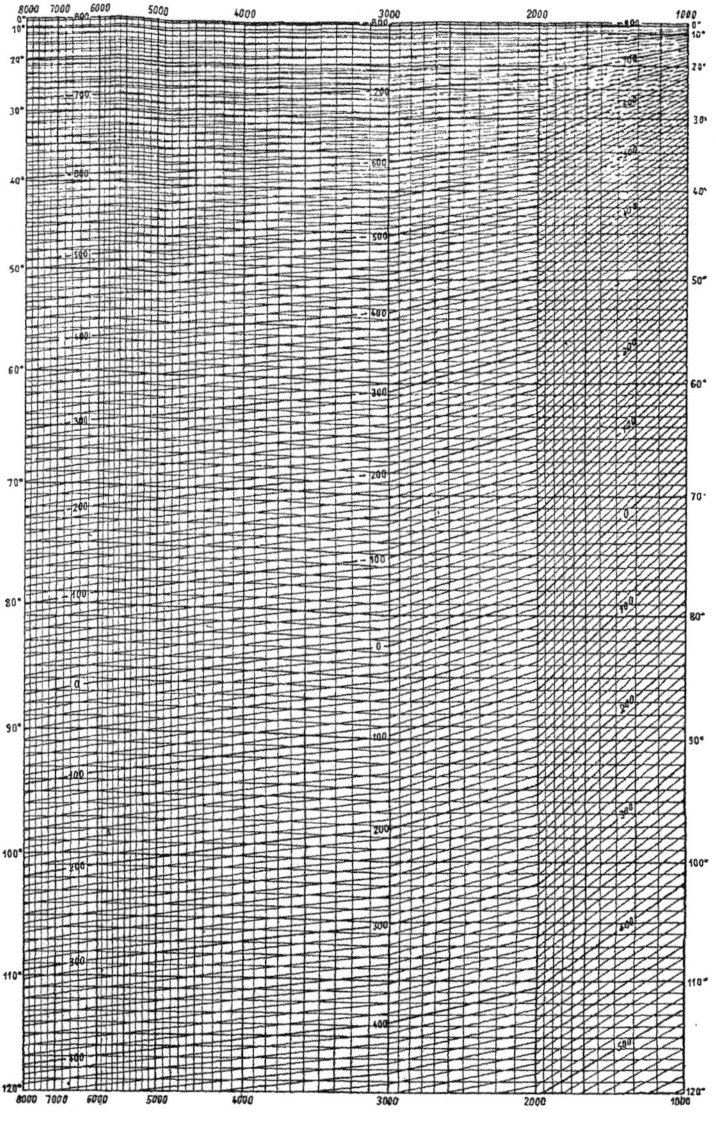

Si nous représentons par z les segments comptés sur cette droite à partir de O, nous voyons que le z de la droite (α_3) qui n'est autre que la distance de l'origine à cette droite est donné par

$$(\alpha_3) \qquad z = \frac{l_1 l_2 f_3(\alpha_3)}{\sqrt{l_1^2 + l_2^2}}.$$

En résumé, ayant gradué les axes Ox, Oy et Oz d'après les trois équations (α_1), (α_2) et (α_3) ci-dessus, on n'a qu'à élever à chacun de ces axes des perpendiculaires par les points de l'échelle qu'il porte pour obtenir l'abaque de l'équation considérée.

Exemple : Nous rencontrerons par la suite un très grand nombre d'équations de cette forme. Contentons-nous ici de prendre comme exemple la formule des miroirs et lentilles sphériques

$$\frac{1}{d} + \frac{1}{d'} = \frac{1}{f},$$

où d et d' sont les distances du miroir ou de la lentille à deux points conjugués, f la distance focale principale.

Fig. 27.

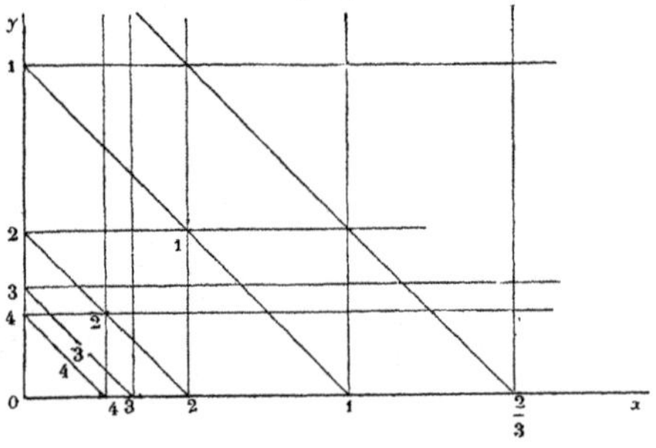

D'après ce qui précède on aura un abaque de cette formule, en posant

$$x = \frac{l}{d}, \qquad y = \frac{l}{d'},$$

l étant un module quelconque, ce qui donne pour lignes cotées (f) les droites

$$x + y = \frac{l}{f},$$

immédiatement obtenues en joignant les points dont les cotes sont égales à f dans les graduations de Ox et de Oy.

En prenant $l = 3^m,5$, on a ainsi la *fig.* 27 (¹).

27. *Abaques à radiantes.* — Une autre forme d'équation très fréquente, rentrant dans le type du n° 24, est la suivante :

$$f_1(\alpha_1) f_2(\alpha_2) = f_3(\alpha_3).$$

On voit qu'on aura la représentation anamorphosée de cette équation en graduant les axes Ox et Oy suivant les lois

$$(\alpha_1) \qquad x = l_1 f_1(\alpha_1),$$

$$(\alpha_3) \qquad y = l_3 f_3(\alpha_3),$$

ce qui donne pour courbes cotées (α_2)

$$(\alpha_2) \qquad y = \frac{l_3}{l_1} f_2(\alpha_2) x,$$

droites issues de l'origine, que l'on appelle des *radiantes* (²).

Ces droites passant par l'origine, il suffit d'obtenir un point de chacune d'elles. Si, par exemple, on les coupe par la parallèle à Oy, dont l_1 est l'abscisse à l'origine, savoir

$$x = l_1,$$

on voit que l'on obtient sur cette droite l'échelle définie par l'équation

$$y = l_3 f_2(\alpha_2).$$

Nous avons rencontré plus haut (n° 23, 1°, 3° et 4°) divers exemples d'abaques à radiantes sans anamorphose.

(¹) Cet abaque a été construit par M. Gariel (A. F. A. S., Congrès de Clermont-Ferrand, p. 140; 1876), qui lui a ensuite appliqué une ingénieuse transformation géométrique. Nous avons fait voir dans notre brochure **O.4** (p. 88) comment l'application directe de la méthode des points alignés, dont il sera question plus loin (Chap. III), conduisait à cet abaque transformé.

(²) On peut substituer au système de ces radiantes une droite pivotant autour du point O. Il suffit, pour cela, d'inscrire le long d'une ligne quelconque les cotes des points où les droites (α_2) supposées tracées rencontreraient cette ligne. On obtient ainsi une certaine échelle, rectiligne ou curviligne, qui permet de repérer la position de la droite pivotante pour chaque valeur de α_2. Une telle disposition sera même avantageuse au point de vue de la précision de l'interpolation à vue.

Voici des exemples de tels abaques obtenus par anamorphose :

1° *Troisième type d'abaque de multiplication.* — On peut, pour représenter l'équation

$$\alpha_1 \alpha_2 = \alpha_3,$$

poser

$$x = l_1 \alpha_1, \qquad y = \frac{l_2}{\alpha_2},$$

ce qui donne comme courbes cotées (α_3) les radiantes

$$l_2 x = l_1 \alpha_3 y.$$

Un tel abaque est représenté par la *fig.* 28. Il se rencontre parmi les Ta-

Fig. 28.

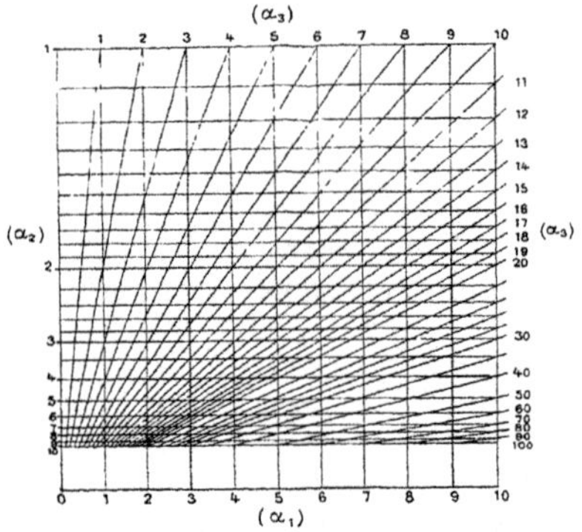

bleaux graphiques dressés par M. l'ingénieur des Ponts et Chaussées Crépin, en vue de l'étude du dessèchement des pays watringués, dans un Mémoire remarquable où, pour la première fois, cette question complexe est soumise au calcul (¹).

2° *Abaque des heures de lever et de coucher du soleil.* — Si l'on représente par λ la latitude du lieu et par D la déclinaison du soleil correspondant à l'époque, l'angle horaire *Æ* du soleil au moment de son lever ou de son coucher est donné par l'équation

$$-\cos Æ = \tan\lambda . \tan D,$$

(¹) *A. P. C.*, 1er sem. 1881, p. 138. L'abaque de multiplication ici reproduit se trouve sur la *Pl. VI* jointe à ce Mémoire.

qui rentre dans le type ci-dessus. Nous prendrons donc, pour représenter cette équation,

$$x = l_1 \operatorname{tang} \lambda, \qquad y = -l_2 \cos \mathcal{H},$$

d'où

$$y = \frac{l_2}{l_1} x \operatorname{tang} D.$$

Si l'on prend $l_1 = l_2$, on voit que la droite cotée (D) est la droite menée par l'origine, qui fait l'angle D avec l'axe des x.

Chaque horizontale $\mathcal{H}$ correspond à deux cotes égales et de signes contraires. Mais on peut immédiatement écrire les valeurs de ces angles horaires en temps, ce qui donne l'heure vraie du lever ou du coucher.

Si l'on inscrit ces cotes aux points de rencontre des horizontales ($\mathcal{H}$) et

Fig. 29.

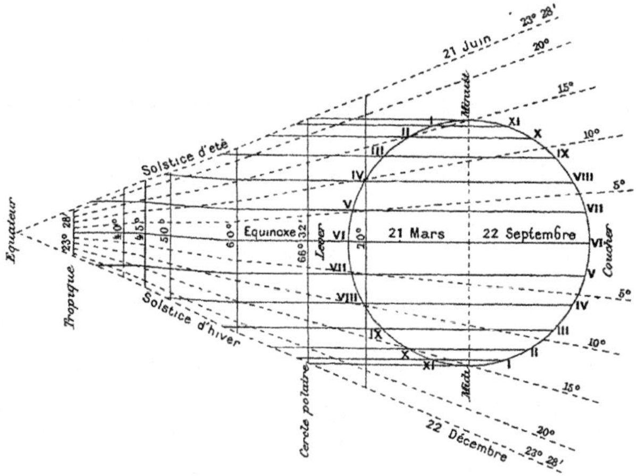

d'un cercle de rayon l_2, ayant son centre en un point quelconque de l'axe des x, on obtient la *fig.* 29, qui est une réduction de l'abaque construit par M. Collignon [1].

On voit que l'horizontale, passant par le point de rencontre de la verticale dont la cote est la latitude λ du lieu et de la radiante dont la cote est la déclinaison D du soleil pour l'époque, va couper le cercle horaire

---

[1] L'abaque de M. Collignon est complété par des tracés permettant de passer du temps vrai au temps moyen et de tenir compte de la durée du crépuscule (*N. A.*, 2e série, t. XVIII, p. 179, et 3e série, t. I, p. 490).

en deux points dont les cotes sont les heures de lever et de coucher du soleil.

Au lieu de coter les radiantes au moyen des valeurs de D, on pourrait inscrire immédiatement à côté de chacune d'elles l'indication de l'époque correspondante, ainsi qu'on l'a fait sur la *fig.* 29 pour les solstices et les équinoxes.

3° *Abaque des débits d'une rivière.* — Le débit d'une rivière en un point déterminé est donné par la formule

$$q = \omega u,$$

où q désigne le débit exprimé en mètres cubes par seconde, ω l'aire de la section exprimée en mètres carrés, u la vitesse moyenne exprimée en mètres par seconde.

Pour la section considérée, l'aire ω est une fonction $f(h)$ connue de la hauteur d'eau h lue sur une échelle plongeant dans la rivière. On peut donc écrire

$$(1) \qquad q = u f(h).$$

D'autre part, lorsqu'il ne s'agit que d'une détermination approximative, on peut prendre pour la vitesse moyenne u le produit par 0,8 de la vitesse à la surface donnée par un flotteur parcourant pendant t secondes une longueur connue e, comprise entre deux repères, en sorte que

$$(2) \qquad 0{,}8\, e = ut.$$

L'équation (1) peut être représentée au moyen des éléments cotés

$$(u) \qquad x = l_1 u,$$

$$(q) \qquad y = l_2 q,$$

$$(h) \qquad y = \frac{l_2}{l_1} f(h) x,$$

et l'équation (2), ainsi que cela a été expliqué au n° 12, au moyen de la courbe

$$0{,}8\, e = \frac{xy}{l_1 l'_2},$$

qui est une hyperbole équilatère C, dessinée sur le quadrillage défini par

$$x = l_1 u, \qquad y = l'_2 t.$$

Nous pouvons faire coïncider l'axe des x de ce quadrillage avec celui de l'abaque précédent, son axe des y étant dans le prolongement de l'autre et en sens contraire.

Pour construire les droites cotées (h), il suffit de remarquer, ainsi qu'on l'a fait au début de ce numéro, que, sur la droite $x = l_1$, ces droites déterminent l'échelle

$$y = l_2 f(h).$$

L'abaque ainsi obtenu (*fig.* 30) est celui qui a été établi par

Fig. 30.

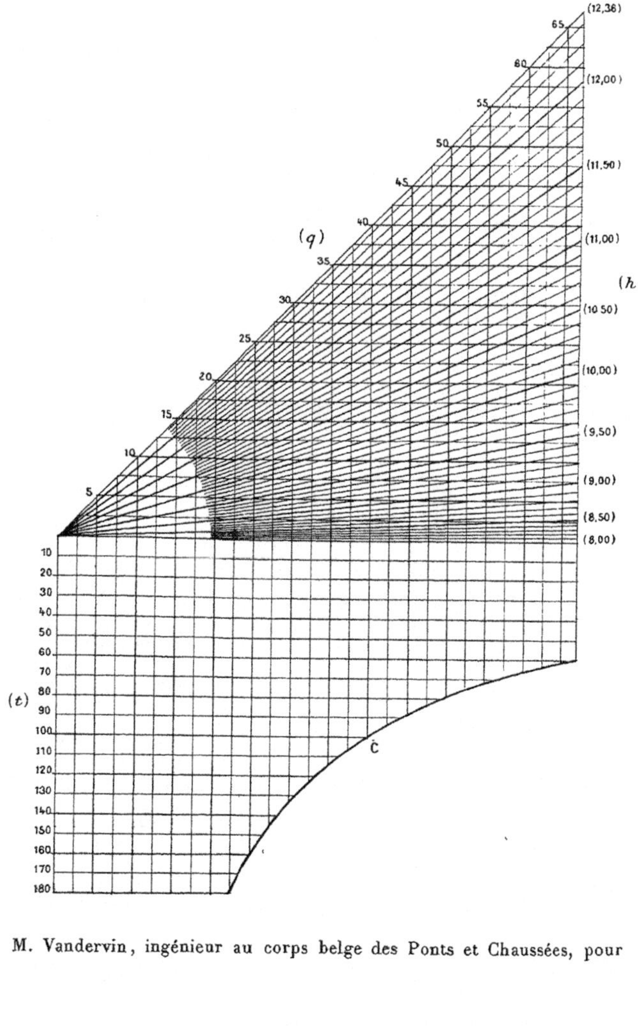

M. Vandervin, ingénieur au corps belge des Ponts et Chaussées, pour la station de Hombeek, sur la Senne (¹), où l'on avait $e = 100^{m}$.

L'abaque de M. Vandervin a été construit avec les modules

$$l_1 = 0^{m},1, \qquad l_2 = 0^{m},002, \qquad l'_2 = 0^{m},0005.$$

La *fig.* 30 en est la réduction aux $\frac{2}{3}$.

Le mode d'emploi de cet abaque est le suivant : *La verticale passant par le point de rencontre de l'horizontale* (t) *et de l'hyperbole* C *coupe la radiante* (h) *en un point situé sur l'horizontale* (q) (²).

Par exemple, le 25 janvier 1891, à Hombeek, le flotteur a parcouru la distance des repères en $t = 92^{s}$, la hauteur d'eau étant de $12^{m},04$. La verticale passant par le point de rencontre de l'horizontale $t = 92^{s}$ et de l'hyperbole C coupe la radiante $12^{m},04$ en un point dont l'horizontale suivie jusqu'à l'échelle des débits donne $q = 38^{mc},5$.

4° *Abaques des poutres chargées.* — Le commandant Chéry (depuis lors général) a, dans sa *Pratique de la résistance des matériaux* (³), donné une série d'abaques pour le calcul des poutres chargées, traduisant pour les diverses sections usuelles l'équation

$$pa^2 = q$$

déjà définie au n° 23 (4°). Pour construire ces abaques, il a eu recours au quadrillage anamorphosé défini par les équations

$$x = l_1 p, \qquad y = \frac{l_2}{a^2},$$

d'où résulte pour les éléments cotés (q) l'équation

$$l_2 x = l_1 q y,$$

qui définit des radiantes issues de l'origine. Au lieu d'inscrire à côté de chacune de ces radiantes la valeur correspondante de q, le commandant Chéry y a placé une lettre de référence renvoyant à une table placée en regard de l'abaque où se lisent les dimensions de la section donnant cette valeur de q.

On trouvera, dans la partie du Chapitre IV consacrée au calcul des pro-

---

(¹) *Annales des Travaux Publics de Belgique*, 1892. Dans le même Mémoire, M. Vandervin construit un abaque de même type pour le calcul des moments d'inertie des rectangles.

On en trouve un autre pour le calcul des sections résistantes des travées droites dans une étude de M. D. Gorrieri (*Atti del Collegio degli Ingegneri ed Architetti in Bologna*, 1895).

(²) On pourrait, à côté de chaque verticale, écrire la valeur correspondante de t obtenue par l'intermédiaire de l'hyperbole C, ce qui reviendrait à faire une anamorphose le long de Ox.

(³) Paris, Ducher et Cie; 1877.

fils de remblai et de déblai, d'autres exemples d'abaques à radiantes (*fig.* 116 à 122).

28. *Anamorphose logarithmique.* — Toute équation représentable par un abaque à radiantes est également susceptible d'être représentée par un abaque à parallèles.

Le type d'équation du n° 27 peut, en effet, s'écrire, lorsqu'on prend les logarithmes des deux membres,

$$\log f_1(\alpha_1) + \log f_2(\alpha_2) = \log f_3(\alpha_3).$$

Il rentre alors dans le type du n° 26, représentable par un système de droites parallèles tracées sur un quadrillage irrégulier.

On appréciera par la suite tous les avantages de cet ingénieux artifice, dû à Léon Lalanne, et qui a constitué la première forme sous laquelle s'est présenté à lui le principe de l'anamorphose.

Pour effectuer la représentation de l'équation ci-dessus conformément à la méthode indiquée au n° 24, on commencera par tracer le quadrillage formé par les perpendiculaires élevées respectivement à Ox et à Oy par les points de division des échelles définies sur ces axes par les équations

$$(\alpha_1) \qquad x = l_1 \log f_1(\alpha_1),$$

$$(\alpha_2) \qquad y = l_2 \log f_2(\alpha_2).$$

On n'aura plus ensuite qu'à construire les droites

$$(\alpha_3) \qquad \frac{x}{l_1} + \frac{y}{l_2} = \log f_3(\alpha_3),$$

ce qui peut se faire, ainsi qu'on l'a vu au n° 26, en graduant la perpendiculaire Oz à la direction de ces droites suivant la loi

$$(\alpha_3\ bis) \qquad z = \frac{l_1 l_2 \log f_3(\alpha_3)}{\sqrt{l_1^2 + l_2^2}}.$$

La construction des échelles logarithmiques (α_1), (α_2) et $(\alpha_3\ bis)$ n'offre d'ailleurs pas plus de difficulté que celle des échelles des fonctions f_1, f_2 et f_3 lorsqu'on dispose d'un étalon logarithmique ainsi qu'on l'a fait observer au n° 6.

Au surplus, on trouve maintenant dans le commerce du papier

à quadrillage logarithmique ([1]), grâce auquel la construction d'un abaque de ce genre se fait avec la même facilité que celle d'un abaque non anamorphosé sur du papier à quadrillage régulier.

On doit à M. R. Mehmke un autre mode d'utilisation des plus remarquables de l'anamorphose logarithmique, sur lequel nous reviendrons plus loin (n° 139) et qui consiste à substituer à certaines courbes algébriques non pas des droites, ce qui ne serait pas possible, mais des courbes qui peuvent être obtenues par translation d'une seule et même courbe dessinée sur un transparent.

29. *Exemples :* 1° *Quatrième type d'abaque de multiplication.* — Les exemples d'application de l'anamorphose logarithmique sont extrêmement nombreux. Le plus classique d'entre eux est celui, dû à son inventeur même, qui a trait au calcul des profils de remblai et de déblai et que l'on trouvera plus loin (n° 108). Nous aurons d'ailleurs bien d'autres occasions d'utiliser ce principe dans la suite de cet Ouvrage. Aussi pensons-nous pouvoir nous borner pour le moment à indiquer l'application classique qui en a été faite par Lalanne lui-même à la multiplication ([2]).

Pour représenter l'équation

$$\alpha_1 \alpha_2 = \alpha_3,$$

il suffit, après l'avoir écrite

$$\log \alpha_1 + \log \alpha_2 = \log \alpha_3,$$

([1]) Nous signalerons, sur ce papier logarithmique, dont l'idée paraît due à M. W.-F. Durand, deux intéressants articles, l'un de M. René de Saussure dans la *Revue scientifique* (2e semestre 1894, p. 743), l'autre du P. Poulain dans le *Cosmos* (numéro du 29 juin 1895, p. 390).

([2]) *Description et usage de l'abaque, etc.* (1845; 2e édition, 1851; 3e édition, 1863). Les exemples d'application de l'anamorphose logarithmique sont très nombreux. Nous citerons ceux donnés par M. Collignon pour l'écoulement de l'eau dans les tuyaux (*Cours d'hydraulique*), par le colonel Goulier pour certaines corrections topométriques (*Mémorial de l'officier du Génie*, n° 18, 1868), par M. A. Kapteyn pour divers calculs relatifs aux machines à vapeur (*Revue universelle des mines*, 2e semestre, 1876), par M. A. van Muyden pour le calcul des conduites d'eau sous pression (*Bull. de la Société vaudoise des ingénieurs*, mars 1884) ainsi que pour le calcul des conducteurs électriques (*Lumière électrique*, 9 janvier 1886), etc.

Divers auteurs allemands, MM. G. Hermann (*Das graphische Einmaleins*, ..., Braunschweig, 1875), Helmert (*Zeitschrift fur Vermessungswesen*, 1876), Vogler (*Sechs graphische Tafeln*..., Berlin, 1877), semblent être arrivés de leur côté au même principe dont la priorité ne saurait pourtant être contestée à Lalanne.

de poser

$$x = l \log \alpha_1, \qquad y = l \log \alpha_2,$$

ce qui donne pour les droites (α_3) l'équation

$$x + y = l \log \alpha_3.$$

On voit qu'une fois le quadrillage construit les droites (α_3) se déterminent très aisément. La droite ayant pour cote une certaine valeur de α_3 coupe, en effet, les axes Ox et Oy aux points ayant précisément pour cote, dans les graduations de ces axes, la valeur considérée de α_3.

On obtient ainsi l'abaque représenté par la *fig.* 31.

Fig. 31.

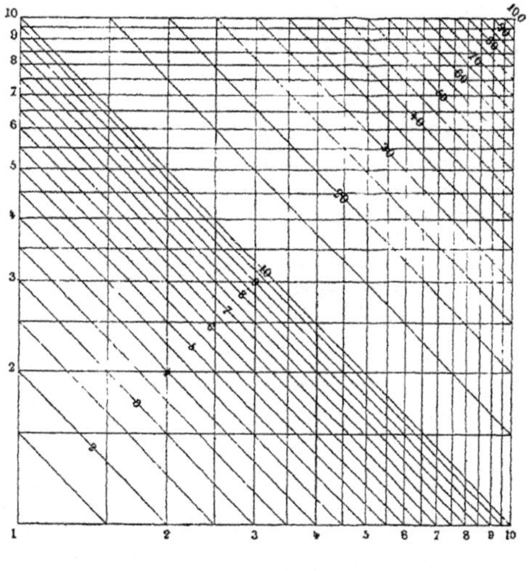

2° *Abaque de l'équation des portées lumineuses.* — Nous venons de faire voir comment l'anamorphose logarithmique permet de substituer à des abaques à radiantes des abaques à parallèles. Son rôle se borne dans ce cas à remplacer des lignes droites par d'autres lignes droites d'une disposition plus avantageuse. On saisira par la suite tout l'intérêt d'une telle substitution, mais il est bon d'observer que l'anamorphose logarithmique permet encore de construire des abaques à lignes droites pour des équations qui ne sauraient, sans ce secours, bénéficier d'une telle simplification.

Un exemple remarquable nous sera fourni par l'abaque de l'équation des portées lumineuses [1], construit pour le Service des Phares par M. E. Allard qui en était alors l'ingénieur en chef. Cette équation est

$$100\,L a^d = d^2,$$

où a désigne le coefficient de transparence du milieu, L l'intensité lumineuse et d la portée lumineuse en kilomètres.

Pour construire l'abaque de cette équation, il suffit de l'écrire

$$\log 100\,L = -d \log a + 2 \log d,$$

et de constituer le quadrillage au moyen des formules

$$(a) \qquad x = -l_1 \log a.$$

$$(L) \qquad y = l_2 \log 100\,L.$$

ce qui donne pour éléments cotés (d) les droites

$$(d) \qquad y = \frac{dl_2}{l_1} x + 2 l_2 \log d.$$

On commencera donc par porter sur Ox et Oy les échelles définies par les formules (a) et (L), pour élever ensuite à ces axes, par les points de division ainsi obtenus, les perpendiculaires qui constitueront le quadrillage de l'abaque.

M. Allard a donné à ces échelles la forme isograde (n° 8), de façon qu'en dépit de l'anamorphose le quadrillage présente un aspect régulier. Il a pris pour les modules les valeurs

$$l_1 = \frac{4^m}{3} = 1^m,333\ldots.$$

$$l_2 = 0^m,04$$

et a adopté, tant sur l'axe Ox que sur l'axe Oy, un intervalle constant de 2^{mm}.

Cela conduit à donner à a des valeurs dont les logarithmes décroissent régulièrement de

$$\frac{0,002 \times 3}{4} = 0,0015$$

et à L des valeurs dont les logarithmes croissent régulièrement de

$$\frac{0,002}{0,04} = 0,05.$$

D'ailleurs, l'échelle (a) a été construite sur $0^m,20$ de longueur, soit jus-

---

(1) *Mémoire sur l'intensité et la portée des phares*, par E. Allard (Paris, Imprimerie Nationale; 1876)

qu'au nombre a_0 tel que

$$-\frac{4}{3}\log a_0 = 0,2$$

ou

$$\log a_0 = -0,15 = \overline{1},85,$$

d'où

$$a_0 = 0,708,$$

et l'échelle (L) sur $0^m,30$ de longueur avec une limite supérieure égale à

Fig. 32.

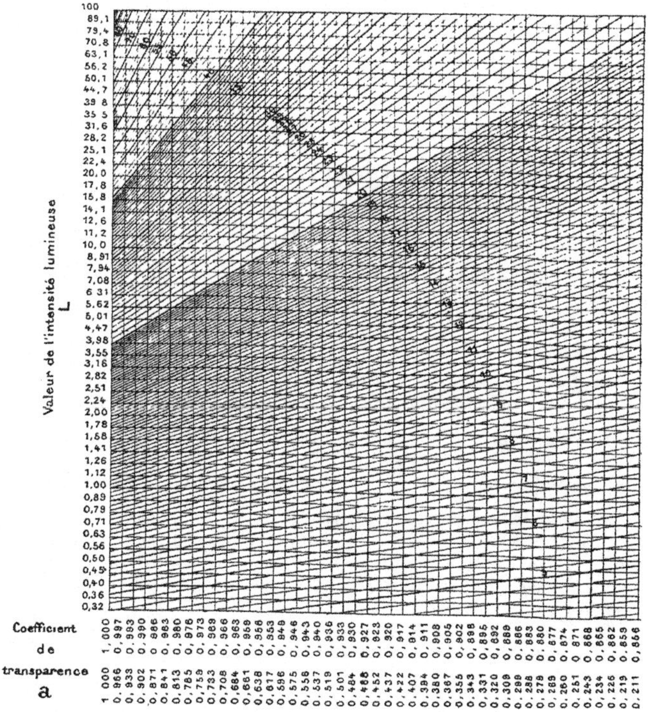

10000000, ce qui donne pour la limite inférieure L_0

$$0,04(7 - \log L_0) = 0,3,$$

ou

$$\log L_0 = -0,5 = \bar{1},5,$$

d'où

$$L_0 = 0,32.$$

La *fig.* 32 reproduit un fragment de l'abaque ainsi obtenu (¹).

M. Allard a remarqué que si (a, L, d) est une solution de l'équation, c'est-à-dire si

$$100 L a^d = d^2,$$

cette égalité peut s'écrire, λ étant un nombre absolument quelconque,

$$100\lambda^2 L \left(a^{\frac{1}{\lambda}}\right)^{\lambda d} = (\lambda d)^2$$

et que, par suite, $\left(a^{\frac{1}{\lambda}}, \lambda^2 L, \lambda d\right)$ est aussi une solution de l'équation.

On reconnaît là une application du principe de la superposition des graduations (n° 20).

L'équation ci-dessus peut en effet s'écrire

$$a = \left(\frac{d^2 L^{-1}}{100}\right)^{d^{-1}}.$$

Sous cette forme on voit qu'elle rentre dans le type (6) du n° 21, lorsqu'on y fait

$$\alpha_1 = d, \qquad \alpha_2 = L, \qquad \alpha_3 = a,$$
$$p = 2, \qquad q = -1, \qquad n = -1,$$

ce qui fait correspondre à la solution (d, L, a) la solution $(\lambda d, \lambda^2 L, a\lambda^{-1})$, ainsi qu'on vient de le constater.

Si, par exemple, on prend $\lambda = \frac{1}{10}$, on voit qu'à la solution (d, L, a) correspond la solution $\left(\frac{d}{10}, \frac{L}{100}, a^{10}\right)$. Le passage de d et L à $\frac{d}{10}$ et $\frac{L}{100}$ s'opère immédiatement de tête. Il n'en est pas de même de celui de a à a^{10}.

Pour cette raison, les valeurs de a^{10} ont été inscrites à côté de celles de a sur une seconde ligne. Il suffira donc, si la valeur de a figure dans cette seconde ligne, de prendre sur l'échelle de L la valeur de 100 L et de diviser par 10 la valeur obtenue pour d.

Par exemple, la verticale 0,917 (1re ligne) ou 0,422 (2e ligne) coupant l'horizontale 1,78 sur l'oblique 9, on a les solutions

$$a = 0,917, \qquad L = 1,78, \qquad d = 9$$

et

$$a = 0,422, \qquad L = 0,0178, \qquad d = 0,9.$$

(¹) *Pl. V* du Mémoire cité.

III. — Emploi d'un transparent à trois index. Abaques hexagonaux. Anamorphose graphique.

30. *Desiderata à réaliser dans la lecture d'un abaque.* — L'anamorphose, sur laquelle nous venons de nous étendre, en permettant de constituer l'abaque de certaines équations, uniquement au moyen de systèmes de lignes droites et, plus particulièrement, de droites parallèles, introduit une large simplification dans la construction des abaques, mais sans qu'il en résulte de changement essentiel dans leur mode d'emploi.

Celui-ci se réduit toujours à ce qui suit : prendre le point de rencontre de deux droites cotées, et lire la cote d'une ligne, droite ou courbe, passant par ce point.

Or, du fait qu'une cote inscrite en un point d'une ligne s'étend à toute cette ligne, il résulte qu'il faut, soit en partant de cette cote pour chercher un point d'intersection situé sur la ligne, soit en partant de ce point pour chercher la cote, suivre la ligne sur une certaine étendue.

Cette opération s'appliquant à trois lignes pour chaque lecture, on risque, pour peu qu'on ait quelque défaut d'attention, de passer de la ligne qui devrait être suivie à la voisine et, par suite, de commettre une erreur de lecture.

En outre, si les valeurs des variables auxquelles on a affaire ne sont pas de celles auxquelles correspondent des lignes effectivement tracées sur l'abaque, il faut, par la pensée, faire une interpolation entre ces lignes, opération qui n'est pas tout à fait aussi simple que lorsqu'il s'agit de placer, également à vue, un point intermédiaire entre ceux d'une échelle portée sur une ligne.

Enfin, l'enchevêtrement des lignes sur les abaques précédemment décrits peut, à la longue, produire une certaine fatigue de la vue.

Ces inconvénients ne sont pas, tant s'en faut, de nature à faire renoncer à l'emploi des abaques construits comme on vient de le dire ; on peut d'ailleurs les atténuer, dans une certaine mesure, par l'emploi de traits de force convenablement espacés dans le réseau des lignes tracées (n° 43) ; ils sont assez sensibles cependant pour qu'on se soit préoccupé des moyens de s'en affranchir.

Le but à atteindre peut, d'après ce qui vient d'être dit, être défini ainsi qu'il suit : faire en sorte que, sur l'abaque, *une cote ne soit attachée qu'à un seul point,* l'équation à représenter se traduisant par une certaine relation de position entre plusieurs points.

On trouvera plus loin (Ch. III) une méthode d'une grande généralité permettant d'atteindre ce but. Mais nous possédons dès maintenant le moyen de réaliser cette condition pour les équations représentables par trois systèmes de droites parallèles, grâce à une nouvelle extension de l'usage des transparents dont il a été question aux n°s 13 et 18.

31. *Transparent à trois index.* — Si nous nous reportons au n° 26, nous voyons que pour construire l'abaque de l'équation

$$f_1(\alpha_1)+f_2(\alpha_2)=f_3(\alpha_3),$$

nous n'avons (en prenant les modules l_1 et l_2 égaux entre eux et les désignant alors par la seule lettre l) qu'à porter sur les axes Ox et Oy supposés rectangulaires et sur leur bissectrice Oz les échelles définies par

$$x = lf_1(\alpha_1),$$
$$y = lf_2(\alpha_2),$$
$$z = \frac{lf_3(\alpha_3)}{\sqrt{2}},$$

et à élever, par les points cotés de ces échelles, des perpendiculaires respectivement à ces trois axes.

Si donc nous avons recours à l'emploi d'un transparent tel qu'il a été indiqué aux n°s 13 et 18, nous voyons que nous pourrons, grâce à ce transparent, rendre inutile, non seulement le tracé des perpendiculaires élevées aux axes Ox et Oy respectivement par les points des graduations (α_1) et (α_2), mais encore celui des perpendiculaires élevées à Oz par les points de la graduation (α_3) pourvu que, par le centre du transparent, point de rencontre des index I_1 et I_2, nous fassions passer un troisième index I_3 perpendiculaire à Oz (*fig.* 33).

Lorsque nous déplacerons ce transparent, *en lui conservant son orientation,* ses trois index I_1, I_2 et I_3 coïncideront à chaque instant avec trois des droites que l'on s'est dispensé de tracer et dont les cotes se correspondent en vertu de l'équation donnée.

En d'autres termes, *il suffit*, LE TRANSPARENT AYANT UNE ORIENTATION CONVENABLE ([1]), *de faire passer les index* I_1 *et* I_2 *respectivement par les points* α_1 *et* α_2 *des axes* Ox *et* Oy *pour que l'index* I_3 *donne* α_3 *sur l'axe* Oz.

Fig. 33.

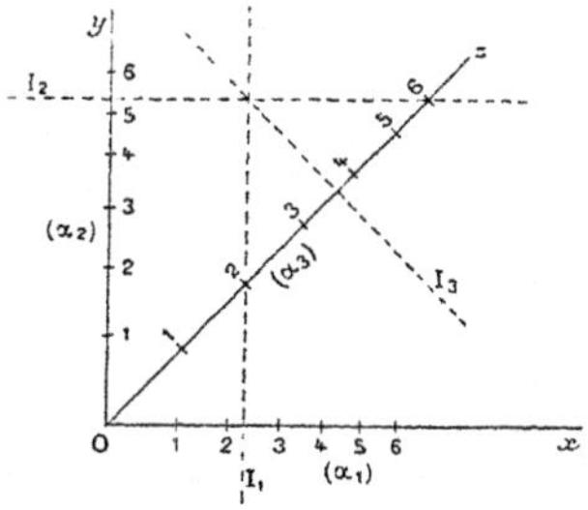

L'abaque, dans ce cas, se réduit donc aux trois échelles rectilignes (α_1), (α_2) et (α_3), complétées par le transparent portant les trois index I_1, I_2 et I_3 ([2]).

Cet emploi du transparent mobile a été proposé par M. Blum, à l'occasion des calculs de terrassements, dans une Note sur laquelle nous aurons occasion de revenir ([3]) (n° **108**).

([1]) Pour le maintien de l'orientation du transparent, *voir* ce qui a été dit au n° 13.

([2]) Il y a lieu de se préoccuper des variations du papier en longueur et largeur; avec un papier de bonne qualité, ces variations, bien que pouvant différer d'un sens à l'autre, sont uniformes dans chaque sens, ainsi que permet de le constater ce fait qu'un rectangle dont les côtés sont parallèles aux bords de la feuille de papier ne cesse pas d'être un rectangle. S'il reste semblable à lui-même, c'est que tous les angles se sont conservés sur la figure, les droites restant des droites. Par suite, l'application du transparent à trois index donne les mêmes résultats que s'il n'y avait eu aucune variation. Si le rectangle ne reste pas semblable à lui-même, c'est que, les droites restant encore des droites, les angles ne se sont pas conservés; par suite, le transparent précédent ne peut plus servir. Mais, si l'on a eu soin de figurer sur l'abaque les directions des normales aux trois échelles, elles donneront, à chaque instant, les directions corrigées des trois index du transparent.

([3]) *A. P. C.*, 1er sem., p. 455; 1881.

Remarque. — Il n'est pas essentiel que les trois échelles donnant les cotes des trois systèmes de parallèles, non tracés, auxquels on substitue les index du transparent, soient perpendiculaires à la direction de ces systèmes; il n'est même pas nécessaire qu'elles soient rectilignes. Supposant, en effet, les trois systèmes de parallèles d'abord construits, nous pouvons inscrire leurs cotes à leur rencontre avec des lignes quelconques et effacer ensuite ces systèmes en ne conservant que leurs graduations avec les lignes leur servant de support. L'application du transparent convenablement orienté sur le tableau formé par les trois échelles curvilignes conservées tient lieu des systèmes de parallèles effacés.

On peut même, si les trois graduations ne se gênent pas mutuellement dans les limites admises, les inscrire le long d'une seule et même ligne.

Mais, si des circonstances spéciales peuvent, en certains cas, conduire au choix de telles dispositions, il est, d'une manière générale, préférable sous le rapport de la précision, d'adopter des échelles perpendiculaires à la direction des index correspondants.

32. *Principe des abaques hexagonaux*. — Si l'on se reporte au numéro précédent, on voit que, moyennant l'emploi du transparent à trois index, la construction de l'abaque d'une équation représentable par trois systèmes de droites parallèles se réduit à la construction des échelles des trois fonctions $f_1(\alpha_1)$, $f_2(\alpha_2)$ et $f_3(\alpha_3)$ respectivement portées sur les axes Ox, Oy et leur bissectrice Oz, avec le même module, d'ailleurs quelconque, pour les deux premières, et ce module divisé par $\sqrt{2}$ pour la troisième. Or, il arrive souvent que ces trois échelles dérivent d'un même étalon (n° 6), l'étalon logarithmique par exemple; il y aurait donc avantage à pouvoir constituer l'abaque au moyen de trois échelles de même module. Cette considération fait ressortir *a priori* l'intérêt qui s'attache à l'artifice, dû à M. Lallemand, dont il va être maintenant question et qui a encore l'avantage d'une disposition plus symétrique des échelles, celles-ci étant parallèles aux trois côtés d'un triangle équilatéral.

Cet artifice, auquel l'auteur est parvenu par une voie qui sera indiquée plus loin (n° 33), consiste à faire usage des coordonnées ainsi définies : Ayant pris deux axes Ox et Oy faisant entre eux un angle de $\frac{2\pi}{3}$ ou 120°, les coordonnées d'un point sont les distances de l'origine O aux pieds des perpendiculaires abaissées de ce point respectivement sur Ox et Oy.

Dans un tel système de coordonnées, toute droite est représentée par une équation du premier degré

$$ax + by - c = 0.$$

On trouve, en outre, bien aisément, que la distance de l'origine à cette droite est donnée par

$$\delta = \frac{c}{\sqrt{a^2 + b^2 + 2ab\cos\frac{2\pi}{3}}}.$$

En particulier, si l'on prend une droite perpendiculaire à la bissectrice Oz de xOy, droite dont l'équation est de la forme

$$x + y = h,$$

on a

$$\delta = \frac{h}{2\cos\frac{\pi}{3}} = h.$$

Dès lors, l'abaque de l'équation

$$f_1(\alpha_1) + f_2(\alpha_2) = f_3(\alpha_3)$$

étant défini, avec le module l, au moyen des équations

$$x = lf_1(\alpha_1), \qquad y = lf_2(\alpha_2),$$
$$x + y = lf_3(\alpha_3),$$

celles-ci, où x et y désignent nos nouvelles coordonnées, représentent, comme dans le cas des coordonnées cartésiennes, des droites respectivement perpendiculaires à Ox, à Oy et à la bissectrice Oz de l'angle de ces axes; mais ici les distances de l'origine aux droites du troisième système, qui définissent l'échelle portée sur Oz, sont données, en vertu de la formule ci-dessus, par

$$z = lf_3(\alpha_3).$$

On obtient donc alors sur Oz une échelle de même module que celles portées sur Ox et Oy.

La construction de l'abaque se réduit par suite à celle des échelles des fonctions $f_1(\alpha_1)$, $f_2(\alpha_2)$ et $f_3(\alpha_3)$, effectuée avec le même module, respectivement sur les axes Ox, Oy et Oz tels que l'angle xOy soit égal à $\frac{2\pi}{3}$ ou 120°, et que Oz soit la bissectrice de cet angle (*fig.* 34).

Ici, les index I_1, I_2 et I_3, respectivement perpendiculaires à Ox, Oy et Oz constituent les trois diagonales d'un hexagone régulier, d'où le nom d'*abaque hexagonal* donné à ces sortes de diagrammes.

Si donc on veut constituer le transparent au moyen d'une matière rigide ayant des bords parallèles aux trois index, on lui donnera la forme d'un hexagone régulier.

Fig. 34.

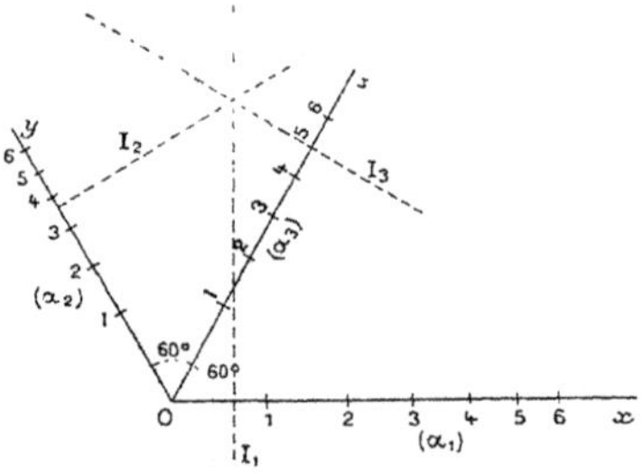

L'orientation du transparent sera encore assurée au moyen de parallèles équidistantes à la direction de l'un des index [1], et son mode d'emploi ne différera pas de celui que nous avons précédemment indiqué pour les abaques à axes rectangulaires (n° 31). Nous croyons bon toutefois de le rappeler :

Le transparent étant orienté, et son index I_1 passant par le point coté α_1 de la première échelle, on le fait glisser dans la direction de cet index (en appuyant une règle contre l'un de

(1) Pour assurer rigoureusement cette orientation, il suffit de tracer sur le transparent un index I_0 perpendiculaire à I_1. Cet index étant mis en coïncidence avec Ox de façon que le centre du transparent marque le point coté α_1 sur cet axe, on applique une règle contre un des bords du transparent, parallèles à I_1, et l'on fait glisser ce transparent le long de la règle jusqu'à ce que l'index I_2 passe par le point coté α_2 sur Oy.

ses bords parallèles à I_1 s'il est rigide) *jusqu'à ce que l'index* I_2 *passe par le point* α_2 *de la deuxième échelle. L'index* I_3 *rencontre alors la troisième échelle en un point dont la cote est la valeur* α_3 *demandée.*

33. *Forme géométrique élémentaire du principe précédent.* — Appelons A, B, C les points où les index I_1, I_2, I_3 rencontrent respectivement Ox, Oy, Oz (*fig.* 35).

Fig. 35.

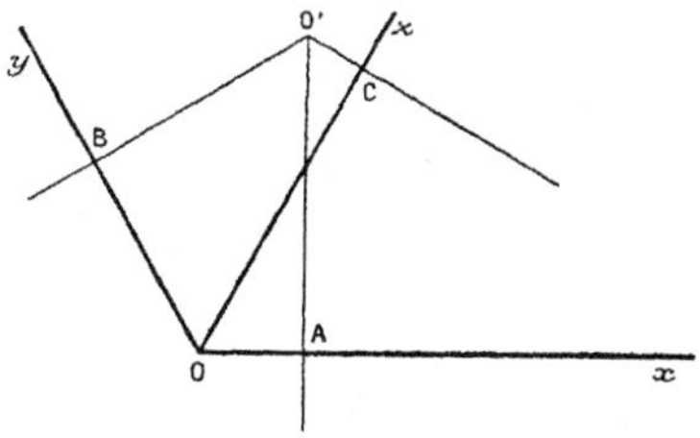

Les segments OA, OB et OC représentent, d'après le numéro précédent, $lf_1(\alpha_1)$, $lf_2(\alpha_2)$ et $lf_3(\alpha_3)$. On a donc

$$OC = OA + OB,$$

et comme ces segments ne sont autres que les projections de la distance des points O et O' sur Ox, Oy et Oz, on voit que l'égalité précédente exprime la propriété qui s'énonce ainsi :

La projection d'un vecteur sur la bissectrice d'un angle de 120° est égale à la somme des projections de ce vecteur sur les côtés de cet angle.

Cette propriété est d'ailleurs bien facile à démontrer directement. Elle traduit, en effet, l'identité trigonométrique

$$\cos\omega = \cos\left(\frac{\pi}{3} + \omega\right) + \cos\left(\frac{\pi}{3} - \omega\right),$$

dont la vérification est immédiate, attendu que

$$\cos\left(\frac{\pi}{3} + \omega\right) + \cos\left(\frac{\pi}{3} - \omega\right) = 2\cos\omega\cos\frac{\pi}{3}$$

et que

$$\cos\frac{\pi}{3} = \frac{1}{2}.$$

On peut donc, par une marche inverse, partir de ce théorème tout élémentaire pour établir le principe des abaques hexagonaux. C'est d'ailleurs ainsi qu'a procédé M. Lallemand pour établir la théorie de ce genre d'abaque (¹).

La voie par laquelle nous y sommes parvenus, un peu moins élémentaire sans doute, a toutefois l'avantage de rattacher plus intimement cette théorie au corps même de la doctrine exposée dans cet Ouvrage et qui embrasse la généralité des abaques.

34. *Déplacement des échelles* (²). — Si l'on se donne les limites des variables α_1 et α_2 auxquelles correspondent respectivement les points A_1 et B_1 d'une part, A_2 et B_2 de l'autre, les limites de α_3 en résultent attendu que lorsque les index I_1 et I_2 passent respectivement par A_1 et A_2, l'index I_3 détermine sur la première échelle le point A_3; de même pour B_3. On voit, en outre, en vertu du théorème énoncé ci-dessus, que l'on a

$$A_3B_3 = A_1B_1 + A_2B_2.$$

Les points cotés sur A_1B_1 servent à déterminer la position de l'index I_1 dont la direction, perpendiculaire à A_1B_1, est fixe. Il résulte de là que si l'on déplace l'échelle A_1B_1 dans cette direction pour la reporter en $A'_1B'_1$, chaque point coté continuera à définir la même position pour l'index I_1 (*fig.* 36).

La même remarque s'appliquant aux deux autres échelles, on voit que *chaque échelle peut être déplacée d'une quantité quelconque normalement à sa direction.*

On pourra donc prendre pour supports des échelles (α_1), (α_2)

(¹) En dehors de la Note insérée, en 1886, dans les *Comptes rendus*, par laquelle M. Lallemand a porté sa méthode à la connaissance du public, il en a sous forme de feuilles autographiées, datées de 1885, donné un exposé complet qu'il a bien voulu mettre à notre disposition et d'où nous avons tiré tous les renseignements relatifs à ses travaux personnels, qui ont trouvé leur place dans cet Ouvrage.

(²) Les remarques contenues dans les nos 34 et 35, faites par M. Lallemand à propos des abaques hexagonaux, s'appliqueraient aussi bien aux abaques du no 31.

et (α_3) trois droites quelconques X, Y, Z parallèles aux axes Ox, Oy et Oz précédemment définis. Il faudra toutefois rigoureusement observer la condition que les origines A_1, A_2 et A_3 des trois graduations se correspondent, c'est-à-dire qu'elles se trouvent simultanément sous les index I_1, I_2 et I_3.

Fig. 36.

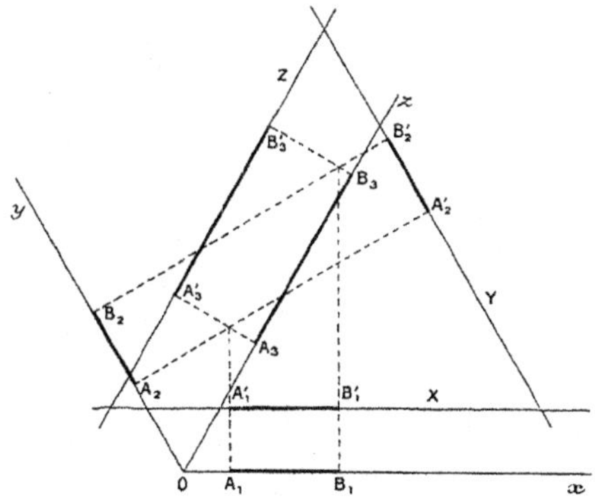

Nous sommes ainsi amenés au mode de construction suivant des abaques hexagonaux :

Ayant choisi trois droites X, Y *et* Z *formant un triangle équilatéral, et ayant pris sur* X *un certain sens positif, nous définissons les sens positifs sur* Y *et sur* Z *par la condition qu'ils fassent avec le premier des angles (comptés dans le sens trigonométrique positif) respectivement égaux à* $\frac{2\pi}{3}$ *et à* $\frac{\pi}{3}$.

Si a_1 *et* b_1 *sont les valeurs limites de* α_1, a_2 *et* b_2 *celles de* α_2, *nous construisons sur* X *et* Y, *avec un même module* l *d'ailleurs quelconque, les échelles des fonctions* $f_1(\alpha_1)$ *et* $f_2(\alpha_2)$ *entre ces limites, en faisant correspondre à* a_1 *et à* a_2 *des points* A_1 *et* A_2 *quelconques.*

Les perpendiculaires élevées à X *et à* Y *en* A_1 *et* A_2 *se coupent en un point dont la projection sur* Z *est* A_3. *Nous construisons alors sur* Z, *toujours avec le module* l, *l'échelle de la fonction*

$f_3(\alpha_3)$ en faisant correspondre le point A_3 à la valeur a_3 telle que

$$f_1(a_1) + f_2(a_2) = f_3(a_3),$$

et nous la prolongeons jusqu'au point qui est la projection sur Z du point de rencontre des perpendiculaires élevées à X et à Y par les points B_1 et B_2 qui répondent aux valeurs limites b_1 et b_2 des variables α_1 et α_2.

Remarque. — Rien n'empêchera, le cas échéant, s'il en résulte une meilleure disposition de l'abaque, de prendre, pour le support de l'une des échelles, une première droite jusqu'à une certaine valeur, puis une autre, parallèle à la première, à partir de cette valeur (*voir* les *fig.* 41 et 142).

35. *Fractionnement des échelles.* — Entre les limites a_1 et b_1 d'une part, a_2 et b_2 de l'autre, prenons des valeurs intermédiaires quelconques c_1 et c_2.

Quatre cas peuvent alors se présenter :

I.......	α_1	est compris entre	a_1 et c_1	α_2	entre	a_2 et c_2
II.......	α_1	»	c_1 et b_1	α_2	»	a_2 et c_2
III.......	α_1	»	a_1 et c_1	α_2	»	c_2 et b_2
IV.......	α_1	»	c_1 et b_1	α_2	»	c_2 et b_2

Nous pouvons dès lors, sur une même feuille de papier, construire, d'après la règle qui a été donnée au numéro précédent, les abaques correspondant à ces quatre cas, indépendamment les uns des autres, mais en conservant de l'un à l'autre la même direction pour les axes.

Si l'on aligne sous une même position de l'index I_1 les limites inférieures a_1 et c_1 des deux tronçons de la graduation (α_1), et sous une même position de l'index I_2 les limites inférieures a_2 et c_2 des deux tronçons de la graduation (α_2), il en résulte que les limites inférieures des quatre tronçons de la graduation (α_3) sont aussi alignées sous une même position de l'index I_3 (*fig.* 37).

Il faut bien remarquer, d'ailleurs, que chacune des graduations (α_3) des cas II et III est formée de parties empruntées aux graduations (α_3) des cas I et IV, puisque l'ensemble de celles-ci représente la graduation complète allant de (a_1, b_1) à (a_2, b_2).

L'ensemble des quatre abaques, ainsi réunis sur le même tableau, équivaut à l'abaque unique construit précédemment, et,

Fig. 37.

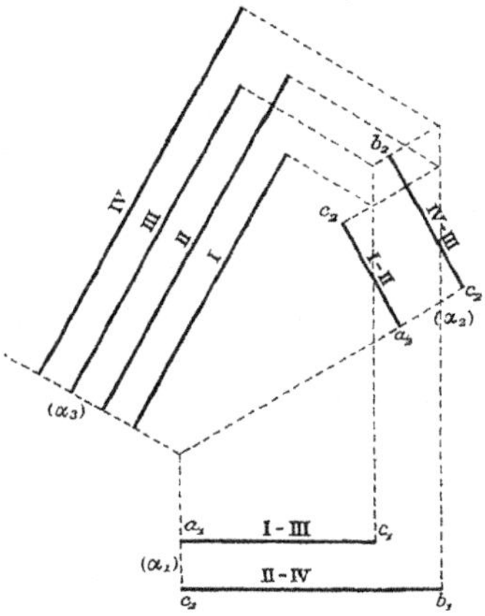

grâce à ce fractionnement, il occupe une place beaucoup moindre.

En outre, le travail que représente l'établissement de cet abaque fractionné n'est guère supérieur à celui que comportait l'abaque unique. En effet, les deux échelles (α_1), ou les deux échelles (α_2) respectivement mises bout à bout reproduiraient les échelles (α_1) et (α_2) non fractionnées; de même pour les deux échelles (α_3) construites pour les cas I et IV. Quant aux deux autres échelles (α_3), correspondant aux cas II et III, nous venons de voir qu'elles sont constituées par des parties empruntées aux deux précédentes. Une fois celles-ci construites, leur établissement représente donc un supplément de travail insignifiant, à savoir celui qu'entraîne le report sur un axe d'une partie de graduation relevée sur un autre axe.

Ici se place, d'ailleurs, une remarque essentielle : il arrive très fréquemment en pratique que les valeurs des deux variables indépendantes α_1 et α_2, entre leurs valeurs extrêmes a_1 et b_1, a_2 et b_2, *ne s'associent pas d'une manière quelconque,* mais que leurs variations simultanées, quoique indépendantes, sont *de même sens*.

Dans ce cas, très fréquent, je le répète, on pourra trouver dans les intervalles de a_1 à b_1 et de a_2 à b_2 des valeurs moyennes c_1 et c_2 telles que α_1 et α_2 leur seront *ensemble* respectivement supérieures ou inférieures. Dès lors, n'ayant jamais à associer une valeur de α_1 inférieure à c_1 à une valeur de α_2 supérieure à c_2, et inversement, les combinaisons II et III ci-dessus ne se produiront jamais et la construction des échelles (α_3) correspondantes devient inutile.

La construction de l'abaque à échelles fractionnées ne représente alors pas plus de travail que celle de l'abaque à échelles non fractionnées.

En tout cas, pour éviter qu'il y ait confusion dans la manière d'associer les divers tronçons d'échelles, on placera à côté de chacun d'eux certains signes, des chiffres romains par exemple, se référant aux abaques partiels dans lesquels il intervient, de sorte qu'on n'aura pour chaque lecture qu'à associer trois tronçons portant le même chiffre romain.

On pourrait aisément généraliser ce qui précède, et supposer que l'on fractionne les échelles (α_1) et (α_2) respectivement en n_1 et n_2 tronçons, ce qui conduirait à construire $n_1 n_2$ tronçons d'échelle (α_3), à moins que la remarque précédente ne s'appliquât; mais une telle généralisation, théoriquement sans difficulté, est pratiquement sans intérêt : il est donc inutile d'y insister.

Il arrivera, au contraire, très fréquemment, qu'il n'y aura lieu de fractionner que l'une des échelles (α_1) et (α_2), la seconde, par exemple.

Il suffit, pour tomber sur ce cas, de supposer dans ce qui précède $c_1 = b_1$.

36. *Exemples : 1° Cinquième type d'abaque de multiplication.* — L'équation de la multiplication étant mise, comme au n° 29, sous la forme

$$\log\alpha_1 + \log\alpha_2 = \log\alpha_3,$$

on voit que l'abaque hexagonal correspondant, emprunté à M. Lallemand, se construira immédiatement suivant le mode indiqué au n° 34, les trois échelles fonctionnelles étant ici de simples échelles logarithmiques données par un même étalon. C'est là un cas où se manifeste bien nettement l'avantage signalé dans le premier alinéa du n° 32.

Sur l'abaque de la *fig.* 38 les échelles de (α_1) et de (α_2) à côté desquelles

Fig. 38.

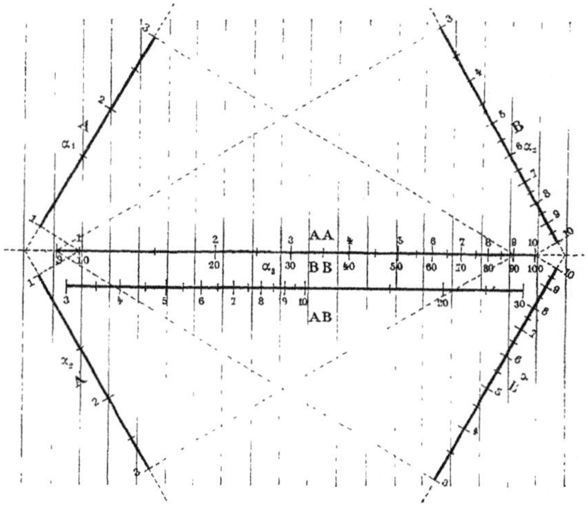

on lit la lettre A ont été l'une et l'autre fractionnées au point 3, et leurs seconds tronçons B ont été disposés de telle sorte que, pour le tronçon de l'échelle (α_3) correspondant aux tronçons B, les points de division soient les mêmes que pour le tronçon de cette échelle (α_3) correspondant aux tronçons A. Pour qu'il en soit ainsi, il a suffi, ayant pris le point 1 du premier tronçon AA de l'échelle (α_3), d'en faire le point 10 du deuxième tronçon BB. Le point 9 de ce deuxième tronçon s'est dès lors trouvé déterminé, et il a suffi de placer les points 3 des tronçons B de (α_1) et de (α_2) sur les parallèles aux index I_1 et I_2 menées par ce point 9.

Associant ensuite le tronçon A de l'une des échelles avec le tronçon B de l'autre, on a obtenu, vu l'identité de ces échelles, le même tronçon AB constitué par la partie 3 à 10 de AA et la partie 10 à 30 de BB mises bout à bout, le point 3 se trouvant sous la position de l'index I_3, quand les index I_1 et I_2 passent respectivement par les points 1 et 3 d'un tronçon A et d'un tronçon B conjugués.

2° *Abaque des corrections dynamiques de niveau.* — Les corrections d'altitude η_1 et de latitude η_2, exprimées en décimillimètres, qu'il faut faire subir à une différence brute de niveau d, exprimée en mètres, pour obtenir la différence correspondante de niveau dynamique, sont données par

$$\eta_1 = -0{,}0019\, d\mathrm{H},$$
$$\eta_2 = -26\, d \cos 2\lambda,$$

H étant l'altitude moyenne exprimée en mètres, λ la latitude moyenne exprimée en grades.

Remarquons que, sauf le cas très exceptionnel de régions situées en contre-bas du niveau de la mer (pour lesquelles H est négatif), la correction d'altitude η_1 est de signe contraire à celui de la différence de niveau.

En outre, la correction de latitude η_2 doit être prise avec le signe de la différence de niveau ou le signe contraire suivant que la latitude λ est supérieure ou inférieure à $\frac{\pi}{2}$ ou 50^G.

Nous sommes ainsi amenés à négliger les signes des seconds membres, et, par suite, à prendre la même valeur de η_2 pour deux valeurs de λ supplémentaires, ce qui montre qu'il n'y aura lieu de faire varier λ qu'entre 0 et $\frac{\pi}{2}$.

Cela posé, pour traduire ces formules en abaques hexagonaux, il suffira de les écrire

$$\log d - \log \mathrm{H} + \log 0{,}0019 = \log |\eta_1|,$$
$$\log d + \log \cos 2\lambda + \log 26 = \log |\eta_2|.$$

Pour la première, on aura donc à construire :

Sur l'axe X, l'échelle $x = l \log d$,
» Y, » $y = l(\log \mathrm{H} - \log 0{,}0019)$,
» Z, » $z = l \log |\eta_1|$;

pour la seconde :

Sur l'axe X, l'échelle $x = l \log d$,
» Y, » $y = l(\log \cos 2\lambda + \log 26)$,
» Z, » $z = l \log |\eta_2|$,

l étant un module quelconque.

On voit que de l'un à l'autre abaque les échelles portées sur X et sur Z sont les mêmes. On pourra donc les prendre en commun, et construire parallèlement l'une à l'autre les deux échelles (H) et (λ) portées sur les axes Y.

En outre, on pourra fractionner l'échelle (d) commune au point $d = 10$, en faisant coïncider le point 10 du second tronçon avec le point 1 du premier, ce qui entraînera de même la coïncidence de tout point 10α du second tronçon avec le point α du premier.

D'ailleurs, les corrections η_1 et η_2 étant proportionnelles à d, le tronçon correspondant de l'échelle (η_1, η_2) s'obtiendra simplement en multipliant par 10 les cotes des points du premier tronçon ([1]).

C'est ainsi qu'a été obtenu l'abaque de la *fig.* 39 emprunté à M. Lallemand ([2]).

Fig. 39.

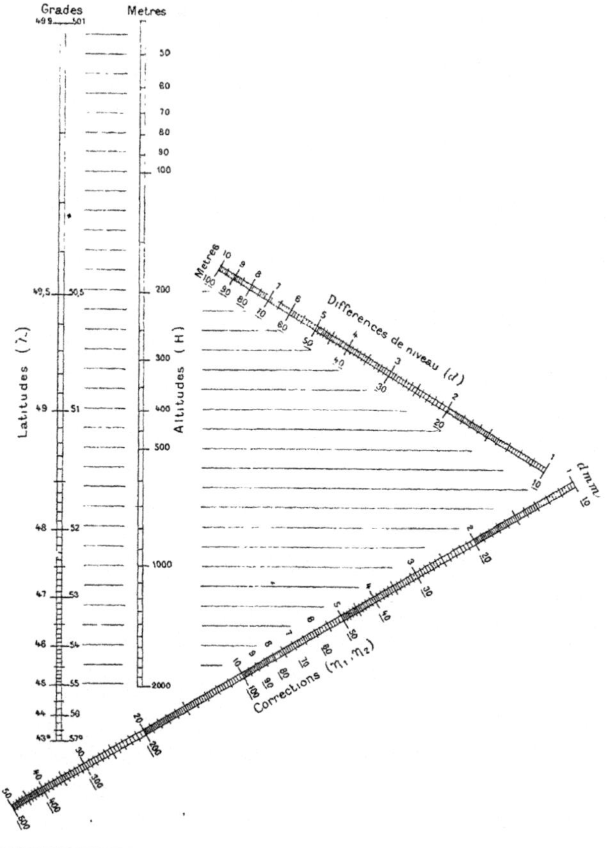

([1]) On reconnaît là une application du principe des multiplicateurs correspondants (n° 21).

([2]) *Nivellement de haute précision* (tirage à part), p. 31.

Pour éviter toute confusion, on a souligné les cotes des seconds tronçons des échelles (d) et (τ_{i1}, τ_{i2}).

Le mode d'emploi de l'abaque, moyennant cette distinction des deux tronçons des échelles (d) et (τ_{i1}, τ_{i2}), se résume donc en ceci :

Le transparent étant orienté, et son index I_1 *passant par le point coté* d *de la première échelle, on le fait glisser dans la direction de cet index de manière à amener son index* I_2 *à passer successivement par les points cotés* H *et* λ *des secondes échelles (verticales); dans ces deux positions, l'index* I_3 *donne sur la troisième échelle d'abord* τ_{i1}, *puis* τ_{i2}.

On trouvera plus loin (nº 109) une autre application de la méthode des abaques hexagonaux dans le cas des équations à trois variables.

37. *Juxtaposition d'abaques hexagonaux. Abaques à glissement.* — Le principe des abaques hexagonaux a été étendu par M. Lallemand lui-même à des équations contenant un nombre quelconque de variables, grâce à un artifice qui peut revêtir la forme analytique que voici :

Prenant un nombre quelconque de fonctions d'une variable, posons

$$(1)\qquad f_1(\alpha_1) + f_2(\alpha_2) = \sigma_3,$$
$$(2)\qquad f_3(\alpha_3) + \sigma_3 = \sigma_4,$$
$$(3)\qquad f_4(\alpha_4) + \sigma_4 = \sigma_5,$$
$$(4)\qquad f_5(\alpha_5) + \sigma_5 = \sigma_6,$$
$$\ldots\qquad \ldots\ldots\ldots\ldots,$$
$$(n-2)\qquad f_{n-1}(\alpha_{n-1}) + \sigma_{n-1} = \sigma_n.$$

Nous pourrons représenter ces diverses équations par des abaques hexagonaux définis par les mêmes axes Ox, Oy et Oz, en ayant soin d'écarter les unes des autres les échelles parallèles à un même axe par application de ce qui a été vu au nº 34, c'est-à-dire en alignant les origines de ces échelles sur une perpendiculaire à leur direction commune menée par l'origine O.

Nous définirons, d'ailleurs, les échelles des divers abaques par les formules (où, pour plus de simplicité, nous faisons le module l égal à 1)

$$(\text{I})\qquad x = f_1(\alpha_1),\qquad y = f_2(\alpha_2),\qquad z = \sigma_3,$$
$$(\text{II})\qquad x = \sigma_4,\qquad y = -f_3(\alpha_3),\qquad z = \sigma_3,$$
$$(\text{III})\qquad x = \sigma_4,\qquad y = f_4(\alpha_4),\qquad z = \sigma_5,$$
$$(\text{IV})\qquad x = \sigma_6,\qquad y = -f_5(\alpha_5),\qquad z = \sigma_5,$$
$$\ldots\qquad \ldots\ldots,\qquad \ldots\ldots\ldots,\qquad \ldots\ldots$$

Suivant que n sera pair ou impair, les formules relatives au dernier abaque seront

$$(\text{N}-\text{II}) \qquad x = \sigma_n, \quad y = -f_{n-1}(\alpha_{n-1}), \quad z = \sigma_{n-1}$$

ou

$$(\text{N}-\text{II})' \qquad x = \sigma_{n-1}, \quad y = f_{n-1}(\alpha_{n-1}), \quad z = \sigma_n.$$

On voit que les abaques des équations (k) et $(k+1)$ ont en commun l'échelle de Oz si k est impair, celle de Ox si k est pair. Par conséquent, *pour faire passer le transparent de sa position sur l'abaque de rang* (k) *à sa position sur l'abaque de rang* $(k+1)$, *il suffit, en maintenant son orientation, de le faire glisser perpendiculairement à* Oz, *c'est-à-dire* DANS LA DIRECTION DE L'INDEX I_3, SI k EST IMPAIR, *perpendiculairement à* Ox, *c'est-à-dire* DANS LA DIRECTION DE L'INDEX I_1, SI k EST PAIR.

Cela posé, remarquons que les équations (1) à $(n-2)$, additionnées ensemble, donnent

$$f_1(\alpha_1) + f_2(\alpha_2) + \ldots + f_{n-1}(\alpha_{n-1}) = \sigma_n.$$

Construisons sur l'abaque les échelles (α_1), (α_2), ..., (α_{n-1}) à l'exclusion des échelles (σ_3), (σ_4), ..., (σ_{n-1}) et sur l'axe qui porterait l'échelle (σ_n), construisons celle de la fonction $-f_n(\alpha_n)$, c'est-à-dire construisons l'échelle $x = -f_n(\alpha_n)$ si n est pair, l'échelle $z = -f_n(\alpha_n)$ si n est impair.

Nous aurons ainsi

$$(\text{E}) \qquad f_1(\alpha_1) + f_2(\alpha_2) + \ldots + f_{n-1}(\alpha_{n-1}) + f_n(\alpha_n) = 0,$$

et nous voyons, d'après ce qui vient d'être dit, que tout système de valeurs de α_1, α_2, ..., α_n satisfaisant à l'équation (E) sera tel que, si, après avoir fait passer l'index I_1 par le point (α_1), on donne au transparent les glissements alternatifs qui viennent d'être définis, de manière à prendre successivement avec l'index I_2 les points (α_2), (α_3), ..., (α_{n-1}), l'index I_1 si n est pair, I_3 si n est impair, donnera, dans la dernière position du transparent, la valeur de α_n sur l'échelle correspondante.

En résumé, la représentation de l'équation (E) ci-dessus s'obtiendra comme suit (*fig.* 40 et 40 *bis*) :

En ayant soin d'aligner les origines des échelles parallèles à un même axe sur une perpendiculaire élevée en O *à cet axe, on construit parallèlement à* Ox *l'échelle de la fonction* $f_1(\alpha_1)$, *parallèlement à* Oy *celles des fonctions* $f_2(\alpha_2)$, $-f_3(\alpha_3)$, $f_4(\alpha_4)$, $-f_5(\alpha_5)$, ..., $(-1)^n f_{n-1}(\alpha_{n-1})$, *enfin parallèlement à* Ox *si* n *est pair* (*fig.* 40), *à* Oz *si* n *est impair* (*fig.* 40 *bis*), *celle de la fonction* $-f_n(\alpha_n)$.

Fig. 40.

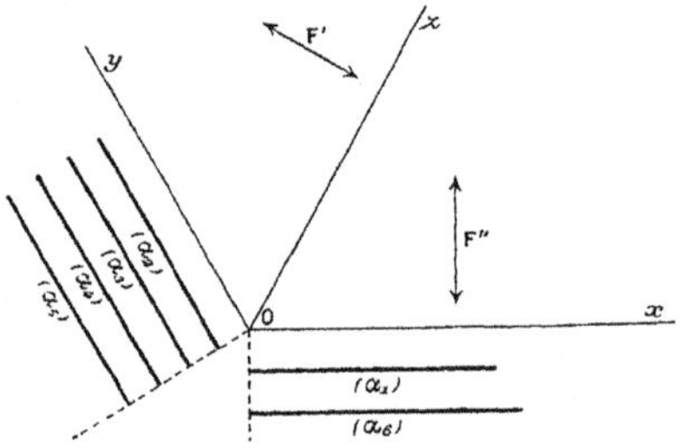

On trace, en outre, deux flèches F' *et* F'' *perpendiculaires l'une à* Oz, *l'autre à* Ox.

Fig. 40 *bis*

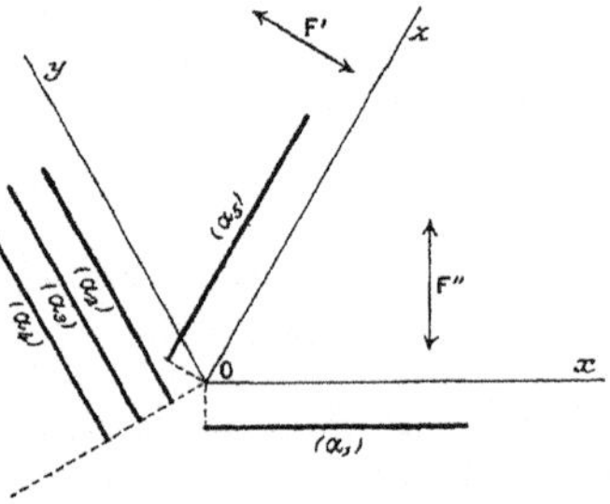

Et le mode d'emploi de l'abaque est le suivant :

Le transparent étant convenablement orienté, on fait passer son index I_1 *par le point* (α_1), *son index* I_2 *par le point* (α_2), *puis on le fait glisser alternativement dans le sens des flèches* F' *et* F'', *de façon à amener successivement son index* I_2 *à passer par les points* (α_3), (α_4), (α_5), ... *Quand cet index* I_2 *passe par le point* (α_{n-1}), *l'index*, I_1 *ou* I_3, *perpendiculaire à l'échelle* (α_n), *rencontre cette échelle en un point dont la cote est la valeur de* α_n *demandée.*

Nous rencontrons ainsi un premier exemple de représentation d'une classe d'équations à un nombre quelconque de variables.

38. *Exemple : Abaque des sinus et des tangentes.* — Nous emprunterons à M. Lallemand l'exemple suivant :

Soit à représenter les équations

$$\alpha_1 \sin \alpha_2 = \alpha_4 \sin \alpha_3,$$
$$\alpha_1 \operatorname{tang} \alpha_2 = \alpha_4 \operatorname{tang} \alpha_3,$$

qui sont d'un usage fréquent dans les applications de la Trigonométrie plane. Nous les écrirons

$$\log \alpha_1 + \log \sin \alpha_2 - \log \sin \alpha_3 - \log \alpha_4 = 0,$$
$$\log \alpha_1 + \log \operatorname{tang} \alpha_2 - \log \operatorname{tang} \alpha_3 - \log \alpha_4 = 0.$$

Pour représenter la première, nous n'aurons, d'après ce qui précède, qu'à construire parallèlement à Ox l'échelle des fonctions $\log \alpha_1$ et $\log \alpha_4$ qui n'en formeront qu'une, parallèlement à Oy celle des fonctions $\log \sin \alpha_2$ et $\log \sin \alpha_3$ qui se confondront également.

De même pour la seconde équation, en changeant les log sin en log tang. On pourra, d'ailleurs, faire coïncider les échelles logarithmiques (α_1), ou échelles des longueurs, des deux abaques. On obtient ainsi la *fig.* 41 sur laquelle l'échelle des tangentes a été fractionnée au point coté 45°.

Il n'y a ici à effectuer qu'un seul glissement dans la direction des parallèles équidistantes tracées sur l'abaque.

Le mode d'emploi sera donc le suivant :

Faire passer les index I_1 *et* I_2 *du transparent convenablement orienté respectivement par les points* (α_1) *de l'échelle des longueurs et* (α_2) *de l'échelle des sinus (ou des tangentes), puis faire glisser ce transparent dans la direction des parallèles équidistantes jusqu'à ce que son index* I_2 *passe par le point* (α_3) *de l'échelle des longueurs; son index* I_1 *coupe alors l'échelle des sinus (ou des tangentes) au point coté* (α_4).

Si, après avoir pris l'échelle des sinus dans la première position du transparent, on prenait, après glissement, l'échelle des tangentes, on aurait résolu l'équation

$$\alpha_1 \sin \alpha_2 = \alpha_4 \operatorname{tang} \alpha_3.$$

39. *Définition de l'anamorphose graphique.* — Tous les abaques envisagés jusqu'ici dérivaient d'un type unique ainsi

constitué : un quadrillage coté sur lequel est dessiné un faisceau de courbes cotées.

Fig. 41.

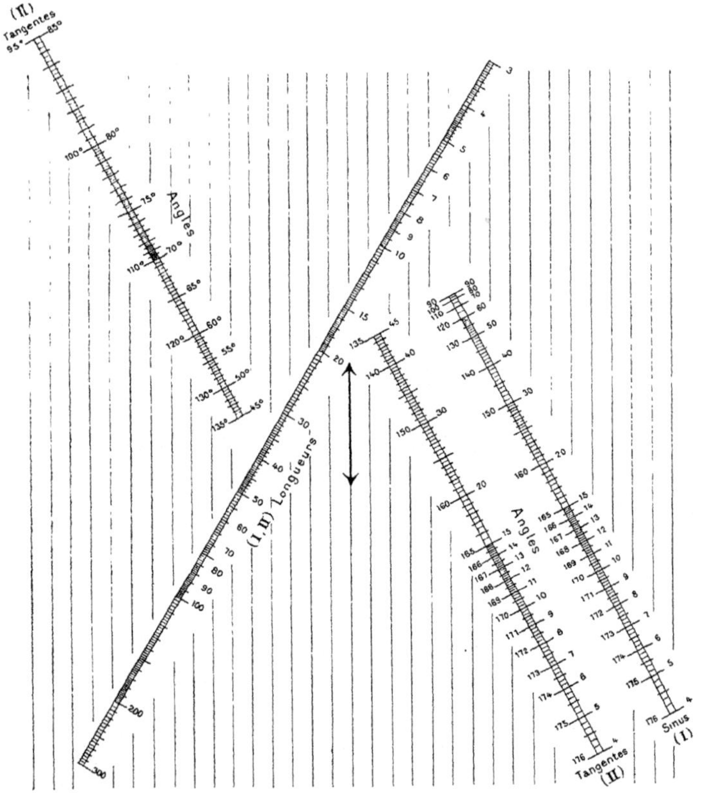

Les cotes des verticales du quadrillage se rapportent à une des variables α_1, celles des horizontales à une autre variable α_2, enfin les cotes des courbes à la troisième variable α_3, et les valeurs de ces trois variables se correspondent en vertu de l'équation proposée lorsque cette verticale, cette horizontale et cette courbe se croisent en un même point.

Les diverses cotes croissant *par échelons égaux*, le quadrillage pourra être régulier ou irrégulier, c'est-à-dire que les deux systèmes de parallèles qui le constituent pourront être à intervalles égaux ou inégaux.

L'abaque d'une équation à trois variables, construit avec un quadrillage quelconque, pourra toujours être considéré comme transformé de celui que donne la méthode cartésienne (n° 16), si l'on fait correspondre à chaque droite du quadrillage régulier que comporte celle-ci la droite parallèle *de même cote* du quadrillage irrégulier que l'on aura choisi.

Rien d'ailleurs n'est plus facile que de passer de l'abaque cartésien à son transformé. Si, en effet, un point du premier se trouve à la rencontre de la verticale α_1 et de l'horizontale α_2, son transformé sera également sur le second à la rencontre de la verticale α_1 et de l'horizontale α_2. Cette remarque, appliquée aux divers points d'une courbe tracée sur le premier abaque, permet de construire immédiatement la courbe correspondante sur le second.

L'anamorphose, telle qu'elle a été ci-dessus envisagée, a pour but de déterminer ce quadrillage irrégulier de façon que toutes les courbes données par la méthode ordinaire sur le quadrillage régulier deviennent des droites.

On vient de voir à quel caractère analytique se reconnaît la possibilité d'une telle transformation et de quelle façon elle se réalise pour une équation de forme donnée, mais on peut aussi tenter de l'effectuer sur un abaque cartésien dont les courbes ont été obtenues *empiriquement*, en transformant l'une d'elles, suivant le mode indiqué au n° 15 et voyant, avec le nouveau quadrillage ainsi défini, ce que deviennent les autres.

Une telle anamorphose est dite *graphique*. Lalanne en a fait connaître un exemple remarquable, relatif à l'abaque qui traduit la loi de mortalité de Demonferrand pour la population française (¹).

M. Lallemand a utilisé l'anamorphose graphique à un autre point de vue, en se proposant non pas de substituer des droites à

(¹) Mémoire sur les *Méthodes graphiques*, dans les *Notices* publiées par le Ministère des Travaux publics à l'occasion de l'Exposition de Melbourne (Imp. Nat.; 1880), p. 374 à 379.

des courbes, mais de remplacer des courbes coupant un des systèmes d'axes du quadrillage sous un angle trop petit par d'autres courbes ne présentant pas le même inconvénient par rapport aux axes du quadrillage transformé.

40. *Exemple.* — En voici un exemple emprunté à cet auteur :

Ayant à représenter l'équation (¹)

$$\alpha_1 = \frac{\alpha_2 - \alpha_3}{\alpha_2 + \alpha_3},$$

supposons que l'on pose d'abord

$$x = l\alpha_1, \qquad y = -l\alpha_2,$$

l étant un module quelconque, ce qui définit un quadrillage régulier. Nous aurons alors pour les courbes cotées (α_3) l'équation

$$\frac{x}{l} = \frac{y + l\alpha_3}{y - l\alpha_3}$$

qui représente des hyperboles équilatères passant toutes par le point ($x = -l, y = 0$) et toutes asymptotes à la verticale $x = l$ (*fig.* 42).

L'angle sous lequel chacune de ces hyperboles rencontre les horizontales, très aigu au voisinage de Oy, croît rapidement à mesure qu'on s'éloigne de cet axe pour devenir, à la limite, égal à $\frac{\pi}{2}$ quand $x = l$. La précision avec laquelle s'obtiennent les points de rencontre suit une loi inverse.

Pour remédier à cet inconvénient, M. Lallemand a eu recours à une anamorphose graphique ayant pour effet de substituer à ces hyperboles des courbes coupant les horizontales dans toute la portion utile du plan sous des angles différant peu de $\frac{\pi}{4}$.

Cette anamorphose graphique ne porte d'ailleurs que sur les horizontales du quadrillage, les verticales restant invariables.

Ayant pris la courbe du faisceau correspondant à la valeur moyenne de α_3 (ici $\alpha_3 = 5$), on lui mène une tangente TT' faisant avec les axes des angles égaux à $\frac{\pi}{4}$, et l'on définit le mode de correspondance entre les nouvelles et les anciennes horizontales ainsi qu'il suit :

Pour une même cote les points de rencontre de la première horizontale avec l'hyperbole 5 et de la seconde horizontale avec la droite TT' sont sur une même verticale.

(¹) Pour représenter cette équation par trois systèmes de lignes droites, il suffirait de poser $x = \alpha_2$, $y = \alpha_3$.

C'est, on le reconnaît immédiatement, la transformation de l'hyperbole 5 en la droite TT' suivant le mode envisagé au n° 15, le transport des points ayant seulement lieu parallèlement à Oy au lieu de Ox.

Par exemple, les premières horizontales 10, 20, 30, 40, 50 coupant l'hyperbole 5 aux points α, β, γ, δ, ε, on mène par ces points des verticales qui coupent la droite TT' aux points α', β', γ', δ', ε'. Les secondes horizontales 10, 20, 30, 40, 50 sont celles qui passent par ces points.

Fig. 42.

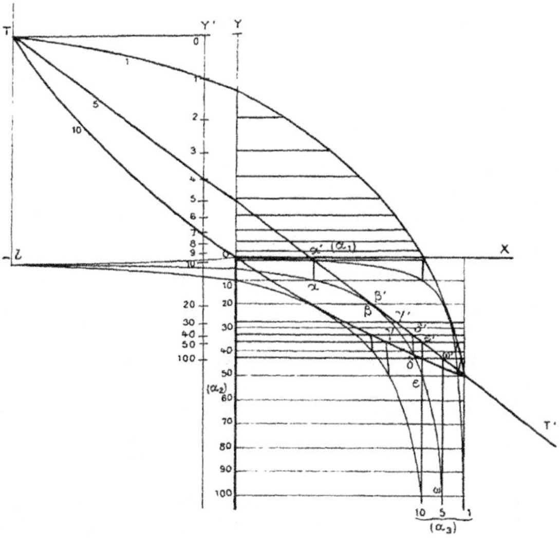

Rien de plus facile, dès lors, que d'obtenir la transformée d'une courbe de l'abaque primitif. Ayant pris ses points de rencontre avec les diverses horizontales de cet abaque on les reporte par des verticales sur les horizontales correspondantes du nouvel abaque.

C'est ainsi que sur la *fig.* 42 les courbes 1 et 10 en trait gras (1) ont été déduites des courbes 1 et 10 en trait fin. Quant à la courbe 5, elle a pour transformée la droite TT' elle-même. On voit que les angles de ces courbes avec les horizontales s'écartent peu de $\frac{\pi}{4}$.

(1) Un calcul bien facile montre que ces diverses courbes ont des équations de même forme que les précédentes. Ce sont donc encore des hyperboles.

IV. — Anamorphose générale.

41. *Principe.* — L'idée de l'anamorphose, développée dans les paragraphes précédents, conduit tout naturellement à la généralisation que voici :

A chacune des variables α_1 et α_2 faisons correspondre un système de courbes cotées *quelconques*. Si nous associons les couples de valeurs de α_1 et α_2 conduisant, en vertu de l'équation proposée, à *une même valeur de* α_3, et que nous prenions les points de rencontre des courbes cotées correspondantes, ces points seront distribués sur une courbe à côté de laquelle nous pourrons inscrire la valeur de α_3 considérée. En répétant cette opération pour une série de valeurs de α_3 nous obtiendrons un système de courbes cotées pour cette variable, et ce système, joint à ceux qui ont été arbitrairement choisis pour α_1 et α_2, constituera un abaque de l'équation proposée.

En un mot, *toute équation à trois variables peut être représentée au moyen de trois systèmes de courbes cotées dont deux arbitraires, trois courbes prises respectivement dans chacun de ces systèmes étant correspondantes lorsqu'elles concourent en un même point.*

On peut se demander s'il y a pratiquement intérêt à envisager une telle généralisation. Or, on conçoit *a priori* la possibilité de représenter uniquement au moyen de droites et de cercles certaines équations auxquelles n'est pas applicable l'anamorphose de Lalanne. Cette considération suffit à faire ressortir l'intérêt qui s'attache au principe général ci-dessus, qui a été rencontré par M. Massau, ingénieur au corps belge des Ponts et Chaussées [1], lorsque cet auteur a cherché à généraliser l'anamorphose de Lalanne en constituant le canevas de l'abaque au moyen non plus de deux systèmes de droites parallèles, mais de deux systèmes de droites *quelconques,* ainsi qu'on le verra plus loin (n° 47).

Avant de donner l'expression mathématique de ce principe gé-

---

[1] *Mémoire sur l'intégration graphique et ses applications*, paru dans les *Annales de l'Association des Ingénieurs sortis des Écoles spéciales de Gand* (Liv. III, Ch. III, § 2); 1884.

néral, nous croyons utile de dire quelques mots des systèmes de courbes cotées.

42. *Systèmes de courbes cotées.* — Soit l'équation

$$F(x, y, \alpha) = 0,$$

où α désigne un paramètre arbitraire, x et y des coordonnées ponctuelles quelconques, généralement des coordonnées cartésiennes.

A chaque valeur de α correspond une courbe, et, lorsqu'on fait varier ce paramètre de $-\infty$ à $+\infty$, on obtient un *système simplement infini* ou *faisceau* de courbes.

Supposons que, faisant varier α par *échelons égaux* entre les *limites* a et b, nous construisions la partie de chacune des courbes correspondantes *comprise à l'intérieur d'une certaine aire A* en ayant soin d'inscrire à côté de chacune d'elles la valeur correspondante du paramètre α; nous obtenons ainsi un système de *courbes cotées* (α) (¹).

Toutes ces courbes sont tangentes à une même courbe, leur enveloppe, dont l'équation est le résultat de l'élimination de α entre les équations

$$F = 0, \qquad \frac{\partial F}{\partial \alpha} = 0.$$

Mais, outre que la partie de cette enveloppe, qui est tangente aux courbes tracées, se trouve généralement en dehors de l'aire A, il faut remarquer que, sauf dans le cas où les courbes cotées sont des droites, elle n'offre aucune utilité pratique.

Si l'on est conduit à envisager une valeur de α autre que celles qui ont servi à la construction du système, on doit se figurer entre les courbes effectivement tracées les plus voisines, celle qui répondrait à cette valeur de α, en se laissant guider par l'allure des courbes environnantes. Cette *interpolation à vue* est, on le voit, assez délicate et la précision qu'elle peut donner dépend bien évidemment de l'habitude qu'en peut avoir le lecteur.

(¹) Rappelons, ainsi que nous l'avons déjà dit au n° 16, que ces courbes ont également reçu le nom de *courbes d'égal élément* (Lalanne) et de *courbes isoplèthes* (Vogler et Lalanne). Nous nous en tenons au terme plus simple et plus expressif de *courbes cotées*.

Lorsque, par la suite, nous parlerons des courbes cotées d'un système, on devra entendre par là non seulement celles qui seront effectivement tracées sur le tableau, mais encore celles qu'il est possible de leur adjoindre par une interpolation à vue.

Il convient d'observer que la construction d'un système de courbes cotées ne comporte pas, en général, à beaucoup près, un travail équivalent à la somme de ceux qu'exigerait la construction des courbes qui le constituent, *prises individuellement*. Il arrive, en effet, presque toujours que, une fois l'une de ces courbes obtenue, le tracé des autres s'en déduit avec une grande facilité. On peut citer, à ce point de vue, comme particulièrement caractéristique, l'exemple des systèmes de courbes qui se rencontrent plus loin aux nos 125 et 126.

43. *Disposition des cotes d'un système.* — On peut placer la cote d'une courbe d'un système en un point quelconque de cette courbe. Il sera même bon, si le tableau est de quelque étendue, de la répéter de distance en distance le long de cette courbe, pour que, en partant d'un point quelconque, l'œil n'ait pas à effectuer un trop long parcours avant de rencontrer la cote cherchée.

Pour faciliter cette recherche, il conviendra aussi d'observer une certaine continuité dans l'inscription des cotes des diverses courbes, c'est-à-dire de les disposer le long d'une courbe d'allure régulière, d'ailleurs quelconque. Une bonne disposition consistera à choisir à cet effet une trajectoire orthogonale du système des courbes cotées, ou du moins une courbe s'en écartant peu.

On pourra également échelonner les cotes le long d'une trajectoire dont les arcs, compris entre les diverses courbes du système, seront tous égaux entre eux, de telle sorte que, sur cette trajectoire, les cotes seront régulièrement espacées.

On voit d'ailleurs immédiatement que, si les courbes cotées sont considérées comme les projections des courbes de niveau d'une surface, une telle trajectoire n'est autre que la projection d'une ligne d'égale pente de cette surface.

En vertu de la remarque qui termine le n° 31, on pourrait, pour transformer un abaque à parallèles en un abaque avec transparent à trois index, prendre comme trajectoire des cotes de chacun des systèmes de parallèles une courbe répondant à la condition ci-dessus. La partie restante de l'abaque se composerait alors de trois courbes graduées régulièrement. Mais cela n'a qu'un intérêt purement théorique.

Dans tous les cas, on simplifiera l'inscription des cotes, en même temps qu'on rendra la lecture plus sûre, par l'emploi de traits de force qui serviront au tracé des courbes prises de 10 en 10, par exemple, des traits un peu moins renforcés étant encore appliqués aux courbes médianes des intervalles laissés entre les premières. C'est là une extension toute naturelle de la *Remarque* qui termine le n° 2.

44. *Systèmes de droites, du premier degré* (¹). — Si l'équation d'une droite contient algébriquement le paramètre α au degré n, elle définit un système de droites, du $n^{\text{ième}}$ degré. De telles droites admettent en général une enveloppe de la classe n, puisque, à un couple de valeurs données pour x et y, correspondent n valeurs de α, ce qui montre que, par tout point, on peut mener n tangentes, réelles ou imaginaires, à l'enveloppe du système.

Les cas les plus intéressants sont ceux de $n = 1$ et $n = 2$, pour lesquels l'enveloppe se réduit respectivement à un point et à une conique.

Considérons d'abord un *système de droites* (α) *du premier degré*. Son équation est de la forme

$$U - \alpha V = 0, \tag{1}$$

où U et V sont des fonctions linéaires en x et y.

A $\alpha = 0$ et $\alpha = \infty$ correspondent respectivement les droites $U = 0$ et $V = 0$, représentées sur la *fig.* 43 par AB et AC.

Fig. 43.

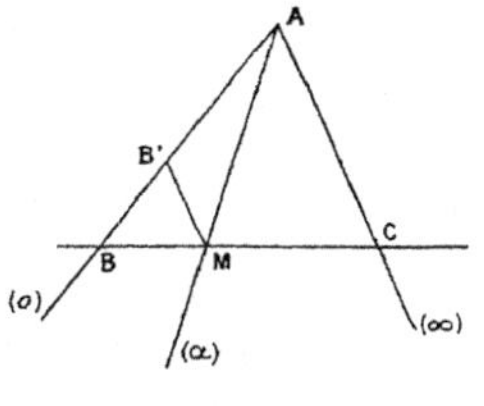

Toute autre droite (α) ou AM du système passera par le point de rencontre A de ces deux premières droites.

Si l'on remplace U et V par leurs valeurs développées en x

(¹) L'étude des systèmes de droites du premier et du deuxième degré a été faite dans le Mémoire cité de M. Massau, où les résultats rappelés ici sont établis d'une façon un peu différente.

et y, on voit que l'équation (1) renferme, sous forme homogène, six coefficients. Il faut donc cinq conditions pour définir le système. La connaissance du point A équivaut à deux conditions. Il faudra donc connaître les cotes de trois droites menées par ce point pour que la détermination géométrique du système soit complète.

Coupons ce système par une droite BC quelconque. L'équation (1), conservant la même forme pour un changement quelconque des axes de coordonnées, nous pouvons, sans nuire à la généralité, supposer que cette droite BC se confond avec l'axe des x. Alors, pour avoir l'échelle déterminée sur cet axe par le système (α), il suffira de faire $y = 0$ dans (1), ce qui donne l'équation d'une échelle linéaire (n° 7).

D'après ce qui a été vu en cet endroit, on peut construire géométriquement une telle échelle lorsqu'on en connaît trois points. En particulier, on peut se servir des points B ($\alpha = 0$) et C($\alpha = \infty$), auxquels on adjoindra le point de rencontre M d'une droite quelconque (α) du système avec la droite BC.

Rappelons quelle est la construction donnée au n° 7 : si, par le point M, on mène la parallèle MB′ à AC, l'échelle régulière ayant son point (o) en B′ et son point (α) en M, projetée à partir de A sur BC, donne, sur cette droite, l'échelle demandée. On peut donc dire que *le faisceau cherché détermine sur toute droite parallèle à* AC *une échelle régulière.*

45. *Systèmes de droites, du second degré.* — Un tel système est défini par une équation de la forme

$$(1) \qquad U + \alpha V + \alpha^2 W = 0,$$

où U, V, W sont des fonctions linéaires en x et y.

A $\alpha = 0$ et $\alpha = \infty$ correspondent respectivement les droites $U = 0$ et $W = 0$, représentées sur la *fig.* 44 par AB et AC. Soit, en outre, BC la droite $V = 0$.

L'enveloppe du système a pour équation

$$V^2 - 4UW = 0.$$

C'est donc une conique Γ tangente à AB et à AC en B et en C.

L'équation (1) renferme, sous forme homogène, neuf coefficients. Il faut donc huit conditions pour définir le système. La connaissance de la conique Γ équivaut à cinq conditions. Il faudra donc, si elle est donnée, connaître, en outre, les cotes de trois de ses tangentes pour que la détermination géométrique du système soit complète. La conique Γ sera d'ailleurs définie si on a ses points de contact avec trois des tangentes cotées données.

Fig. 44.

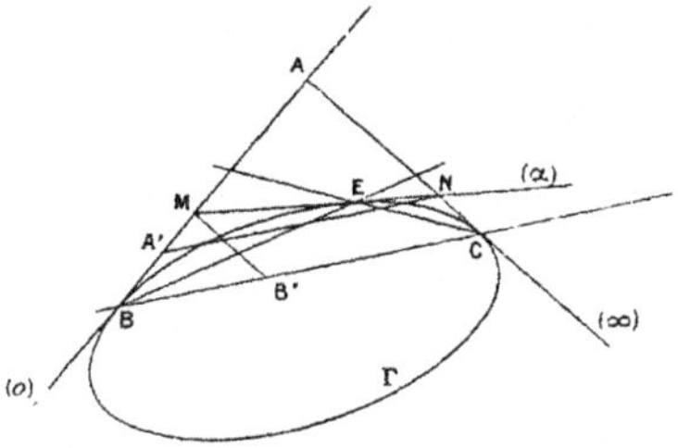

En particulier, lorsque les droites AB, AC et BC ont été construites, on connaît, par le fait, deux tangentes cotées AB($\alpha = o$) et AC($\alpha = \infty$) avec leurs points de contact B et C. Il suffit alors de construire une autre droite quelconque MN de cote α, pour que le système soit géométriquement défini.

Quatre droites quelconques du système, prises avec leurs cotes, équivalant à huit conditions, permettront également de construire le système.

Cette construction repose, dans tous les cas sur le théorème suivant : *Les points de rencontre, pris avec les cotes correspondantes, de toutes les droites du système avec l'une quelconque d'entre elles forment une échelle linéaire.*

En effet, les points de rencontre des droites du système défini par l'équation (1) avec la droite dont l'équation est

$$U + \alpha_0 V + \alpha_0^2 W = o \tag{2}$$

se trouvent sur les droites du système

$$V + (\alpha + \alpha_0) W = o, \tag{3}$$

dont l'équation s'obtient par soustraction de (1) et (2), et comme ce système est du premier degré, l'échelle qu'il engendre sur la droite (α) est linéaire. Le point coté α_0 sur cette échelle est évidemment son point de contact avec la conique Γ.

En particulier, les échelles situées sur AB et sur AC sont données l'une par

$$(4) \qquad U = 0 \quad \text{avec} \quad V - \alpha W = 0,$$

l'autre par

$$(5) \qquad W = 0 \quad \text{avec} \quad U + \alpha V = 0.$$

Si l'on connaît quatre droites cotées du système, on a, sur chacune d'elles, par sa rencontre avec les trois autres, trois points de l'échelle linéaire correspondante. On peut donc construire cette échelle (nº 7). Après en avoir ainsi obtenu deux, il suffit de tirer des droites entre leurs points de même cote pour avoir le système demandé.

Revenons au cas où l'on a tracé les droites AB, AC, BC et une droite MN de cote quelconque α dans le système.

L'échelle linéaire sur AB est définie par les points B(o), M(α) et A(∞); celle sur AC par les points A(o), N(α) et C(∞).

Si nous menons par M la parallèle MB' à AC et que nous construisions sur cette droite l'échelle régulière ayant son point (o) en B' et son point (α) en M, il nous suffira de projeter cette échelle à partir de C sur AB pour avoir l'échelle située sur cette droite. De même l'échelle située sur AC s'obtiendra par projection à partir de B de l'échelle régulière construite sur la parallèle NA' à BC et ayant son point (o) en A' et son point (α) en N.

Le point E où la droite (α) touche son enveloppe Γ est défini par l'équation (1) et sa dérivée par rapport à α,

$$(6) \qquad V + 2\alpha W = 0.$$

Cette dernière équation, multipliée par $\frac{\alpha}{2}$ et retranchée de (1), donne

$$(7) \qquad U + \frac{\alpha}{2} V = 0.$$

Le point E se trouve donc à l'intersection des droites définies par (6) et (7). Or, la comparaison de ces équations avec (4) et (5) montre que la première représente la droite qui joint le point C au point coté 2α sur l'échelle de AB, et la seconde la droite qui joint le point B au point coté $\frac{\alpha}{2}$ sur l'échelle de AC. De là une facile construction du point E lorsque ces deux échelles ont été obtenues.

Remarque. — Pour qu'une échelle linéaire soit régulière, il faut que son point coté (∞) soit à l'infini. Il n'y aura donc, en général, qu'une droite d'un système du second degré sur laquelle les autres détermineront une échelle régulière, à savoir celle qui sera parallèle à la droite cotée (∞), c'est-à-dire la tangente à la conique Γ parallèle à AC. Toutefois, si la droite (∞) est tout entière transportée à l'infini, ce qui a lieu *lorsque* W *se réduit à une constante,* auquel cas la conique Γ est une parabole, les échelles *de toutes les droites du système sont régulières*. La conique Γ peut d'ailleurs être une parabole sans que sa tangente cotée (∞) soit précisément celle qui est située à l'infini.

46. *Abaque général à trois systèmes de courbes cotées.* — Considérons les trois systèmes de courbes cotées définis respectivement par les équations

$$(\alpha_1) \qquad F_1(x, y, \alpha_1) = 0,$$

$$(\alpha_2) \qquad F_2(x, y, \alpha_2) = 0,$$

$$(\alpha_3) \qquad F_3(x, y, \alpha_3) = 0.$$

Si trois courbes prises respectivement dans ces systèmes concourent en un même point, leurs cotes sont liées par l'équation

$$(\mathrm{E}) \qquad \Phi(\alpha_1, \alpha_2, \alpha_3) = 0,$$

obtenue en éliminant x et y entre les trois équations précédentes, et cela, bien entendu, quelle que soit l'espèce (cartésiennes, polaires, etc...) des coordonnées x et y.

L'ensemble des trois systèmes (α_1), (α_2) et (α_3) constitue donc un abaque de l'équation (E), dont le mode d'emploi tient dans ce simple énoncé :

La valeur de la variable prise pour inconnue est donnée par la cote de la courbe du système correspondant, qui passe par le point de rencontre des courbes cotées au moyen des va-

leurs des deux autres variables dans les systèmes correspondants.

On voit que si l'équation (E) est donnée, on pourra choisir arbitrairement deux des trois équations de courbes cotées, les deux premières, par exemple, la troisième s'obtenant par l'élimination de α_1 et α_2 entre celles-ci et l'équation (E).

Mais, et c'est là un point essentiel, il faudra à la fois que les équations (α_1) et (α_2) qu'on se sera données et l'équation (α_3), obtenue comme on vient de le dire, représentent des courbes *réelles*.

Lorsque, sous cette condition, on formera les équations (α_1), (α_2) et (α_3), qui, par élimination de x et y, devront redonner l'équation (E), on pourra dire que l'on opère la *disjonction* des variables.

Il faut, en outre, remarquer qu'en pratique les variables α_1 et α_2 prises comme variables indépendantes auront des limites a_1 et b_1 pour l'une, a_2 et b_2 pour l'autre. On commencera donc par construire les courbes correspondantes (a_1) et (b_1) du premier système, (a_2) et (b_2) du second (*fig.* 45). Ces courbes détermi-

Fig. 45.

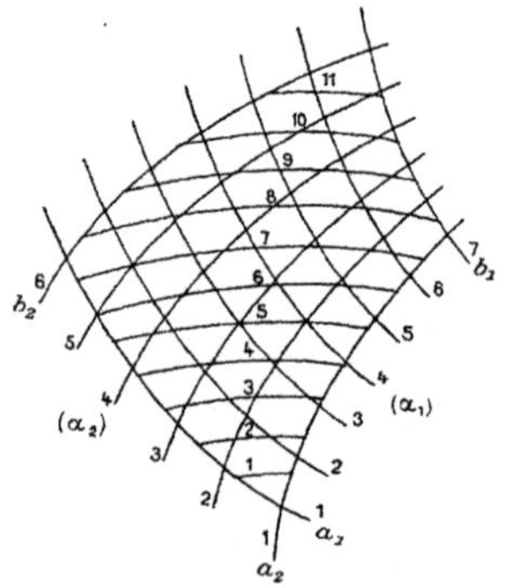

neront un quadrilatère curviligne, et il ne sera, bien entendu, nécessaire de construire les diverses courbes (α_1), (α_2) et (α_3) qu'à l'intérieur de ce quadrilatère. Toutefois, si ces courbes sont des droites ou des cercles, dont le tracé ne coûte pas plus de peine quand on l'étend davantage, on pourra, en vue par exemple d'une plus grande netteté dans l'inscription des cotes, les prolonger au delà des limites qui viennent d'être définies.

Remarquons enfin qu'il pourra y avoir lieu de pratiquer l'interpolation dont il a été question au n° **42** pour une, pour deux des variables, ou même pour les trois à la fois. L'opération mentale, qui consiste à se figurer, au milieu des courbes effectivement tracées, les trois courbes correspondant aux deux données et à l'inconnue, exige alors quelque attention et fournit des résultats dont la précision dépend évidemment de la plus ou moins grande habitude du lecteur et de la justesse de son coup d'œil.

On voit immédiatement comment les méthodes déjà exposées résultent du principe général ci-dessus.

Il suffit de prendre pour équations (α_1) et (α_2)

$$(\alpha_1) \qquad x = l_1 \alpha_1,$$

$$(\alpha_2) \qquad y = l_2 \alpha_2,$$

pour obtenir comme équation (α_3)

$$(\alpha_3) \qquad \Phi\left(\frac{x}{l_1}, \frac{y}{l_2}, \alpha_3\right) = 0.$$

C'est la méthode cartésienne (n° **16**).

Si l'équation (E) est de la forme

$$f_1(\alpha_1) f_3(\alpha_3) + f_2(\alpha_2) \varphi_3(\alpha_3) + \psi_3(\alpha_3) = 0,$$

on n'a qu'à prendre pour équations (α_1) et (α_2)

$$(\alpha_1) \qquad x = l_1 f_1(\alpha_1),$$

$$(\alpha_2) \qquad y = l_2 f_2(\alpha_2),$$

pour avoir comme équation (α_3)

$$(\alpha_3) \qquad \frac{x}{l_1} f_3(\alpha_3) + \frac{y}{l_2} \varphi_3(\alpha_3) + \psi_3(\alpha_3) = 0.$$

On retrouve ainsi la *méthode de l'anamorphose* (n° **24**) telle qu'elle a été donnée par Lalanne.

Voyons maintenant quelle nouvelle extension de l'anamorphose peut résulter du principe général qui vient d'être indiqué.

47. *Abaques à trois systèmes de droites entrecroisés.* — L'anamorphose de Lalanne avait pour objet, en substituant à un quadrillage régulier un quadrillage irrégulier, de transformer un système de courbes cotées dessiné sur le premier en un système de droites sur le second.

Supposons maintenant qu'au lieu d'un quadrillage nous construisions un réseau formé de deux systèmes de droites quelconques et que, dans ces conditions, les courbes cotées correspondant à la troisième variable soient aussi des droites quelconques.

Si, pour abréger l'écriture, nous écrivons f_i, φ_i, ψ_i au lieu de $f_i(\alpha_i)$, $\varphi_i(\alpha_i)$, $\psi_i(\alpha_i)$, pour $i = 1, 2, 3$, nous voyons que nous aurons pour les systèmes (α_1), (α_2) et (α_3) les équations

$$(\alpha_1) \qquad x f_1 + y \varphi_1 + \psi_1 = 0,$$
$$(\alpha_2) \qquad x f_2 + y \varphi_2 + \psi_2 = 0,$$
$$(\alpha_3) \qquad x f_3 + y \varphi_3 + \psi_3 = 0$$

L'élimination de x et y entre ces trois équations nous donne l'équation représentée qui peut s'écrire

$$(\mathrm{E}) \qquad \begin{vmatrix} f_1 & \varphi_1 & \psi_1 \\ f_2 & \varphi_2 & \psi_2 \\ f_3 & \varphi_3 & \psi_3 \end{vmatrix} = 0.$$

Si donc une équation peut être mise sous cette forme, on pourra immédiatement effectuer la disjonction des variables par les équations (α_1), (α_2) et (α_3) ci-dessus, et, en construisant les trois systèmes de droites définis respectivement par ces équations, on aura constitué un abaque à droites entrecroisées pour l'équation (E).

C'est en cela que consiste le principe de l'anamorphose généralisée, énoncé pour la première fois par M. Massau [1].

Pour reconnaître si ce principe est applicable à une équation donnée, il faudra d'abord essayer de la mettre sous la forme (E) ci-dessus. Si l'on n'a pas recours pour cela à une méthode analytique rigoureuse [2] on se livrera à quelques tâtonnements. Ceux-ci seront d'ailleurs facilités si l'on a déterminé *a priori* certains

---

(1) *Intégration graphique*, Liv. III, Ch. III, § 2.

(2) *Voir* le n° 154.

types d'équations susceptibles de revêtir la forme (E) ci-dessus (¹).

Il est intéressant à cet égard de s'arrêter au type ci-dessous qui a été rencontré par M. Massau (²).

48. *Type d'équations rentrant dans la classe précédente.* — Ces équations sont celles de la forme

$$(1) \qquad (m_1\alpha_1+n_1)(m_2\alpha_2+n_2)f_3+(p_1\alpha_1+q_1)(p_2\alpha_2+q_2)\varphi_3 + (r_1\alpha_1+s_1)(r_2\alpha_2+s_2)\psi_3=0$$

où f_3, φ_3 et ψ_3 représentent des fonctions quelconques de α_3.

Puisque nous sommes libres de choisir les équations (α_1) et (α_2) (n° 46) prenons celles qui résultent de l'élimination de α_2 d'une part, de α_1 de l'autre, entre les équations

$$(2) \qquad x=\frac{(m_1\alpha_1+n_1)(m_2\alpha_2+n_2)}{(r_1\alpha_1+s_1)(r_2\alpha_2+s_2)}, \qquad y=\frac{(p_1\alpha_1+q_1)(p_2\alpha_2+q_2)}{(r_1\alpha_1+s_1)(r_2\alpha_2+s_2)}.$$

L'équation (α_3) sera alors

$$(\alpha_3) \qquad xf_3+y\varphi_3+\psi_3=0.$$

Formons les équations (α_1) et (α_2) ainsi qu'il vient d'être dit. Par un calcul qui exige quelques écritures mais n'offre aucune difficulté, puisque chacune des équations (2) est du premier degré par rapport soit à α_1, soit à α_2, nous obtenons

$$(\alpha_1) \qquad \frac{p_2s_2-r_2q_2}{m_1\alpha_1+n_1}x+\frac{r_2n_2-m_2s_2}{p_1\alpha_1+q_1}y+\frac{m_2q_2-n_2p_2}{r_1\alpha_1+s_1}=0,$$

$$(\alpha_2) \qquad \frac{p_1s_1-r_1q_1}{m_2\alpha_2+n_2}x+\frac{r_1n_1-m_1s_1}{p_2\alpha_2+q_2}y+\frac{m_1q_1-n_1p_1}{r_2\alpha_2+s_2}=0.$$

Ces deux dernières équations définissent des systèmes de droites du second degré.

L'équation (1) *ci-dessus est donc représentable par trois systèmes de droites dont deux nécessairement du second degré.*

Mais il y a plus : *Ces deux systèmes du second degré admettent la même conique enveloppe.*

(¹) *Voir* plus loin (Ch. VI, II B) l'étude des équations obtenues en supposant toutes les fonctions f, φ, ψ linéaires.

(²) *Loc. cit.* Les démonstrations ici données sont entièrement différentes de celles de M. Massau.

Pour le démontrer il suffit de faire voir que les droites (α_1) et (α_2) coïncident deux à deux, c'est-à-dire que, quel que soit α_1, on peut déterminer α_2 de façon que les droites (α_1) et (α_2) coïncident. La vérification directe de ce fait exigerait des calculs très compliqués; elle devient fort aisée grâce à l'artifice suivant :

Rien n'empêche, pour la construction de l'abaque, de substituer aux variables α_1 et α_2 les variables α'_1 et α'_2 définies par

$$\alpha'_1 = \frac{m_1\alpha_1 + n_1}{r_1\alpha_1 + s_1}, \qquad \alpha'_2 = \frac{m_2\alpha_2 + n_2}{r_2\alpha_2 + s_2}.$$

Il suffira seulement, lorsqu'on se sera servi d'une valeur soit de α'_1, soit de α'_2, pour construire une droite, de coter cette droite à l'aide non pas de cette valeur de α'_1 ou de α'_2, mais de la valeur correspondante de α_1 ou de α_2.

Un calcul facile montre que

$$\frac{p_1\alpha_1 + q_1}{r_1\alpha_1 + s_1} = p'_1\alpha'_1 + q'_1 \quad \text{avec} \quad \left\{ \begin{aligned} p'_1 &= \frac{q_1 r_1 - p_1 s_1}{n_1 r_1 - m_1 s_1}, \\ q'_1 &= \frac{n_1 p_1 - m_1 q_1}{n_1 r_1 - m_1 s_1}, \end{aligned} \right.$$

$$\frac{p_2\alpha_2 + q_2}{r_2\alpha_2 + s_2} = p'_2\alpha'_2 + q'_2 \quad \text{avec} \quad \left\{ \begin{aligned} p'_2 &= \frac{q_2 r_2 - p_2 s_2}{n_2 r_2 - m_2 s_2}, \\ q'_2 &= \frac{n_2 p_2 - m_2 q_2}{n_2 r_2 - m_2 s_2}. \end{aligned} \right.$$

Dès lors les équations (α_1) et (α_2) ci-dessus deviennent

$$(\alpha'_1) \qquad \frac{p'_2 x}{\alpha'_1} - \frac{y}{p'_1\alpha'_1 + q'_1} + q'_2 = 0,$$

$$(\alpha'_2) \qquad \frac{p'_1 x}{\alpha'_2} - \frac{y}{p'_2\alpha'_2 + q'_2} + q'_1 = 0.$$

Ces équations représenteront une même droite si l'on peut avoir à la fois

$$\frac{p'_2\alpha'_2}{p'_1\alpha'_1} = \frac{p'_2\alpha'_2 + q'_2}{p'_1\alpha'_1 + q'_1} = \frac{q'_2}{q'_1}.$$

Or, ces deux égalités se réduisent évidemment à une seule

$$\frac{p'_2\alpha'_2}{q'_2} = \frac{p'_1\alpha'_1}{q'_1}.$$

Il suffira donc que α'_1 et α'_2 satisfassent à cette équation pour que les droites (α'_1) et (α'_2) coïncident. Autrement dit :

Si α_1 *et* α_2 *sont liés par la relation*

$$(3)\qquad \frac{r_1 q_1 - s_1 p_1}{m_1 q_1 - n_1 p_1}\,\frac{m_1 \alpha_1 - n_1}{r_1 \alpha_1 - s_1} = \frac{r_2 q_2 - s_2 p_2}{m_2 q_2 - n_2 p_2}\,\frac{m_2 \alpha_2 - n_2}{r_2 \alpha_2 - s_2},$$

les droites (α_1) et (α_2) *coïncident.*

Ainsi donc les systèmes (α_1) et (α_2) seront constitués par les mêmes droites (tangentes à une certaine conique) affectées de cotes différentes. Il n'y aura évidemment, pour éviter toute confusion, qu'à distinguer les cotes se référant à l'un ou à l'autre système au moyen d'un signe quelconque (indice, accent, tiret, ...). Il arrivera d'ailleurs souvent que la portion utile de chaque système ne comprendra pas les mêmes droites. On aura dès lors affaire à deux groupes distincts de tangentes à une même conique et il sera superflu d'affecter leurs cotes de signes particuliers.

49. *Transformation homographique d'un abaque à droites entrecroisées.* — Les lignes, droites ou courbes, qui, par leur entrecroisement, constituent un abaque, peuvent évidemment être soumises à une transformation ponctuelle quelconque *pourvu que leurs cotes se conservent.*

En particulier, la transformation homographique la plus générale, avec laquelle toute droite donne une droite, sera applicable à tout abaque à droites entrecroisées, puisque à trois droites concourantes du premier abaque correspondront trois droites concourantes du second.

Pour obtenir l'expression analytique de cette transformation, il suffit de multiplier l'équation mise sous la forme

$$(\mathrm{E})\qquad \begin{vmatrix} f_1 & \varphi_1 & \psi_1 \\ f_2 & \varphi_2 & \psi_2 \\ f_3 & \varphi_3 & \psi_3 \end{vmatrix} = 0$$

par le déterminant

$$\mathrm{D} = \begin{vmatrix} \lambda & \mu & \nu \\ \lambda' & \mu' & \nu' \\ \lambda'' & \mu'' & \nu'' \end{vmatrix}$$

où les lettres λ, μ, ν, λ', μ', ... désignent des nombres quelconques, mais tels que D *soit différent de zéro.*

La règle bien connue de la multiplication des déterminants montre que l'équation s'écrira alors

$$\begin{vmatrix} \lambda f_1 + \mu\varphi_1 + \nu\psi_1 & \lambda' f_1 + \mu'\varphi_1 + \nu'\psi_1 & \lambda'' f_1 + \mu''\varphi_1 + \nu''\psi_1 \\ \lambda f_2 + \mu\varphi_2 + \nu\psi_2 & \lambda' f_2 + \mu'\varphi_2 + \nu'\psi_2 & \lambda'' f_2 + \mu''\varphi_2 + \nu''\psi_2 \\ \lambda f_3 + \mu\varphi_3 + \nu\psi_3 & \lambda' f_3 + \mu'\varphi_3 + \nu'\psi_3 & \lambda'' f_3 + \mu''\varphi_3 + \nu''\psi_3 \end{vmatrix} = 0.$$

Elle sera par suite représentable par les trois systèmes de droites

$$(\alpha_1) \quad x(\lambda f_1 + \mu\varphi_1 + \nu\psi_1) + y(\lambda' f_1 + \mu'\varphi_1 + \nu'\psi_1) + \lambda'' f_1 + \mu''\varphi_1 + \nu''\psi_1 = 0,$$
$$(\alpha_2) \quad x(\lambda f_2 + \mu\varphi_2 + \nu\psi_2) + y(\lambda' f_2 + \mu'\varphi_2 + \nu'\psi_2) + \lambda'' f_2 + \mu''\varphi_2 + \nu''\psi_2 = 0.$$
$$(\alpha_3) \quad x(\lambda f_3 + \mu\varphi_3 + \nu\psi_3) + y(\lambda' f_3 + \mu'\varphi_3 + \nu'\psi_3) + \lambda'' f_3 + \mu''\varphi_3 + \nu''\psi_3 = 0.$$

Ainsi les nombres λ, μ, ..., ν'' étant astreints à la seule condition que leur déterminant D soit différent de zéro, *les trois dernières équations écrites définissent l'abaque à droites entrecroisées le plus général pouvant servir à représenter l'équation* (E) *ci-dessus.*

On peut d'ailleurs prendre pour fonctions f_1, φ_1, ..., ψ_3 celles qui correspondent à un *quelconque* des abaques à droites entrecroisées de l'équation proposée. Lors donc qu'on aura réussi à former l'un de ceux-ci, on aura du même coup obtenu tous les autres, pouvant s'en déduire homographiquement, avec conservation des mêmes axes de coordonnées.

Exemples : 1° La première variante du second type d'abaque de multiplication (*fig.* 23) est constituée par les droites

$$\alpha_1 x - 10y = 0,$$
$$x - \alpha_2 = 0,$$
$$10y - \alpha_3 = 0,$$

qui conduisent, pour l'équation

$$\alpha_1\alpha_2 - \alpha_3 = 0$$

de la multiplication, à la forme

$$\begin{vmatrix} \alpha_1 & -10 & 0 \\ 1 & 0 & -\alpha_2 \\ 0 & 10 & -\alpha_3 \end{vmatrix} = 0.$$

Remplaçons la seconde colonne par la somme des deux premières.

Cela nous donne

$$\begin{vmatrix} \alpha_1 & \alpha_1 - 10 & 0 \\ 1 & 1 & -\alpha_2 \\ 0 & 10 & -\alpha_3 \end{vmatrix} = 0,$$

d'où les équations

$$\alpha_1 x + (\alpha_1 - 10) y = 0,$$
$$x + y - \alpha_2 = 0,$$
$$10 y - \alpha_3 = 0,$$

qui définissent précisément la seconde variante (*fig.* 23 *bis*).

Une simple permutation des colonnes du premier déterminant le transforme en

$$\begin{vmatrix} -10 & 0 & \alpha_1 \\ 0 & -\alpha_2 & 1 \\ 10 & -\alpha_3 & 0 \end{vmatrix} = 0,$$

d'où les équations

$$-10x + \alpha_1 = 0,$$
$$-\alpha_2 y + 1 = 0,$$
$$10x - \alpha_3 y = 0,$$

qui définissent un abaque du troisième type (*fig.* 28).

2° Un abaque de l'équation

$$f_1 + f_2 = f_3$$

étant constitué par les systèmes de droites dont les équations sont

$$x - f_1 = 0,$$
$$y - f_2 = 0,$$
$$x + y - f_3 = 0,$$

on voit que l'équation peut se mettre sous la forme

$$\begin{vmatrix} 1 & 0 & -f_1 \\ 0 & 1 & -f_2 \\ 1 & 1 & -f_3 \end{vmatrix} = 0.$$

Multipliant ce déterminant par

$$\begin{vmatrix} 1 & -\frac{1}{2} & 0 \\ 0 & \frac{\sqrt{3}}{2} & 0 \\ 0 & 0 & 1 \end{vmatrix} = \frac{\sqrt{3}}{2},$$

nous obtenons, par la règle ci-dessus rappelée,

$$\begin{vmatrix} 1 & 0 & -f_1 \\ -\frac{1}{2} & \frac{\sqrt{3}}{2} & -f_2 \\ \frac{1}{2} & \frac{\sqrt{3}}{2} & -f_3 \end{vmatrix} = 0,$$

qui nous donne les systèmes de droites

$$x - f_1 = 0,$$
$$-x + y\sqrt{3} - 2f_2 = 0,$$
$$x + y\sqrt{3} - 2f_3 = 0.$$

Nous retombons ainsi sur les abaques hexagonaux. Les trois droites dont les équations sont ici écrites, qui font avec Ox respectivement les angles $\frac{\pi}{2}$, $\frac{\pi}{3}$ et $\frac{2\pi}{3}$, sont, en effet, à des distances de l'origine égales à f_1, f_2 et f_3.

50. *Quadrilatère limite.* — On vient de voir comment, lorsqu'on conserve les mêmes axes de coordonnées, l'application du principe de l'homographie permet d'engendrer tous les abaques à droites entrecroisées d'une équation donnée.

On peut, en particulier, se proposer de faire en sorte, par ce moyen, que le quadrilatère limitant la partie utile d'un tel abaque coïncide avec un rectangle qu'on se sera donné d'avance.

Ce quadrilatère ABCD est formé par les droites correspondant aux valeurs limites a_1 et b_1, a_2 et b_2 des variables considérées comme indépendantes α_1 et α_2 (1).

Pour remplacer ce quadrilatère déjà construit par le rectangle A'B'C'D' il suffit d'effectuer géométriquement la transformation homographique de la figure en faisant respectivement correspondre aux points A, B, C, D les points A', B', C', D'. Cette construction peut être réalisée ainsi qu'il suit :

(1) Il arrive fréquemment, en pratique, que les valeurs utiles a_3 et b_3 entre lesquelles reste comprise la variable α_3 tombent entre les valeurs limites théoriques définies par les cotes des courbes extrêmes du système passant à l'intérieur du quadrilatère ABCD.

Prenons une droite quelconque MN du premier abaque (*fig.* 46) et cherchons à obtenir géométriquement sa transformée M′N′ sur le second.

Fig. 46.

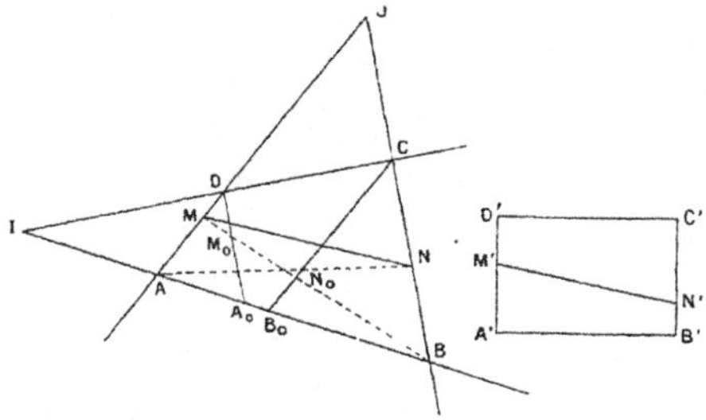

On sait que la transformation homographique conserve les rapports anharmoniques; on a donc, en se servant de la notation entre parenthèses pour désigner de tels rapports,

$$(\mathrm{AMDJ}) = (\mathrm{A'M'D'}\infty).$$

Par le point D, menons la parallèle DA_0 à BC et tirons la droite BM qui coupe DA_0 au point M_0. Les points A, M, D et J projetés du point B sur DA_0 donnent les points A_0, M_0, D, et le point à l'infini. On a donc

$$(\mathrm{AMDJ}) = (\mathrm{A_0M_0D}\infty)$$

et, par suite,

$$(\mathrm{A'M'D'}\infty) = (\mathrm{A_0M_0D}\infty),$$

ou

$$\frac{\mathrm{M'A'}}{\mathrm{M'D'}} = \frac{\mathrm{M_0A_0}}{\mathrm{M_0D}}.$$

Donc, *l'échelle des points* M′ *est semblable à l'échelle obtenue en projetant de* B *l'échelle des points* M *sur* DA_0.

Un résultat analogue pourrait évidemment être établi pour les trois autres côtés du quadrilatère, ce qui conduit à l'énoncé général que voici :

Pour reporter du premier abaque sur le second l'échelle E *déterminée par les droites cotées sur l'un des côtés* C *du quadrilatère limite, il suffit de mener par l'un des sommets* S *qui limitent le côté C, une parallèle P au côté opposé, et de projeter du sommet diamétralement opposé à S l'échelle E sur la droite P. L'échelle E' à construire sur le côté correspondant du rectangle limite du second abaque est semblable à l'échelle ainsi obtenue.*

En appliquant ce théorème aux quatre côtés du quadrilatère limite, on reporte toutes les droites qu'il contient à l'intérieur du rectangle limite qu'on veut lui substituer.

Mais, en général, la question ne se posera pas ainsi. Il s'agira de déterminer *a priori*, par voie analytique, les coefficients des systèmes de droites de l'abaque à construire, de façon à réaliser la condition requise. On procédera dès lors de la manière suivante :

Soient l_1, m_1, n_1 et l'_1, m'_1, n'_1 les valeurs prises respectivement par les fonctions f_1, φ_1, ψ_1 pour $\alpha_1 = a_1$ et $\alpha_1 = b_1$. De même pour α_2.

Pour faire en sorte que le quadrilatère limite de l'abaque soit formé d'une part par les droites

$$x = 0, \qquad x = h,$$

de l'autre par les droites

$$y = 0, \qquad y = k,$$

il faut disposer des paramètres λ, μ, ..., ν'', de façon que, pour $\alpha_1 = a_1$ et $\alpha_1 = b_1$, l'équation (α_1) du n° 49 donne les deux premières, et que, pour $\alpha_2 = a_2$ et $\alpha_2 = b_2$, l'équation (α_2) donne les deux dernières.

Cela conduit aux équations de condition

$$(1) \qquad \begin{cases} \lambda l_2 + \mu m_2 + \nu n_2 = 0, \\ \lambda l'_2 + \mu m'_2 + \nu n'_2 = 0, \end{cases}$$

$$(2) \qquad \begin{cases} \lambda' l_1 + \mu' m_1 + \nu' n_1 = 0, \\ \lambda' l'_1 + \mu' m'_1 + \nu' n'_1 = 0, \end{cases}$$

$$(3) \qquad \begin{cases} \lambda'' l_1 + \mu'' m_1 + \nu'' n_1 = 0, \\ \lambda'' l_2 + \mu'' m_2 + \nu'' n_2 = 0, \end{cases}$$

$$(4) \qquad \begin{cases} (\lambda l'_1 + \mu m'_1 + \nu n'_1)h + (\lambda'' l'_1 + \mu'' m'_1 + \nu'' n'_1) = 0, \\ (\lambda' l'_2 + \mu' m'_2 + \nu' n'_2)k + (\lambda'' l'_2 + \mu'' m'_2 + \nu'' n'_2) = 0. \end{cases}$$

De ces huit équations homogènes, il faut tirer des valeurs proportionnelles pour les neuf paramètres λ, μ, ..., ν''.

Des groupes (1), (2) et (3), on peut tirer respectivement des valeurs telles que

$$\begin{array}{lll} \lambda = H\rho, & \mu = K\rho, & \nu = L\rho, \\ \lambda' = H'\rho', & \mu' = K'\rho', & \nu' = L'\rho', \\ \lambda'' = H''\rho'', & \mu'' = K''\rho'', & \nu'' = L''\rho'', \end{array}$$

ρ, ρ', ρ'' étant des paramètres encore indéterminés. Portant ces valeurs dans les équations (4), on a des équations de la forme

$$A\rho + B\rho'' = 0,$$
$$A'\rho' + B'\rho'' = 0,$$

d'où l'on tire ρ et ρ' en fonction de ρ''. Les neuf paramètres λ, μ, ..., ν'' se trouvent alors exprimés en fonction de ρ'' seulement, auquel on peut attribuer une valeur quelconque, d'où résulteront les dimensions de l'abaque.

51. *Exemple : Abaque du fruit intérieur des murs de soutènement.* — Soient ABCD (*fig.* 47) la section rectangulaire d'un mur de soutènement calculé en vue d'une certaine résistance, MBCN la section trapézoïdale de même hauteur et de même résistance.

Fig. 47.

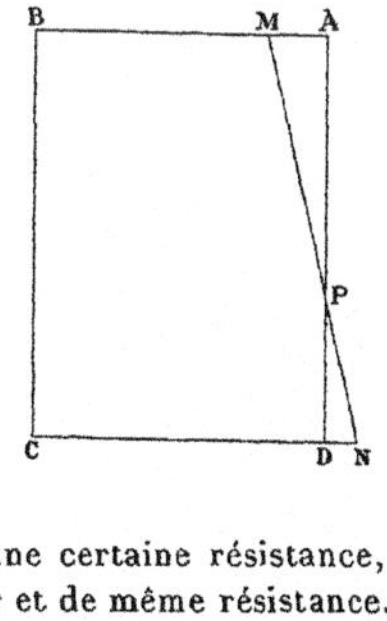

Si l'on pose

$$\frac{BM}{BA} = l, \qquad \frac{AP}{AD} = h,$$

et que l'on représente par p le rapport du poids spécifique de la terre soutenue à celui de la maçonnerie, ces trois quantités sont liées par l'équation

$$(1+l)h^2 - l(1+p)h - \frac{(1-l)(1+2p)}{3} = 0,$$

qui permet de calculer h lorsque l et p sont donnés. Nous allons faire connaître l'abaque qui a été proposé par M. Massau (¹) pour cette équation.

Remarquons tout d'abord que si nous y regardons l, p et h comme α_1, α_2 et α_3, cette équation rentre dans le type (1) du n° 48.

Elle est donc représentable par trois systèmes de droites dont les équations [(α_1), (α_2) et (α_3) du n° 48], obtenues en posant

$$x = \frac{l(1+p)}{1+l}, \qquad y = \frac{(1-l)(1+2p)}{3(1+l)},$$

sont ici

$$(l) \qquad 2(l^2-1)x + 3l(l+1)y - l(l-1) = 0,$$

$$(p) \qquad 2(2p+1)x + 3(p+1)y - (p+1)(2p+1) = 0,$$

$$(h) \qquad hx + y - h^2 = 0,$$

Ces trois systèmes sont du second degré. Les deux premiers, d'après le théorème démontré au n° 48, auront pour enveloppe une même conique.

Si, en effet, on écrit les équations (l) et (p) sous la forme

$$(l') \qquad l^2(2x+3y-1) + l(3y+1) - 2x = 0,$$

$$(p') \qquad 2p^2 - p(4x+3y-3) - (2x+3y-1) = 0.$$

on obtient pour les enveloppes correspondantes

$$(3y+1)^2 + 8x(2x+3y-1) = 0,$$

$$(4x+3y-3)^2 + 8(2x+3y-1) = 0,$$

formes distinctes d'une même équation, savoir :

$$(4x+3y)^2 - 8x + 6y + 1 = 0,$$

qui représente une parabole π.

En outre, l'équation (3) du n° 48 montre qu'une droite (l) et une droite (p) coïncident lorsqu'on a entre leurs cotes la relation

$$p(l+1) + 1 = 0.$$

Mais ici chacune des variables restant, en pratique, comprise entre 0 et 1, on va voir qu'on se trouve dans le cas signalé plus haut où les groupes utiles de tangentes à la parabole π correspondant respectivement à l et à p sont distincts l'un de l'autre.

(¹) *Loc. cit.*, n° 298.

Voyons comment on peut construire chacun des systèmes (l), (p) et (h).

Système (l). — Si l'on se reporte à la forme (l') de l'équation de ce système, on voit immédiatement que

pour $l = 0$, on a la droite $x = 0$.
» $l = \infty$, » $2x + 3y - 1 = 0$,

c'est-à-dire les droites AB et AC de la *fig.* 48 (¹). Ces droites touchent la

Fig. 48.

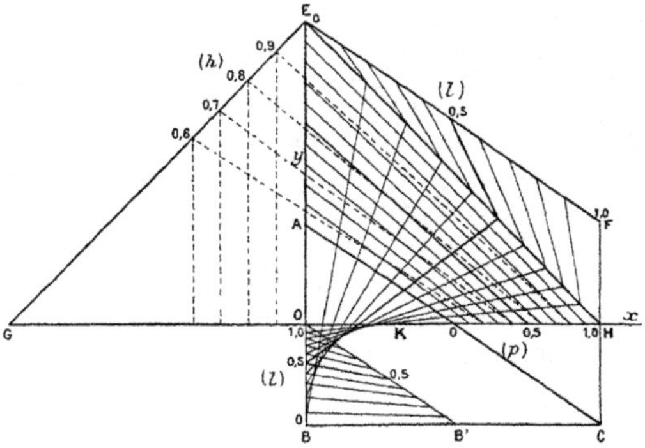

parabole π en leurs points de rencontre B et C avec la droite

$$3y + 1 = 0.$$

On voit aussi que

pour $l = 1$, on a la droite $y = 0$ ou Ox;
» $l = -2$, » $x + y - 1 = 0$ ou EH.

Pour trouver l'échelle des points de rencontre du système (l) avec AB, menons, suivant la construction indiquée au n° 45, la parallèle OB′ à AC, et construisons une échelle régulière ayant son point (0) en B′ et son point (1) en O, puisque la droite Ox est ici la droite (1). Divisons, par exemple, OB′ en 10 parties égales. En projetant les points ainsi obtenus à partir de C sur OB, nous avons les points de rencontre de cette droite respectivement avec les droites (0, 1), (0, 2), ..., (0, 9) du système (l).

(¹) Cette figure, aux notations près, reproduit exactement celle du Mémoire de M. Massau (*fig.* 141) qui, d'après la déclaration même de l'auteur, ne doit être considérée que comme propre à faire comprendre la construction de l'abaque qui devrait être établi sous de plus grandes dimensions.

Pour achever de déterminer les droites (l), on pourrait prendre l'échelle qu'elles déterminent sur AC en projetant à partir de B, comme cela a été indiqué au n° 45, une échelle régulière marquée sur Ox, ayant son point (0) en O et son point (1) à la rencontre de Ox et de AC.

L'auteur de l'abaque a préféré, pour plus de précision, prendre l'échelle qu'elles déterminent sur la droite EH qui fait partie du système comme on vient de le voir, pour $l = -2$. Pour obtenir cette échelle, il suffit de mener par le point E une parallèle EF à la droite AC($l = \infty$). L'échelle de EH, projetée à partir de C sur EF, donnera une échelle régulière. Or les points (0) ou E et (1) ou H de cette échelle se projettent en E et F. Divisant donc le segment EF en 10 parties égales et joignant les points ainsi obtenus au point C par des droites, on obtient sur EH les points (0, 1), (0, 2), ..., (0, 9) du système (l), qu'il suffit dès lors de joindre aux points de même cote de l'échelle déjà construite sur OB.

Système (p). — La forme (p') de l'équation de ce système montre, en vertu de la *Remarque* qui termine le n° 45, que les échelles déterminées par les droites du système sur l'une quelconque d'entre elles sont toutes régulières.

Or

pour $p = 0$,	on a la droite	$2x + 3y - 1 = 0$	ou AC,
» $p = 1$,	»	$x + y - 1 = 0$	ou EH,
» $p = -1$,	»	$x = 0$	ou Oy,
» $p = -\frac{1}{2}$,	»	$y = 0$	ou Ox.

Donc, après avoir pris les points de rencontre des deux premières avec les deux dernières, on n'aura qu'à diviser les segments obtenus sur celles-ci en 10 parties égales et à joindre les points correspondants pour avoir les droites (0, 1), (0, 2), ..., (0, 9) du système (p).

Système (h). — L'équation (h) montre immédiatement que la même remarque s'applique au système correspondant. Ici

pour $h = 0$,	on a la droite	$y = 0$	ou Ox,
» $h = 1$,	»	$x + y - 1 = 0$	ou EH,
» $h = -1$,	»	$x - y + 1 = 0$	ou EG.

Donc, en divisant en 10 parties égales le segment de E(1) à G(0), on obtient des points des droites (0, 1), (0, 2), ..., (0, 9). Pour achever de déterminer celles-ci, il suffit de remarquer que la droite (h) coupe Ox au point $x = h$.

On voit sur la *fig.* 48 que les droites (h), tracées en traits interrompus, font avec les droites (p) des angles très petits. Cette disposition est défectueuse et l'on pourrait chercher à y remédier par l'emploi de l'homographie, mais on verra plus loin (Chap. III, I) qu'il y a avantage à combiner celle-ci avec un autre genre de transformation. Nous reviendrons donc sur la question en temps voulu (n° 84).

52. *Abaques à cercles entrecroisés.* — Puisque, d'après ce qui a été vu au n° 46, on est libre de choisir, pour définir l'abaque d'une équation (E) donnée, deux sur trois des équations (α_1), (α_2) et (α_3), on pourra, dans certains cas où l'équation (E) ne rentrera pas dans le type des équations représentables par trois systèmes de droites (n° 47), avoir recours à des cercles cotés.

Cherchons l'équation la plus générale représentable par trois systèmes de cercles cotés. Il faut, pour cela, éliminer x et y entre les équations de trois tels systèmes, supposés rapportés à des axes rectangulaires, équations qui peuvent s'écrire

$$(\alpha_1) \qquad a_1(x^2+y^2)+xf_1+y\varphi_1+\psi_1=0,$$
$$(\alpha_2) \qquad a_2(x^2+y^2)+xf_2+y\varphi_2+\psi_2=0,$$
$$(\alpha_3) \qquad a_3(x^2+y^2)+xf_3+y\varphi_3+\psi_3=0,$$

a_1, a_2, a_3 étant des constantes qu'on pourrait, dans le cas général, prendre égales à 1, mais qu'il vaut mieux conserver quelconques pour être libre, en les annulant, de réduire le système de cercles correspondant à un système de droites.

Si l'on élimine x^2+y^2 entre ces trois équations prises deux à deux, on obtient

$$\begin{vmatrix} f_1 & a_1 \\ f_2 & a_2 \end{vmatrix} x + \begin{vmatrix} \varphi_1 & a_1 \\ \varphi_2 & a_2 \end{vmatrix} y - \begin{vmatrix} a_1 & \psi_1 \\ a_2 & \psi_2 \end{vmatrix} = 0,$$

$$\begin{vmatrix} f_2 & a_2 \\ f_3 & a_3 \end{vmatrix} x + \begin{vmatrix} \varphi_2 & a_2 \\ \varphi_3 & a_3 \end{vmatrix} y - \begin{vmatrix} a_2 & \psi_2 \\ a_3 & \psi_3 \end{vmatrix} = 0,$$

$$\begin{vmatrix} f_3 & a_3 \\ f_1 & a_1 \end{vmatrix} x + \begin{vmatrix} \varphi_3 & a_3 \\ \varphi_1 & a_1 \end{vmatrix} y - \begin{vmatrix} a_3 & \psi_3 \\ a_1 & \psi_1 \end{vmatrix} = 0.$$

Si l'on additionne ces équations après les avoir multipliées respectivement une première fois par φ_1, φ_2, φ_3, et une seconde par f_1, f_2, f_3, on obtient les deux suivantes :

$$\begin{vmatrix} f_1 & \varphi_1 & a_1 \\ f_2 & \varphi_2 & a_2 \\ f_3 & \varphi_3 & a_3 \end{vmatrix} x - \begin{vmatrix} a_1 & \varphi_1 & \psi_1 \\ a_2 & \varphi_2 & \psi_2 \\ a_3 & \varphi_3 & \psi_3 \end{vmatrix} = 0,$$

$$\begin{vmatrix} f_1 & \varphi_1 & a_1 \\ f_2 & \varphi_2 & a_2 \\ f_3 & \varphi_3 & a_3 \end{vmatrix} x - \begin{vmatrix} f_1 & a_1 & \psi_1 \\ f_2 & a_2 & \psi_2 \\ f_3 & a_3 & \psi_3 \end{vmatrix} = 0.$$

Si, après avoir posé

$$D = \begin{vmatrix} f_1 & \varphi_1 & \psi_1 \\ f_2 & \varphi_2 & \psi_2 \\ f_3 & \varphi_3 & \psi_3 \end{vmatrix},$$

nous convenons de représenter par D_f, D_φ, D_ψ ce que devient ce déterminant lorsqu'on y remplace les f_i, les φ_i ou les ψ_i par les a_i, nous voyons que les équations précédentes peuvent s'écrire

$$D_\psi x - D_f = 0,$$
$$D_\psi y - D_\varphi = 0.$$

Portant les valeurs tirées de là dans l'équation (α_1), nous avons

$$a_1(D_f^2 + D_\varphi^2) + D_\psi(f_1 D_f + \varphi_1 D_\varphi + \psi_1 D_\psi) = 0.$$

Or

$$f_1 D_f = f_1 \begin{vmatrix} a_1 & \varphi_1 & \psi_1 \\ a_2 & \varphi_2 & \psi_2 \\ a_3 & \varphi_3 & \psi_3 \end{vmatrix} = \begin{vmatrix} a_1 f_1 & \varphi_1 & \psi_1 \\ 0 & \varphi_2 & \psi_2 \\ 0 & \varphi_3 & \psi_3 \end{vmatrix} + \begin{vmatrix} 0 & \varphi_1 & \psi_1 \\ a_2 f_1 & \varphi_2 & \psi_2 \\ 0 & \varphi_3 & \psi_3 \end{vmatrix} + \begin{vmatrix} 0 & \varphi_1 & \psi_1 \\ 0 & \varphi_2 & \psi_2 \\ a_3 f_1 & \varphi_3 & \psi_3 \end{vmatrix}$$

$$\varphi_1 D_\varphi = \varphi_1 \begin{vmatrix} f_1 & a_1 & \psi_1 \\ f_2 & a_2 & \psi_2 \\ f_3 & a_3 & \psi_3 \end{vmatrix} = \begin{vmatrix} f_1 & a_1\varphi_1 & \psi_1 \\ f_2 & 0 & \psi_2 \\ f_3 & 0 & \psi_3 \end{vmatrix} + \begin{vmatrix} f_1 & 0 & \psi_1 \\ f_2 & a_2\varphi_1 & \psi_2 \\ f_3 & 0 & \psi_3 \end{vmatrix} + \begin{vmatrix} f_1 & 0 & \psi_1 \\ f_2 & 0 & \psi_2 \\ f_3 & a_3\varphi_1 & \psi_3 \end{vmatrix}$$

$$\psi_1 D_\psi = \psi_1 \begin{vmatrix} f_1 & \varphi_1 & a_1 \\ f_2 & \varphi_2 & a_2 \\ f_3 & \varphi_3 & a_3 \end{vmatrix} = \begin{vmatrix} f_1 & \varphi_1 & a_1\psi_1 \\ f_2 & \varphi_2 & 0 \\ f_3 & \varphi_3 & 0 \end{vmatrix} + \begin{vmatrix} f_1 & \varphi_1 & 0 \\ f_2 & \varphi_2 & a_2\psi_1 \\ f_3 & \varphi_3 & 0 \end{vmatrix} + \begin{vmatrix} f_1 & \varphi_1 & 0 \\ f_2 & \varphi_2 & 0 \\ f_3 & \varphi_3 & a_3\psi_1 \end{vmatrix}$$

d'où, en additionnant en colonne,

$$f_1 D_f + \varphi_1 D_\varphi + \psi_1 D_\psi = \begin{vmatrix} a_1 f_1 & a_1\varphi_1 & a_1\psi_1 \\ f_2 & \varphi_2 & \psi_2 \\ f_3 & \varphi_3 & \psi_3 \end{vmatrix} + \begin{vmatrix} f_1 & \varphi_1 & \psi_1 \\ a_2 f_1 & a_2\varphi_1 & a_2\psi_1 \\ f_3 & \varphi_3 & \psi_3 \end{vmatrix} + \begin{vmatrix} f_1 & \varphi_1 & \psi_1 \\ f_2 & \varphi_2 & \psi_2 \\ a_3 f_1 & a_3\varphi_1 & a_3\psi_1 \end{vmatrix}$$
$$= a_1 D.$$

L'équation ci-dessus devient donc

$$D_f^2 + D_\varphi^2 + D_\psi D = 0,$$

ou

$$\begin{vmatrix} a_1 & \varphi_1 & \psi_1 \\ a_2 & \varphi_2 & \psi_2 \\ a_3 & \varphi_3 & \psi_3 \end{vmatrix}^2 + \begin{vmatrix} f_1 & a_1 & \psi_1 \\ f_2 & a_2 & \psi_2 \\ f_3 & a_3 & \psi_3 \end{vmatrix}^2 + \begin{vmatrix} f_1 & \varphi_1 & a_1 \\ f_2 & \varphi_2 & a_2 \\ f_3 & \varphi_3 & a_3 \end{vmatrix} \times \begin{vmatrix} f_1 & \varphi_1 & \psi_1 \\ f_2 & \varphi_2 & \psi_2 \\ f_3 & \varphi_3 & \psi_3 \end{vmatrix} = 0.$$

Telle est, sous forme symétrique, l'équation la plus générale représentable par trois systèmes de cercles entrecroisés.

Si l'un des systèmes de cercles se réduit à un système de droites, il suffit d'égaler à zéro la constante a correspondante, d'où l'utilité de l'introduction de ces constantes.

Dans le cas, notamment, où deux des systèmes de cercles, les deux premiers par exemple, deviennent des systèmes de droites (¹), on a, en faisant $a_1 = a_2 = 0$, l'équation

$$a_3[(\varphi_1\psi_2 - \varphi_2\psi_1)^2 + (\psi_1 f_2 - \psi_2 f_1)^2] + (f_1\varphi_2 - f_2\varphi_1)\begin{vmatrix} f_1 & \varphi_1 & \psi_1 \\ f_2 & \varphi_2 & \psi_2 \\ f_3 & \varphi_3 & \psi_3 \end{vmatrix} = 0,$$

et si le troisième système devient à son tour rectiligne, auquel cas $a_3 = 0$,

$$\begin{vmatrix} f_1 & \varphi_1 & \psi_1 \\ f_2 & \varphi_2 & \psi_2 \\ f_3 & \varphi_3 & \psi_3 \end{vmatrix} = 0.$$

ainsi qu'on l'a déjà vu au n° 47.

53. *Exemple : Abaque des murs de soutènement pour des terres profilées suivant leur talus naturel.* — On peut faire des hypothèses particulières sur les systèmes de droites et de cercles constituant l'abaque considéré, par exemple, dans le cas de deux systèmes de droites et d'un système de cercles, supposer que les cercles sont tangents entre eux en un même point. Prenant ce point comme origine et la normale commune comme axe des x, on voit que cette hypothèse entraîne $\varphi_3 = \psi_3 = 0$ et l'avant-dernière équation du numéro précédent, où l'on peut d'ailleurs faire $a_3 = 1$, devient

$$(\varphi_1\psi_2 - \varphi_2\psi_1)^2 + (\psi_1 f_2 - \psi_2 f_1)^2 + f_3(f_1\varphi_2 - f_2\varphi_1)(\varphi_1\psi_2 - \varphi_2\psi_1) = 0.$$

On peut aussi supposer que toutes les droites du système (α_1) passent par l'origine, ce qui revient à faire $\varphi_1 = -1$, $\psi_1 = 0$, f_1 représentant alors le coefficient angulaire de la droite (α_1). L'équation précédente devient alors

$$\psi_2(1 + f_1^2) - f_3(f_1\varphi_2 + f_2) = 0.$$

Comme exemple d'application nous prendrons l'équation

$$k^2 + kp \sin\varphi \cos\varphi - \frac{p}{3}\cos^2\varphi = 0,$$

(¹) Sur l'application de ce mode de représentation aux équations quadratiques, *voir* plus loin (Ch. VI, II, C).

qui fait connaître le rapport k de la base à la hauteur d'un mur à section rectangulaire soutenant une terre profilée suivant son angle naturel φ, le rapport du poids spécifique de cette terre à celui de la maçonnerie étant égal à p (¹).

Remplaçant $\sin\varphi$ et $\cos\varphi$ par leurs valeurs en fonction de $\operatorname{tang}\varphi$, on met cette équation sous la forme

$$k^2 + \frac{kp \operatorname{tang}\varphi}{1+\operatorname{tang}^2\varphi} - \frac{p}{3(1+\operatorname{tang}^2\varphi)} = 0$$

ou

$$k^2(1+\operatorname{tang}^2\varphi) + p\left(k \operatorname{tang}\varphi - \frac{1}{3}\right) = 0.$$

On voit, en prenant φ, k et p respectivement pour α_1, α_2 et α_3, qu'elle rentre dans le dernier type écrit ci-dessus lorsque l'on fait

$$f_1 \equiv \operatorname{tang}\varphi,$$

$$f_2 \equiv -\frac{1}{3}, \qquad \varphi_2 \equiv k, \qquad \psi_2 \equiv lk^2,$$

$$f_3 \equiv -lp,$$

l étant un module quelconque.

L'équation est donc représentable par les trois systèmes cotés que définissent les équations

$$(\varphi) \qquad x \operatorname{tang}\varphi - y = 0,$$

$$(k) \qquad -\frac{x}{3} + ky + lk^2 = 0,$$

$$(p) \qquad x^2 + y^2 - lpx = 0.$$

On retrouve ainsi un abaque auquel nous avions été conduit naguère par une autre voie (²).

Les droites (φ) sont faciles à construire puisque ce sont précisément les droites passant par l'origine et faisant l'angle φ avec Ox. Pratiquement il suffit de faire varier φ de 20° à 50°.

De même, les cercles (p) sont les cercles de rayon $\frac{lp}{2}$, tangents en O à Oy. On fera varier p de 0,4 à 1.

Les droites (k) forment un système du second degré dans lequel la droite cotée (∞) est rejetée à l'infini puisque le coefficient de k^2 est une constante. Donc, ainsi qu'on l'a vu (Rem. finale du n° 45), ces droites déterminent sur l'une quelconque d'entre elles une échelle régulière.

(¹) COLLIGNON, *Résistance des matériaux*, 3ᵉ éd., p. 669.

(²) **O.4**, p. 28. La *Pl. IV* de cette brochure est fautive en ce sens que les cotes (p) y devraient être doublées.

Choisissons deux d'entre elles, par exemple celles qui correspondent à $k = 0$ et $k = -\frac{1}{3}$, dont les équations sont

$$x = 0,$$
$$x - y = \frac{l}{3}.$$

Sur ces deux droites les autres donneront des échelles régulières, ce qui permettra de les construire très aisément lorsqu'on aura tracé celles qui correspondent aux valeurs limites de k résultant de celles qui ont été admises pour φ et p et qui sont $k = 0,2$ et $k = 0,5$.

En limitant l'abaque à sa partie utile, et prenant $l = 10^{cm}$, on obtient la *fig.* 49 (¹). A titre d'exemple, on voit sur cette figure que, pour $\varphi = 30°$, $p = 0,75$, on a $k = 0,3$.

Fig. 49.

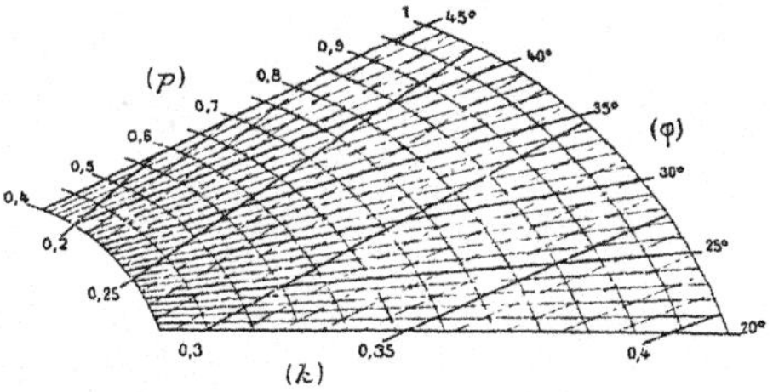

On peut, comme cela a été indiqué au bas de la p. 55 [note (²)] pour les abaques à radiantes, se dispenser de tracer les droites (φ) en conservant seulement l'échelle qu'elles déterminent sur le cercle extérieur auquel on les a limitées sur la *fig.* 49 (²).

54. *Emploi des coordonnées polaires.* — Nous avons jusqu'ici supposé que nous faisions usage de coordonnées cartésiennes rectangulaires, mais il est bien évident que le principe général énoncé au n° **46** sera également applicable avec un système quel-

---

(¹) La partie utile de l'abaque a été disposée dans le cadre de la figure, de façon que la droite $\varphi = 20°$ soit parallèle au bord inférieur de ce cadre. L'axe Ox, dont l'origine est d'ailleurs confondue avec le point de convergence des droites (φ), ferait donc un angle de 20° avec ce bord inférieur et en dessous de lui.

(²) On trouvera un autre exemple d'abaque à cercles cotés dans un *Mémoire sur les mines militaires*, du capitaine Ricour, inséré dans le *Mémorial de l'Officier du Génie* (n° 21, p. 323; 1873) conque de coordonnées. On pourra donc, dans certains cas, recourir à d'autres systèmes, à celui notamment des coordonnées polaires lorsque l'une des variables entrera dans l'équation sous forme trigonométrique.

Il faut bien remarquer que les abaques ainsi obtenus ne seront pas essentiellement distincts de ceux que l'on définirait en coordonnées cartésiennes, attendu qu'une fois construit l'abaque en coordonnées polaires, il n'y a qu'à écrire en coordonnées cartésiennes les équations des lignes cotées qui ont été déterminées pour retrouver, par élimination de x et y, l'équation en α_1, α_2 et α_3 d'où l'on est parti.

Cet emploi de coordonnées différentes ne peut donc avoir d'autre objet que de mettre plus aisément en évidence certaines formes simples des lignes cotées, au moyen desquelles on peut constituer l'abaque d'une équation donnée.

Pour en donner immédiatement un exemple, reprenons l'équation du n° 53

$$k^2 + kp \sin\varphi \cos\varphi - \frac{p}{3}\cos^2\varphi = 0.$$

Si l'on appelle ρ et ω les coordonnées polaires courantes, il suffit de jeter les yeux sur l'équation pour remarquer qu'en posant

$$(\varphi) \qquad \omega = \varphi,$$

$$(p) \qquad p\cos\omega = \rho,$$

on a

$$(k) \qquad k^2 + k\rho \sin\omega - \frac{\rho\cos\omega}{3} = 0,$$

et ces trois équations définissent précisément en coordonnées polaires les trois systèmes de lignes cotées obtenus au n° 53.

On peut préciser ce qui précède de la manière suivante :

Soient, conformément à ce qui a été vu au n° 46,

$$(\alpha_1) \qquad F_1(x, y, \alpha_1) = 0,$$

$$(\alpha_2) \qquad F_2(x, y, \alpha_2) = 0,$$

$$(\alpha_3) \qquad F_3(x, y, \alpha_3) = 0$$

les équations des trois lignes cotées constituant un abaque. Pour avoir les équations de ces mêmes lignes en coordonnées polaires, il suffit, dans les précédentes, de remplacer x et y par $\rho\cos\omega$ et $\rho\sin\omega$, ce qui donne

$(\alpha_1)_1$ $$G_1(\rho, \omega, \alpha_1) = 0,$$
$(\alpha_2)_1$ $$G_2(\rho, \omega, \alpha_2) = 0,$$
$(\alpha_3)_1$ $$G_3(\rho, \omega, \alpha_3) = 0.$$

On peut, dès lors, indifféremment éliminer x et y entre les trois premières équations, ou ρ et ω entre les trois dernières, pour retrouver l'équation

$$\Phi(\alpha_1, \alpha_2, \alpha_3) = 0,$$

représentée par l'abaque.

La même observation s'appliquerait à un système quelconque de coordonnées ponctuelles. Pour faire la théorie de tel abaque, tel système de coordonnées sera d'un emploi plus commode et exigera moins de calculs, mais tout autre système de coordonnées pourrait être utilisé.

55. *Abaques polaires*. — Étant bien entendu, d'après ce qui précède, qu'un abaque obtenu à l'aide d'un système quelconque dé coordonnées ponctuelles pourrait l'être au moyen de tout autre, et qu'il n'y a là qu'une question de plus ou moins de commodité, on pourra, comme l'a proposé M. G. Pesci, appeler *abaques polaires* ceux qui seront définis en prenant

$$\rho = l_1\alpha_1, \qquad \omega = l_2\alpha_2,$$

de même qu'on a appelé plus haut *abaques cartésiens* ceux qui ont été définis en prenant

$$x = l_1\alpha_1, \qquad y = l_2\alpha_2.$$

Soit donc une équation

$$\Phi(\alpha_1, \alpha_2, \alpha_3) = 0,$$

que l'on représente, en posant

(α_1) $$\rho = l_1\alpha_1,$$
(α_2) $$\omega = l_2\alpha_2,$$

ce qui donne

$$(\alpha_3) \qquad \Phi(\rho, \omega, \alpha_3) = 0.$$

Les lignes cotées (α_1) et (α_2) sont respectivement des cercles ayant leur centre à l'origine et des droites passant par cette origine.

Supposons que sur une droite D pivotant sans glisser autour de cette origine nous portions l'échelle définie par l'équation (α_1) (*fig.* 50) et que sur une ligne quelconque, de préférence un

Fig. 50.

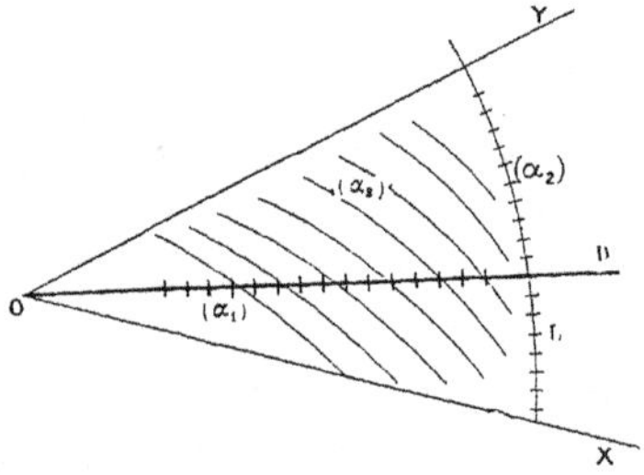

cercle ayant son centre à l'origine, nous marquions ses points de rencontre avec les droites (α_2), munis des cotes correspondantes. Dès lors, lorsque nous amènerons la droite D à passer par le point (α_2) de la ligne L, cette droite D se confondra avec la droite (α_2). Comme, d'autre part, dans le mouvement de pivotement de cette droite, son point (α_1) décrit le cercle (α_1), on voit que ce point (α_1) sera venu à la rencontre de la droite (α_2) et du cercle (α_1), c'est-à-dire au point même par où passe la courbe (α_3) dont on doit prendre la cote.

De là ce mode d'emploi de l'abaque : *La droite* D *étant amenée à passer par le point* (α_2) *de la ligne* L, *on lit la cote* α_3 *de la courbe sur laquelle tombe le point* (α_1) *de cette droite* D.

L'abaque permet évidemment tout aussi bien d'obtenir α_1 lorsqu'on se donne α_2 et α_3, ou α_2 lorsqu'on se donne α_3 et α_1.

Comme exemple d'un tel genre d'abaque, proposé par M. G. Pesci, nous emprunterons à cet auteur le suivant :

Soit à représenter l'équation

$$\cos(\alpha_1 - \alpha_2) = \frac{\cos\alpha_3}{\alpha_1},$$

qui se rencontre dans un problème de Navigation (¹). Si l'on pose

(α_1) $\qquad\qquad \rho = l\alpha_1,$

(α_2) $\qquad\qquad \omega = \alpha_2,$

on a

(α_3) $\qquad\qquad \rho\cos(\alpha_3 - \omega) = l\cos\alpha_3,$

équation qui représente une droite coupant l'axe polaire à la distance l de l'origine et faisant avec cet axe un angle égal à $\alpha_3 - \frac{\pi}{2}$.

On obtient ainsi l'abaque représenté par la *fig.* 51, sur laquelle l'axe polaire a été placé dans la direction dite *verticale*.

Fig. 51.

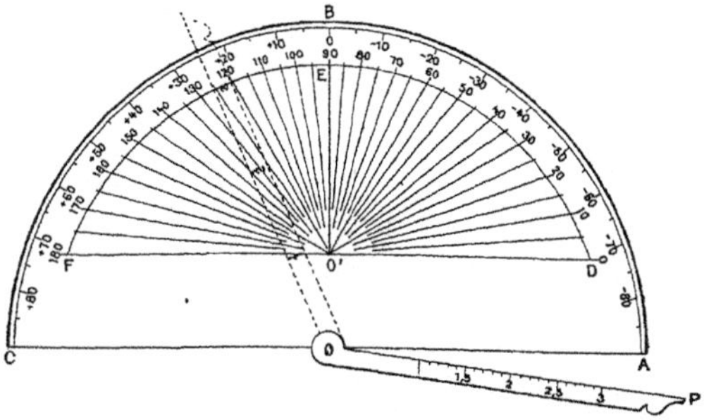

La ligne L est ici le cercle ABC. La droite pivotante est représentée en OP, la graduation des droites issues du point O' de l'axe polaire est inscrite à leur rencontre avec un cercle DEF de centre O.

On a figuré en pointillé la position de la droite pivotante pour $\alpha_3 = 135°$ et $\alpha_1 = 2$; l'abaque donne $\alpha_2 = 24°$.

Remarque. — Il va sans dire que le même artifice sera encore appli-

---

(¹) G. Pesci, *Sui metodi per cambiare il rilevamento.....*, dans la *Rivista marittima* (mars 1897). La formule ici envisagée est la formule (7) de ce Mémoire, dans laquelle on a fait $k = \alpha_1$, $\varphi = \alpha_2$, $\theta + \frac{\omega}{2} = \alpha_3$.

cable tant que les lignes cotées (α_1) et (α_2) seront des cercles de centre O et des droites issues de O, c'est-à-dire lorsque ρ et ω seront pris égaux à des fonctions quelconques, l'un de α_1, l'autre de α_2,

$$\rho = f_1(\alpha_1),$$
$$\omega = f_2(\alpha_2).$$

Les abaques correspondants pourraient être dits à *anamorphose polaire*.

CHAPITRE III.

SUITE DES ÉQUATIONS A TROIS VARIABLES. ABAQUES A ALIGNEMENT.

I. — Abaques généraux à points alignés (1).

56. *Principe des points alignés.* — Nous avons déjà exposé au n° 30 les raisons pour lesquelles il est désirable, chaque fois que la chose est possible, de ne faire intervenir comme éléments cotés, dans la représentation d'une équation, que des points.

(1) C'est dans notre Mémoire **O.1** paru en novembre 1884 que le principe de cette méthode a été donné pour la première fois.

Nous y sommes revenu dans la Note **O.2** avant de l'exposer plus en détail dans notre brochure **O.4**, Ch. IV.

Nous avons à cet endroit donné à la méthode le nom de *méthode des points isoplèthes* pour rappeler que les systèmes de points qui y interviennent sont corrélatifs des systèmes de droites isoplèthes qui figurent sur les abaques construits par la méthode de Lalanne. Or, nous avons déjà dit (n° 16) pourquoi nous nous étions décidé à abandonner le terme d'*isoplèthe* pour nous en tenir à celui de *coté*. D'autre part, on verra par la suite qu'on peut construire des abaques où n'interviennent que des points cotés, mais où la relation de position établie entre ceux-ci est autre que l'alignement. Il nous a donc semblé que la meilleure manière de caractériser la présente méthode consistait à rappeler qu'elle reposait sur l'emploi de *points alignés*.

Il n'est pas indispensable, lorsqu'on n'a en vue que les applications les plus courantes de la méthode, de l'envisager avec toute la généralité que nous lui donnons ici et qui s'impose évidemment dans un exposé d'ensemble. Le lecteur surtout désireux de s'initier au côté pratique du sujet pourra se reporter immédiatement à la Section II.

Nous ajouterons que la plupart des exemples d'application donnés dans ce Chapitre sont empruntés soit à notre brochure **O.4**, soit aux travaux énumérés dans notre article **O.24**. Depuis l'achèvement du manuscrit de cet Ouvrage, nous avons eu connaissance d'une intéressante Note de M. Mehmke (*Z. S.*, t. XLIV, p. 56; 1899) où sont signalés d'autres exemples d'application dus à MM. Adler, Maurer et à M. Mehmke lui-même.

Nous avons vu, en outre, comment l'emploi d'un transparent à trois index permettait de réaliser ce desideratum en ce qui concerne les équations représentables par trois systèmes de droites *parallèles* (n° 26), c'est-à-dire de celles qui sont de la forme

$$f_1 - f_2 = f_3.$$

Nous allons maintenant exposer une autre méthode qui permet d'atteindre le même but pour la catégorie beaucoup plus générale des équations représentables par trois systèmes de droites *quelconques,* comprenant, par conséquent, les précédentes à titre de cas particulier, c'est-à-dire de celles qui sont de la forme

$$\begin{vmatrix} f_1 & \varphi_1 & \psi_1 \\ f_2 & \varphi_2 & \psi_2 \\ f_3 & \varphi_3 & \psi_3 \end{vmatrix} = 0.$$

L'idée de principe qui permet, *a priori,* de se rendre compte de la possibilité d'un tel résultat se confond avec celle de la *dualité,* fondamentale aujourd'hui dans le domaine de la Géométrie pure.

On sait qu'on peut, d'une infinité de manières, faire correspondre à une figure composée de droites une figure composée de points, telle qu'à trois droites concourantes quelconques de la première figure correspondent trois points en ligne droite, ou trois points *alignés,* sur la seconde. Toute transformation jouissant d'une telle propriété, dont le type est la transformation par polaires réciproques, est dite *dualistique.*

Supposons donc que nous appliquions une telle transformation à un abaque constitué par trois systèmes de droites quelconques, *en conservant,* bien entendu, dans le passage d'une figure à l'autre, *la cote de chaque élément.*

Nous obtiendrons ainsi un nouveau diagramme (*fig.* 52) sur lequel, à chacune des variables α_1, α_2 et α_3, correspondra un système de points cotés distribués sur une courbe, dite leur *support,* qui sera, dans la transformation effectuée, la corrélative de l'enveloppe des droites du système correspondant sur le premier abaque.

Ces trois systèmes de points cotés constitueront des *échelles curvilignes.*

De même que sur le premier abaque, les trois droites cotées au moyen d'un système de valeurs de α_1, α_2, α_3 satisfaisant à l'équation représentée étaient concourantes, ici les trois points correspondants seront alignés.

Fig. 52

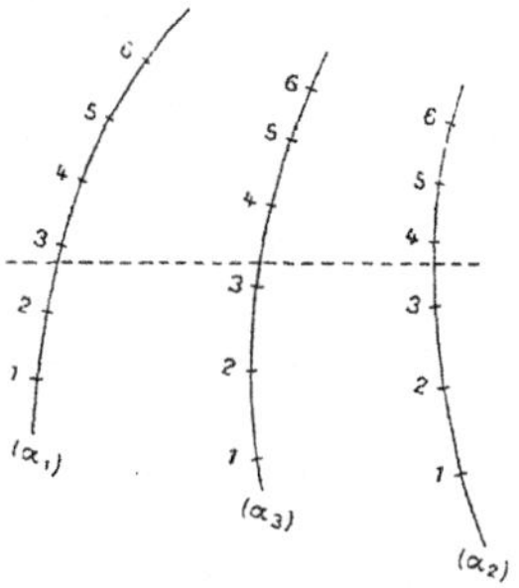

De là le mode d'emploi de l'abaque : *la droite joignant les points cotés α_1 et α_2 sur les deux premières échelles curvilignes rencontre la troisième échelle au point coté α_3.*

Pour n'avoir pas à dessiner cette droite, on pourra se servir d'un *transparent à un index* ou encore d'un fil fin que l'on tendra entre les points (α_1) et (α_2) [1].

57. *Emploi des coordonnées parallèles.* — Il s'agit maintenant de réaliser sous une forme pratique la transformation dualistique dont l'effet vient d'être analysé.

---

[1] Ce dernier procédé, outre l'avantage d'une plus grande rapidité, offre celui, plus précieux encore, de ne pas exiger que la feuille sur laquelle l'abaque est dessiné soit rigoureusement plane, pourvu toutefois qu'elle reste convexe, comme les feuillets, par exemple, d'un livre ouvert. Si, en effet, on tend un fil sur une telle surface, il se dispose suivant une ligne géodésique, transformée d'une ligne droite du plan, et les points qu'il recouvre sont bien des points alignés.

Quant aux variations du papier dont nous avons signalé les conséquences en ce qui concerne les abaques avec transparent à trois index dans la note [2] au bas de la p. 69, elles n'ont ici aucun inconvénient lorsqu'on suppose, comme à l'endroit cité, le papier suffisamment homogène pour que les variations dans chaque sens soient uniformes, puisque dans ces conditions des points situés sur une droite quelconque ne cessent, à aucun moment, de se trouver en ligne droite.

Le moyen qui se présente tout naturellement à l'esprit consiste à regarder les coordonnées courantes dans les équations définissant les divers éléments cotés de l'abaque non plus comme des coordonnées ponctuelles, mais comme des *coordonnées tangentielles donnant pour le point une équation du premier degré.*

Parmi de telles coordonnées, celles dont l'emploi, pour ce genre d'application, est le plus avantageux sont les *coordonnées parallèles* dont nous allons, en quelques mots, rappeler la définition.

Les coordonnées parallèles (¹) u et v d'une droite sont les distances AM et BN, prises avec leur signe, des points M et N où cette droite coupe deux axes parallèles Au et Bv, aux origines A et B respectivement choisies sur ces axes (*voir* la *fig.* 60 du n° 66).

Dans ce système de coordonnées, toute équation du premier degré

$$au + bv + c = 0$$

définit un point P qui peut être ainsi déterminé : Prenons pour origine O le milieu de AB, pour axe Ox la droite OB, pour axe Oy la parallèle à Au et Bv menée par O; si l'on pose OB $= \delta$, les coordonnées du point P rapporté aux axes qu'on vient de définir sont

$$(1) \qquad x = \delta\frac{b-a}{b+a}, \qquad y = \frac{-c}{a+b}.$$

On peut encore dire que si la parallèle à Au et Bv, menée par P, coupe AB en C, on a

$$(2) \qquad \frac{\overline{CA}}{\overline{CB}} = -\frac{b}{a}.$$

Il est, en outre, bien clair que la condition pour que trois points, donnés par leurs équations, soient en ligne droite, est la même

(¹) Nous avons étudié en détail ce système de coordonnées dans un Mémoire (*N. A.*, 3ᵉ série, t. III, p. 410, 456, 516; 1884), Mémoire qui se trouve reproduit dans notre brochure : *Coordonnées parallèles et axiales* (Gauthier-Villars, 1885).

En même temps que notre étude paraissait dans les *Nouvelles Annales*, M. K. Schwering publiait une brochure sur le même sujet sous le titre : *Theorie und Anwendung der Liniencoordinaten* (Leipzig; 1884).

Nous sommes revenu à diverses reprises sur ce sujet, notamment dans les *N. A.* (3ᵉ série, t. VI, p. 493; t. IX, p. 445; t. XI, p. 70).

que celle qui exprime que les trois droites obtenues en remplaçant u et v par x et y dans ces équations passent par un même point.

Si a, b, c sont des fonctions d'un paramètre variable θ, l'équation en u et v du lieu des points correspondants s'obtient en éliminant θ entre l'équation de ce point et sa dérivée prise par rapport à θ.

C'est ici le lieu de répéter ce qui a été dit au nº 54 à propos des abaques construits en coordonnées ponctuelles : on peut évidemment faire la théorie d'un abaque à points alignés au moyen d'un système quelconque de coordonnées tangentielles, mais l'emploi des coordonnées parallèles est préférable en ce sens que, dans la plupart des cas, il conduit d'une façon plus directe à l'abaque offrant la meilleure disposition.

On pourrait même, si on le voulait, faire toute la théorie des abaques à points alignés au moyen des coordonnées ponctuelles cartésiennes, ainsi que nous le montrerons plus loin. Mais, d'une part, la théorie y perdrait en unité, puisque avec la première manière il n'y a simplement qu'à donner, *dans les mêmes équations,* une signification géométrique différente aux coordonnées courantes; de l'autre, l'emploi des coordonnées tangentielles permet, dans les cas usuels, d'opérer sans tâtonnements ce que nous avons appelé la *disjonction des variables* (nº 41), quitte à interpréter ensuite les résultats obtenus dans le système des coordonnées cartésiennes pour la plus grande facilité de la construction.

58. *Abaques tangentiels généraux.* — Il n'a été question dans ce qui précède que de la transformation des abaques à droites entrecroisées en abaques à points alignés. Qu'obtiendrait-on en faisant subir la même transformation à tout autre abaque à entrecroisement?

Considérons d'abord l'abaque le plus général constitué par trois systèmes de courbes quelconques (nº 41). Chacun de ces systèmes donnera corrélativement sur le nouvel abaque un autre système de courbes, mais alors que sur le premier abaque trois courbes correspondantes, prises chacune dans un des systèmes, devaient se couper en un même point, sur le second, trois courbes correspondantes devront être tangentes à une même droite que (sous forme de l'index d'un transparent ou d'un fil tendu) l'on appliquera sur l'abaque.

Au surplus, toute équation entre trois variables étant susceptible d'une représentation ponctuelle comportant deux systèmes de droites et un système de courbes, savoir celle que donne la méthode cartésienne (n° 16), elle pourra, de même, être représentée tangentiellement au moyen de deux systèmes de points et d'un système de courbes. Il suffira, pour cela, si l'équation donnée est

$$(E) \qquad \Phi(\alpha_1, \alpha_2, \alpha_3) = 0,$$

de poser, en appelant l_1 et l_2 des modules quelconques,

$$(\alpha_1) \qquad u = l_1 \alpha_1,$$

$$(\alpha_2) \qquad v = l_2 \alpha_2,$$

d'où

$$(\alpha_3) \qquad \Phi\left(\frac{u}{l_1}, \frac{v}{l_2}, \alpha_3\right) = 0.$$

Les deux premières équations définissent des échelles régulières supportées respectivement par l'axe des u et l'axe des v, la troisième un système de courbes quelconques. Toute équation à trois variables pourra donc être ainsi représentée, et le mode d'emploi de l'abaque sera le suivant :

Lire la cote α_3 de la courbe touchant la droite qui unit les points cotés respectivement α_1 et α_2 sur les deux axes.

La substitution d'un tel abaque à l'abaque ponctuel correspondant ne présenterait quelque avantage que si elle permettait de remplacer les courbes de cet abaque ponctuel par d'autres courbes d'un tracé beaucoup plus simple.

Si, par exemple, l'équation est de la forme

$$(f_1 f_3 + f_2 \varphi_3 + \psi_3)^2 = k^2 + (f_2 - f_1)^2,$$

il suffira, après avoir pris deux axes parallèles distants de lk et ayant leurs origines sur une même perpendiculaire à leur direction commune, de poser

$$(\alpha_1) \qquad u = l f_1,$$

$$(\alpha_2) \qquad v = l f_2,$$

pour avoir

$$(\alpha_3) \qquad (u f_3 + v \varphi_3 + l \psi_3)^2 = l^2 k^2 + (v - u)^2,$$

équation d'un cercle (¹) de rayon $\frac{lk}{f_3 - \varphi_3}$ ayant pour centre le point

$$u f_3 + v \varphi_3 + l \psi_3 = 0$$

ou, en choisissant des axes cartésiens, comme au n° 57,

$$x = \frac{lk}{2} \frac{\varphi_3 - f_3}{f_3 + \varphi_3}, \qquad y = \frac{-l\psi_3}{f_3 - \varphi_3}.$$

59. *Transformation géométrique d'un abaque à droites entrecroisées en un abaque à points alignés.* — Avant d'étudier la construction directe des abaques à points alignés, faisons voir comment on peut très aisément, si l'on possède un abaque à droites entrecroisées, le transformer en un abaque à points alignés.

Chaque droite PQ (*fig.* 53) de l'abaque donné peut être définie par deux de ses points. Prenant les coordonnées x et y de chacun

Fig. 53.

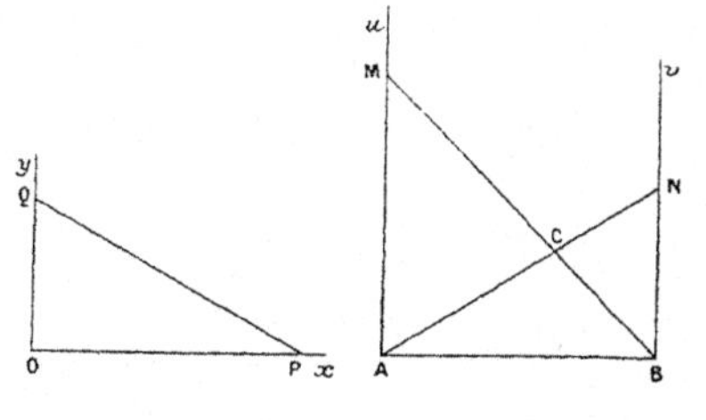

de ces points et les reportant, comme coordonnées u et v, sur les axes parallèles du second abaque, on obtient les deux droites corrélatives dont le point de rencontre C est le point transformé de la droite PQ.

De préférence, il conviendra évidemment de prendre pour les deux points précédents les points P et Q, où la droite considérée rencontre les axes Ox et Oy.

Au point P(x = OP, y = 0) correspondra la droite

$$\text{BM}(u = \text{AM} = \text{OP},\ v = 0);$$

(¹) Voir *Coordonnées parallèles et axiales,* formule (14), p. 14.

au point $Q(x = o, y = OQ)$ correspondra la droite

$$AN(u = o, v = BN = OQ).$$

La construction se résumera donc en ceci : *Porter sur* Au *et* Bv *les segments* AM = OP, BN = OQ, *et tirer les droites* AN et BM dont le point de rencontre C est le transformé de la droite PQ ([1]).

Fig. 54.

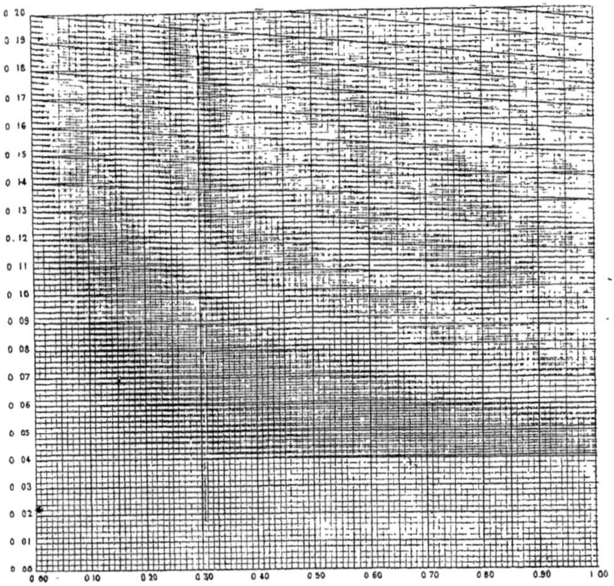

([1]) Ici se placent deux remarques importantes : 1° Pour que (ce qui est préférable) les points C, correspondant aux droites PQ, soient situés *entre* les axes Au et Bv, il faut que ces droites PQ aient un coefficient angulaire négatif; or on peut toujours faire en sorte qu'il en soit ainsi en choisissant convenablement le sens positif sur l'un des axes Ox ou Oy, celui de l'autre étant quelconque; 2° rien n'empêche, en passant de l'échelle de Ox à celle de Au, et de celle de Oy à celle de Bv, de changer de module s'il doit en résulter une meilleure disposition, ces deux changements de module étant d'ailleurs indépendants l'un de l'autre (*voir* à ce propos les *fig.* 54 et 54 *bis*).

Voici un exemple (¹) d'une telle transformation bien propre à mettre en relief les avantages de la méthode des points alignés.

La *fig.* 54 représente un fragment d'une *Table graphique pour l'arpentage des coupes*, dressée par M. Théry, professeur à l'École forestière.

Pour s'en servir, on prend le point de rencontre de la verticale cotée α_1 et de l'horizontale cotée α_2. La cote de l'oblique passant par ce point de rencontre fait connaître α_3, et cette cote est précisément égale à celle du point où l'oblique rencontre l'axe Oy.

La transformation qui vient d'être décrite, appliquée à cet abaque, donne celui de la *fig.* 54 *bis*. Les cotes des points (α_2) sont d'ailleurs obte-

Fig. 54 *bis*.

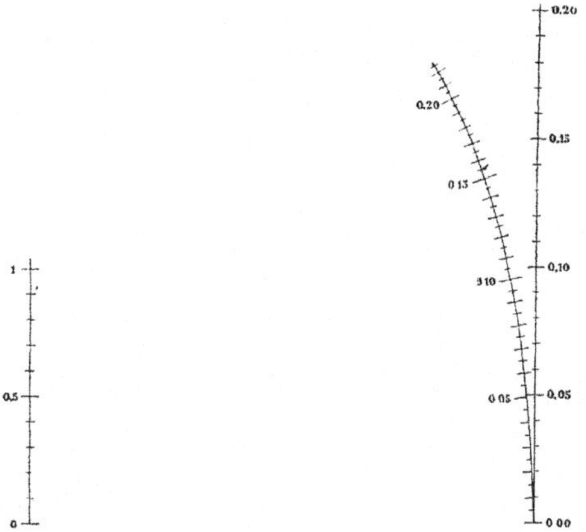

nues par la remarque que voici : puisque sur le premier abaque une oblique et une horizontale de même cote se coupent sur l'axe Oy, un point de l'échelle curviligne du second abaque et le point de même cote de l'axe Bv sont alignés avec l'origine A de l'axe Au.

Il suffit de jeter un coup d'œil sur les deux figures (²) pour que les avan-

(¹) On trouvera un autre exemple d'une telle transformation dans un article de M. Quiquet : *Sur trois modes de réduction graphique des assurances mixtes aux assurances en cas de décès*, paru dans le *Bulletin de l'Institut des actuaires français* (juillet 1897). *Voir* aussi n° 87.

(²) Encore convient-il de remarquer que les modules des axes de la *fig.* 54 sont supérieurs à ceux de la *fig.* 54 *bis*. S'ils avaient été les mêmes, la première de ces figures serait devenue à peu près illisible.

tages de la seconde par rapport à la première sautent aux yeux, en ce qui concerne les desiderata formulés au n° 30.

On peut faire, en outre, les deux remarques suivantes :

1° Sur la *fig.* 54 les obliques (α_3) se distinguent mal des horizontales (α_2). On a même dû renoncer à les tracer pour les valeurs de α_3 inférieures à 0,04, tandis que sur la *fig.* 54 *bis* les points (α_3) sont nettement séparés des points (α_2) et ont pu être marqués jusqu'à $\alpha_3 = 0$.

2° Sur la *fig.* 54 l'enveloppe des droites (α_3) n'apparaît pas. Le seul aspect de la figure ne permettrait même pas d'affirmer si cette enveloppe se réduit ou non à un point. Sur la *fig.* 54 *bis*, au contraire, ainsi que sur tout abaque à points alignés, la construction même de ces points fait connaître le tracé de la courbe qui leur sert de support. On verra par la suite (n° 87) que cette circonstance est loin d'être négligeable.

60. *Construction directe des abaques à points alignés.* — Supposons qu'une équation ait été mise sous la forme

$$\begin{vmatrix} f_1 & \varphi_1 & \psi_1 \\ f_2 & \varphi_2 & \psi_2 \\ f_3 & \varphi_3 & \psi_3 \end{vmatrix} = 0.$$

D'après ce qui a été vu au n° 57, nous n'aurons, pour obtenir un abaque à points alignés de cette équation, qu'à prendre les équations qui définiraient pour elle un abaque à droites entrecroisées et à y remplacer les coordonnées courantes cartésiennes x et y par des coordonnées parallèles u et v.

Nous avons ainsi les équations

$$(\alpha_1) \qquad uf_1 + v\varphi_1 + \psi_1 = 0,$$

$$(\alpha_2) \qquad uf_2 + v\varphi_2 + \psi_2 = 0,$$

$$(\alpha_3) \qquad uf_3 + v\varphi_3 + \psi_3 = 0.$$

Pour construire chacun de ces systèmes de points cotés nous n'avons qu'à nous rappeler que, si nous prenons comme axes cartésiens Ox et Oy, la droite joignant les origines A et B des axes parallèles Au et Bv et la parallèle équidistante de ces axes, le sens positif sur Ox étant celui de A vers B, et *si nous prenons comme unité de longueur la moitié de la longueur* AB, le point

$$uf_i + v\varphi_i + \psi_i = 0$$

a pour coordonnées (n° 57)

$$x = \frac{\varphi_i - f_i}{f_i + \varphi_i}, \qquad y = \frac{-\psi_i}{f_i + \varphi_i}.$$

Rien d'ailleurs n'oblige à supposer les axes Ox et Oy rectangulaires, c'est-à-dire la droite AB perpendiculaire à la direction des axes Au et Bv; c'est même, en général, le contraire qui aura lieu.

Si P_1 et Q_1, P_2 et Q_2 sont les points correspondant respectivement aux valeurs limites a_1 et b_1 de α_1, a_2 et b_2 de α_2, on tirera les droites P_1P_2, P_1Q_2, P_2Q_1, Q_1Q_2 qui, sur le support du système (α_3), détermineront quatre points, dont deux extrêmes et deux intermédiaires. En aucun cas on n'aura à construire de points (α_3) en dehors de ces points extrêmes.

Ici encore la transformation homographique, qui conserve l'alignement des points, pourra être utilisée. Comme au n° 49, on obtiendra ainsi les trois systèmes de points

$$(\alpha_1)_1 \quad u(\lambda f_1 + \mu\varphi_1 + \nu\psi_1) + v(\lambda' f_1 + \mu'\varphi_1 + \nu'\psi_1) + \lambda'' f_1 + \mu''\varphi_1 + \nu''\psi_1 = 0,$$
$$(\alpha_2)_1 \quad u(\lambda f_2 + \mu\varphi_2 + \nu\psi_2) + v(\lambda' f_2 + \mu'\varphi_2 + \nu'\psi_2) + \lambda'' f_2 + \mu''\varphi_2 + \nu''\psi_2 = 0,$$
$$(\alpha_3)_1 \quad u(\lambda f_3 + \mu\varphi_3 + \nu\psi_3) + v(\lambda' f_3 + \mu'\varphi_3 + \nu'\psi_3) + \lambda'' f_3 + \mu''\varphi_3 + \nu''\psi_3 = 0.$$

les paramètres $\lambda, \mu, \ldots, \nu''$ étant quelconques et astreints à la seule condition que leur déterminant

$$D = \begin{vmatrix} \lambda & \mu & \nu \\ \lambda' & \mu' & \nu' \\ \lambda'' & \mu'' & \nu'' \end{vmatrix}$$

soit différent de zéro.

Les équations $(\alpha_1)_1$, $(\alpha_2)_1$, $(\alpha_3)_1$ font alors connaître *tous* les abaques à points alignés correspondant à l'équation proposée. On fixera les valeurs des paramètres $\lambda, \mu, \ldots, \nu''$ en vue d'obtenir la meilleure disposition de l'abaque. Nous reviendrons plus loin (n° 62) sur ce point.

Remarque. — Il arrivera souvent que, lorsque deux des systèmes de points cotés, (α_1) et (α_2) par exemple, auront été construits, le troisième (α_3) s'en déduira immédiatement. Cette circonstance se produira lorsque, pour chaque valeur attribuée à α_3, on pourra sans calcul, ou du moins par un calcul très simple, déterminer deux couples correspondants de valeurs pour α_1 et α_2. Chacun de ces couples définira une position de l'index que l'on marquera au crayon. La rencontre des deux droites ainsi tracées donnera le point coté au moyen de la valeur de α_3 considérée.

Si même le support du système (α_3) est une droite connue d'avance, une seule position de l'index, et, par suite, un seul couple de valeurs de α_1 et α_2, suffira pour obtenir le point coté α_3.

61. *Emploi des coordonnées cartésiennes.* — Les coordonnées parallèles nous ont permis de faire dériver corrélativement les abaques à points alignés du même principe que les abaques à droites entrecroisées; elles nous seront, en outre, d'un grand secours, pour définir immédiatement les points cotés correspondant aux divers types d'équations se rencontrant fréquemment dans la pratique (sections II et III). Mais nous devons faire remarquer que la théorie des abaques à points alignés peut se faire très simplement en coordonnées cartésiennes.

Il suffit de remarquer, en effet, que l'équation

$$\begin{vmatrix} f_1 & \varphi_1 & \psi_1 \\ f_2 & \varphi_2 & \psi_2 \\ f_3 & \varphi_3 & \psi_3 \end{vmatrix} = 0$$

n'est autre que celle qui exprime l'alignement des trois points

$$x = l\frac{f_1}{\psi_1}, \qquad y = l'\frac{\varphi_1}{\psi_1},$$
$$x = l\frac{f_2}{\psi_2}, \qquad y = l'\frac{\varphi_2}{\psi_2},$$
$$x = l\frac{f_3}{\psi_3}, \qquad y = l'\frac{\varphi_3}{\psi_3},$$

l et l' étant deux modules quelconques, ou, en coordonnées homogènes,

$$x = lf_1, \qquad y = l'\varphi_1, \qquad t = \psi_1,$$
$$x = lf_2, \qquad y = l'\varphi_2, \qquad t = \psi_2,$$
$$x = lf_3, \qquad y = l'\varphi_3, \qquad t = \psi_3.$$

Tous les abaques qui se déduiront homographiquement de celui-ci seront dès lors donnés par les formules

$$x = \frac{\lambda_0 f_1 + \mu_0 \varphi_1 + \nu_0 \psi_1}{\lambda''_0 f_1 + \mu''_0 \varphi_1 + \nu''_0 \psi_1}, \qquad y = \frac{\lambda'_0 f_1 + \mu'_0 \varphi_1 + \nu'_0 \psi_1}{\lambda''_0 f_1 + \mu''_0 \varphi_1 + \nu''_2 \psi_1},$$
$$x = \frac{\lambda_0 f_2 + \mu_0 \varphi_2 + \nu_0 \psi_2}{\lambda''_0 f_2 + \mu''_0 \varphi_2 + \nu''_0 \psi_2}, \qquad y = \frac{\lambda'_0 f_2 + \mu'_0 \varphi_2 + \nu'_0 \psi_2}{\lambda''_0 f_2 + \mu''_0 \varphi_2 + \nu''_0 \psi_2},$$
$$x = \frac{\lambda_0 f_3 + \mu_0 \varphi_3 + \nu_0 \psi_3}{\lambda''_0 f_3 + \mu''_0 \varphi_3 + \nu''_0 \psi_3}, \qquad y = \frac{\lambda'_0 f_3 + \mu'_0 \varphi_3 + \nu'_0 \psi_3}{\lambda''_0 f_3 + \mu''_0 \varphi_3 + \nu''_0 \psi_3},$$

le déterminant

$$\begin{vmatrix} \lambda_0 & \mu_0 & \nu_0 \\ \lambda'_0 & \mu'_0 & \nu'_0 \\ \lambda''_0 & \mu''_0 & \nu''_0 \end{vmatrix}$$

étant supposé différent de zéro.

On voit que l'abaque correspondant à un système de valeurs de $\lambda_0, \mu_0, \ldots, \nu''_0$ sera identique à celui que donnent les formules $(\alpha_1)_1$, $(\alpha_2)_1$, $(\alpha_3)_1$ du numéro précédent avec un certain système de valeurs de $\lambda, \mu, \ldots, \nu''$, lorsque l'on aura

$$\begin{array}{lll} \lambda_0 = \lambda' - \lambda, & \mu_0 = \mu' - \mu, & \nu_0 = \nu' - \nu, \\ \lambda'_0 = -\lambda'', & \mu'_0 = -\mu'', & \nu'_0 = -\nu'', \\ \lambda''_0 = \lambda' + \lambda, & \mu''_0 = \mu' + \mu, & \nu''_0 = \nu' + \nu. \end{array}$$

En particulier, on retrouvera l'abaque donné par les formules (α_1), (α_2), (α_3) du numéro précédent, en prenant

$$\begin{array}{lll} \lambda_0 = -1, & \mu_0 = 1, & \nu_0 = 0, \\ \lambda'_0 = 0. & \mu'_0 = 0, & \nu'_0 = -1, \\ \lambda''_0 = 1, & \mu''_0 = 1, & \nu''_0 = 0. \end{array}$$

62. *Transformation homographique des abaques à points alignés. — Quadrangle limite.* — La transformation homographique conservant l'alignement des points peut être d'un grand secours pour donner à un abaque du genre ici étudié la meilleure disposition.

En particulier, si l'on considère le quadrangle $P_1Q_1P_2Q_2$ formé par les points qui correspondent aux valeurs limites a_1 et b_1, a_2 et b_2 des variables α_1 et α_2 prises comme indépendantes, quadrangle qui forme le cadre de la partie utile de l'abaque, on peut le faire coïncider avec un rectangle dont les sommets seront définis, par exemple, par

$$(a_1) \qquad u = 0,$$
$$(a_2) \qquad v = 0,$$
$$(b_1) \qquad u = h,$$
$$(b_2) \qquad v = h.$$

Le problème est analytiquement le même que celui qui a été traité au n° 50, et, par suite, les valeurs à adopter pour $\lambda, \mu, \ldots, \nu''$ dans les équations $(\alpha_1)_1$, $(\alpha_2)_1$ et $(\alpha_3)_1$ du n° 60 sont celles qui sont données par les équations (1) à (4) du n° 50, où l'on n'aura qu'à faire $h = -k$. On trouvera plus loin (n° 84) un exemple détaillé d'un tel calcul.

Si l'on se propose de substituer à un abaque déjà construit, dont le quadrangle limite $P_1Q_1P_2Q_2$ est quelconque, un autre abaque ayant pour quadrangle limite un rectangle $P'_1Q'_1P'_2Q'_2$ donné (*fig.* 55), il suffira de recourir à la construction géométrique suivante :

Soit M un point quelconque du premier abaque ayant pour transformé M′ sur le second. Tirons les droites P_1M et P'_1M' qui coupent P_2Q_2 et $P'_2Q'_2$ en S et en S′.

Fig. 55.

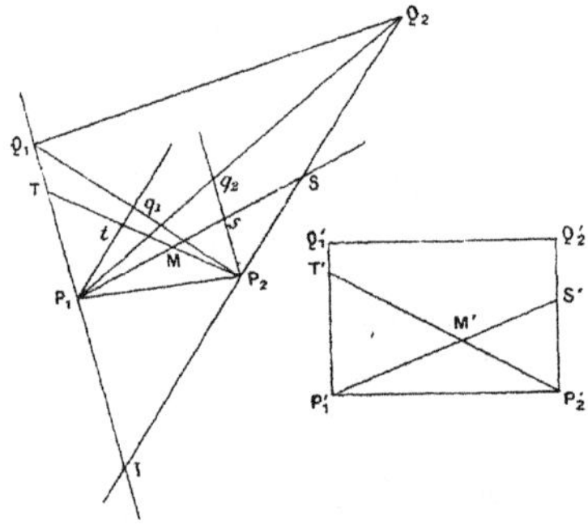

La conservation des rapports anharmoniques dans la transformation homographique montre que

$$(IP_2SQ_2) = (\infty P'_2S'Q'_2).$$

Si la parallèle au côté P_1Q_1 menée par le sommet P_2 coupe la diagonale P_1Q_2 au point q_2 et la droite P_1S au point s, on a

$$(IP_2SQ_2) = (\infty P_2sq_2).$$

Donc

$$(\infty P'_2S'Q'_2) = (\infty P_2sq_2)$$

ou

$$\frac{P'_2S'}{S'Q'_2} = \frac{P_2s}{sq_2}.$$

De même, si la droite $P_1 q_1$ est parallèle à $P_2 Q_2$,

$$\frac{P'_1 T'}{T' Q'} = \frac{P_1 t}{t q_1}.$$

On voit donc que *la ponctuelle formée par les points du premier abaque projetés à partir de* P_1 *sur* $P_2 q_2$ *et la ponctuelle formée par les points du second abaque projetés à partir de* P'_1 *sur* $P'_2 Q'_2$ *sont semblables.*

De même pour les ponctuelles $P_1 q_1$ et $P'_1 Q'_1$.

Mais la transformation homographique peut encore être utilisée à d'autres points de vue, par exemple, pour remédier au défaut consistant en ce que les intervalles correspondant à des échelons égaux se resserrent trop dans une partie d'échelle, alors qu'au contraire ils se dilatent notablement dans une autre. Pour définir la transformation homographique qui convient en pareil cas, le capitaine Lafay a eu l'idée de recourir à un procédé, en quelque sorte expérimental, qui mérite d'être signalé (¹).

Imaginons qu'on ait dessiné sur deux transparents portant chacun un axe, Δ_1 ou Δ_2, deux faisceaux de droites identiques ayant leurs centres C_1 et C_2 sur ces axes et déterminant sur chaque pa-

Fig. 56.

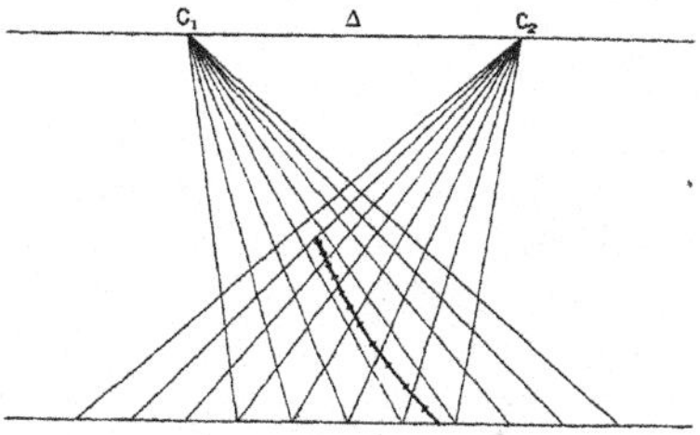

rallèle à ces axes des segments égaux entre eux, puis plaçons ces transparents sur l'abaque construit en mettant en coïncidence leurs axes Δ_1 ou Δ_2 qui se réduisent alors à un seul Δ. En faisant varier la position de la droite Δ sur le transparent, et celle des

(¹) C'est au moyen de ce procédé que le capitaine Lafay a obtenu notamment son *abaque des formules de Fresnel*, dont il est question plus loin (n° 100, 2°).

centres C_1 et C_2 sur la droite Δ, on engendre une infinité de réseaux auxquels on peut supposer l'abaque rapporté, et l'on arrive, par tâtonnement, à placer les divisions les plus dilatées de l'échelle que l'on veut transformer dans les mailles les plus dilatées de ce réseau, les divisions les plus resserrées dans les mailles les plus resserrées (*fig.* 56). Si donc, par une transformation homographique rejetant la droite Δ à l'infini, on substitue à ce réseau, formé de deux faisceaux convergents, un quadrillage régulier formé par deux systèmes de droites à angle droit (*fig.* 56 *bis*), toutes

Fig. 56 *bis*.

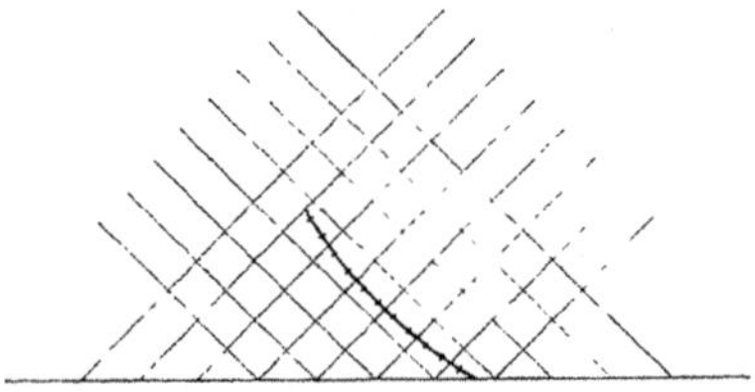

les mailles devenant identiques, les parties, qui tout à l'heure étaient trop dilatées, se seront contractées, et réciproquement. Cette idée théorique est ingénieuse, mais il s'agissait de la rendre pratique; voici comment M. Lafay y est parvenu :

Il a considéré l'abaque déjà construit $\mathfrak{A}$ comme une perspective de l'abaque $\mathfrak{A}'$ qu'on veut lui substituer, *en prenant les points* C_1 *et* C_2 *comme points principaux de distance.* Dans ces conditions, les faisceaux de centres C_1 et C_2 de la perspective deviennent des systèmes de droites parallèles inclinées à 45°, les unes dans un sens, les autres dans l'autre, sur la ligne de terre, ou, ce qui revient au même, sur la ligne Δ prise comme ligne d'horizon. Il suffit alors de se donner la ligne de terre $A'B'$ parallèlement à Δ ou AB, pour pouvoir effectuer la restitution perspective (*fig.* 57).

Si, par C_1 et C_2, on mène les droites C_1V et C_2V à 45° sur C_1C_2, on a le rabattement V du point de vue sur le Tableau. Par suite, la transformée de toute droite sera parallèle à la droite joignant le point V au point de rencontre de cette droite et de Δ. En particulier, aux axes Ox et Oy correspondront les axes $O'x'$ et $O'y'$

menés respectivement par les points A′ et B′ parallèlement aux droites VA et VB.

De même, si la bissectrice OI de l'angle des axes Ox et Oy coupe AB en I et A′B′ en I′, la droite O′I′ qui correspond à OI est parallèle à VI.

Si l'on rapporte l'abaque $\mathfrak{A}$ aux axes Ox et Oy, et l'abaque $\mathfrak{A}'$ aux axes $O'x'$ et $O'y'$, puisque, d'une part, Ox correspond à $O'x'$, et Oy à $O'y'$, que, d'autre part, la droite AB correspond à la

Fig. 57.

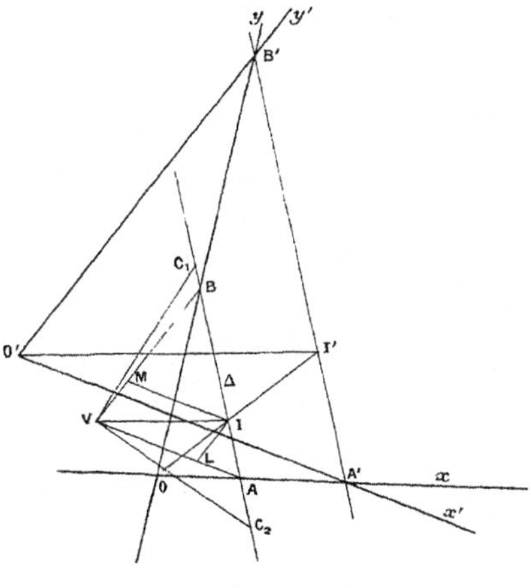

droite de l'infini sur $O'x'y'$, on voit que les formules de transformation seront

$$x' = \frac{\lambda x}{bx + ay - ab}, \qquad y' = \frac{\mu y}{bx + ay - ab},$$

en posant $OA = a$, $OB = b$.

Pour déterminer les paramètres λ et μ, ou plutôt leur rapport, il suffit de remarquer que l'équation de la droite O′I′, qui correspond, ainsi qu'il vient d'être dit, à OI, ou $x = y$, est

$$\mu x' = \lambda y'.$$

Or, nous venons de voir que $O'x'$, $O'y'$ et O′I′ sont respectivement parallèles à VA, VB et VI. Si donc nous menons par I les parallèles IL et IM à VB et VA, nous avons

$$\frac{\lambda}{\mu} = \frac{\mathrm{VL}}{\mathrm{VM}}.$$

En résumé, une fois placés sur l'abaque les points C_1 et C_2, d'où se déduit immédiatement V, la transformation voulue est définie par les formules ci-dessus, lorsqu'on prend deux axes $O'x'$ et $O'y'$ comprenant entre eux un angle égal à AVB et que l'on fait $a = \mathrm{OA}$, $b = \mathrm{OB}$, $\lambda = \theta.\mathrm{VL}$, $\mu = \theta.\mathrm{VM}$, θ étant un module dont on dispose en vue de l'échelle qu'on veut adopter.

63. *Fractionnement des abaques à points alignés.* — Le dessin d'un abaque à points alignés ne comportant que trois échelles curvilignes, on pourra sur une même feuille placer côte à côte plusieurs abaques de cette espèce. De là la possibilité de fractionner un tel abaque, ses diverses fractions étant groupées sur un même tableau. Pour nous placer à un point de vue tout à fait général, supposons l'échelle (α_1) fractionnée entre ses limites a_1 et b_1 en n_1 tronçons, et l'échelle (α_2) fractionnée entre ses limites a_2 et b_2 en n_2 tronçons. Associant chacun des premiers à chacun des seconds, on voit qu'on aura ainsi à construire $n_1 n_2$ abaques partiels.

Mais, ainsi qu'on l'a déjà remarqué au n° 35, il arrivera souvent en pratique que l'on n'aura pas besoin d'associer toutes les valeurs de α_1 comprises entre a_1 et b_1 à toutes les valeurs de α_2 comprises entre a_2 et b_2. Cela permettra, dans bien des cas, de réduire le nombre des abaques partiels à substituer à l'abaque total qu'on aura fractionné. Si, par exemple, il existe respectivement dans les intervalles de a_1 à b_1 et de a_2 à b_2, des valeurs c_1 et c_2 telles que les variables α_1 et α_2 soient ensemble supérieures ou inférieures respectivement à c_1 et à c_2, on n'aura besoin que d'associer le tronçon de a_1 à c_1 au tronçon de a_2 à c_2 et le tronçon de c_1 à b_1 au tronçon de c_2 à b_2, ce qui ne fera que deux au lieu de quatre abaques partiels à construire à la place de l'abaque total qui associerait l'intervalle de a_1 à b_1 à l'intervalle de a_2 à b_2.

Il arrivera, en outre, que plusieurs des tronçons des échelles fractionnées seront superposables, sinon comme graduation, du moins comme support, ce qui introduira encore une simplification notable dans le dessin.

64. *Systèmes algébriques de points cotés.* — Avant d'examiner quelques types particuliers d'équations représentables par la méthode des points alignés, nous dirons quelques mots de la construction de certains systèmes de points cotés qui se rencontrent fréquemment dans les applications.

Si l'équation d'un système de points cotés (α), linéaire en u et v, est algébrique et de degré n en α, on dit que *le système* (α) *est algébrique et de degré n.* Dans ce cas, *le support du système est en général une courbe d'ordre n.* Puisque, en effet, à un couple quelconque de valeurs données pour u et v l'équation fait correspondre, en général, n valeurs pour α, c'est que sur une droite donnée quelconque, il se trouve n points du système considéré, ce qui établit la proposition.

Parmi ces systèmes algébriques, les plus intéressants à envisager, au point de vue des applications, sont ceux du premier et du deuxième degré.

Un *système* (α) *du premier degré* est défini par une équation telle que

$$U + \alpha V = 0,$$

où U et V sont des fonctions linéaires en u et v.

Le support de ce système est la droite qui joint les points $U = 0$ et $V = 0$, et puisque la position du point (α) sur cette droite dépend linéairement du paramètre α, on voit que ces points (α) forment une échelle linéaire. Ainsi donc *tout système de points du premier degré se confond avec une échelle linéaire,* et, par suite, d'après ce qui a été vu au n° 7, un tel système peut être aisément construit lorsqu'on a déterminé trois de ses points.

Un *système du second degré* est défini par une équation telle que

$$U + \alpha V + \alpha^2 W = 0,$$

où U, V et W sont encore des fonctions linéaires en u et v.

Le support de ce système est une conique Γ dont l'équation en coordonnées parallèles est

$$V^2 - 4UW = 0.$$

Mais il sera généralement plus commode de former son équation cartésienne par l'élimination de α entre les formules donnant les coordonnées x et y du point défini par l'équation ci-dessus.

Nous pourrions reprendre corrélativement ici tout ce qui a été dit à propos des systèmes de droites du deuxième degré (n° 45). Nous aboutirions ainsi au résultat corrélatif que voici :

Les droites qui joignent tous les points du système à l'un quelconque d'entre eux forment un faisceau linéaire.

Un tel faisceau déterminant sur une droite quelconque une échelle linéaire, on peut dire que *les projections de tous les points du système* (α) *à partir de l'un d'eux sur une droite quelconque forment une échelle linéaire.*

Il suffira de prendre cette droite parallèle à celle joignant le centre du faisceau au point coté (∞) pour que cette échelle soit régulière ([1]).

De même aussi que dans le cas d'un système de droites, on aura (*fig.* 58)

$$\text{pour } \alpha = 0, \quad \text{le point } U = 0 \quad \text{ou } M,$$
$$\text{pour } \alpha = \infty, \quad \text{le point } W = 0 \quad \text{ou } N$$

Fig. 58.

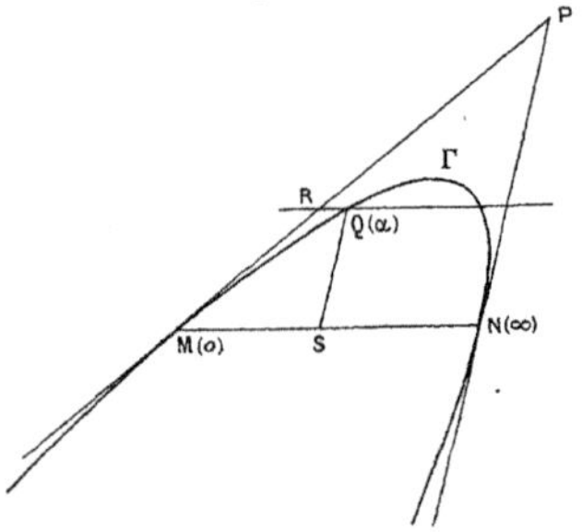

et le point de rencontre des tangentes en ces points à la conique Γ sera

$$V = 0 \quad \text{ou } P.$$

([1]) Il va sans dire, puisqu'on peut prendre une parallèle quelconque à cette direction, qu'on la choisira dans la pratique, de façon que son module soit exactement égal à l'une des subdivisions de l'étalon régulier dont on dispose, c'est-à-dire du double décimètre.

Déterminons, en outre, le point Q correspondant à une valeur particulière α, et par le point Q menons les parallèles QR et QS à MN et NP.

Les droites du faisceau de centre M passant par les points (o), (α) et (∞) coupent QR en R, en Q et à l'infini. Donc, *la projection du système faite à partir de* M *sur* QR *est une échelle régulière ayant* R *et* Q *pour points* (o) *et* (α).

De même, *la projection faite sur* QS *à partir de* N *est une échelle régulière ayant* S *et* Q *pour points* (o) *et* (α).

63. *Système particulier du second degré.* — Prenons comme exemple le système défini par l'équation

$$\alpha u + v + \alpha^2 = 0.$$

Ici, t étant une variable d'homogénéité, on a

pour $\alpha = 0$ . . . $v = 0$ ou B,
pour $\alpha = \infty$. . . . $t = 0$ ou le point I à l'infini sur Au et Bv.

Les tangentes en B et I se coupent au point $u = 0$ ou A (*fig.* 59).

Fig. 59

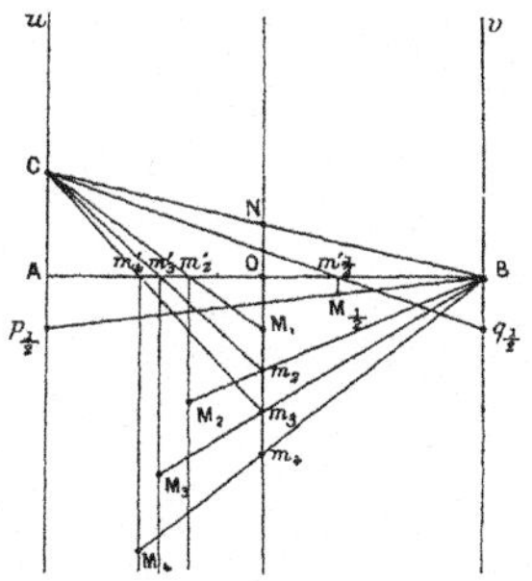

La conique Γ est donc une hyperbole tangente en B à AB et ayant Au pour asymptote.

Pour $\alpha = 1$, on a

$$u + v + 1 = 0,$$

c'est-à-dire le point M_1 situé sur la parallèle équidistante des axes, et tel que $OM_1 = -\frac{1}{2}$.

Si nous projetons les points B, M_1 et I à partir de B sur OM_1 nous avons les points O coté (o), M_1 coté (1) et I, à l'infini, coté (∞), donc une échelle régulière. Par suite, en portant sur OM_1 les segments $M_1 m_2$, $m_2 m_3$, $m_3 m_4$, ... égaux à OM_1, nous aurons les rayons Bm_2, Bm_3, Bm_4, ..., sur lesquels devront se trouver M_2, M_3, M_4, ...

Projetons maintenant les points B, M_1 et I à partir de I sur AB; cela nous donne les points B coté (o), O coté (1) et A coté (∞). Prenons le symétrique N de M_1 par rapport à O; tirons BN qui coupe Au en C et projetons l'échelle AB à partir de C sur ON. Les points B, O et A nous donnent les points N coté (o), O coté (1) et I, à l'infini, coté (∞). L'échelle sera donc régulière et, puisque par construction $NO = OM_1$, le point coté (2) coïncidera avec M_1, le point coté (3) avec m_2, le point coté (4) avec m_3, ... Les rayons CM_1, Cm_2, Cm_3 ... nous donneront donc sur AB les points m'_2, m'_3, m'_4, ... A leur tour les rayons unissant ces points au point I, c'est-à-dire les parallèles aux axes menées par ces points couperont les rayons correspondants Bm_2, Bm_3, Bm_4, ... aux points M_2, M_3, M_4, ... qui sont les points cotés (2), (3), (4), ... dans le système considéré.

La construction est absolument générale : *pour avoir le point* M_α, *coté* (α), *porter sur* OM_1 *les segments* $Om_\alpha = \frac{\alpha}{2}$, $Nm_{\alpha-1} = \frac{\alpha}{2}$; *tirer la droite* $Cm_{\alpha-1}$ *qui coupe* AB *au point* m'_α; *la parallèle aux axes menée par* m'_α *coupe le rayon* Bm_α *au point* M_α *cherché*.

Si on prolonge Bm_α jusqu'en sa rencontre p_α avec Au, et Cm'_α jusqu'en sa rencontre q_α avec Bv, on voit que

$$Ap_\alpha = 2Om_\alpha = \alpha$$

et

$$Bq_\alpha = 2Nm_{\alpha-1} = \alpha.$$

De là une variante de la construction, indiquée sur la figure pour $\alpha = \frac{1}{2}$.

Nous allons étudier maintenant plus en détail quelques types d'équations rentrant dans le type général auquel s'applique la méthode des points alignés.

II. — Abaques à trois échelles rectilignes.

A. — Abaques a trois échelles parallèles [1].

66. *Type des équations correspondantes.* — Ces équations sont celles de la forme

$$(E) \qquad f_1 + f_2 = f_3$$

[1] Tout abaque à points alignés comportant trois échelles rectilignes concourantes peut être ramené à ce type par une transformation homographique rejetant à l'infini le point de concours des trois supports.

[f_i étant toujours mis là pour $f_i(\alpha_i)$], auxquelles est applicable la méthode des abaques hexagonaux (n° 32).

Rappelons qu'on y ramène aussi celles de la forme

$$f_1 f_2 = f_3$$

en les écrivant

$$\log f_1 + \log f_2 = \log f_3.$$

Pour représenter l'équation (E) ci-dessus par un abaque à points alignés, posons [1]

$$(\alpha_1) \qquad u = l_1 f_1,$$

$$(\alpha_2) \qquad v = l_2 f_2,$$

ce qui nous donne

$$(\alpha_3)_0 \qquad \frac{u}{l_1} + \frac{v}{l_2} = f_3,$$

équation qui, avec le choix d'axes que nous sommes convenus de faire (n° 57), définit le point

$$(\alpha_3)'_0 \qquad x = \delta\,\frac{l_1 - l_2}{l_1 + l_2}, \qquad y = \frac{l_1 l_2}{l_1 + l_2} f_3.$$

L'expression de x ne renfermant que des constantes, on voit que les points (α_3) sont distribués sur une parallèle $C\omega$ aux axes, dont le point de rencontre C avec AB (*fig.* 60) est tel que (n° 57)

$$(1) \qquad \frac{CA}{CB} = -\frac{l_1}{l_2}.$$

---

(1) Nous supposons que α_1 et α_2 sont les variables indépendantes naturelles de la question (*voir* le renvoi au bas de la page 32).

Quoique ce ne soit pas rigoureusement indispensable il est préférable, au point de vue de la précision, que l'échelle du *résultat* (α_3) se trouve *entre* les échelles des *données* (α_1) et (α_2). Elle pourrait d'ailleurs sans cela se trouver fort éloignée de celle-ci, voire même à l'infini si la condition imposée plus loin à l_1 et l_2 conduisait à prendre ces modules égaux.

Pour que cette situation relative des échelles soit réalisée, dans tous les cas, il faut, si dans l'équation (E) les fonctions f_1 et f_2 sont de signes contraires, adjoindre à l'une d'elles le signe − de façon que dans l'équation $(\alpha_3)_0$ les deux termes du premier membre soient de même signe.

Par exemple, si l'équation (E) s'écrit

$$f_1 - f_2 = f_3,$$

les fonctions f_1 et f_2 étant positives, on pose

$$u = l_1 f_1,$$

$$v = -l_2 f_2.$$

Si donc nous représentons par

$$(\alpha_3) \qquad w = l_3 f_3$$

l'échelle de la fonction déterminée sur cet axe, nous voyons, puisque w n'est autre chose que y, que nous avons

$$l_3 = \frac{l_1 l_2}{l_1 + l_2}$$

ou

$$(2) \qquad \frac{1}{l_3} = \frac{1}{l_1} + \frac{1}{l_2}.$$

En résumé, ayant choisi arbitrairement les modules l_1 et l_2, et en ayant déduit le module l_3 par la formule (2), nous voyons que, pour construire l'abaque de l'équation (E) ci-dessus, *il suffit, ayant pris sur la droite* AB *le point* C *tel que la formule* (1)

Fig. 60.

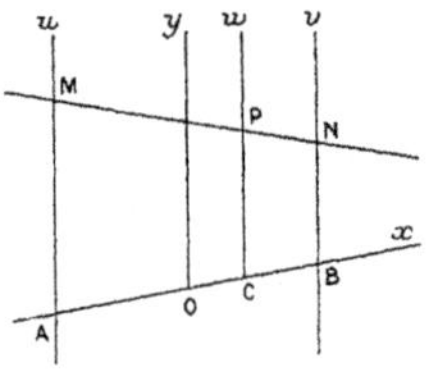

soit vérifiée, de mener par les points A, B, C *trois axes parallèles* Au, Bv, Cw *et de porter sur ces trois axes, à partir de leurs origines* A, B, C, *respectivement les échelles définies par les formules* (α_1), (α_2) *et* (α_3).

Il est d'ailleurs très facile de donner le principe de cette sorte d'abaque par un procédé purement élémentaire, équivalant au fond à l'emploi de coordonnées parallèles, mais ne faisant pas intervenir explicitement leur notion.

Si l'on coupe les trois axes Au, Bv, Cw par une transversale quelconque MN qui les rencontre en M, N, P, on a, par construction,

$$\frac{\text{PM}}{\text{PN}} = \frac{\text{CA}}{\text{CB}} = -\frac{l_1}{l_2} = -\frac{\frac{1}{l_2}}{\frac{1}{l_1}}.$$

Donc *le point* P *est le barycentre des points* M *et* N *respectivement affectés des coefficients* $\frac{1}{l_1}$ *et* $\frac{1}{l_2}$. Il en résulte que (¹)

$$\frac{AM}{l_1} + \frac{BN}{l_2} = CP\left(\frac{1}{l_1} - \frac{1}{l_2}\right)$$

ou, en vertu de l'égalité (2) supposée vérifiée, que

$$\frac{AM}{l_1} + \frac{BN}{l_2} = \frac{CP}{l_3}.$$

Or, toujours par construction, on a supposé les cotes α_1, α_2 et α_3 inscrites aux points M, N et P, telles que

$$AM = l_1 f_1, \quad BN = l_2 f_2, \quad CP = l_3 f_3.$$

L'égalité précédente devient donc

$$f_1 + f_2 = f_3.$$

Remarque. — Dans le cas particulier où l'on prend pour les axes Au et Bv des modules égaux $l_1 = l_2$, la formule (1) montre que Cw se confond avec Oy, et la formule (2) que l'on a $l_3 = \frac{l_1}{2}$, ce qui d'ailleurs était évident *a priori*.

67. *Disposition et limitation des échelles.* — C'est la libre disposition que l'on a des modules l_1 et l_2 qui fait toute la souplesse de la méthode. Rappelons que dans la méthode des abaques hexagonaux (²) ces modules sont *nécessairement* égaux ; il en résulte

---

(¹) Rappelons en deux mots le procédé élémentaire qui donne cette formule. On a

$$\frac{MP}{PN} = \frac{AC}{CB} = \frac{l_1}{l_2}.$$

Mais

$$\frac{MP}{PN} = \frac{AM - CP}{CP - BN}.$$

Donc

$$\frac{AM - CP}{CP - BN} = \frac{l_1}{l_2}$$

ou

$$\frac{AM}{l_1} + \frac{BN}{l_2} = CP\left(\frac{1}{l_1} + \frac{1}{l_2}\right).$$

(²) Rappelons aussi qu'outre le passage des index correspondants par les points (α_1) et (α_2), cette méthode exige le maintien de l'orientation du transparent, sujétion dont est affranchie la présente méthode.

que si, en appelant a_1 et b_1, a_2 et b_2 les limites respectives de α_1 et de α_2, les différences $f_1(b_1)-f_1(a_1)$ et $f_2(b_2)-f_2(a_2)$ présentent entre elles un notable écart, les longueurs des échelles (α_1) et (α_2) offrent le même caractère. Avec la méthode actuelle, rien de pareil; on est même libre, dans tous les cas, de donner aux deux échelles *la même longueur*.

Plaçons-nous d'abord dans ce cas idéal, quittes, dans la pratique, à nous en écarter plus ou moins pour satisfaire à d'autres convenances.

On peut tout d'abord se donner arbitrairement la longueur L des échelles qui appartiennent en général à la catégorie des échelles dites *usuelles* (n° 5) ou de leurs dérivées (n° 6). Les modules l_1 et l_2 sont alors donnés respectivement par

$$l_1 = \frac{L}{f_1(b_1)-f_1(a_1)}, \qquad l_2 = \frac{L}{f_2(b_2)-f_2(a_2)},$$

et le module l_3 par la formule (2) du n° 66. On peut faire alors l'analyse des échelles (α_1), (α_2) et (α_3), comme cela a été indiqué au n° 2.

Si cette analyse faisait reconnaître que certains intervalles sont trop petits, il n'y aurait qu'à multiplier les trois modules d'abord choisis par un même nombre.

Portons alors sur deux axes parallèles les échelles (α_1) allant du point P_1 au point Q_1, et (α_2) allant du point P_2 au point Q_2 (*fig.* 61) [1].

Fig. 61.

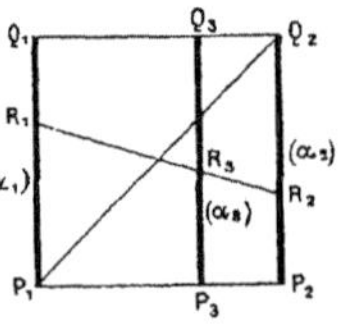

L'inclinaison de l'axe AB, non tracé, des origines, par rapport aux axes de coordonnées Au et Bv étant quelconque, nous sommes libres de choisir les points P_1 et P_2 sur une même perpendiculaire

(1) Sur cette figure et les suivantes la portion graduée de chaque axe est indiquée par un trait gras.

à ces axes. Les longueurs des échelles étant égales, la figure $P_1Q_1Q_2P_2$ formée par ces échelles est un rectangle. Puisque l'échelle (α_3) sera parallèle à celles-ci, le plus petit angle sous lequel elle sera rencontrée par l'index servant à la lecture sera égal à l'angle $Q_1P_1Q_2$. Comme, d'autre part, l'écartement des axes est quelconque, nous pourrons en disposer de façon à donner à cet angle telle valeur qu'il nous plaira. Si, par exemple, nous adoptons la valeur $\frac{\pi}{4}$, nous n'aurons qu'à prendre l'écartement P_1P_2 des axes égal à la longueur P_1Q_1 des échelles. Le quadrangle limite de l'abaque sera alors constitué par un carré et l'index coupera toujours les supports des échelles sous un angle compris entre $\frac{\pi}{4}$ et $\frac{\pi}{2}$.

Traçons alors la parallèle P_3Q_3 aux axes telle que

$$\frac{P_1P_3}{P_3P_2} = \frac{l_1}{l_2},$$

et choisissons un couple de valeurs α'_1 et α'_2, des variables α_1 et α_2, pour lesquelles la valeur correspondante α'_3 de la variable α_3 se déduise très aisément de l'équation donnée.

Tirant sur la figure la position correspondante R_1R_2 de l'index nous obtenons sur P_3Q_3 le point R_3 coté α'_3. Connaissant ce point et le module l_3 nous pouvons très aisément construire l'échelle de la fonction f_3, en la limitant d'ailleurs aux droites P_1P_2 et Q_1Q_2.

Tel est le type théoriquement le plus parfait de l'abaque à supports rectilignes parallèles. On pourra en pratique s'en écarter plus ou moins.

Il est bien évident, par exemple, que si les valeurs de l_1 et l_2 calculées plus haut ne s'expriment pas par des nombres simples, on les arrondira pour qu'il en soit ainsi, ce qui introduira une inégalité entre les longueurs des échelles; d'autre part les nécessités du format pourront conduire à réduire l'écartement des axes et, par suite, à abaisser un peu la limite inférieure $\frac{\pi}{4}$ qu'on s'était d'abord imposée pour l'angle de l'index avec les supports.

Il peut arriver d'ailleurs que pratiquement les valeurs limites de chaque variable α_1 et α_2 n'aient à être associées qu'à une certaine partie de l'échelle de l'autre. Dans ce cas l'échelle (α_3) pourra être réduite de longueur.

Supposons, par exemple, que l'abaque ne soit utilisé que pour des valeurs de α_1 et de α_2 satisfaisant à une égalité telle que

$$F(\alpha_1, \alpha_2) > 0.$$

Considérons toutes les positions limites de l'index, c'est-à-dire celles qui joignent les points dont les cotes satisfont à l'équation

$$F(\alpha_1, \alpha_2) = 0.$$

Ces positions limites enveloppent une courbe C (*fig.* 62 et 62 *bis*) et l'inégalité de condition signifie, selon le cas, que l'index doit ou être extérieur à cette courbe, ou, au contraire, la rencontrer. La position extrême de l'index sera l'une des tangentes menées de Q_1 et de Q_2 à la courbe C. Si l'inégalité donnée exprime que l'index doit être extérieur à la courbe C, l'échelle (α_3) ne devra être construite qu'entre les points P'_3 et Q_3 (*fig.* 62); si, au con-

Fig. 62.

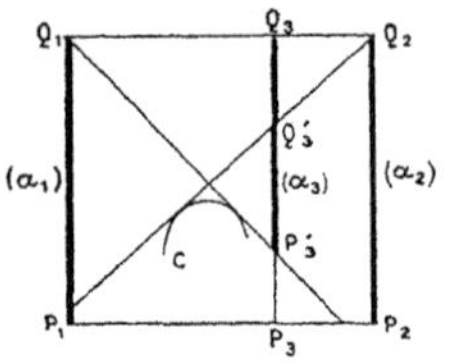

Fig. 62 *bis*.

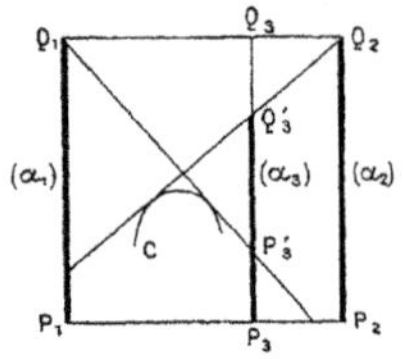

traire, elle exprime que l'index doit rencontrer la courbe C, l'échelle (α_3) devra être construite entre les points P_3 et Q'_3 (*fig.* 62 *bis*).

68. *Fractionnement des échelles.* — On peut effectuer le fractionnement des échelles comme dans le cas des abaques hexagonaux. Soient c_1 et c_2 des valeurs des variables α_1 et α_2 intermédiaires entre leurs limites respectives a_1 et b_1, a_2 et b_2.

On pourra fractionner l'abaque en quatre autres ainsi limités :

I..........	α_1	entre	a_1 et c_1,	α_2	entre	a_2 et c_2,
II..........	α_1	»	c_1 et b_1,	α_2	»	c_2 et b_2,
III..........	α_1	»	a_1 et c_1,	α_2	»	c_2 et b_2,
IV..........	α_1	»	c_1 et b_1,	α_2	»	a_2 et c_2.

Nous pourrons construire l'abaque I au moyen de trois axes parallèles (α_1), (α_2), (α_3), gradués sur leur côté gauche par exemple (*fig.* 63), et l'abaque II au moyen des mêmes axes gradués sur leur côté droit, le rapport $\frac{l_1}{l_2}$ des modules étant, bien entendu, supposé le même dans les deux cas.

Fig. 63.

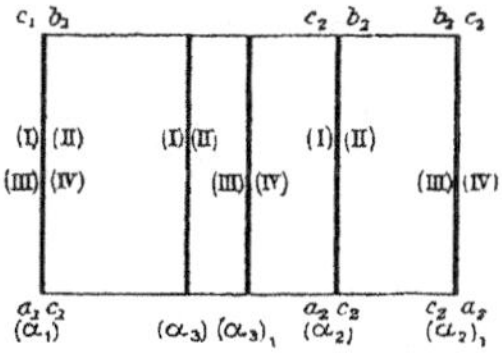

De même pour les abaques III et IV en remarquant que l'on peut se resservir pour ceux-ci du même axe (α_1), mais en l'associant avec deux autres nouveaux axes $(\alpha_2)_1$ et $(\alpha_3)_1$.

Les chiffres romains inscrits à côté des diverses graduations indiquent la façon dont elles doivent être associées.

D'ailleurs, suivant une remarque déjà faite au n° 35, et sur laquelle il convient d'insister, il arrivera souvent qu'il existera entre a_1 et b_1 d'une part, a_2 et b_2 de l'autre, des valeurs c_1 et c_2 telles qu'une valeur de α_1 inférieure à c_1 n'aura jamais à être prise avec une valeur de α_2 supérieure à c_2, et *vice versa*, ce qui fait qu'il n'y a lieu de considérer que les combinaisons I et II.

Pour ce qui est du fractionnement en un plus grand nombre de parties, pratiquement à peu près sans intérêt, il n'y aurait qu'à répéter ici ce qui a été dit à la fin du n° 35.

69. *Exemples : 1° Sixième type d'abaque de multiplication.* — Écrivons encore l'équation de la multiplication sous la forme

$$\log\alpha_1 + \log\alpha_2 = \log\alpha_3.$$

La symétrie de cette équation nous montre que nous devons prendre ici, pour les échelles (α_1) et (α_2), des modules l égaux. Dès lors, le module de l'échelle (α_3), portée sur la parallèle équidistante des deux axes, sera égal à $\frac{l}{2}$ (n° 66, *Remarque* finale). Pour que cette dernière échelle soit du type usuel, il suffit, si α_3 varie de 1 à 100, comme dans les cas précédents, de prendre (n° 3, 2°)

$$\frac{l}{2} = 125^{mm},$$

ou

$$l = 250^{mm}.$$

Cela donne, pour la longueur L des échelles (¹)

$$L = 125^{mm}.$$

Afin de réduire les dimensions du tableau, nous fractionnerons les échelles (α_1) et (α_2) vers le milieu de leur longueur, soit au point coté 9, et, suivant ce qui a été vu au n° 68, nous porterons les deux fragments de l'échelle (α_1) de part et d'autre de l'axe des u (*fig.* 64), les deux fragments de l'échelle (α_2) de part et d'autre de l'axe des v, ce qui donnera pour (α_3) deux fragments de part et d'autre de la parallèle équidistante des deux premiers.

Fig. 64.

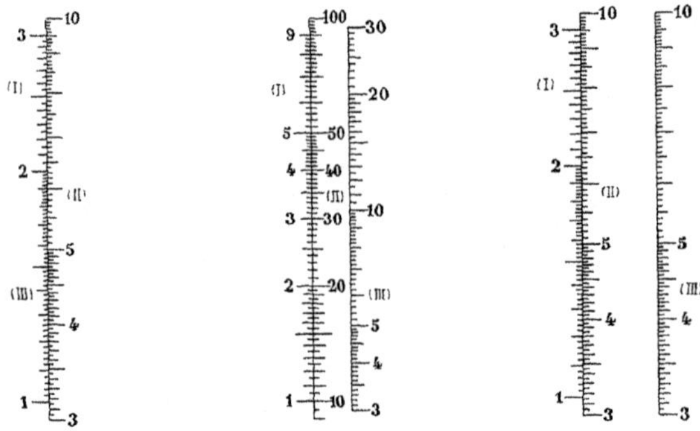

En outre, le point coté 3 du second fragment des échelles (α_1) et (α_2) a été disposé de telle sorte que le point coté 10 du second fragment de l'échelle (α_3) se trouve en face du point coté 1 du premier, ce qui fait que les points cotés 2 et 20, 3 et 30, ..., et, généralement, α_3 et $10\alpha_3$ coïncident également.

Enfin, pour associer un nombre du premier fragment de (α_1) à un nombre du second fragment de (α_2), nous répéterons celui-ci sur un nouvel axe des v, en portant le fragment correspondant de (α_3) sur la parallèle équidistante de ce nouvel axe des v et de l'axe des u.

(¹) La *fig.* 64 est une réduction de l'abaque construit avec ces modules.

Ce dernier fragment se compose des tronçons de 3 à 9 d'une part, et de 9 à 30 de l'autre, empruntés aux deux premiers fragments de (α_3), et il suffit, pour le disposer, de remarquer que son point 3 doit se trouver sur la droite qui joint le point 1 du premier fragment de (α_1) au point 3 du troisième fragment de (α_2).

Les fragments qui doivent être associés ensemble sont marqués d'un même chiffre romain.

2° *Abaque des moments d'inertie des rectangles* (1). — Le moment d'inertie I d'un rectangle de base b et de hauteur h par rapport à la parallèle à sa base menée par son centre, est donné par la formule

$$I = \frac{bh^3}{12},$$

qui peut s'écrire

$$\log b + 3\log h = \log 12 + \log I.$$

Si l'on veut donner aux échelles de (b) et de (h) la même longueur, il faut construire les échelles de $\log b$ et de $3\log h$ avec les modules l et $\frac{l}{3}$, ce qui rend ces deux échelles identiques.

La formule (1) du n° 66 montre alors que l'échelle (I) divise l'intervalle de l'échelle (b) à l'échelle (h) dans le rapport de 3 à 1, et la formule (2) que le module de cette échelle (I) est égal à $\frac{l}{4}$.

Si donc on veut que l'échelle (I) donne le même degré de précision que l'échelle logarithmique usuelle (n° 5, 2°), il faudra prendre

$$\frac{l}{4} = 125^{\text{mm}},$$

d'où

$$l = 500^{\text{mm}}.$$

Et si l'on fait varier b et h de 0,1 à 1, la longueur L des échelles sera égale à 500^{mm} (2).

Sur la *fig.* 65, cet abaque a été réduit environ au $\frac{1}{5}$.

3° *Abaque des marches de troupes en colonnes.* — Soient V la vitesse en mètres par minute d'une troupe en marche, T le temps de la marche

(1) On remarquera sur cet abaque que le sens positif des axes A u et B v a été pris de haut en bas, contrairement à la convention habituelle. Cette disposition a été adoptée par le dessinateur de l'abaque, M. Prévot, qui l'a systématiquement appliquée pour tous les exemples analogues, afin de rapprocher ces Tables graphiques des Tables numériques, sur lesquelles le sens croissant va toujours de haut en bas.

(2) Il serait bon, avec ce choix de module, de fractionner les échelles en deux parties à peu près égales, comme on vient de le faire pour l'abaque de multiplication, afin que le Tableau fût plus maniable.

en minutes, E l'espace parcouru en hectomètres. On a

$$E = \frac{VT}{100}. \tag{1}$$

Soient maintenant T′ le temps de la marche en heures, E′ l'espace parcouru en kilomètres. On a

$$E' = \frac{60\,VT'}{1000} = \frac{6\,VT'}{100}. \tag{2}$$

Les formules (1) et (2) sont utiles aux officiers d'État-Major. M. le

Fig. 65.

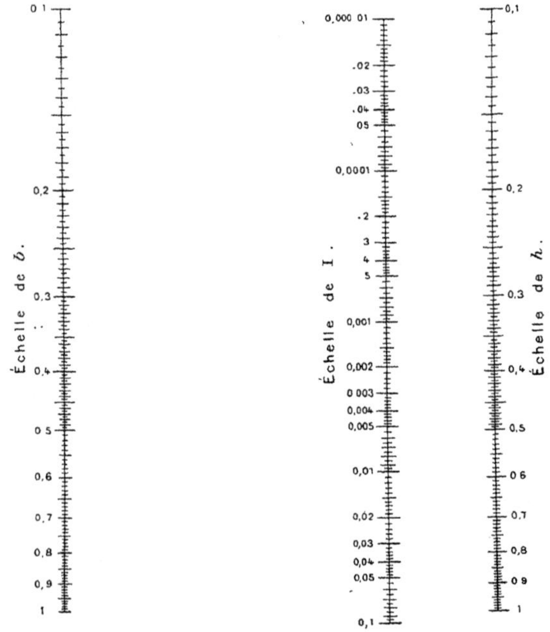

capitaine Goedseels, professeur à l'École de Guerre de Bruxelles, les a traduites en un abaque (¹) de la manière suivante :

(¹) *Revue de l'armée belge*, t. V (mars-avril 1898).

Écrivons-les

(1′) $$\log V + \log T - 2 = \log E,$$

(2′) $$\log V + \log 6T' - 2 = \log E'.$$

Occupons-nous d'abord de (1′). Pour les besoins de la pratique, il suffit d'y faire varier V de 72 à 100, T de 6 à 66. Fractionnant cette seconde échelle au point 24, on aura un premier abaque fragmentaire avec V variant de 72 à 100, T de 6 à 24, un second avec V de 72 à 100, T de 24 à 66.

Or, on a

$$\log 100 - \log 72 = 0,143,$$
$$\log 24 - \log 6 = 0,602,$$
$$\log 66 - \log 24 = 0,439.$$

Si donc l_1 est le module de l'échelle (V), l_{21} et l_{22} ceux des deux fragments de l'échelle (T), on devrait avoir, pour que les trois échelles fussent de même longueur,

$$0,143\, l_1 = 0,602\, l_{21} = 0,439\, l_{22},$$

d'où

$$l_{21} = \frac{l_1}{4,2}, \qquad l_{22} = \frac{l_1}{3,06}.$$

On prendra évidemment ici

$$l_{21} = \frac{l_1}{4}, \qquad l_{22} = \frac{l_1}{3}.$$

Les modules correspondants des fragments de l'échelle (E) seront donc donnés, d'après la formule (2) du n° 66, par

$$l_{31} = \frac{l_1}{5}, \qquad l_{32} = \frac{l_1}{4},$$

et ces deux fragments de l'échelle (E) diviseront les intervalles compris entre l'échelle (V) et les deux fragments de l'échelle (T) respectivement dans les rapports de 4 et 3 à 1.

Pour l'équation (2′), on voit qu'il suffit de reprendre les mêmes échelles (V) et (E) et de modifier simplement l'échelle (T) en divisant ses cotes par 6 puisque, pour le même point, on aura

$$T = 6T'.$$

Il suffira d'inscrire la graduation (T) sur un côté du support, le côté droit par exemple, et la graduation (T′) sur l'autre, c'est-à-dire le gauche.

C'est ainsi qu'a été obtenu l'abaque du capitaine Goedseels, représenté par la *fig.* 66 qui est la réduction à la moitié environ de l'original. Sur cet original, l'auteur avait pris $l_1 = 1^{m}$, ce qui donnait pour l'intervalle des points 100 et 75

$$1^{m}(\log 100 - \log 75) = 0^{m},125.$$

Il est facile, s'il s'agit de longs parcours, de tenir compte des haltes. Supposons, par exemple, que la marche s'effectue avec *une halte de dix minutes par heure*. Il faudra alors sur l'échelle (T') (celle de gauche),

Fig. 66.

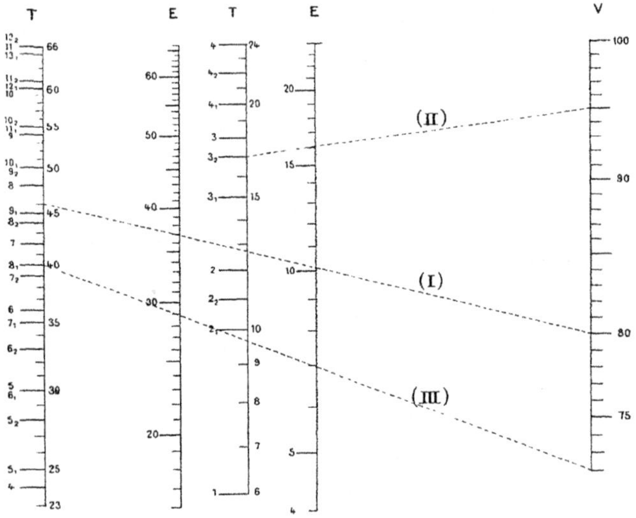

avancer de dix minutes l'origine de chaque heure, ce qui donne la chiffraison affectée de l'*indice* 1. Avec *une halte de dix minutes par deux heures*, on obtient de même la chiffraison affectée de l'*indice* 2.

Exemples numériques :

1° Temps mis par une troupe marchant à la vitesse de 80^m, pour parcourir 37^{km}. La position (I) de l'index, marquée en pointillé sur la figure, donne (chiffraison de gauche)

$$T = 7^h 41^m \text{ (sans haltes)},$$
$$T = 9^h 11^m \text{ (avec une halte par heure)},$$
$$T = 8^h 21^m \text{ (avec une halte par deux heures)}.$$

2° Profondeur d'une colonne qui s'écoule en 17 minutes à la vitesse de 95^m. La position (II) de l'index, avec la chiffraison de droite pour T, donne $16^{hm},1$ ou 1610^m.

3° Profondeur d'une colonne qui défile en 4 minutes à la vitesse de 72^m. On applique ici le principe des multiplicateurs correspondants (n° 21) en multipliant V par 10, ce qui exige que la lecture E soit divisée par 10, ou, ce qui revient au même, faite en décamètres. La position (III) de l'index, avec la chiffraison de droite pour (T), donne $28^{\text{Dm}},8$ ou 288^{m}.

Nous avons insisté sur les détails de construction des abaques de ce genre parce qu'ils sont d'un usage courant dans la pratique. Ce qui vient d'être dit suffira, espérons-nous, à éviter tout tâtonnement dans les applications de la méthode. On en trouvera d'ailleurs par la suite d'autres exemples (nos **71, 90, 110, 111, 112**).

70. *Composition des échelles.* — Nous allons, pour plus de simplicité, raisonner ici dans le cas de trois échelles, mais il sera facile de voir que ce qui va être dit s'étendrait immédiatement à un nombre quelconque d'échelles.

Soient donc trois échelles à supports parallèles $A_1 u_1$, $A_2 u_2$,

Fig. 67.

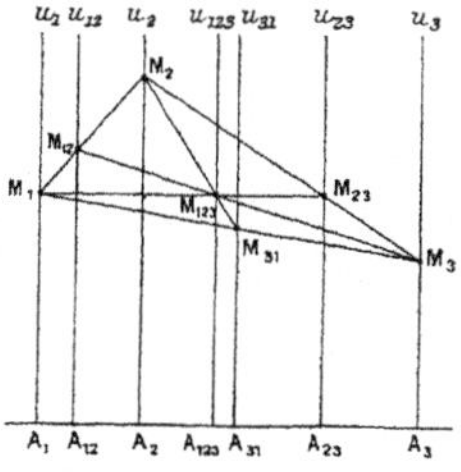

$A_3 u_3$ (*fig.* 67), définies respectivement par les formules

$$(\alpha_1) \qquad u_1 = l_1 f_1,$$

$$(\alpha_2) \qquad u_2 = l_2 f_2,$$

$$(\alpha_3) \qquad u_3 = l_3 f_3.$$

Traçons trois nouvelles échelles $A_{12} u_{12}$, $A_{23} u_{23}$, $A_{31} u_{31}$ parallèles aux premières, telles que

$$\frac{A_1 A_{12}}{A_2 A_{12}} = -\frac{l_1}{l_2}, \qquad \frac{A_2 A_{23}}{A_3 A_{23}} = -\frac{l_2}{l_3}, \qquad \frac{A_3 A_{31}}{A_1 A_{31}} = -\frac{l_3}{l_1},$$

et définies respectivement par les formules

$$(\alpha_{12}) \qquad u_{12} = l_{12} f_{12},$$

$$(\alpha_{23}) \qquad u_{23} = l_{23} f_{23},$$

$$(\alpha_{31}) \qquad u_{31} = l_{31} f_{31},$$

les modules l_{12}, l_{23}, l_{31} étant liés aux précédents par les formules

$$\frac{1}{l_{12}} = \frac{1}{l_1} + \frac{1}{l_2},$$

$$\frac{1}{l_{23}} = \frac{1}{l_2} + \frac{1}{l_3},$$

$$\frac{1}{l_{31}} = \frac{1}{l_3} + \frac{1}{l_1}.$$

D'après ce qui a été vu au n° 66, les cotes α_{12}, α_{23}, α_{31} des points obtenus sur ces échelles en prenant des alignements entre les points cotés α_1, α_2, α_3 sur les trois premiers axes, seront telles que les équations

$$f_1 + f_2 = f_{12},$$

$$f_2 + f_3 = f_{23},$$

$$f_3 + f_1 = f_{31}$$

seront satisfaites.

Mais, en outre, d'après ce qui a été vu au n° 66, les points M_{12}, M_{23} et M_{31} sont les barycentres des points M_1, M_2, M_3 pris deux à deux et respectivement affectés des coefficients $\frac{1}{l_1}, \frac{1}{l_2}, \frac{1}{l_3}$. Par suite, les droites $M_{12}M_3$, $M_{23}M_1$ et $M_{31}M_2$ passent par un même point M_{123} qui est le barycentre des trois premiers points. Ce point M_{123} se trouve donc sur une parallèle aux axes menée par le barycentre A_{123} des points A_1, A_2, A_3 respectivement affectés des coefficients $\frac{1}{l_1}, \frac{1}{l_2}, \frac{1}{l_3}$ et à une distance u_{123} du point A_{123} telle que

$$\frac{u_{123}}{l_{123}} = \frac{u_1}{l_1} + \frac{u_2}{l_2} + \frac{u_3}{l_3},$$

le module l_{123} étant défini par

$$\frac{1}{l_{123}} = \frac{1}{l_1} + \frac{1}{l_2} + \frac{1}{l_3}.$$

Si donc on porte sur l'axe $A_{123}u_{123}$ l'échelle (α_{123}) définie par la formule

$$(\alpha_{123}) \qquad u_{123} = l_{123} f_{123},$$

on voit que les valeurs correspondantes de α_1, α_2, α_3 et α_{123} satisferont à l'équation

$$f_1 + f_2 + f_3 = f_{123},$$

et l'on peut remarquer que si l'on se donne trois des sept variables α_1, α_2, α_3, α_{12}, α_{23}, α_{31}, α_{123}, il suffit de prendre quatre alignements pour obtenir les quatre autres.

Tel est le principe de la composition des échelles parallèles énoncé par le commandant du Génie Bertrand dans le Mémoire d'où est extraite l'application qui suit.

Il suffit d'écrire α_4 au lieu de α_{123} et de poser $f_{123} = -f_4$, pour que l'équation précédente prenne la forme

$$f_1 + f_2 + f_3 + f_4 = 0.$$

La généralisation évidente dont nous parlions au début de ce numéro montre qu'on pourra de même obtenir ainsi la représentation des équations de la forme

$$f_1 + f_2 + f_3 + \ldots + f_n = 0,$$

c'est-à-dire de celles qui ont déjà été envisagées au n° 37.

Dans le cas où l'on n'aurait pas besoin de considérer les équations obtenues par le groupement des échelles deux à deux, trois à trois, ..., il serait inutile de graduer les échelles résultantes correspondantes.

71. *Exemple : Abaque des distributions d'eau.* — Cet abaque est celui à propos duquel le commandant Bertrand [1] s'est trouvé amené à énoncer le principe ci-dessus. Il l'a établi en partant des formules de M. Flamant.

---

(1) *Description et usage d'un abaque destiné à faciliter la solution des problèmes relatifs à la distribution des eaux* (*Revue du Génie militaire*, t. VIII, p. 475; 1894).

Le Mémoire a été tiré sous forme de brochure à part mise en vente à la librairie Berger-Levrault.

Soient :

l la longueur de la conduite.
d son diamètre,
q son débit,
h la perte de charge,
j la pente de la ligne de charge.
p la puissance de la conduite,
r sa résistance,
u la vitesse,
e la variation de prix (¹).

Entre les sept premières de ces quantités, on a les équations

$$(1) \qquad \frac{7}{4}\log q - \log h = -\log r,$$

$$(2) \qquad -\log h + \log l = -\log j,$$

$$(3) \qquad \log l + \frac{7}{4}\log q = \log p,$$

$$(4) \qquad \frac{7}{4}\log q - \log h + \log l = \frac{19}{4}\log d - C,$$

C étant une constante numérique.

Ces quatre équations permettent de calculer quatre des quantités qui y entrent en fonction des trois autres. On voit immédiatement qu'on peut appliquer à leur ensemble le principe de la composition des échelles en prenant

$$\alpha_1 \equiv q, \qquad \alpha_2 \equiv h, \qquad \alpha_3 \equiv l,$$
$$\alpha_{12} \equiv r, \qquad \alpha_{23} \equiv j, \qquad \alpha_{31} \equiv p,$$
$$\alpha_{123} \equiv d,$$

puis

$$f_1 \equiv \frac{7}{4}\log q, \qquad f_2 \equiv -\log h, \qquad f_3 \equiv \log l,$$
$$f_{12} \equiv -\log r, \qquad f_{23} \equiv -\log j, \qquad f_{31} \equiv \log p,$$
$$f_{123} \equiv \frac{19}{4}\log d - C.$$

Enfin l'auteur a choisi pour les modules les valeurs

$$l_1 = 5^{\text{cm}}, \qquad l_2 = l_3 = 6^{\text{cm}}.$$

L'abaque ainsi obtenu par le commandant Bertrand est celui que représente la *fig*. 68, avec une réduction d'un peu moins de $\frac{1}{2}$.

(¹) Pour la définition de ces termes divers, je renvoie à la brochure du commandant Bertrand.

Au diamètre d et à la résistance r sont respectivement liés la section s et le débouché δ par les formules

$$s = \frac{\pi d^2}{4}, \qquad \delta = r^{-\frac{4}{7}}.$$

Il suffira donc, pour avoir ces nouvelles quantités, d'accoler aux échelles (d) et (r) déjà construites des échelles (s) et (δ) établies ainsi qu'il a été dit au n° 11. Ces échelles se trouvent sur la *fig.* 68. On voit, en outre, que l'échelle du débit a été graduée en double suivant que l'unité admise est le litre par seconde ou par minute.

On reviendra plus loin (¹) sur la construction des deux dernières échelles, celles de la vitesse u et de la variation de prix e.

Il convient de remarquer, en ce qui concerne l'inscription des graduations, l'innovation introduite par l'auteur et qui consiste à donner en toutes lettres l'indication de chaque ordre décimal, ce qui fait qu'il suffit d'inscrire un seul chiffre en face de chaque point.

B. — Abaques a deux échelles parallèles (²).

72. *Type des équations correspondantes.* — Le choix des origines sur les axes Au et Bv étant quelconque, on peut placer ces origines aux points où ces axes sont rencontrés par le troisième support. Les points (α_1), (α_2) et (α_3) ont alors respectivement pour équations

$$(\alpha_1) \qquad u = l_1 f_1,$$

$$(\alpha_2) \qquad v = l_2 f_2,$$

$$(\alpha_3)_0 \qquad \frac{u}{l_1} + f_3 \frac{v}{l_2} = 0,$$

l_1 et l_2 étant des modules quelconques, ce qui donne, pour l'équation représentée,

$$(\text{E}) \qquad f_1 + f_2 f_3 = 0.$$

Prenant toujours la droite AB comme axe des x en plaçant

(¹) Renvoi du n° 99.

(²) Une transformation homographique permet de ramener à ce type tout abaque à points alignés comportant trois échelles rectilignes quelconques, en rejetant à l'infini l'un des sommets du triangle formé par les trois supports.

Fig. 68.

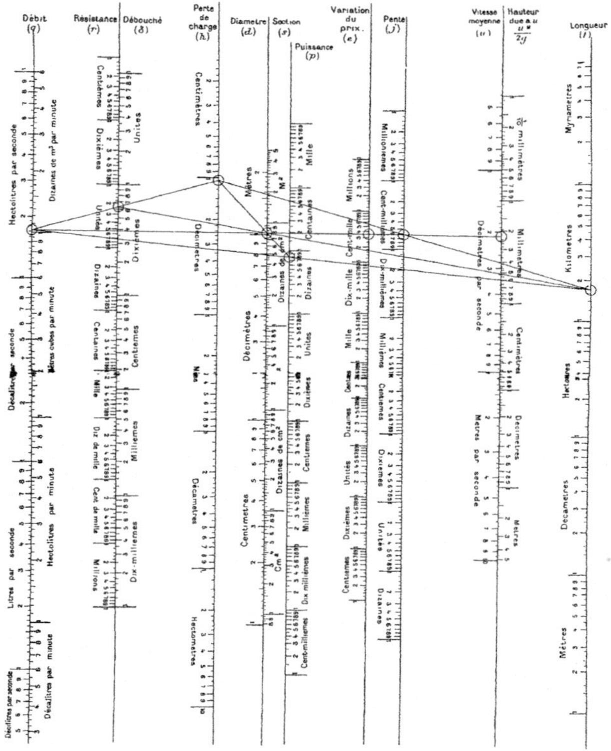

Débit (q)
Résistance (r)
Débouché (δ)
Perte de charge (h)
Diamètre (d)
Section (s)
Puissance (p)
Variation du prix (e)
Pente (j)
Vitesse moyenne (u)
Hauteur due à u $\frac{u^2}{2g}$
Longueur (l)
Hectolitres par seconde
Dizaines de m³ par minute
Mètres cubes par minute
Litres par seconde
Hectolitres par minute
Décalitres par minute
Décilitres par seconde
Centièmes
Dixièmes
Unités
Dizaines
Centaines
Mille
Diz de mille
Cent de mille
Millions
Millièmes
Dix-millièmes
Centimètres
Décimètres
Hectomètres
Décamètres
Mètres
M²
Dizaines de cm²
Cm²
Cent-millièmes
Dix millièmes
Dix-mille
Cent-mille
Millioniemes
Décimètres par seconde
Mètres par seconde
$\frac{1}{10}$ millimètres
Millimètres
Myriamètres
Kilomètres

l'origine O au milieu de AB *et adoptant le sens* OB *comme sens positif*, on voit que le point (α_3) est défini par

$$(\alpha_3) \qquad x = \delta \frac{l_1 f_3 - l_2}{l_1 f_3 + l_2},$$

si l'on pose OB $= \delta$.

En résumé, pour représenter par un abaque à points alignés l'équation (E) ci-dessus, *il suffit, ayant pris sur* Ox *les points* A *et* B *symétriques par rapport à* O (*le point* B *étant sur la partie positive de* Ox), *et mené par ces points deux axes parallèles* Au *et* Bv, *de porter sur les axes* Au, Bv *et* Ox, *à partir de leurs origines* A, B *et* O, *respectivement les échelles définies par les formules* (α_1), (α_2) *et* (α_3).

Remarque. — Pour que les échelles des variables (α_1) et (α_2), prises comme indépendantes, comprennent l'échelle (α_3), il faut que la fonction f_3 soit constamment positive entre les limites considérées. Si elle devenait négative à partir d'une certaine valeur, on aurait recours à un fractionnement (n° 63) en posant

$$v = -l_2 f_2.$$

73. *Disposition des échelles* (1). — Faisant en sorte, en vertu de la remarque précédente, que les points (α_3) soient situés entre les axes Au et Bv, on pourra toujours, comme on l'a vu au n° 67, disposer de l_1 et l_2 de façon à donner aux échelles (α_1) et (α_2), entre les limites adoptées, la même longueur, les droites P_1P_2 et Q_1Q_2 qui joignent leurs extrémités ayant d'ailleurs une inclinaison quelconque par rapport à la direction des axes Au et Bv, telle cependant, quant à présent, que l'angle $P_1Q_2P_2$ soit inférieur à l'angle $P_1P_2Q_2$ (*fig.* 69).

Nous sommes libres également de disposer de l'écartement des axes parallèles. Pourrons-nous encore ici le fixer de manière que l'angle sous lequel l'index rencontrera le support P_3Q_3 de l'échelle (α_3) ne tombe pas au-dessous d'une certaine limite?

Si, par le point P_1, nous menons des parallèles d'une part P_1q_2 au

(1) La discussion mathématique de la meilleure disposition à donner à un tel abaque, développée dans ce numéro, n'est évidemment pas indispensable à l'application de la méthode; elle est intéressante toutefois en ce sens qu'elle fait connaître une disposition limite permettant de tirer de la méthode les plus grands avantages. En pratique, on ne s'y astreindra pas toujours, se contentant d'une sorte de tâtonnement; mais nous avons tenu, dans les applications subséquentes, à nous y conformer rigoureusement de façon à fournir de véritables modèles théoriques.

support P_3Q_3, de l'autre aux diverses positions de l'index, nous voyons que le minimum de l'angle en question est $Q_2P_1q_2$, inférieur au minimum

Fig. 69.

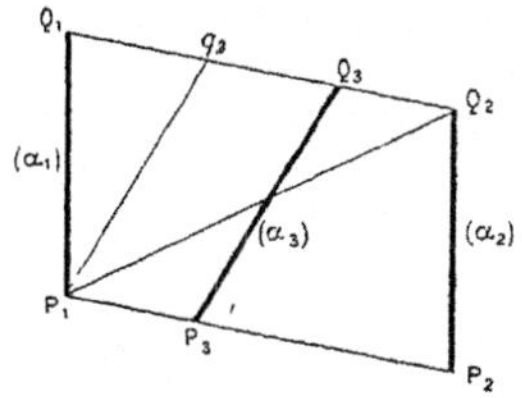

$Q_2P_1Q_1$ de l'angle que l'index fait avec les supports parallèles. Ce dernier angle varie, en effet, de $Q_2P_1Q_1$ ou $P_1Q_2P_2$ à $P_1P_2Q_2$ en passant par $\frac{\pi}{2}$, et nous venons de supposer par hypothèse $P_1Q_2P_2 < P_1P_2Q_2$. Toute la question revient donc à fixer la position *relative* des échelles, de façon à *rendre l'angle* $Q_2P_1q_2$ *le plus grand possible.*

Si d'abord, en conservant l'inclinaison de la droite Q_1Q_2, nous changeons l'écartement des axes, toutes les largeurs devront être modifiées proportionnellement. Le problème peut donc s'énoncer ainsi : *Parmi tous les couples de points* Q_2 *et* q_2 *pris sur la droite* Q_1Q_2 *et tels que le rapport* $\frac{Q_1q_2}{Q_1Q_2}$ *soit constant, quel est celui qui est vu du point* P_1 *sous le plus grand angle?*

Soit (*fig.* 70) q'_2, Q'_2 l'un quelconque de ces couples de points. Pour en

Fig. 70.

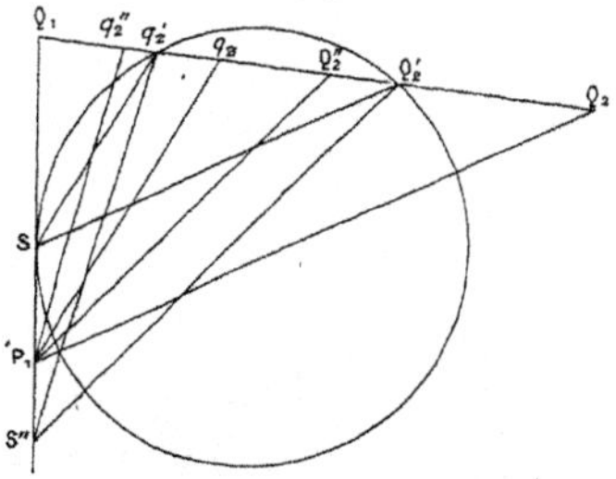

obtenir un autre quelconque q''_2, Q''_2, nous n'avons, après avoir joint les points q'_2 et Q'_2 à un point quelconque S'' de Q_1P_1, qu'à mener par P_1 des parallèles $P_1q''_2$, $P_1Q''_2$ aux droites $S''q'_2$, $S''Q'_2$. Il suit de là que l'angle sous lequel le segment $q''_2 Q''_2$ est vu du point P_1 est égal à l'angle $q'_2 S'' Q'_2$. C'est donc ce dernier qu'il s'agit de rendre maximum. Il le sera lorsque le cercle circonscrit au triangle $q'_2 S'' Q'_2$, cercle qui passe par les points fixes q'_2 et Q'_2, sera de rayon minimum, et cette circonstance se produira lorsque ce cercle sera tangent à la droite $P_1 Q_1$. Soit alors S son point de contact. L'angle maximum est donc égal à $q'_2 S Q'_2$ et les points q_2, Q_2 correspondants s'obtiennent en menant par le point P_1 les parallèles $P_1 Q_2$ et $P_1 Q_2$ à Sq'_2 et à SQ'_2. Le problème est ainsi résolu. On peut en mettre le résultat sous forme analytique.

En effet, de ce que

$$\overline{Q_1 S}^2 = Q_1 q'_2 \times Q_1 Q'_2,$$

il résulte, par proportionnalité, que

$$\overline{Q_1 P_1}^2 = Q_1 q_2 \times Q_1 Q_2;$$

ou, si l'on représente par k le rapport constant $\frac{Q_1 Q_2}{Q_1 q_2}$, que

$$k \overline{Q_1 P_1}^2 = \overline{Q_1 Q_2}^2,$$

ou encore, si l'on appelle L la longueur $P_1 Q_1$ des échelles parallèles, D la distance $Q_1 Q_2$,

$$\text{(1)} \qquad D = L\sqrt{k}.$$

Alors

$$Q_1 q_2 = \frac{D}{k} = \frac{L}{\sqrt{k}}.$$

Appelons a_3 et b_3 les valeurs de la variable α_3 correspondant aux points P_3 et Q_3 (*fig.* 69). Nous avons, en vertu de la formule (2) du n° 57, et en nous reportant à l'équation $(\alpha_3)_0$ du n° 72,

$$\frac{P_1 P_3}{P_3 P_2} = \frac{l_1 f_3(a_3)}{l_2}, \qquad \frac{Q_1 Q_3}{Q_3 Q_2} = \frac{l_1 f_3(b_3)}{l_2},$$

d'où

$$\frac{P_1 P_3}{P_1 P_2} = \frac{l_1 f_3(a_3)}{l_1 f_3(a_2) + l_2}, \qquad \frac{Q_1 Q_3}{Q_1 Q_2} = \frac{l_1 f_3(b_3)}{l_1 f_3(b_3) + l_2},$$

et, par soustraction,

$$\frac{1}{k} = \frac{Q_1 q_2}{Q_1 Q_2} = \frac{l_1 l_2 [f_3(b_3) - f_3(a_3)]}{[l_1 f_3(a_3) + l_2][l_1 f_3(b_3) + l_2]}$$

ou

$$\text{(2)} \qquad k = \frac{[l_1 f_3(a_3) + l_2][l_1 f_3(b_3) + l_2]}{l_1 l_2 [f_3(b_3) - f_3(a_3)]}.$$

Si la valeur de la fonction f_3 est infinie pour l'une des limites, b_3 par exemple, on a

$$(2') \qquad k = \frac{l_1 f_1(\alpha_3) + l_2}{l_2}.$$

Il n'y a plus qu'à porter cette valeur de k dans la formule (1).

L'écartement qui vient d'être déterminé, en vue de rendre maximum l'angle $q_2 P_1 Q_2$, est indépendant de l'angle que $Q_1 Q_2$ fait avec $Q_1 P_1$. Si l'on fait varier cet angle, les points q_2 et Q_2 parcourent les cercles décrits de Q_1 comme centre avec les rayons

$$Q_1 q_2 = \frac{L}{\sqrt{k}}, \qquad Q_1 Q_2 = L\sqrt{k},$$

et, puisque le point P_1 se trouve entre ces deux cercles, l'angle $q_2 P_1 Q_2$ augmente au fur et à mesure que $Q_1 Q_2$ se rapproche de $Q_1 P_1$ (*fig.* 71).

Fig. 71.

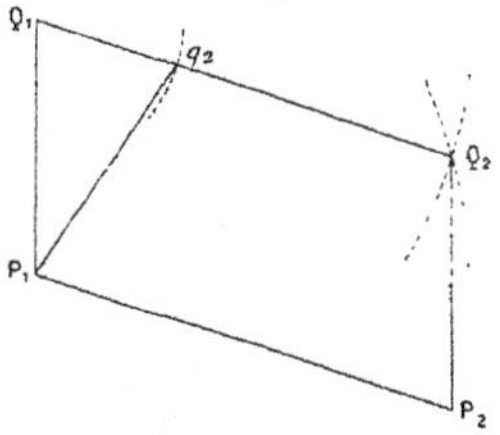

Mais on ne saurait faire croître cet angle indéfiniment, parce que l'angle $P_1 P_2 Q_2$ devenant, contrairement à l'hypothèse faite jusqu'ici, plus petit que $P_1 Q_2 P_2$, décroîtrait indéfiniment.

Arrêtons-nous dans la position pour laquelle les angles $P_1 Q_2 P_2$ et $P_1 P_2 Q_2$ sont égaux. Le triangle $P_1 Q_1 q_2$ est alors isoscèle, et le point Q_2 se trouve sur le cercle décrit de P_1 comme centre avec l'écartement D, calculé par la formule (1) pour rayon.

D'autre part, les triangles $P_1 Q_1 q_2$ et $P_1 Q_1 Q_2$ ayant un angle commun Q_1 compris entre côtés proportionnels, car

$$\frac{Q_1 Q_2}{Q_1 P_1} = \frac{Q_1 P_1}{Q_1 q_2} = k$$

sont semblables, et le triangle $Q_1 P_1 q_2$ est lui-même isoscèle.

En résumé, *ayant fait choix des modules* l_1 *et* l_2, *de façon que les deux échelles* (α_1) et (α_2) *aient une même longueur* L, *et ayant calculé* k *par la formule* (2), *on prend pour point* Q_2 *l'un des points de rencontre des cercles décrits de* P_1 *et* Q_1 *comme centres avec le rayon* $L\sqrt{k}$. *Le support de l'échelle* (α_3) *est alors une droite antiparallèle de* $P_1 Q_1$ *et* $P_2 Q_2$ *par rapport à* $P_1 P_2$ *et* $Q_1 Q_2$.

Il va sans dire, encore une fois, que la disposition des échelles qui vient d'être étudiée, théoriquement la meilleure, ne s'impose pas rigoureusement dans la pratique, et qu'il suffira, pour les applications, de choisir une disposition qui n'en soit pas trop éloignée.

On pourra notamment substituer aux valeurs de l_1, de l_2 et de λ rigoureusement calculées des valeurs arrondies qui n'en diffèrent pas beaucoup.

Remarque. — Si les points P_3 et Q_3 coïncident respectivement avec les points P_1 et Q_2, on a $\lambda = 1$, et les triangles $P_1 Q_1 Q_2$, $P_1 Q_2 P_2$ sont équilatéraux. Mais le minimum de l'angle de l'index et du support $P_1 Q_3$ descend ici nécessairement à zéro.

74. *Exemples.* 1° *Septième type d'abaque de multiplication* (¹). — Écrivons l'équation de la multiplication

$$\alpha_1 \alpha_2 = \alpha_3$$

sous la forme

$$\frac{1}{\alpha_1} - \frac{\alpha_2}{\alpha_3} = 0.$$

Elle sera dès lors représentable (n° 72) par les systèmes de points cotés

$$(\alpha_1) \qquad u = -\frac{l_1}{\alpha_1},$$

$$(\alpha_2) \qquad v = l_2 \alpha_2,$$

$$(\alpha_3) \qquad x = \delta \frac{l_1 - l_2 \alpha_3}{l_1 + l_2 \alpha_3}.$$

Convenons de faire varier α_1 et α_2 de 1 à 10. Puisque les segments portés sur Au et Bv sont de sens contraires, et que u décroît lorsque α_1 augmente, le sens de la graduation sera le même sur les axes parallèles.

Prenons dès lors

$$a_1 = 10, \qquad b_1 = 1,$$

$$a_2 = 10, \qquad b_2 = 1,$$

ce qui nous donne

$$a_3 = 100, \qquad b_3 = 1,$$

et, en outre

$$f_1(b_1) - f_1(a_1) = 1 - \frac{1}{10} = \frac{9}{10},$$

$$f_2(b_2) - f_2(a_2) = -1 + 10 = 9.$$

L'échelle (α_2) étant régulière, prenons pour cette échelle la graduation du décimètre, c'est-à-dire

$$l_2 = 1^{cm},$$

d'où

$$L = 9^{cm}.$$

(¹) Corrélatif du troisième type (n° 27).

Pour que l'échelle (α_1) ait même longueur, il faut donc que

$$\frac{9}{10} l_1 = 9^{cm},$$

d'où

$$l_1 = 10^{cm}.$$

La formule (2) du n° 73 donne alors

$$k = \frac{\left(\frac{1}{10} + 1\right)(10 + 1)}{10\left(1 - \frac{1}{100}\right)} = \frac{11}{9} = 1,222\ldots$$

et

$$\sqrt{k} = 1,1.$$

La formule (1) du même numéro donne donc à son tour

$$D = 1,1 \times 9^{cm} = 9^{cm},9.$$

Nous prendrons

$$D = 10^{cm}.$$

Il est dès lors facile de construire le parallélogramme $P_1Q_1Q_2P_2$ (*fig.* 72) (¹), dont les côtés P_1P_2 et Q_1Q_2 sont égaux à 10^{cm}, les côtés P_1Q_1 et P_2Q_2 à 9^{cm}.

Fig. 72.

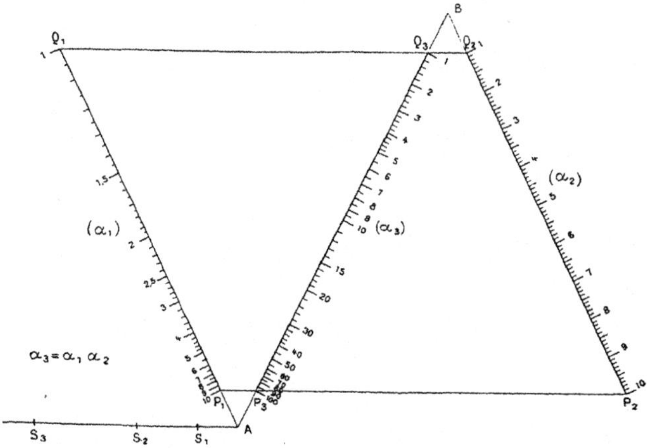

(¹) La *fig.* 72 est une réduction de l'abaque tel qu'il a été construit et qu'il se trouve décrit dans le texte.

Pour construire le support P_3Q_3 de l'échelle (α_3), il suffit de se rappeler que ce support se confond avec l'axe AB des origines

Or, le point P_1 coté 10 a pour coordonnée u,

$$u = \frac{l_1}{10} = \frac{10^{cm}}{10} = 1^{cm},$$

et le point Q_2 coté 1 a pour coordonnée v,

$$v = l_2 = 1^{cm}$$

Il suffit donc de prolonger P_1Q_1 de 1^{cm} du côté de P_1, et P_2Q_2 de 1^{cm} du côté de Q_2 pour avoir les points A et B, et, par suite, la droite AB ou P_3Q_3

La graduation (α_2) est immédiatement obtenue, puisque c'est celle même d'un décimetre

Pour obtenir l'échelle (α_1), remarquons 1° qu'elle est linéaire, 2° que nous en connaissons trois points, $Q_1(1)$, $P_1(10)$ et $A(\infty)$ Donc, suivant ce qui a eté vu au n° 7, si nous portons sur Q_1Q_2 une echelle *régulière* auxiliaire (β), ayant son point 1 au point Q_1, et si la droite, joignant le point 10 de (β) au point P_1, coupe en S la parallele a Q_1Q_2, menée par A, les droites, joignant ce point S aux divers points de (β), donnent sur P_1Q_1 les points de même cote de (α_1)

En prenant pour (β) une graduation de décimetre ayant son point 1 en Q_1, on obtient ainsi le centre de rayonnement S_1, qui a servi a obtenir les points de (α_1) cotés de 10 a 5

Prenant maintenant pour (β) une échelle régulière pour laquelle le module est égal à $2^{cm},5$, on voit que le point 5 de cette échelle tombe au point Q_2 Il suffit donc de joindre le point Q_2 au point 5 de (α_1), déjà obtenu, pour avoir le centre de rayonnement S_2 correspondant Ce centre a donné les points de (α_1) cotes de 5 a 3

Si, enfin, on prend pour l'echelle (β) le module égal a 5^{cm}, son point 3 tombe au point Q_2 Donc la droite qui joint ce point Q_2 au point 3 de (α_1), deja obtenu, donne le centre de rayonnement S_3 Celui-ci a servi a déterminer les points de (α_1) cotes de 3 à 1

Il faut remarquer d'ailleurs que les trois échelles (β) dont il vient d'être question se superposent, a la graduation près, et sont données toutes trois par simple application d'un décimètre le long de Q_1Q_2

Quant a l'échelle (α_3) elle s'obtiendra, par application de la *Remarque* qui termine le n° 60, de la manière suivante

Les droites joignant le point 1 de (α_1), c'est-à-dire le point Q_1, aux divers points de (α_2), passent par les points de (α_3), de même cote que ces derniers Ainsi ont été obtenus les points de (α_3) cotés de 1 à 10

Les droites joignant le point 2 de (α_1) aux divers points de (α_2) passent par les points de (α_3) de cote double Ainsi ont été obtenus les points de (α_3) cotés de 10 à 20

Les droites joignant le point 10 de (α_2), c'est-à-dire le point P_2, aux divers points de (α_1), passent par les points de (α_3) de cote décuple. Ainsi ont été obtenus les points de (α_3) cotés de 20 à 100.

2° *Huitième type d'abaque de multiplication* (¹). — Ce nouveau type s'obtient en prenant, dans l'équation

$$\alpha_1 \alpha_2 = \alpha_3,$$

pour l'application du procédé indiqué au n° 72, α_1 et α_3 comme variables indépendantes, au lieu de α_1 et α_2; mais, afin de n'avoir pas à changer les indices dans les formules données à cet endroit, nous écrirons l'équation de la multiplication sous la forme

$$\alpha_1 \alpha_3 = \alpha_2$$

ou

$$\alpha_1 - \frac{\alpha_2}{\alpha_3} = 0.$$

Les formules de la représentation seront donc ici

$$(\alpha_1) \qquad u = l_1 \alpha_1,$$

$$(\alpha_2) \qquad v = - l_2 \alpha_2,$$

$$(\alpha_3) \qquad x = \delta \frac{l_1 - l_2 \alpha_3}{l_1 - l_2 \alpha_3}.$$

Faisons varier α_1 de 1 à 10, α_2 de 1 à 100. Ici, les graduations (α_1) et (α_2) étant de sens contraires, on prendra

$$a_1 = 1, \qquad b_1 = 10,$$

$$a_2 = 100, \qquad b_2 = 1,$$

ce qui donne

$$a_3 = 100, \qquad b_3 = 0,1$$

et, en outre,

$$f_1(b_1) - f_1(a_1) = 10 - 1 = 9,$$

$$f_2(b_2) - f_2(a_2) = -1 + 100 = 99.$$

Donc, pour que les deux échelles aient la même longueur L, il faut que

$$L = 9 l_1 = 99 l_2.$$

Prenons

$$l_1 = 1^{cm},1.$$

Alors

$$l_2 = 0^{cm},1$$

et

$$L = 9^{cm},9.$$

(¹) Corrélatif du second type (n° 23, 1°).

La formule (2) du n° 73 donne maintenant

$$k = \frac{(0,011 + 0,1)(11 + 0,1)}{0,11(10 - 0,01)} = \frac{111}{99} = 1,12$$

et

$$\sqrt{k} = 1,06.$$

Par suite, la formule (1) du même numéro donne

$$D = 1,06 \times 9^{cm},9 = 10^{cm},494.$$

Nous prendrons

$$D = 10^{cm},5.$$

Il est dès lors facile de construire le parallélogramme $P_1Q_1P_2Q_2$ dont les côtés P_1P_2 et Q_1Q_2 sont égaux à $10^{cm},5$, les côtés P_1Q_1 et P_2Q_2 à $9^{cm},9$ (*fig.* 73) (¹).

Fig. 73.

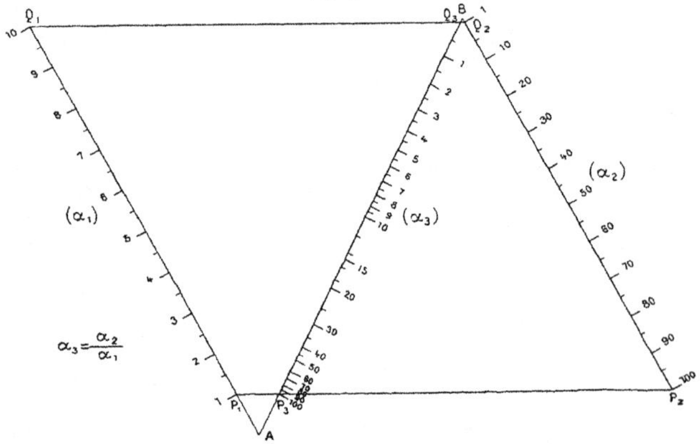

Le point P_1, coté 1, a pour coordonnée u,

$$u = l_1 = 1^{cm},1$$

et le point Q_2, coté 1, a pour coordonnée v,

$$v = l_2 = 0^{cm},1.$$

Cela permet de marquer les origines A et B sur les axes, et, par suite, de tracer la droite AB ou P_3Q_3.

Les graduations (α_1) et (α_2) s'obtiennent immédiatement, puisque ce sont des échelles régulières de modules 11^{mm} et 1^{mm}.

(¹) Même remarque que pour la *fig.* 72 (p. 169).

Une fois les échelles (α_1) et (α_2) construites, l'échelle (α_3) s'en déduit immédiatement par application de la *Remarque* qui termine le n° 60.

Les points (α_3) de 0,1 à 10 s'obtiennent sur P_3Q_3 au moyen des droites qui joignent les points (α_2), de cote décuple, au point (α_1) coté 10, c'est-à-dire au point Q_1, les points (α_3) de 10 à 50 au moyen des droites qui joignent les points (α_2) de cote double au point (α_1) coté 2, les points (α_3) de 50 à 100 au moyen des droites qui joignent les points (α_2) de même cote au point (α_1) coté 1, c'est-à-dire au point P_1.

3° *Abaque de la correction barométrique.* — La correction ε, exprimée en millimètres, qu'il faut retrancher d'une hauteur barométrique p, lue en millimètres de mercure, pour la ramener à zéro, la température étant de t° C., est donnée par la formule

$$\varepsilon = 0,00016\, pt,$$

que nous écrirons

$$0,00016p - \frac{\varepsilon}{t} = 0,$$

pour que le dernier type d'abaque de multiplication qui vient d'être examiné lui soit immédiatement applicable.

Posons donc

$$u = l_1 \times 0,00016p,$$
$$v = -l_2\varepsilon$$

et admettons comme limites [1]

$$\text{pour } p: \quad a_1 = 500, \qquad b_1 = 800,$$
$$\text{pour } \varepsilon: \quad a_2 = 5, \qquad b_2 = 0,$$

ce qui donne pour t

$$a_3 = 62,5, \qquad b_3 = 0$$

et, en outre,

$$f_1(b_1) - f_1(a_1) = 0,00016 \times 300 = 0,048,$$
$$f_2(b_2) - f_2(a_2) = 5.$$

Si donc L est la longueur commune des échelles nous devrons avoir

$$0,048\, l_1 = 5\, l_2 = \mathrm{L}.$$

Prenons

$$l_2 = 1^{\mathrm{cm}}.$$

Alors

$$l_1 = \frac{5^{\mathrm{cm}}}{0,048} = 104^{\mathrm{cm}}$$

et

$$\mathrm{L} = 5^{\mathrm{cm}}.$$

Comme ici la fonction $f_3(\alpha_3)$ est $\frac{1}{t}$ qui pour la limite $b_3 = 0$ devient in-

---

(1) *Annuaire du Bureau des Longitudes* pour 1899, p. 211.

finie, il faut, pour avoir k, appliquer la formule (2') du n° 73. D'ailleurs, puisque

$$\frac{1}{t} = \frac{0,00016\,p}{\varepsilon}$$

on a, pour les valeurs limites $\varepsilon = 5$, $p = 500$,

$$f_3(a_3) = \frac{1}{t} = \frac{0,00016 \times 500}{5} = 0,016.$$

Par suite, la formule (2') en question donne

$$k = \frac{5 \times 0,016}{0,048} + 1 = \frac{8}{3} = 2,6666,$$

d'où

$$\sqrt{k} = 1,63$$

et

$$D = 5^{cm} \times 1,63 = 8^{cm},15.$$

Nous prendrons

$$D = 8^{cm}.$$

Construisons donc le parallélogramme $P_1 Q_1 Q_2 P_2$ (*fig.* 74) (¹) ayant pour côtés 5 et 8^{cm}.

Fig. 74.

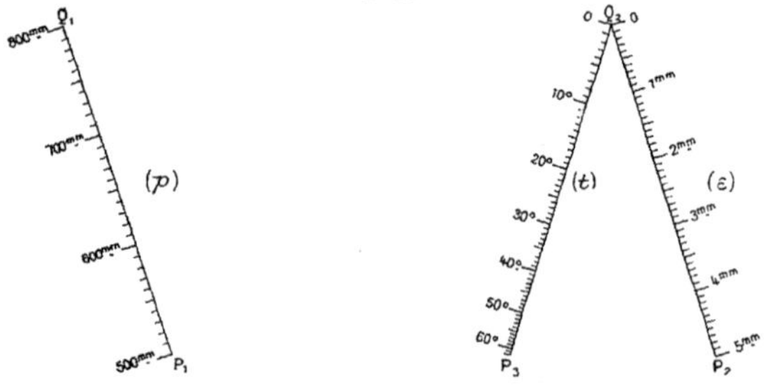

L'échelle (ε) est immédiatement construite puisque, vu le choix de l_2, égal à 1^{cm}, elle se confond avec une échelle de décimètre.

L'échelle (p) est une échelle régulière dans laquelle les points P_1 et Q_1 sont cotés respectivement 500 et 800; elle est donc aisée à construire, et l'on peut aussi facilement marquer son origine, point coté 0, qui, jointe à l'origine Q_2 de l'échelle (ε), donne le support $P_3 Q_2$ de la troisième échelle (t).

Le point coté 0 de cette dernière échelle se confond avec le point Q_2 puisque $t = 0$ doit donner $\varepsilon = 0$ quelle que soit la pression p, et son point

(¹) Même remarque que pour la *fig.* 72 (p. 169).

coté ∞ se trouverait sur P_1Q_1, puisque de même $t = \infty$ donne $\varepsilon = \infty$. On peut remarquer maintenant qu'on a, pour ainsi dire sans calcul,

$$t = 50° \quad \text{avec } p = 500, \qquad \varepsilon = 4.$$

Donc, joignant par une droite le point (p) coté 500, ou P_1, au point (ε) coté 4, on obtient sur P_3Q_2 le point (t) coté 50.

L'échelle (t) est linéaire; on en connaît trois points $(t = 0)$, $(t = \infty)$ et $(t = 50)$; il est donc facile de la construire, ainsi qu'il a été vu au n° 7, en se servant de l'échelle (ε) dont les cotes seraient décuplées. Tirant la droite qui joint le point coté 50 de cette nouvelle échelle, c'est-à-dire le point P_2 au point (t) coté 50, qui vient d'être obtenu, on a, sur P_1Q_1, le centre de rayonnement. Projetant à partir de ce centre les points (ε) sur P_3Q_2, en décuplant leurs cotes, on obtient les points (t).

C. — Abaques a échelles non parallèles [1].

73. *Échelles concourantes.* — Il est bon toutefois de remarquer qu'il peut, dans certains cas, y avoir avantage à recourir à d'autres dispositions, homographiquement équivalentes aux précédentes, mais dont la théorie peut se faire directement par une voie tout élémentaire.

Voyons, par exemple, quel genre d'équation on peut représenter par l'alignement de trois points A, B, C, respectivement pris

Fig. 75.

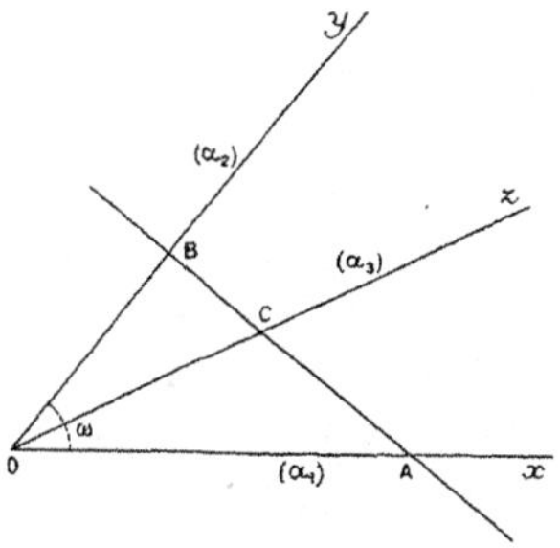

sur des échelles (α_1), (α_2), (α_3) portées par deux axes Ox et Oy et la bissectrice Oz de leur angle (*fig.* 75).

[1] Pour le cas de trois échelles linéaires on trouvera plus loin (Ch. VI, II, B) une théorie détaillée des équations correspondantes.

L'équation de la droite AB rapportée aux axes Ox et Oy est, en appelant l_1 et l_2 les modules des échelles (α_1) et (α_2),

$$\frac{x}{l_1 f_1} + \frac{y}{l_2 f_2} = 1.$$

Les coordonnées du point C, en appelant l_3 le module de l'échelle (α_3), ω l'angle des axes, sont

$$x = y = \frac{l_3 f_3}{2 \cos \frac{\omega}{2}};$$

et comme ce point se trouve sur la droite AB, on a

$$\frac{l_3 f_3}{2 \cos \frac{\omega}{2}} \left(\frac{1}{l_1 f_1} + \frac{1}{l_2 f_2} \right) = 1.$$

Si donc on prend

$$l_1 = l_2, \qquad l_3 = 2 l_1 \cos \frac{\omega}{2},$$

il vient

$$\frac{1}{f_1} + \frac{1}{f_2} = \frac{1}{f_3}.$$

Telle est la forme de l'équation représentée. Il suffit de poser

$$\frac{1}{f_1} = \varphi_1, \qquad \frac{1}{f_2} = \varphi_2, \qquad \frac{1}{f_3} = \varphi_3,$$

pour retomber sur le type d'équation du n° 66, ce qui devait être, puisque les dispositions d'abaque correspondantes sont transformées homographiques l'une de l'autre.

On peut d'ailleurs ramener d'une infinité de manières à la forme actuelle toute équation de la forme

$$\varphi_1 + \varphi_2 = \varphi_3.$$

En effet, après avoir multiplié les deux membres de celle-ci par k et leur avoir ajouté $2h$, on peut l'écrire

$$h + k\varphi_1 + h + k\varphi_2 = 2h + k\varphi_3$$

ou

$$\frac{1}{\frac{1}{h + k\varphi_1}} + \frac{1}{\frac{1}{h + k\varphi_2}} = \frac{1}{\frac{1}{2h + k\varphi_3}}.$$

Donc, en posant

$$f_1 = \frac{1}{h + k\varphi_1}, \qquad f_2 = \frac{1}{h + k\varphi_2}, \qquad f_3 = \frac{1}{2h + k\varphi_3},$$

on est ramené à la forme ci-dessus.

Cela permet, lorsque, entre les limites considérées, les fonctions φ_1, φ_2 et φ_3 varient de o à ∞, de substituer à l'abaque de dimensions infinies que donnerait l'emploi d'échelles parallèles un abaque de dimensions finies.

76. *Exemples.* — 1° Si nous prenons

$$f_i(\alpha_i) = \alpha_i \qquad (i = 1, 2, 3),$$

nous obtenons ainsi une représentation fort simple de l'équation

$$\frac{1}{\alpha_1} + \frac{1}{\alpha_2} = \frac{1}{\alpha_3}$$

qui se rencontre fréquemment, notamment en Physique dans la théorie des miroirs et lentilles sphériques. C'est aussi l'équation qui lie les modules de trois échelles à supports parallèles (n° 66).

Si l'on prend $\omega = \frac{2\pi}{3}$ (*fig.* 76), on a

$$2 \cos \frac{\omega}{2} = 2 \cos \frac{\pi}{3} = 1.$$

Fig. 76.

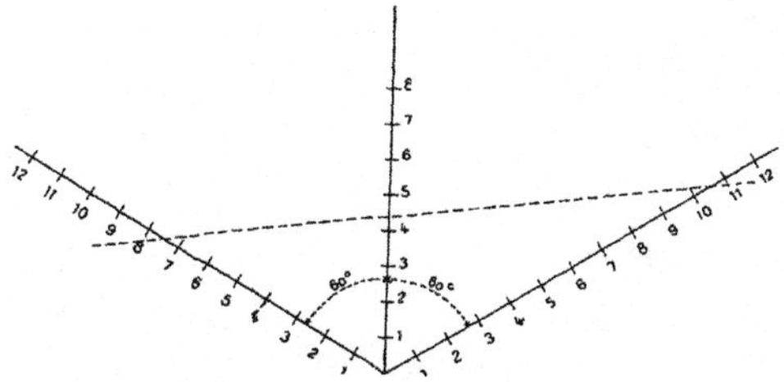

Ainsi donc, *si l'on coupe par une transversale quelconque trois échelles régulières* (α_1), (α_2), (α_3) *de même module portées sur les côtés d'un angle de* 120° *et sur sa bissectrice (le point coté* o *de*

chacune de ces échelles se trouvant au sommet de l'angle), on a, entre les cotes des trois points alignés, la relation

$$\frac{1}{\alpha_1} + \frac{1}{\alpha_2} = \frac{1}{\alpha_3}.$$

Avec cette disposition des axes la transversale les coupe en général sous des angles trop petits. Il est préférable de prendre $\omega = \frac{\pi}{3}$. Dans ce cas

$$2 \cos\frac{\omega}{2} = 2 \cos\frac{\pi}{6} = \sqrt{3}.$$

D'ailleurs, quel que soit l'angle ω, la graduation de la bissectrice s'obtient, en projetant celle de l'un des côtés de l'angle parallèlement à l'autre.

A titre de curiosité on peut se rendre compte de la façon dont cette disposition d'abaque peut se déduire de celle que nous avait, au début, donné l'emploi des coordonnées parallèles (n° 66).

Pour plus de simplicité nous prendrons le cas où $\omega = \frac{2\pi}{3}$. La marche serait la même dans le cas général.

Les formules définissant le premier abaque montrent que l'équation peut se mettre sous la forme

$$\begin{vmatrix} f_1 & 0 & -1 \\ 0 & f_2 & -1 \\ f_3 & f_3 & -1 \end{vmatrix} = 0.$$

Multiplions-la par le déterminant

$$\begin{vmatrix} -\sqrt{3} & \sqrt{3} & -2 \\ \sqrt{3} & -\sqrt{3} & -2 \\ -2 & -2 & 0 \end{vmatrix} = 8\sqrt{3}.$$

Cela nous donne

$$\begin{vmatrix} -\sqrt{3}f_1 + 2 & \sqrt{3}f_1 + 2 & -2f_1 \\ \sqrt{3}f_2 + 2 & -\sqrt{3}f_2 + 2 & -2f_2 \\ 2 & 2 & -4f_3 \end{vmatrix} = 0,$$

d'où les équations

$$u(2 - f_1\sqrt{3}) + v(2 + f_1\sqrt{3}) - 2f_1 = 0,$$
$$u(2 + f_2\sqrt{3}) + v(2 - f_2\sqrt{3}) - 2f_2 = 0,$$
$$u + v - 2f_3 = 0,$$

qui définissent respectivement les points

$$x = \frac{f_1\sqrt{3}}{2}, \qquad y = \frac{f_1}{2},$$

$$x = -\frac{f_2\sqrt{3}}{2}, \qquad y = \frac{f_2}{2},$$

$$x = 0. \qquad y = f_3.$$

Ces points reproduisent la seconde disposition de l'abaque lorsqu'on fait coïncider la bissectrice de l'angle des supports, qui font entre eux l'angle $\frac{2\pi}{3}$, avec Oy.

2° Soit encore l'équation

$$\sin\alpha_1 \sin\alpha_2 = \sin\alpha_3$$

qui se rencontre dans la théorie de la polarisation elliptique. Écrivons-la

$$\log\sin\alpha_1 + \log\sin\alpha_2 = \log\sin\alpha_3.$$

Lorsqu'un angle varie de 0° à 90° son log sin varie de $-\infty$ à 0. Nous sommes ici dans le cas d'appliquer la remarque qui termine le n° 73.

Écrivons donc cette équation

$$\frac{1}{\dfrac{1}{h - k\log\sin\alpha_1}} + \frac{1}{\dfrac{1}{h - k\log\sin\alpha_2}} = \frac{1}{\dfrac{1}{2h - k\log\sin\alpha_3}}.$$

Posant, en appelant l un module quelconque,

$$x = \frac{l}{h - k\log\sin\alpha_1}, \qquad y = \frac{l}{h - k\log\sin\alpha_2},$$

Fig. 77.

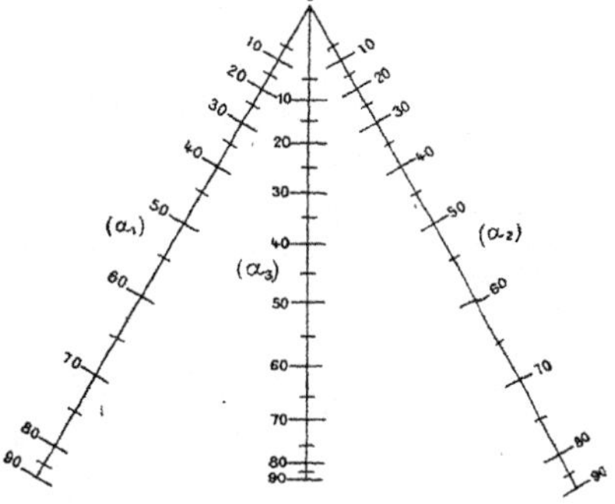

nous aurons sur Ox et Oy deux échelles (α_1) et (α_2) pareilles.

Pour avoir l'échelle (α_3) il suffit de remarquer que pour $\alpha_1 = 90°$, l'équation donne $\alpha_3 = \alpha_2$. Cela montre que l'échelle (α_3) s'obtient en projetant, à partir du point (α_1) coté 90°, l'échelle (α_2) sur la bissectrice de xOy.

Avec les données numériques $xOy = 60°$, $l = 6^{cm}$, $h = 1$, $k = 10$, l'abaque obtenu est celui de la *fig.* 77, réduction de celui qui a été construit par le capitaine d'Artillerie Lafay en vue de ses recherches sur la polarisation elliptique [1].

77. *Échelles non concourantes.* — Soient, maintenant, trois échelles (α_1), (α_2), (α_3) portées par trois droites non concourantes, c'est-à-dire formant un triangle UVW (*fig.* 78). Voyons

Fig. 78.

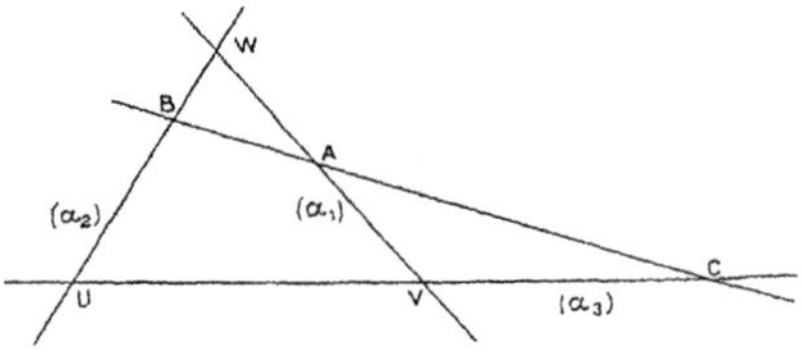

quel est le type d'équation représenté par l'alignement de trois points pris respectivement sur chacune de ces échelles.

Le théorème des transversales donne

$$\frac{AV.BW.CU}{AW.BU.CV} = 1$$

ou

$$\frac{AV}{AW} \cdot \frac{BW}{BU} = \frac{CV}{CU}.$$

Puisque la position de chaque point sur l'échelle correspondante dépend de sa cote, on peut poser

$$-\frac{AV}{AW} = f_1, \qquad -\frac{BW}{BU} = f_2, \qquad \frac{CV}{CU} = f_3.$$

On voit ainsi que l'équation représentée est

$$f_1 f_2 = f_3.$$

On retombe ainsi sur la forme du n° 72, ce qui devait être,

---

(1) *Journal de Physique*, 3e série, t. IV, p. 178; 1895.

puisque les dispositions d'abaque correspondantes sont transformées homographiques l'une de l'autre.

En réduisant les fonctions $f_i(\alpha_i)$ simplement à α_i, on aurait un abaque de multiplication transformé homographique du huitième type ci-dessus (n° 74, 2°). Il est très digne de remarque que ce type d'abaque a été proposé jadis par Möbius (¹).

Si la fonction f_3 varie de 0 à 1, le point C se déplace à partir de V jusqu'à l'infini sur le prolongement du côté UV. Un artifice bien simple permet de ramener à distance finie la position limite du point C. Il suffit, en effet, d'écrire l'équation

$$hf_1 . hf_2 = h^2 f_3$$

et de poser

$$-\frac{AV}{AW} = hf_1, \qquad -\frac{BW}{BV} = hf_2, \qquad \frac{CV}{CU} = h^2 f_3,$$

h étant une constante quelconque inférieure à 1.

C'est d'après ce principe qu'a été construit par le capitaine Lafay, tou-

Fig. 79.

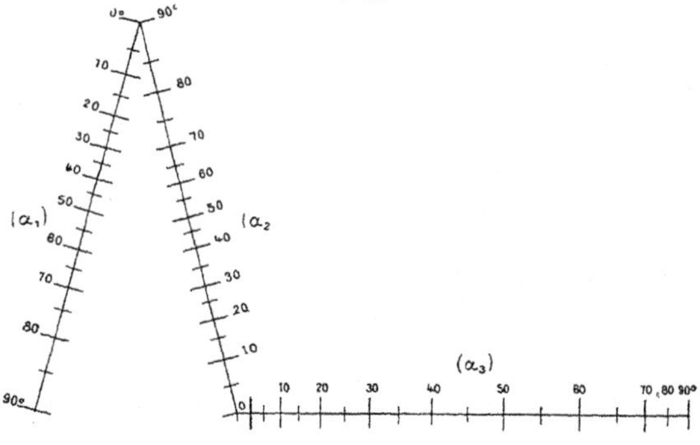

jours en vue des recherches physiques dont il a été question plus haut, l'abaque de l'équation

$$\tan\alpha_1 \tan\alpha_2 = \sin\alpha_3$$

(¹) *Werke*, t. IV, p. 620. C'est à l'obligeance de M. Mehmke que nous devons cette indication.

dont la *fig.* 79 est une réduction. Pour cet abaque la constante h a été prise égale à $\frac{5}{6}$.

III. — Abaques à échelles curvilignes.

A. — Abaques a deux échelles rectilignes parallèles et une échelle curviligne.

78. *Type des équations correspondantes.* — Ces équations sont celles de la forme

$$(E) \qquad f_1 f_3 + f_2 \varphi_3 + \psi_3 = 0,$$

où f_3, φ_3 et ψ_3 ne sont pas à la fois linéaires, sans quoi l'on serait ramené au cas précédent.

Il suffit, pour les représenter, de poser

$$(\alpha_1) \qquad u = l_1 f_1,$$

$$(\alpha_2) \qquad v = l_2 f_2,$$

ce qui donne

$$(\alpha_3)_0 \qquad \frac{u}{l_1} f_3 + \frac{v}{l_2} \varphi_3 + \psi_3 = 0$$

Les points définis par cette équation sont distribués sur une certaine courbe dont l'équation en u et v s'obtiendrait en éliminant α_3 entre l'équation $(\alpha_3)_0$ et sa dérivée prise par rapport à α_3; mais il est tout aussi facile de former l'équation cartésienne de ce support. En effet, en appelant toujours δ la demi-distance des origines A et B, on a

$$(\alpha_3) \qquad x = \delta \frac{l_1 \varphi_3 - l_2 f_3}{l_1 \varphi_3 + l_2 f_3}, \qquad y = \frac{-l_1 l_2 \psi_3}{l_1 \varphi_3 + l_2 f_3},$$

et l'équation cartésienne du support de (α_3) s'obtient par l'élimination de α_3 entre ces deux dernières équations.

On n'aura d'ailleurs généralement pas besoin de connaître la nature géométrique de ce support curviligne, chaque point (α_3) étant construit individuellement. On aura souvent avantage à effectuer cette construction suivant le mode signalé dans la Remarque du n° 60 en se servant des échelles (α_1) et (α_2) préalablement construites.

Il sera toujours bon de faire en sorte que les points (α_3) se trouvent entre les axes parallèles, ce qui exige que dans l'équation $(\alpha_3)_0$ les coefficients de u et v soient de même signe.

Si cette circonstance ne subsistait pas dans tout l'intervalle considéré on aurait recours à un fractionnement avec changement de signe sur l'un des axes. On en trouvera plus loin un exemple (n° 83).

L'étude de la variation de l'angle sous lequel l'index rencontre l'échelle (α_3) ne saurait se faire avec la même simplicité que dans le cas où le support de cette échelle était rectiligne (n° 73).

Mais il arrive souvent dans les applications que l'arc de courbe sur lequel est distribuée l'échelle (α_3) diffère peu de sa corde. On peut alors appliquer la règle donnée à l'endroit cité comme si le support curviligne se confondait avec cette corde.

79. *Premier exemple : Abaque de l'équation du second degré* [1]. — La présente méthode est de celles dont les applications sont le plus fréquentes dans la pratique. Nous croyons donc utile de nous étendre avec quelque détail sur plusieurs de celles-ci.

Soit, en premier lieu, l'équation du second degré

$$(E) \qquad z^2 + pz + q = 0.$$

Pour obtenir son abaque, posons

$$(p) \qquad u = l_1 p,$$

$$(q) \qquad v = l_2 q,$$

ce qui donne pour (z)

$$(z)_0 \qquad l_1 l_2 z^2 + l_2 z u + l_1 v = 0$$

ou, en appelant toujours 2δ la distance AB des origines,

$$(z) \qquad x = \delta \frac{l_1 - l_2 z}{l_1 + l_2 z}, \qquad y = \frac{-l_1 l_2 z^2}{l_1 + l_2 z}.$$

Les échelles (p) et (q) étant régulières, il n'y a pas lieu de s'y arrêter. Pour l'échelle (z), remarquons d'abord que, d'après l'expression de x, cette échelle projetée sur AB parallèlement aux axes Au et Bv donne une

[1] C'est précisément à l'occasion de cette application et de la suivante (équation trinome du troisième degré) que nous avons, dans notre Mémoire **O.1**, fait connaître le principe de la méthode des points alignés.

échelle linéaire ayant son point coté o en B et son point coté ∞ en A. Il est très facile de construire cette échelle soit comme transformée d'une échelle régulière (n° 7), soit comme dérivée d'un étalon segmentaire, si l'on a pris pour AB la longueur de cet étalon (*Remarque* finale du n° 7).

Si d'ailleurs $l_1 = l_2$, cette échelle se confond avec l'étalon segmentaire même.

Pour achever de déterminer les points (z), il suffit de remarquer que, pour $v = 0$, l'équation $(z)_0$ donne

$$u = -l_1 z,$$

ce qui montre que *la droite joignant le point* B *au point* (z) *coupe l'axe* Au *au point de l'échelle* (p) *dont la cote est égale à* z.

Donc, en coupant le faisceau des droites qui unissent le point B aux points (p) par les parallèles aux axes menées par les points de l'échelle linéaire construite sur AB, on obtient l'échelle curviligne (z) [1], dont le support est une hyperbole facile à déterminer.

Transportons, en effet, l'origine des axes cartésiens du milieu O de AB au point B. Les coordonnées du point (z) deviennent

$$x = \frac{-2 l_2 \delta z}{l_1 + l_2 z}, \qquad y = \frac{-l_1 l_2 z^2}{l_1 + l_2 z}.$$

Elles montrent immédiatement : 1° qu'à l'origine B la tangente est l'axe des x, c'est-à-dire AB; 2° que l'axe Au $(x = -\delta)$ est asymptote, pour $z = \infty$.

Il suffit d'ailleurs de construire la portion de l'hyperbole correspondant aux valeurs positives de z, et qui est tout entière comprise entre les axes Au et Bv. Cela revient à ne construire l'abaque que pour les racines positives de l'équation (E). Ses racines négatives sont données, en valeur absolue, par les racines positives de la transformée en $-z$ qui se déduit de la précédente par le simple changement de p en $-p$.

On n'a d'ailleurs besoin le plus souvent, dans les applications, que des racines positives.

En prenant $l_1 = l_2 = 6^{mm},5$, on obtient ainsi la courbe C_2 de la *fig.* 80 [2].

---

[1] On a déjà indiqué, au n° 65, une construction de cette échelle (*fig.* 59), dans le cas où $l_1 = l_2$.

[2] Les relations fondamentales entre les racines z_1 et z_2 de l'équation et ses coefficients p et q, savoir

$$z_1 + z_2 = -p, \qquad z_1 z_2 = q,$$

montrent que l'abaque constitué par les axes Au et Bv et la courbe C_2 peut servir d'abaque d'addition et de multiplication, la droite joignant les points cotés z_1 et z_2 de la courbe C_2 coupant l'axe Au au point coté p et l'axe Bv au point coté q. De même, la droite, joignant le point (z) coté z_1 au point (p) coté $-2z_1$, passe par le point (q) coté z_1^2.

80. *Cas particuliers divers.* — Pour les applications où interviennent des équations du second degré, on dispose de l_1 et de l_2, de façon à donner aux échelles parallèles, entre leurs limites respectives, des longueurs égales ou à peu près.

Fig. 80.

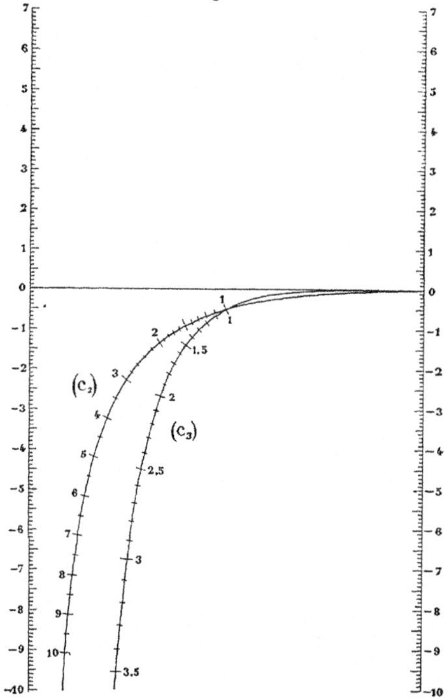

1° *Épaisseur des lentilles plan-convexes.* — Soit, par exemple, l'équation

$$\frac{d^2}{4} = e(2R - e)$$

ou

$$e^2 - 2Re + \frac{d^2}{4} = 0,$$

qui lie l'épaisseur e, le rayon de courbure R et le diamètre d d'une lentille plan-convexe.

L'abaque correspondant, pour d, variant de 20^{mm} à 100^{mm}, et R de 100^{mm}

à 500^mm, a été construit (¹) en posant

$$u = l_1 \frac{d^2}{4}, \qquad v = -2Rl_2,$$

avec $l_1 = 0^{mm},1$, $l_2 = 0^{mm},5$.

La *fig.* 81 donne une réduction de cet abaque. On voit qu'ici la portion

Fig. 81.

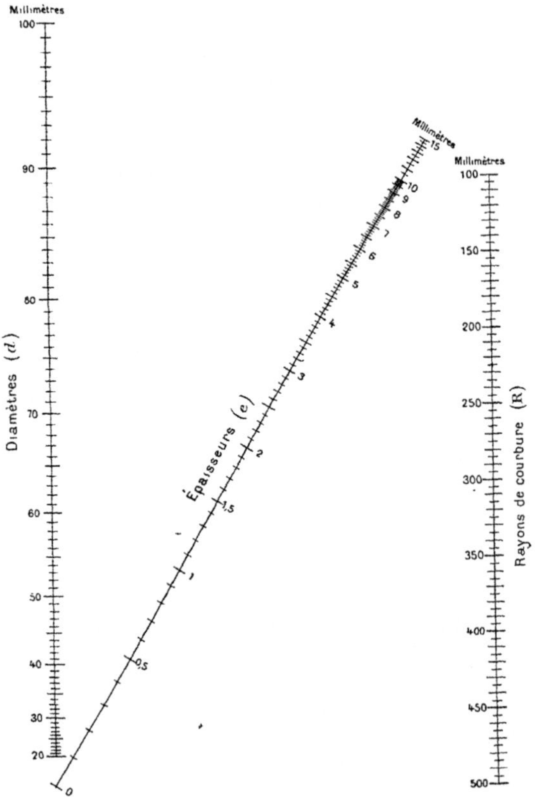

(¹) A la demande de M. Carpentier, le constructeur bien connu d'instruments de précision.

utile de l'hyperbole se confond très sensiblement avec sa corde, et, par suite, qu'en se servant de celle-ci au lieu de la courbe entre les droites joignant les points limites des échelles parallèles, on pourrait, en vue de la meilleure disposition de l'abaque, appliquer ce qui a été dit à propos des abaques constitués par trois échelles rectilignes dont deux parallèles (n° 73).

2° *Volume du ballast*. — Le demi-profil du ballast d'une voie de chemin de fer est un trapèze-rectangle ayant un côté incliné à $\frac{2}{3}$. Si donc b est la largeur en plate-forme de ce demi-profil, h la hauteur du ballast, le volume par mètre courant, abstraction faite des traverses, est donné par

$$V = bh + 0,75\,h^2.$$

Ici, l'inconnue étant toujours V, on fait en sorte que l'échelle correspondante soit située entre les deux autres. Il suffit, pour cela, de poser

$$u = l_1 b, \qquad v = l_2 V.$$

La *fig.* 82 donne une réduction de l'abaque qui a été ainsi établi pour le service de la construction de la Compagnie des Chemins de fer de l'Ouest avec

$$l_1 = 25^{cm}, \qquad l_2 = 16^{cm}.$$

On voit qu'ici encore la portion utile de l'hyperbole portant la graduation (h) se confond très sensiblement avec sa corde.

Pour tenir compte des traverses, il suffit de retrancher de la lecture V une constante t représentant le volume occupé par les traverses sur un mètre courant. On peut éviter cette soustraction en dessinant sur le transparent qui porte l'index, un demi-cercle de rayon $l_2 t$ ayant son centre O sur l'index (¹). Appliquant alors le transparent sur l'abaque, de façon que le point O se trouve sur l'axe des v et la demi-circonférence (t) du côté des V décroissants par rapport à O, on voit que le volume V demandé sera donné par la cote du point de l'échelle (V) qui se trouvera sous le cercle (t).

On peut même tracer ainsi plusieurs cercles (t) correspondant aux divers types de traverses employés.

Sur la *fig.* 82, la position de l'index marquée en pointillé montre que, pour $b = 3^m,4$, $h = 0^m,50$, on a $V = 1^{mc},8$.

81. *Second exemple : Abaque de l'équation trinome du troisième degré* (²). — Reprenons maintenant l'équation trinome du troisième degré déjà envisagée au n° **23** (2°), soit

$$(E) \qquad z^3 + pz + q = 0.$$

(¹) Un tel artifice avait été déjà employé par M. Lallemand pour un autre abaque (n° 137).

(²) *Voir* le renvoi, p. 183.

Posons

$$(p) \qquad u = l_1 p,$$

$$(q) \qquad v = l_2 q.$$

Fig. 82.

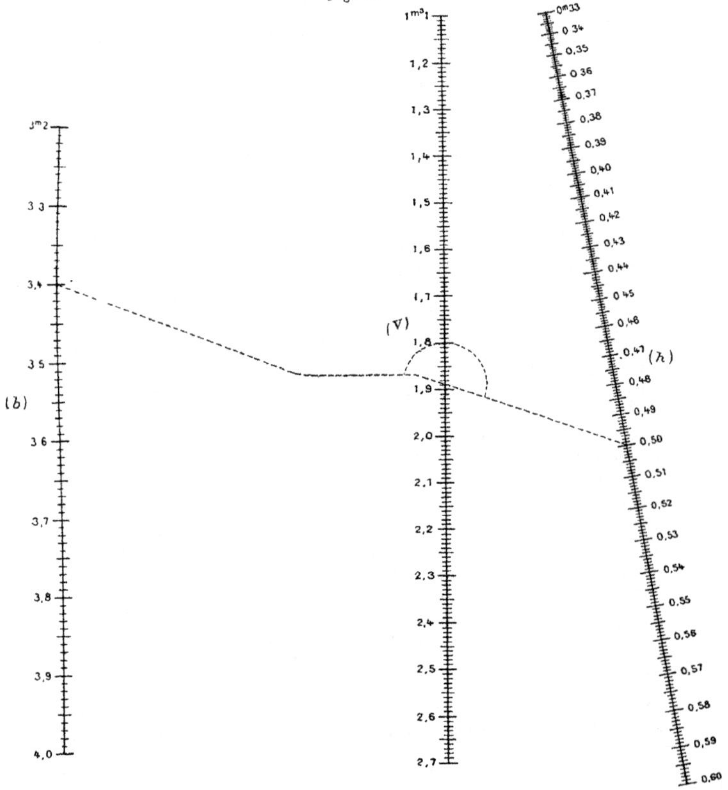

Il vient alors, pour (z),

$$(z)_0 \qquad l_1 l_2 z^3 + l_2 z u + l_1 v = 0,$$

ou, en appelant toujours 2δ la distance AB des origines,

$$(z) \qquad x = \delta \frac{l_1 - l_2 z}{l_1 + l_2 z}, \qquad y = \frac{-l_1 l_2 z^3}{l_1 - l_2 z}.$$

Les échelles (p) et (q) ci-dessus sont les mêmes que celles de l'abaque de l'équation du second degré (n° 79). Pour la troisième, l'expression de x est aussi la même que dans le cas du second degré. Autrement dit, la projection de l'échelle (z) faite sur l'axe AB parallèlement à Au et Bv set la même.

Nous avons vu au numéro précédent comment on pouvait construire cette échelle projetée.

Nous allons maintenant faire voir comment, pour une valeur quelconque de z, on peut passer du point M projeté sur AB au point p correspondant de l'échelle curviligne (z) (*fig.* 83). Rendons-nous compte pour cela de la nature du support Z de cette échelle.

Fig. 83.

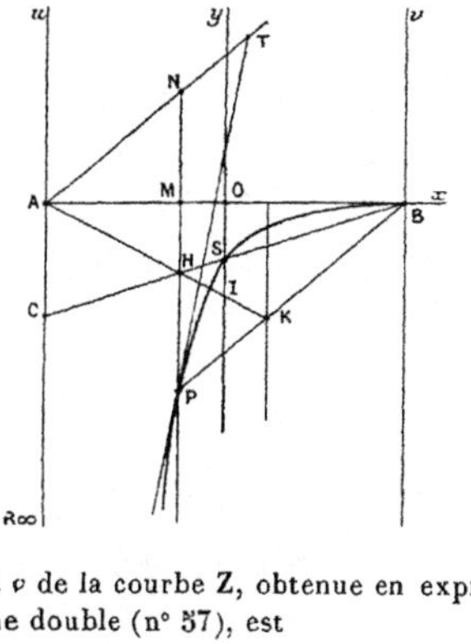

L'équation en u et v de la courbe Z, obtenue en exprimant que l'équation $(z)_0$ a une racine double (n° 57), est

$$4 l_2^2 u^3 + 27 l_1^3 v^2 = 0.$$

C'est donc une courbe de la *troisième classe*. D'ailleurs les expressions (z) de x et y montrent que la courbe Z, unicursale, est également du *troisième ordre*. C'est donc ce que Salmon a appelé une *cubique cuspidale* [1], c'est-à-dire une cubique unicursale douée d'un point d'inflexion et d'un point de rebroussement. Il est d'ailleurs très facile de vérifier que le point d'inflexion se confond avec le point B où la tangente est AB et

[1] *Courbes planes*, traduction Chemin, p. 186.

le point de rebroussement avec le point situé à l'infini sur la partie négative de l'axe Au, cet axe constituant lui-même la tangente en ce point

Si, en effet, on transporte l'origine du milieu O de AB au point B, les coordonnées du point M cote z deviennent

$$(z)' \qquad x = \frac{-2\delta l_2 z}{l_1 + l_2 z}, \qquad y = \frac{-l_1 l_2 z^3}{l_1 + l_2 z}$$

Elles montrent que, à l'origine B, la tangente est Bx, puisque, pour z tendant vers o, $\lim \frac{y}{x} = 0$

En outre, y, négatif pour z très petit et positif, devient positif pour z très petit et négatif, d'où résulte que la courbe est située de part et d'autre de sa tangente en B, c'est-à-dire que ce point B est un point d'inflexion

Pour $z = -\infty$, $x = -2\delta$, $y = -\infty$, ce qui montre que l'axe Au est une asymptote de rebroussement pour la branche de courbe située du côté des y négatifs

Les tangentes au point d'inflexion B et au point de rebroussement R_∞ se coupant au point A, le théorème général sur la construction point par point des cubiques cuspidales que nous avons fait connaître ([1]) montre que

Si l'on joint le point A *au point de rencontre* K *de la droite* BP *et de la symétrique de* PM *par rapport à* Oy, *la droite* AK *et l'ordonnée* PM *se coupent sur une droite fixe issue de* B.

La vérification de ce théorème est d'ailleurs bien aisée avec le dernier choix d'axes de coordonnées qui vient d'être fait, c'est-à-dire avec l'origine au point B

Les coordonnées du point K, immédiatement déduites de celles de P, sont, en effet,

$$x = \frac{-2 l_1 \delta}{l_1 + l_2 z}, \qquad y = \frac{-l_1^2 z^2}{l_1 + l_2 z},$$

ce qui donne pour équation de la droite AK

$$2\delta l_2 y = -l_1^2 z(x + 2\delta).$$

La première des formules $(z)'$ qui donne l'x du point H peut s'écrire

$$l_1 x = -l_2 z(x + 2\delta)$$

([1]) *N A*, 3ᵉ série, t XI, p 386, et t XII, p 345 Dans la première de ces deux Notes, p 388, 2ᵉ ligne, au lieu de « par le point T », il faut « par le point I » La démonstration ne laissait d'ailleurs aucun doute au sujet de cette faute d'impression

Un autre théorème donné dans cette même Note (p 391) montre (*fig.* 83) que *si la parallèle à* BP *menée par* A *coupe* PM *en* N, *il suffit de prolonger* AN *de la moitié* NT *de sa longueur pour obtenir la tangente* PT *à la courbe* Z *en* P

Divisant membre à membre les deux dernières égalités, on a

$$\frac{y}{x} = \frac{l_1^3}{2\delta l_2^3},$$

équation qui montre que le lieu du point H est la droite BH coupant l'axe Au ($x = -2\delta$) au point C défini par

$$u = y = \frac{l_1^3}{l_2^3}.$$

En amenant le point P au point S sur Oy, on voit que BC passe par ce point. Ayant donc marqué sur Au le point C ainsi défini, on obtiendra le point P coté z, connaissant sa projection M sur AB de la façon suivante :

On mène par M *la parallèle* MP *aux axes qui coupe* BC *en* H, *et, sur la droite* AH, *on prend le symétrique* K *du point* H *par rapport au point de rencontre* I *avec* Oy. *La droite* BK *coupe* MH *au point* P *cherché.*

Remarquons d'ailleurs, comme dans le cas du second degré, que les racines négatives de l'équation (E) pouvant être obtenues, en valeur absolue, comme racines positives de la transformée en $-z$, qui se déduit de l'équation donnée par le simple changement de q en $-q$, il n'y a lieu de considérer que les valeurs positives de z, auxquelles correspondent des points situés entre les axes Au et Bv.

D'ailleurs les équations du troisième degré qui se rencontrent dans les applications n'ont généralement qu'une racine positive, et c'est la seule dont on ait besoin.

Rappelons, en outre, que, si z_0 est une racine de l'équation

$$z^3 + pz + q = 0,$$

θz_0 est une racine de l'équation

$$z^3 + \theta^2 pz + \theta^3 q = 0,$$

ce qui permet d'étendre l'usage de l'abaque au delà des limites de ses échelles.

Soit, par exemple, l'équation

$$z^3 - 210z - 9000 = 0,$$

qui se rencontre dans le Mémoire de M. Gorrieri cité ci-après. Remarquant que cette équation peut s'écrire

$$z^3 - \overline{10}^{2} \times 2{,}1\,z - \overline{10}^{3} \times 9 = 0,$$

on tend l'index entre le point (p) coté $-2{,}1$ et le point (q) coté -9, ce qui donne le point (z) coté $2{,}42$. On a donc

$$z = 24{,}2.$$

82. *Cas particuliers divers.* — La répartition des tôles de semelles dans les grandes poutres de pont, en vue d'assurer un travail à peu près constant du métal dans toute l'étendue de la poutre, exige, pour être opérée avec exactitude, la résolution d'équations trinomes du troisième degré.

Dans son *Traité de la stabilité des constructions* (¹), M. J. Pillet applique à cet usage l'abaque qui vient d'être décrit avec les données particulières que voici :

L'équation étant écrite

$$z^3 - pz - q = 0,$$

l'abaque est fractionné pour la valeur $q = 0,1$.

La première partie de l'abaque est définie par

$$u = p \times 50^{\text{cm}} \text{ (de 0 à 0,45)},$$
$$v = q \times 200^{\text{cm}} \text{ (de 0 à 0,1)};$$

la seconde par

$$u = p \times 50^{\text{cm}} \text{ (de 0 à 0,45)},$$
$$v = q \times 20^{\text{cm}} \text{ (de 0 à 1,15)}.$$

On voit que les deux échelles (p) coïncident. Quant à la première échelle (q), elle coïncide avec la seconde lorsqu'on décuple ses cotes. On peut donc se contenter de marquer l'une des deux. Les deux échelles (z) correspondantes sont portées par deux arcs de courbe distincts.

L'auteur a d'ailleurs soin de faire observer que l'usage de l'abaque s'étend au delà des limites de ses échelles, grâce à l'emploi des multiplicateurs correspondants rappelé ci-dessus.

De même le calcul de la hauteur des poutres dans les travées associées dépend d'équations trinomes du troisième degré de la forme

$$z^3 - \frac{X}{\alpha R} z - \frac{M}{\alpha' R} = 0,$$

où X représente la composante normale de la résultante de toutes les forces qui précèdent la section considérée, M le moment de cette résultante par rapport au centre de gravité de cette section, R la limite de la charge permanente par unité de surface, α et α' des coefficients qui dépendent de la forme de la section.

Pour les diverses formes usuelles de section (bois et fer), M. D. Gorrieri a fait l'application du type d'abaque ci-dessus à l'équation cubique correspondante (²), en prenant comme variables indépendantes $p = \frac{X}{\alpha R}$,

(¹) Paris, 1895. (*Voir* p. 194 de cet Ouvrage.)

(²) *Calcolo delle sezioni resistenti per le travi assoggettate etc.* (*Bullettino del Collegio degli Ingegneri ed Architetti in Bologna;* 1896).

$q = \frac{M}{\alpha' R}$ pour les poutres en bois à section rectangulaire, $p = \frac{X}{R}$, $q = \frac{M}{R}$ pour les divers types usuels de poutres en fer, distingués chacun par des valeurs particulières attribuées à α et α'.

Les onze abaques ainsi construits sont tous fractionnés en trois pour l'échelle (p).

Il n'y a pas lieu ici de faire varier z d'une manière continue : il suffit de marquer les points correspondant aux valeurs de z qui se rencontrent dans les types de fers du commerce, et de prendre, pour chaque couple de valeurs de p et de q, la cote du point (z) situé immédiatement au-dessus de la position de l'index joignant les points (p) et (q). C'est d'ailleurs ce que l'auteur a eu soin de faire.

83. *Troisième exemple : Abaque de l'équation de Képler* (1). — L'équation de Képler qui lie à l'anomalie moyenne μ l'anomalie excentrique α d'une planète circulant dans une orbite d'excentricité e est

$$\alpha - e \sin \alpha = \mu,$$

α et μ étant exprimées en parties du rayon. Ces variables prennent donc toutes les valeurs de o à $2\pi = 6,2832$. Quant à la variable e, elle reste comprise entre o et o,4.

Remarquons en outre que les anomalies α et μ sont ensemble inférieures ou supérieures à π.

Pour représenter l'équation posons

$$(\mu) \qquad u = l_1 \mu,$$

$$(e) \qquad v = l_2 e.$$

Il vient dès lors pour (α)

$$(\alpha)_0 \qquad l_2 u + l_1 \sin \alpha v - l_1 l_2 \alpha = 0$$

ou

$$(\alpha) \qquad x = \delta \frac{l_1 \sin \alpha - l_2}{l_1 \sin \alpha + l_2}, \qquad y = \frac{l_1 l_2 \alpha}{l_1 \sin \alpha + l_2}.$$

Remarquons que tant que α est inférieure à π, x est, en valeur absolue, inférieur à δ, demi-distance des origines, c'est-à-dire que le point (α) correspondant est entre les axes Au et Bv.

Pour α supérieure à π, ce point serait en dehors des axes. Fractionnons donc l'abaque à partir de cette valeur de α, ou, puisque nous venons de remarquer que α et μ sont ensemble inférieures ou supérieures à π, à

(1) **O.11.**

partir de $\mu = \pi$, pour changer le sens croissant des μ sur Au. Cela revient, en désignant par α' et μ' des valeurs de α et μ supérieures à π, à prendre pour μ'

$$(\mu') \qquad u = l_1(2\pi - \mu'),$$

en conservant l'équation (e).

Il vient alors pour (α')

$$(\alpha')_0 \qquad -l_2 u + l_1 \sin\alpha' v + l_1 l_2(2\pi - \alpha') = 0$$

ou

$$(\alpha') \qquad x = \delta \frac{l_1 \sin\alpha' + l_2}{l_1 \sin\alpha' - l_2}, \qquad y = \frac{-l_1 l_2(2\pi - \alpha')}{l_1 \sin\alpha' - l_2}.$$

On voit immédiatement que le point (α') coïncide avec le point (α), dont la cote est liée à la sienne par la relation

$$\alpha = 2\pi - \alpha'.$$

Il suffit donc de construire les points (α) pour $\alpha < \pi$ et d'inscrire à côté de chacun d'eux la cote $2\pi - \alpha$, en outre de la cote α, pour avoir du même coup les points (α'). On pourra d'ailleurs, pour plus de commodité, inscrire ces cotes en degrés.

Pour que l'échelle (μ) (qui, comme on vient de voir, revient sur elle-même à partir du point coté π) et l'échelle (e) eussent même longueur, il faudrait avoir

$$\pi l_1 = 0,4\, l_2$$

ou

$$3,1416\, l_1 = 0,4\, l_2,$$

d'où

$$l_2 = 7,85\, l_1.$$

On aurait donc des échelles sensiblement de même longueur en prenant $l_2 = 8 l_1$. Sur l'abaque de la *fig.* 84 empruntée au Mémoire **O 11**, on a pris $l_2 = 10 l_1$, ce qui donne les formules

$$(\mu) \qquad u = l_1 \mu,$$

$$(e) \qquad v = 10 l_1 e,$$

$$(\alpha) \qquad x = \delta \frac{\sin\alpha - 10}{\sin\alpha + 10}, \qquad y = \frac{10 l_1 \alpha}{\sin\alpha + 10}.$$

Pour obtenir le degré de précision requis par l'Astronomie moderne, il faudrait évidemment adopter une valeur de l_1 qui rendrait l'emploi de l'abaque peu pratique.

Un abaque construit avec $l_1 = 50^{mm}$, ce qui lui donne une hauteur de 20^{cm}, fournit aisément l'approximation du demi-degré [1].

Sur celui de la *fig.* 84, on a pris $l_1 = 10^{mm}$.

Fig. 84.

Cet exemple particulier va encore nous permettre de faire voir comment on peut, avec une échelle curviligne, déterminer l'écartement des axes en vue de rendre aussi grand que possible le minimum de l'angle de l'index avec les échelles.

Il suffit de jeter les yeux sur la *fig.* 84 pour voir que ce minimum est donné par l'angle de la droite qui joint le point (μ) coté 0 au point (e) coté 0,4, avec la tangente à la courbe qui porte l'échelle (α) au point coté 0.

Pour calculer cet angle, transportons l'origine en ce dernier point.

Les coordonnées du point (α) deviennent alors, si l'on pose $l_2 = kl_1$,

$$x = \frac{2\delta \sin\alpha}{\sin\alpha + k}, \qquad y = \frac{kl_1\alpha}{\sin\alpha + k},$$

d'où

$$\frac{y}{x} = \frac{kl_1\alpha}{2\delta\sin\alpha}.$$

Le coefficient angulaire m_1 de la tangente à l'origine, limite de $\frac{y}{x}$ lorsque α tend vers zéro est donc donné par

$$m_1 = \frac{0,5\,kl_1}{\delta}.$$

---

[1] Un tel abaque peut encore rendre des services aux astronomes en leur fournissant pour l'application des méthodes d'approximation usitées pour la résolution de l'équation de Képler, telles que celle de Gauss (BAILLAUD, *Cours d'Astronomie*, t. II, p. 94), une valeur très sensiblement approchée qui dispense de tout tâtonnement.

Celui de la droite qui joint la nouvelle origine au point (e) coté 0,4, dont les coordonnées sont

$$x = 2\delta, \qquad y = 0,4\,kl_1,$$

est donné par

$$m_2 = \frac{0,4\,kl_1}{2\delta} = \frac{0,2\,kl_1}{\delta}.$$

La tangente τ de l'angle que font ces deux droites est, par suite, donnée par

$$\tau = \frac{\dfrac{0,3\,kl_1}{\delta}}{1 + \dfrac{0,1\,k^2 l_1^2}{\delta^2}} = \frac{0,3\,kl_1\delta}{\delta^2 + 0,1\,k^2 l_1^2}.$$

Cherchons le maximum de τ.

L'équation ci-dessus peut s'écrire

$$\tau\delta^2 - 0,3\,kl_1\delta + 0,1\,k^2\tau l_1^2 = 0.$$

Pour que ses racines δ soient réelles, il faut que

$$0,09\,k^2 l_1^2 - 0,4\,k^2\tau^2 l_1^2 \geqq 0$$

ou

$$\tau^2 \leqq \frac{9}{40}.$$

Le maximum de τ, indépendant de k, ce qui est digne de remarque, est donc donné par

$$\tau_0 = \sqrt{\frac{9}{40}} = 0,474,$$

valeur qui correspond à un angle de 25°22′30″. Pour cette valeur de τ, on a

$$\delta = \frac{0,3\,kl_1}{2\tau_0} = 0,316\,kl_1.$$

L'écartement 2δ des axes devra donc, dans cette hypothèse, être pris égal à $0,632\,kl_1$.

La disposition des échelles étant ainsi arrêtée, nous allons indiquer comment une construction très simple permet de déduire l'échelle curviligne (α) de l'échelle rectiligne (μ), elle-même très aisée à obtenir, puisque c'est une échelle régulière.

Supposons d'abord pour cela que nous ayons inscrit (au crayon, de façon à pouvoir les faire disparaître) les cotes des points (μ) en degrés.

Si nous prenons comme axes de coordonnées BA (x positifs) et Bv (y positifs), les coordonnées du point P coté α (*fig.* 85) sont

$$x = \frac{2\delta l_2}{l_1 \sin\alpha + l_2}, \qquad y = \frac{l_1 l_2 \alpha}{l_1 \sin\alpha + l_2}.$$

La droite BP a donc pour équation

$$\frac{y}{x} = \frac{l_1 \alpha}{2\delta},$$

et, par suite, le point $M(x = 2\delta)$, pour ordonnée

$$y = l_1 \alpha,$$

c'est-à-dire que le point M est celui dont la cote, sur l'échelle (μ), est égale à celle du point P.

En d'autres termes :

L'échelle curviligne (α) *projetée à partir du point* B *sur* A*u donne précisément l'échelle* (μ), *les cotes étant conservées de l'une à l'autre.*

Fig. 85.

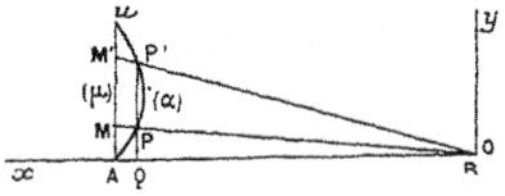

Il suffit donc, pour avoir l'échelle (α), de connaître sa projection faite sur AB parallèlement à Au. Cette projection est donnée par l'expression de x ci-dessus

$$x = \frac{2\delta l_2}{l_1 \sin\alpha + l_2}.$$

Pour construire l'échelle ainsi obtenue, il suffit de poser

$$\sin\alpha = t,$$

ce qui, moyennant l'usage d'une table des sinus naturels, ramène cette construction à celle de l'échelle linéaire

$$x = \frac{2\delta l_2}{l_1 t + l_2}.$$

Cette dernière exige simplement la détermination directe de trois points (n° 7).

Or on a immédiatement

$$\begin{array}{llll} \text{pour } & \alpha = 0, & t = 0, & x = 2\delta \text{ (point A)}, \\ \text{»} & \alpha = \frac{\pi}{2}, & t = 1, & x = \frac{2\delta l_2}{l_1 + l_2}, \\ \text{»} & \alpha = \frac{\pi}{6}, & t = \frac{1}{2}, & x = \frac{4\delta l_2}{l_1 + 2 l_2}. \end{array}$$

Ces trois points permettent de construire l'échelle demandée dont on n'a d'ailleurs besoin qu'entre $t = 0$ et $t = 1$, et que nous désignerons par (t), bien qu'elle soit cotée au moyen des valeurs de α.

Il faut remarquer, en outre, que pour deux valeurs supplémentaires de α, on a sur AB le même point Q.

Finalement, la construction de l'échelle λ se réduit à ceci :

La parallèle aux axes menée par le point Q *de l'échelle* (t) *coté* α *coupe les droites qui unissent le point* B *aux points de l'échelle* (μ) *cotés* α *et* $\pi - \alpha$, *en des points qui sont les points cotés* α *et* $\pi - \alpha$ *de l'échelle* (α).

B. — Abaques a trois échelles curvilignes.

84. *Second abaque du fruit intérieur des murs de soutènement.* — Tout ce qui a été dit des abaques à trois systèmes de droites quelconques (nº 47 et suiv.) peut être transporté corrélativement du domaine ponctuel défini par les coordonnées cartésiennes au domaine tangentiel défini par les coordonnées parallèles.

Un exemple suffira pour le bien faire comprendre.

Reprenons l'équation du nº 51

$$(1 + l)h^2 - l(1 + p)h - \frac{(1 - l)(1 + 2p)}{3} = 0,$$

relative au calcul du fruit intérieur des murs de soutènement.

Nous aurons sa représentation au moyen de points alignés en changeant simplement x et y en u et v dans les équations (l), (p), (h) du nº 51, ce qui donne

$$(l) \qquad 2(l^2 - 1)u + 3l(l + 1)v - l(l - 1) = 0,$$

$$(p) \qquad 2(2p + 1)u + 3(p + 1)v - (p + 1)(2p + 1) = 0,$$

$$(h) \qquad hu + v - h^2 = 0.$$

Ce sont trois systèmes du second degré, et les deux premiers ont pour support une même conique, de même que les systèmes de droites dont ils sont les corrélatifs avaient pour enveloppe une même conique. Les cotes l et p d'un même point de cette conique, considéré successivement comme appartenant à l'un puis à l'autre, sont d'ailleurs liées par l'équation

$$p(l + 1) + 1 = 0.$$

Si l'on construit les trois systèmes ci-dessus, on obtient la disposition représentée par la *fig.* 86, corrélative de celle que montre la *fig.* 47.

Nous avons, à la fin du nº 51, fait ressortir les défauts de cette dernière. Ceux qu'offre la disposition de la *fig.* 86 ne sont pas moins sensibles. On voit, en effet, que les droites joignant deux à deux les divers points des échelles (p) et (l), prises dans leurs parties utiles, coupent cette dernière sous un angle très petit. Pour remédier à ce défaut, nous allons appliquer ici la transformation homographique exposée au n° 60, qui renvoie pour les formules au n° 49.

Fig. 86.

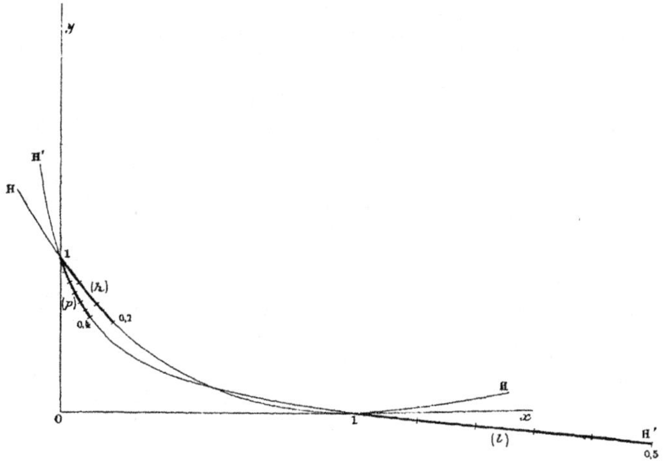

Faisant varier l et p de $\frac{1}{2}$ à 1, proposons-nous de faire en sorte que le quadrangle limite formé par les points

$$l = 1, \qquad l = \frac{1}{2}, \qquad p = 1, \qquad p = \frac{1}{2}$$

soit le rectangle des points

$$u = 0, \qquad u = 1, \qquad v = 1, \qquad v = 0,$$

l'unité de longueur étant d'ailleurs prise égale au demi-écartement des axes.

Nous référant aux notations du n° 49, posons

$$\begin{aligned} H(l) &= \lambda f_1 + \mu \varphi_1 + \nu \psi_1, \\ G(p) &= \lambda f_2 + \mu \varphi_2 + \nu \psi_2, \\ K(h) &= \lambda f_3 + \mu \varphi_3 + \nu \psi_3, \end{aligned}$$

et de même avec les accents *prime* et *seconde*. Les fonctions f_i, φ_i, ψ_i étant ici

$$\begin{aligned} f_1 &= 2l^2 - 2, & \varphi_1 &= 3l^2 + 3l, & \psi_1 &= -l^2 + l, \\ f_2 &= 4p + 2, & \varphi_2 &= 3p + 3, & \psi_2 &= -2p^2 - 3p - 1, \\ f_3 &= h, & \varphi_3 &= 1, & \psi_3 &= -h^2, \end{aligned}$$

nous avons

$$H(l) = (2\lambda - 3\mu - \nu)l^2 - (3\mu + \nu)l - 2\lambda,$$
$$G(p) \quad -2\nu p^2 - (4\lambda + 3\mu - 3\nu)p + 2\lambda + 3\mu - \nu,$$
$$K(h) = -\nu h^2 - \lambda h + \mu.$$

et les équations des points (l), (p), (h) s'écrivent

$(l)_1$ $$H(l)u + H'(l)v + H''(l) = 0,$$
$(p)_1$ $$G(p)u + G'(p)v - G''(p) = 0,$$
$(h)_1$ $$K(h)u - K'(h)v + K''(h) = 0.$$

Les conditions imposées au quadrangle limite donnent donc les relations

(1) $H'(1) = 0$, (2) $H''(1) = 0$,

(3) $H'\left(\frac{1}{2}\right) = 0$, (4) $H\left(\frac{1}{2}\right) + H''\left(\frac{1}{2}\right) = 0$;

(5) $G(1) = 0$, (6) $G'(1) + G''(1) = 0$,

(7) $G\left(\frac{1}{2}\right) = 0$, (8) $G''\left(\frac{1}{2}\right) = 0$.

Les équations (5) et (7) développées sont

$$\lambda + \mu - \nu = 0,$$
$$8\lambda + 9\mu - 6\nu = 0,$$

d'où

(9) $$\frac{\lambda}{3} = \frac{\mu}{-2} = \frac{\nu}{1}.$$

Les équations (1) et (3) sont

$$\mu' = 0,$$
$$6\lambda' - 9\mu' - \nu' = 0,$$

d'où

(10) $$\frac{\lambda'}{1} = \frac{\mu'}{0} = \frac{\nu'}{6}.$$

Les équations (2) et (8) sont

$$\mu'' = 0,$$
$$8\lambda'' + 9\mu'' - 6\nu'' = 0,$$

d'où

(11) $$\frac{\lambda''}{3} = \frac{\mu''}{0} = \frac{\nu''}{4}.$$

Enfin les équations (4) et (6) sont

$$6\lambda - 9\mu - \nu + 6\lambda'' - 9\mu'' - \nu'' = 0,$$
$$\lambda' + \mu' - \nu' + \lambda'' + \mu'' - \nu'' = 0$$

ou, en tirant les λ et les μ en fonction des ν des équations (9), (10) et (11),

$$10\nu + \nu'' = 0,$$
$$10\nu' + 3\nu'' = 0,$$

d'où

$$\frac{\nu}{-1} = \frac{\nu'}{-3} = \frac{\nu''}{10}.$$

Prenons

$$\nu = -2, \qquad \nu' = -6, \qquad \nu'' = 20.$$

Les équations (9), (10), (11) nous donnent alors

$$\lambda = -6, \qquad \lambda' = -1, \qquad \lambda'' = 15,$$
$$\mu = 4, \qquad \mu' = 0, \qquad \mu'' = 0.$$

Portant ces valeurs dans les expressions des H, G et K écrites plus haut, nous avons

$$\begin{aligned} H(l) &= 2(l+2)(l+3), \\ H'(l) &= 2(l-1)(2l-1), \\ H''(l) &= 10(l-1)(l+3), \end{aligned}$$

$$\begin{aligned} G(p) &= 2(p-1)(2p-1), \\ G'(p) &= 2(2p+1)(3p+2), \\ G''(p) &= -10(2p-1)(2p+1), \end{aligned}$$

$$\begin{aligned} K(h) &= 2(h-1)(h-2), \\ K'(h) &= h(6h-1). \\ K''(h) &= -5h(4h-3), \end{aligned}$$

d'où enfin, pour les équations des systèmes (l), (p) et (h),

$$(l)_2 \qquad (l+2)(l+3)u + (l-1)(2l-1)v + 5(l-1)(l+3) = 0,$$
$$(p)_2 \qquad (p-1)(2p-1)u + (2p+1)(3p+2)v - 5(2p-1)(2p+1) = 0,$$
$$(h)_2 \qquad 2(h-1)(h-2)u + h(6h-1)v - 5h(4h-3) = 0.$$

Voyons comment on peut construire ces divers systèmes qui constituent des échelles curvilignes (*fig.* 87).

Échelle (l). — On a immédiatement les points cotés 1 et 0,5, qui sont, d'après la détermination même qui vient d'être faite,

(1)	$u = 0$,	c'est-à-dire	$x = -1$,	$y = 0$,
(0,5)	$u = 1$,	»	$x = -1$,	$y = 1$;

puis les points cotés -2 et -3 :

(-2)	$v = 1$,	c'est-à-dire	$x = 1$,	$y = 1$,
(-3)	$v = 0$,	»	$x = 1$,	$y = 0$;

enfin le point coté ∞

$$(\infty) \qquad u - 2v - 5 = 0, \qquad \text{c'est-à-dire} \qquad x = \frac{1}{3}, \qquad y = \frac{-5}{3}.$$

L'échelle curviligne (l), projetée successivement de chaque point (-2) et (-3) sur une parallèle à la droite joignant ce point au point (∞).

Fig. 87.

donne une échelle régulière, et, comme on connaît les points (1) et (0,5) de ces échelles régulières, la construction en est des plus aisées.

Échelle (p). — Les quatre points (l) cotés (1), (0,5), (-2) et (-3) sont les points (p) cotés ($-0,5$), $\left(-\frac{2}{3}\right)$, (1) et (0,5), en vertu de la remarque faite au début de ce numéro, qui se vérifie d'ailleurs sur l'équation $(p)_2$.

Quant au point (∞), il est ici

$$u + 3v - 10 = 0, \qquad \text{c'est-à-dire} \qquad x = \frac{1}{2}, \qquad y = \frac{5}{2}.$$

La construction sera la même que pour l'échelle (l), les centres de rayonnement étant ici

$$(-0,5)\ [\text{ou } (l = 1)], \qquad \text{et} \qquad \left(-\frac{2}{3}\right)\ [\text{ou } (l = 0,5)].$$

Échelle (h). — Pour l'échelle (h), on a tout de suite les points

(1)	$v = 1,$	c'est-à-dire	$x = 1,$	$y = 1,$
(2)	$11v = 25,$	»	$x = 1,$	$y = \frac{25}{11},$
(0)	$u = 0,$	»	$x = -1,$	$y = 0,$
$\left(\frac{3}{4}\right)$	$5u + 21v = 0,$	»	$x = \frac{8}{13},$	$y = 0,$
(∞)	$u + 3v - 10 = 0,$	»	$x = \frac{1}{2},$	$y = \frac{5}{2}.$

On voit que les points (h) cotés 0, 1 et ∞ coïncident respectivement avec les points (p) cotés $-\frac{1}{2}$, 1 et ∞.

D'ailleurs, l'équation donnée montre que, quel que soit h, pour $l = 1$, on a

$$p = 2h - 1.$$

Donc les droites joignant le point (l), coté 1 aux divers points (h), passent par les points (p) cotés $2h - 1$, ce qui simplifie grandement la construction de l'échelle (h), puisque, à une simple modification des cotes près, l'un des faisceaux qui ont servi à obtenir l'échelle (p) sert également pour l'échelle (h).

IV. — Application de la méthode des points alignés à la représentation de lois empiriques.

85. *Abaque de la vitesse d'un train remorqué par une locomotive de type connu.* — Lorsque trois variables sont liées entre elles par une loi qui n'est connue qu'empiriquement, on peut toujours, comme nous l'avons vu, en faire la représentation au moyen d'un abaque cartésien (n° 16). La méthode des points alignés exigeant que l'équation représentée offre certains caractères fonctionnels, très généraux, il est vrai, on est en droit de se demander si elle pourra également se prêter à la représentation de lois empiriques à trois variables.

La meilleure façon de répondre à la question est de donner quelques exemples d'une telle représentation.

En premier lieu, il se peut que l'empirisme de la loi n'intervienne que dans la détermination d'une fonction de l'une des variables, liée aux autres variables par une formule mathématiquement déterminée.

C'est le cas pour une formule, traduite en abaque à points alignés, par M. M. Beghin, ingénieur de la Cie des chemins de fer départementaux (¹).

Soient :

M et R_m le poids et la résistance par tonne de la machine;
T et R_t les mêmes quantités pour le train remorqué;
r la rampe de la voie en millimètres,
E l'effort de la machine.

(¹) *A. P. C.*, livraison d'octobre 1892, p. 548.

On a, entre ces quantités, la relation

$$E = M(R_m - r) + T(R_t + r).$$

Pour une machine donnée, M est une constante; quant à E, R_m et R_t, ce sont des fonctions *empiriques* de la vitesse V. L'équation ci-dessus lie donc en réalité les trois variables r, T et V.

Remarquons qu'elle peut s'écrire

$$E - M(R_m - R_t) = (T + M)(R_t + r).$$

Si l'on pose

$$E - M(R_m - R_t) = F(V),$$
$$R_t = \Phi(V),$$
$$T + M = P,$$

P étant le poids total du train, qui peut être pris comme variable indépendante au lieu de T, elle devient

$$F(V) = P[\Phi(V) + r]$$

ou

$$r - \frac{F(V)}{P} + \Phi(V) = 0.$$

Sous cette forme, et regardant les variables r, P et V comme α_1, α_2 et α_3, on voit immédiatement qu'elle rentre dans le type du n° 78. Il suffit donc, pour la représenter, de poser

$$(r) \qquad u = l_1 r,$$

$$(P) \qquad v = \frac{-l_2}{P},$$

ce qui donne

$$(V) \qquad l_2 u + l_1 F(V) v + l_1 l_2 \Phi(V) = 0.$$

Les échelles (r) et (P), respectivement portées par les axes Au et Bv, sont faciles à construire. L'échelle curviligne (V) peut également être construite lorsqu'on connaît empiriquement F(V) et Φ(V), c'est-à-dire un tableau, sous forme numérique ou sous forme graphique (n°s 9 ou 12), des valeurs de ces fonctions correspondant à diverses valeurs de V. Au surplus, si les vitesses extrêmes entre lesquelles on applique la formule ne sont pas très éloignées, la fonction Φ(V) varie peu dans l'intervalle, et en représentant par k sa valeur sensiblement constante on voit que les points (V) sont distribués sur la droite, dont les coordonnées parallèles sont

$$u = -l_1 k, \qquad v = 0.$$

Mais M. Beghin a fait la remarque que, à défaut même de la détermination empirique des fonctions F et Φ, l'échelle (V) pouvait être construite lorsqu'on disposait d'un tableau d'essais. En effet, prenant des couples de valeurs de r et de P correspondant à *une même vitesse* V, on n'a qu'à unir par des droites les points cotés, au moyen de ces valeurs sur

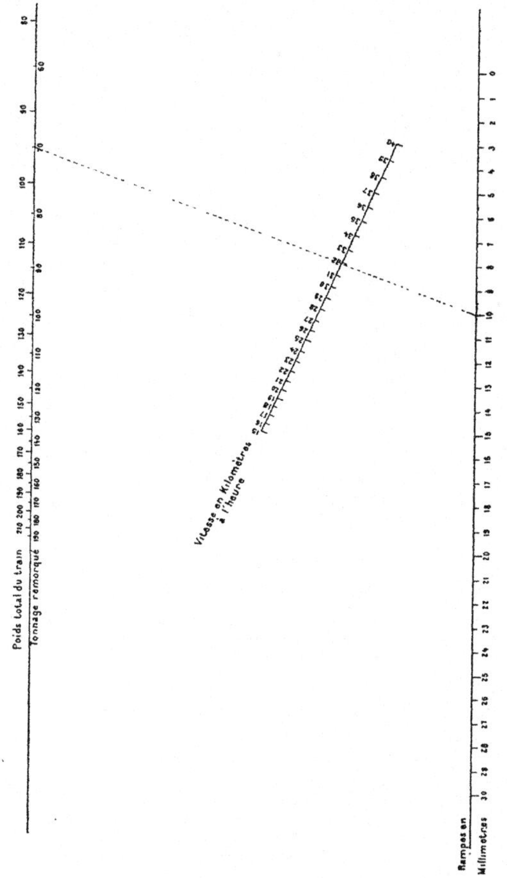

Fig. 88.

les échelles (r) et (P). Ces droites devront passer par le point coté au moyen de la valeur de V considérée. Cette façon de procéder est conforme à la Remarque faite à la fin du n° 60. Elle a en outre, ici, l'avantage de permettre de rectifier des erreurs d'expérience, attendu que toutes les droites répondant au cas où V a la valeur donnée doivent passer par un même point.

La *fig.* 88 reproduit l'abaque de M. Beghin, construit avec les modules $l_1 = 11^m$, $l_2 = 4^{mm}$, pour la machine de 25 tonnes des chemins de fer corses.

La position de l'index tracée en pointillé, correspond à l'exemple numérique $t = 10^{mm}$, $T = 70^t$ ou $P = 95^t$, pour lequel on a $V = 35^{km}$.

86. *Abaques du tir de siège.* — Dans l'exemple précédent, il s'agissait d'une équation ayant mathématiquement la forme requise pour l'application de la méthode des points alignés, mais dans laquelle l'une des variables entrait sous des signes fonctionnels qui n'étaient définis qu'empiriquement. Il arrivera plus souvent que la loi unissant trois variables ne se présentera pas sous la forme d'une équation remplissant une telle condition, mais que, au degré d'approximation requis par la pratique, on pourra l'y amener. Voici un exemple remarquable de ce cas, que nous empruntons à un intéressant travail du lieutenant d'artillerie Lafay (¹) (aujourd'hui capitaine).

La charge C d'un canon dépend de la vitesse initiale V qu'on veut imprimer au projectile, et celle-ci est fonction de la portée P et de ce que les artilleurs appellent l'*angle tabulaire* Φ.

Il s'agit donc, pour déterminer la charge C ou, ce qui revient au même, la vitesse V, de construire un abaque donnant V lorsque P et Φ sont connus.

Ayant remarqué que, pour de petites valeurs de Φ, la relation qui unit ces quantités peut prendre la forme

$$\sin 2\Phi = f(V)\,F(P),$$

où f et F sont des fonctions connues empiriquement, on est conduit, pour chercher à étendre cette formule, à de plus grandes valeurs de Φ, après avoir gradué les axes cartésiens Ox et Oy suivant les lois

$$x = l\,F(P),$$
$$y = l \sin 2\Phi,$$

à marquer sur le quadrillage ainsi obtenu les points correspondant à des couples de valeurs de P et de Φ donnant, d'après l'expérience, une même valeur de V et à unir, pour chaque valeur de V, ces divers points par une ligne (*fig.* 89).

Cette ligne passe par l'origine et reste d'abord presque confondue avec sa tangente en ce point, ce qui explique que, pour les petites valeurs de Φ,

---

(¹) *Revue d'Artillerie*, octobre 1895.

Le colonel Langensheld, de l'artillerie russe, a étendu aux mortiers de côte le travail que le lieutenant Lafay avait réalisé pour notre canon de 155 long.

la formule ci-dessus est sensiblement exacte. Mais elle ne tarde pas à s'en écarter. Pourtant, si l'on ne considère que sa portion MN correspondant aux valeurs pratiques de la portée ($2000 \leqq P \leqq 5000$ pour le mortier, par exemple), on reconnaît que l'arc ainsi limité diffère peu d'une droite qui, prolongée de part et d'autre, est dessinée en trait mixte sur la figure.

Fig. 89.

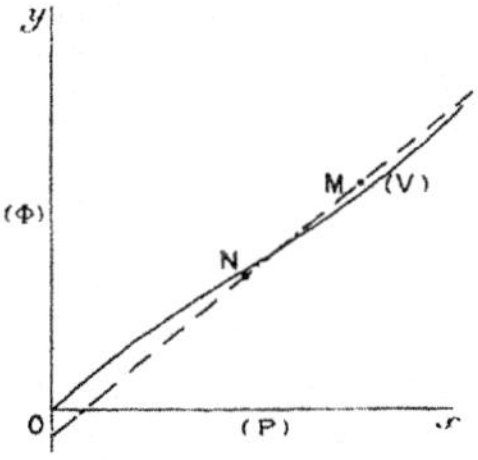

On peut, avec une approximation suffisante, substituer, entre les limites considérées, cette droite, à la courbe donnée par l'expérience, et cela pour toutes les valeurs pratiques de V. L'abaque défini en coordonnées cartésiennes peut, dès lors, être transformé en un abaque à points alignés (n° 59).

C'est ainsi qu'a été obtenu l'abaque dressé par M. Lafay, dont la *fig.* 90 est une réduction.

A l'échelle de l'angle tabulaire a été accolée celle de la hausse correspondante, à l'échelle de la vitesse initiale celle de la charge pratique.

Nous nous sommes borné, pour les besoins de notre exposé, à extraire du travail très intéressant de M. Lafay l'exemple précédent, mais ce savant officier a traité de même les divers calculs que soulève le tir des pièces de siège et a réuni tous les abaques correspondants sur une même planche de 34^{cm} sur 38^{cm}, des lettres de référence indiquant la façon dont les diverses échelles doivent être associées.

Cette possibilité de réunir les divers abaques dans les limites d'un cadre étroit, par juxtaposition de leurs échelles respectives, est un avantage sérieux à l'actif des méthodes qui n'utilisent que des systèmes de points cotés.

87. *Abaque des consommations théoriques d'une machine à vapeur.* — Voici enfin un cas bien remarquable, traité par M. Rateau, ingénieur au Corps des Mines [1], où, comme on va voir, l'emploi de la méthode des points alignés a permis non seulement de représenter une relation empi-

---

[1] *Annales des Mines*, février 1897.

Fig. 90.

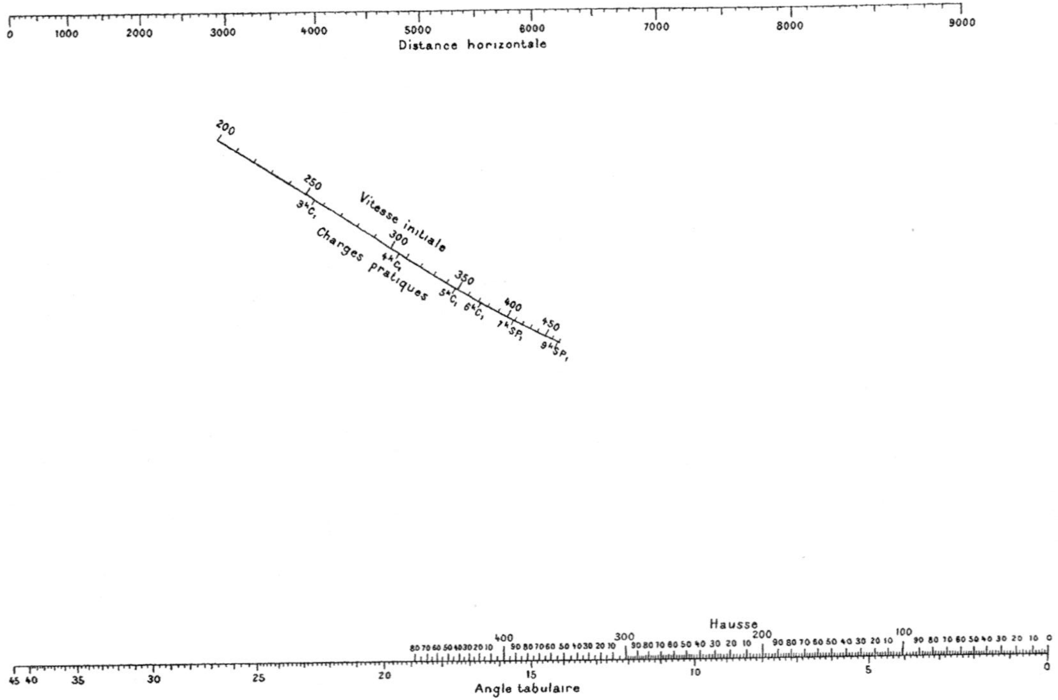

Distance horizontale
0
1000
2000
3000
4000
5000
6000
7000
8000
9000
Vitesse initiale
200
250
300
350
400
450
Charges pratiques
3kC1
4kC1
5kC1
6kC1
7kSP1
9kSP1
Hausse
100
200
300
400
Angle tabulaire
0
5
10
15
20
25
30
35
40
45

rique unissant trois variables, mais encore de mettre en évidence une loi physique qui n'avait pas été soupçonnée jusque-là.

La consommation théorique K d'une machine à vapeur dépend des pressions P (amont) et p (aval) entre lesquelles elle fonctionne. K s'exprime d'ailleurs en kilogrammes par cheval-heure, P et p en kilogrammes par centimètre carré.

Fig. 91.

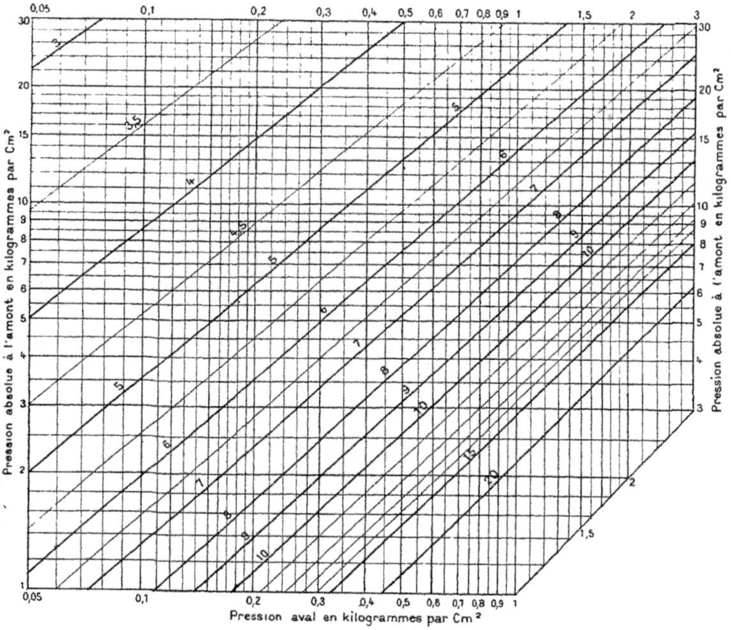

Guidé par l'intuition, M. Rateau a eu l'excellente idée de construire les lignes d'égale consommation (K) sur un quadrillage logarithmique [1] dé-

[1] Les exemples analogues sont tellement fréquents dans la pratique qu'on ne saurait d'une manière générale trop recommander ce mode de représentation aux physiciens. Il existe d'ailleurs maintenant, dans le commerce, du papier quadrillé logarithmiquement, ainsi que nous l'avons dit au n° 28 (note [1] de la p. 62). Nous tenons, à ce propos, à rapporter que le professeur C.-V. Boys, dont, en mai 1896, nous visitions le laboratoire du Collège de Science à Londres, nous disait avoir systématiquement recours à ce mode de représentation qui, dans un grand nombre de cas, lui avait été du plus utile secours.

fini par

$$x = l \log p, \qquad y = l \log P,$$

et il a ainsi constaté, au degré d'approximation permis par l'expérience, que ces lignes (K) se confondaient avec des droites (*fig.* 91). C'était un premier point déjà intéressant; il en résultait que l'équation unissant les variables K, p et P est de la forme

$$f(K)\log p + \varphi(K)\log P + \psi(K) = 0.$$

Mais lorsqu'on jette les yeux sur la *fig.* 91, il ne paraît guère facile de reconnaître si les droites obtenues sont ou non concourantes, vu que leur point de concours, s'il existe, se trouve fort éloigné des limites du dessin. Afin d'en décider M. Rateau a eu recours à la transformation de cet abaque à droites entrecroisées en un abaque à points alignés, suivant le mode indiqué au n° 59 ([1]), ce qui lui a donné la *fig.* 92.

On voit ainsi que les points cotés (K) viennent, dans les limites au moins de l'expérience, se disposer en ligne droite, d'où l'on doit conclure que les fonctions f, φ et ψ, précédemment laissées arbitraires, sont linéaires par rapport à une même fonction χ de K. On a donc

$$f = a + b\chi,$$
$$\varphi = a' + b'\chi,$$
$$\psi = a'' + b''\chi,$$

et l'équation encore inconnue que représente l'abaque doit être de la forme

$$(a + b\chi)\log p + (a' + b'\chi)\log P + a'' + b''\chi = 0.$$

Pour avoir la représentation de cette équation en points alignés, en plaçant les points (K) entre les axes parallèles Au et Bv, on pose

$$u = l \log p, \qquad v = -l \log P,$$

l étant un module quelconque, ce qui donne

$$(a + b\chi)u - (a' + b'\chi)v + l(a'' + b''\chi) = 0.$$

L'ordonnée du point que définit cette équation est

$$y = \frac{-l(a'' + b''\chi)}{(a - a') + (b - b')\chi},$$

et, par suite, la formule qui définit l'échelle (K) sur son support,

$$w = \frac{-l'(a'' + b''\chi)}{(a - a') + (b - b')\chi},$$

([1]) Il faut observer qu'on est ici dans un cas où s'applique la première remarque de la note au bas de la p. 130. C'est pourquoi les sens croissants des échelles (P) et (p) sur la *fig.* 92 se trouvent inverses l'un de l'autre.

l' étant le module dont la projection sur la direction des axes Au et Bv est égale à l.

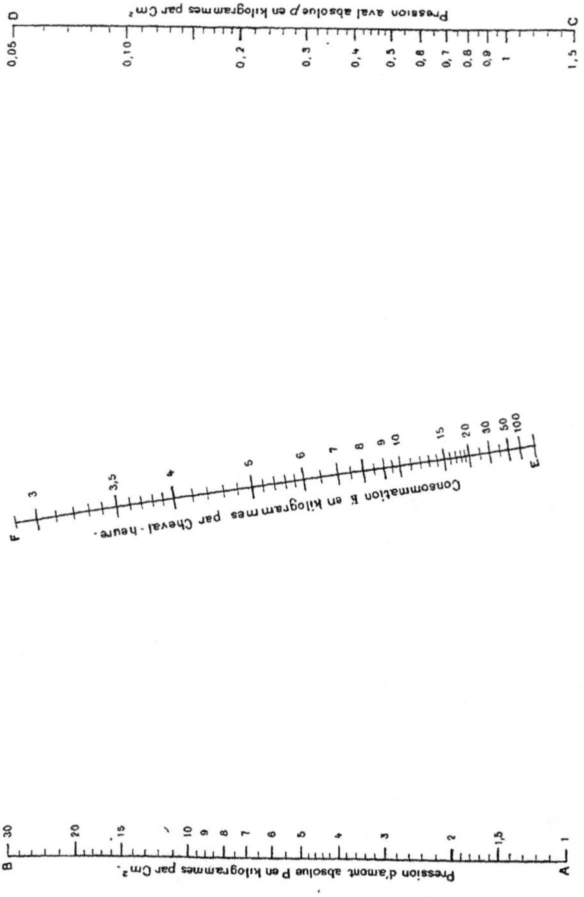

Fig. 92

Pour analyser cette graduation, remarquons que, dans le cas théorique où les pressions d'amont et d'aval seraient égales, la consommation K serait infinie, quelle que fût cette commune valeur P de la pression. Or, toutes les droites unissant deux à deux les points (p) et (P) de même cote passent, d'après les formules qui définissent ces mêmes échelles, par le point

$$u + v = 0,$$

c'est-à-dire par le milieu de la distance des origines non marquées A et B. Prenant donc le point de rencontre d'une quelconque de ces droites avec le support du système (K), on a le point E coté ∞.

Si maintenant en chaque point de l'échelle (K) on élève une perpendiculaire proportionnelle à sa cote, on obtient la courbe représentative de la fonction définie par cette échelle (n° 3). Or cette courbe, qui a nécessairement pour asymptote la perpendiculaire élevée en E au support EF de l'échelle, semble au premier coup d'œil se confondre avec une hyperbole équilatère. Admettant cette hypothèse, on peut, au moyen de théorèmes connus sur l'hyperbole équilatère, en faire la vérification graphique ([1]); elle se trouve ainsi justifiée.

Il en résulte que la formule définissant l'échelle (K) est de la forme

$$w = \frac{\alpha}{\beta + \gamma K},$$

ce qui aura lieu, en vertu de la formule écrite plus haut, si

$$b'' = 0,$$

et

$$\chi = K.$$

L'équation prend donc la forme

$$(a + bK)\log p + (a' + b'K)\log P + a'' = 0,$$

et comme, ainsi que nous venons de le voir, $p = P$ doit toujours donner $K = \infty$, il faut, en outre, que

$$b + b' = 0.$$

Comme d'ailleurs b et b' ne sauraient être nuls, car K disparaîtrait de l'équation, nous pourrons poser $b = 1$, et nous voyons finalement que l'équation cherchée est de la forme

$$(a + K)\log p + (a' - K)\log P + a'' = 0.$$

([1]) Soient, par exemple, M et N deux points quelconques de l'hyperbole. Menons par chacun de ces points des parallèles aux directions asymptotiques; nous formons ainsi un rectangle dont la seconde diagonale coupe l'asymptote connue au centre O de la courbe. Cela posé, si une droite quelconque menée par O coupe en I et en J les parallèles aux asymptotes menées par l'un des points M ou N, le quatrième sommet du rectangle, dont les trois premiers sont M ou N, I et J, appartient à la courbe. On trouve ainsi que si, pour construire l'hyperbole, on a porté perpendiculairement à EF les ordonnées $y = \lambda K$, la seconde asymptote est définie par $y = 0,4\lambda$.

Portant dans cette équation des systèmes de valeurs de K, p et P donnés par l'abaque, et traitant les équations linéaires en a, a', a'' ainsi obtenues par la méthode des moindres carrés, on trouve

$$a = -0,85, \qquad a' = -0,07, \qquad a'' = 6,95.$$

L'équation cherchée est donc, si l'on change tous les signes,

$$(0,85 - K)\log p + (K + 0,07)\log P - 6,95 = 0,$$

d'où

$$K = 0,85 + \frac{6,95 - 0,92\log P}{\log P - \log p}.$$

Telle est l'expression mathématique de la loi suivant laquelle K dépend de P et p.

Elle cadre remarquablement avec les données de l'expérience, comme M. Rateau le fait voir dans son Mémoire ([1]).

Le point sur lequel nous insisterons ici, c'est l'importance qu'a présentée, pour la recherche qui vient d'être résumée, l'emploi de la méthode des points alignés. C'est elle, en effet, qui, en permettant de reconnaître que les éléments cotés (K) formaient une série linéaire, et en ramenant l'analyse de la graduation correspondante à celle d'une simple échelle rectiligne, a rendu possible la détermination complète de l'équation qui traduit analytiquement la loi suivant laquelle K dépend de P et p.

V. — Abaques dérivés des abaques à points alignés.

A. — Abaques a double alignement ([2]).

88. *Principe général.* — Supposons que les variables α, α_1 et α_2 d'une part, α, α_3 et α_4 de l'autre soient liées par des équations

---

([1]) On doit encore à M. Rateau l'idée d'un ingénieux dispositif qui permettrait de réaliser mécaniquement l'abaque à points alignés ci-dessus (A. F. A. S.; congrès de Pau; 1892). Supposons une masse gazeuse, de pression p, emprisonnée sous une cloche flottante. Les variations de p entraîneront des variations de niveau de la cloche, et l'on conçoit que l'on pourra déterminer le profil de celle-ci de façon que ces variations de niveau soient proportionnelles à celles de $\log p$. Les extrémités de deux tiges verticales fixées respectivement sur deux telles cloches donneront ainsi, par leurs déplacements, les variations de $\log p$ et de $\log P$, et pourront, par suite, servir à marquer, sur les échelles parallèles de la *fig.* 92, les points cotés (p) et (P). Si donc un fil est constamment tendu (grâce, par exemple, à deux petites poulies et deux contrepoids égaux) entre les extrémités de ces tiges, il coïncidera à chaque instant avec la position de l'index qui, par sa rencontre avec l'échelle intermédiaire, fait connaître la valeur de K.

([2]) Désignés dans notre Note **O. 30** sous le nom d'*abaques à pivotement*.

telles que

$$(\mathrm{E}) \qquad \begin{vmatrix} f(\alpha) & \varphi(\alpha) & \psi(\alpha) \\ f_1(\alpha_1) & \varphi_1(\alpha_1) & \psi_1(\alpha_1) \\ f_2(\alpha_2) & \varphi_2(\alpha_2) & \psi_2(\alpha_2) \end{vmatrix} = 0,$$

$$(\mathrm{E}') \qquad \begin{vmatrix} f(\alpha) & \varphi(\alpha) & \psi(\alpha) \\ f_3(\alpha_3) & \varphi_3(\alpha_3) & \psi_3(\alpha_3) \\ f_4(\alpha_4) & \varphi_4(\alpha_4) & \psi_4(\alpha_4) \end{vmatrix} = 0.$$

Chacune d'elles sera représentable par un abaque à points alignés. et l'on voit, puisque les fonctions f, φ, ψ sont les mêmes dans les deux équations, que leur échelle curviligne (α) sera la même. Par suite, les deux abaques pourront être construits avec cette échelle en commun (*fig.* 93).

Fig. 93.

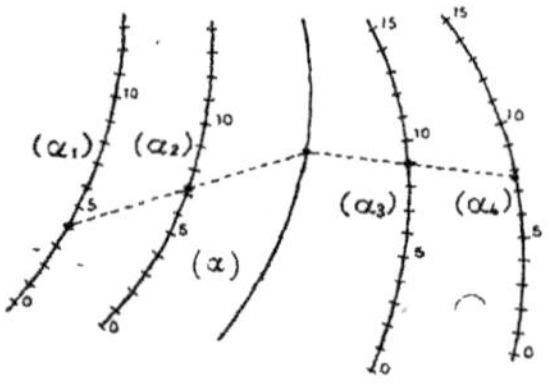

Si l'on se donne les valeurs de trois des variables α_1, α_2, α_3, α_4, les équations (E) et (E′) permettent de calculer celle de la quatrième, en plus de celle de α.

Sur l'abaque la droite passant par les points cotés α_1 et α_2 et la droite passant par les points cotés α_3 et α_4 se coupent au point coté α.

Or il peut arriver qu'une équation entre quatre variables α_1, α_2, α_3, α_4 résulte de l'élimination d'une variable auxiliaire α entre deux équations telles que (E) et (E′).

Le diagramme qui vient d'être construit fournira donc dans ce cas une représentation de l'équation considérée.

Son mode d'emploi, pour obtenir α_4, par exemple, connaissant α_1, α_2 et α_3, se réduira à ceci :

Faire passer l'index par les points cotés α_1 et α_2, puis le faire pivoter autour du point où il rencontre l'échelle (α)

jusqu'à ce qu'il passe par le point coté α_3. *Il coupe alors la dernière échelle au point coté* α_4.

Comme, en général, on n'aura pas besoin de connaître la valeur correspondante de la variable auxiliaire α, on pourra se dispenser de marquer la graduation relative à cette variable; il suffira de tracer son support qui sera dit la *ligne des pivots*. Si pourtant on veut, dans chaque cas, repérer la position du pivot, on n'aura qu'à marquer sur cette ligne une graduation *absolument quelconque*.

L'abaque ainsi constitué par l'accolement de deux abaques à points alignés ayant une échelle commune sera dit, pour rappeler son mode d'emploi, un *abaque à double alignement*.

On peut, dans le cas le plus général, former le type des équations ainsi représentables.

Remarquant que l'une des fonctions f, φ, ψ, la dernière, par exemple, peut toujours être remplacée par l'unité, et posant, pour abréger l'écriture

$$\begin{vmatrix} a_i b_i \\ a_j b_j \end{vmatrix} = [a_i b_j],$$

nous voyons que les équations (E) et (E′) peuvent s'écrire

$$f(\alpha)[\varphi_1\psi_2] + \varphi(\alpha)[\psi_1 f_2] + [f_1\varphi_2] = 0,$$
$$f(\alpha)[\varphi_3\psi_4] + \varphi(\alpha)[\psi_3 f_4] + [f_3\varphi_4] = 0.$$

De là, en posant encore pour abréger,

$$\begin{vmatrix} [a_i b_j] & [c_i d_j] \\ [a_k a_l] & [c_k d_l] \end{vmatrix} = [a_i b_j, c_k d_l],$$

nous tirons

$$f(\alpha) = \frac{[\psi_1 f_2, f_3\varphi_4]}{[\varphi_1\psi_2, \psi_3 f_4]},$$

$$\varphi(\alpha) = \frac{[f_1\varphi_2, \varphi_3\psi_4]}{[\varphi_1\psi_2, \psi_3 f_4]}.$$

Donc, si G et Γ sont les fonctions inverses respectivement de f et de φ, le résultat de l'élimination de α sera

$$\text{(1)} \qquad G\left(\frac{[\psi_1 f_2, f_3\varphi_4]}{[\varphi_1\psi_2, \psi_3 f_4]}\right) = \Gamma\left(\frac{[f_1\varphi_2, \varphi_3\psi_4]}{[\varphi_1\psi_2, \psi_3 f_4]}\right).$$

La forme de cette équation est, comme on voit, assez compliquée; mais il n'y avait qu'un intérêt purement théorique à faire voir la façon dont elle pouvait être obtenue.

En pratique, on n'aura guère à appliquer la méthode que dans le cas où l'échelle auxiliaire (α) sera une échelle régulière, c'est-à-dire où, dans les équations (E) et (E'), la fonction $f(\alpha)$ se réduira à α, la fonction φ à 1 et la fonction ψ à 0. Ces équations s'écrivent alors

$$\begin{vmatrix} \alpha & 1 & 0 \\ f_1 & \varphi_1 & \psi_1 \\ f_2 & \varphi_2 & \psi_2 \end{vmatrix} = 0,$$

$$\begin{vmatrix} \alpha & 1 & 0 \\ f_3 & \varphi_3 & \psi_3 \\ f_4 & \varphi_4 & \psi_4 \end{vmatrix} = 0,$$

et l'élimination de α, faite immédiatement, donne

$$(2) \qquad \begin{vmatrix} \psi_1 & f_1 \\ \psi_2 & f_2 \end{vmatrix} \begin{vmatrix} \varphi_3 & \psi_3 \\ \varphi_4 & \psi_4 \end{vmatrix} = \begin{vmatrix} \psi_3 & f_3 \\ \psi_4 & f_4 \end{vmatrix} \begin{vmatrix} \varphi_1 & \psi_1 \\ \varphi_2 & \psi_2 \end{vmatrix}.$$

89. *Échelles rectilignes et parallèles.* — Dans ce cas l'équation donnée est de la forme

$$(E) \qquad f_1 + f_2 = f_3 + f_4.$$

On la décompose immédiatement en

$$(E') \qquad f_1 + f_2 = \alpha$$

et

$$(E'') \qquad f_3 + f_4 = \alpha.$$

On peut construire les abaques de ces deux dernières équations, dont l'accolement par l'échelle (α) produira l'abaque à pivotement demandé, par l'un ou par l'autre des procédés suivants qui, bien entendu, ne sont pas théoriquement distincts, mais qui, en pratique, présentent une différence sur laquelle on insistera plus loin.

Premier procédé. — Pour représenter l'équation (E') on peut poser

$$(\alpha_1) \qquad u_1 = l_1 f_1,$$

$$(\alpha) \qquad u = -l\alpha.$$

Il vient alors pour α_2, en vertu de ce qui a été vu au n° 66,

$$(\alpha_2) \qquad u_2 = -l_2 f_2,$$

avec

$$\frac{1}{l_2} = \frac{1}{l} + \frac{1}{l_1}, \tag{1}$$

l'axe $A_2 u_2$ (*fig.* 94) étant d'ailleurs tel que

$$\frac{A_2A_1}{A_2A} = -\frac{l_1}{l},$$

ou, si l'on tient compte de (1), que (¹)

$$\frac{A_1A}{A_2A} = \frac{l_1}{l_2}.$$

Représentant par x_1 et x_2 les distances des axes $A_1 u_1$ et $A_2 u_2$

Fig. 94.

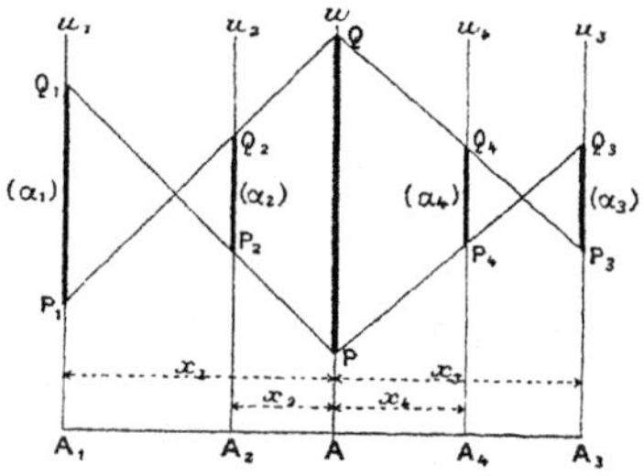

à l'axe Au des pivots, on peut écrire

$$\frac{x_1}{x_2} = \frac{l_1}{l_2}. \tag{2}$$

De même l'équation (E″) sera représentée par

$$(\alpha_3) \qquad u_3 = l_3 f_3,$$
$$(\alpha) \qquad u = -l\alpha,$$

l ayant la même valeur que ci-dessus, et

$$(\alpha_4) \qquad u_4 = -l_4 f_4,$$

(¹) On voit que, dans ce cas particulier, on retombe sur le principe de la composition des échelles (n° 70).

avec

$$(3)\qquad \frac{1}{l_4} = \frac{1}{l} - \frac{1}{l_3}$$

et

$$(4)\qquad \frac{x_3}{x_4} = \frac{l_3}{l_4}.$$

On obtient ainsi la disposition de la *fig.* 94 ([1]).

Les cinq modules l, l_1, l_2, l_3, l_4 ne sont astreints à vérifier que les égalités (1) et (3). On pourra donc chercher à les déterminer en vue de la meilleure disposition de l'abaque.

Comme on connaît les limites ([2]) entre lesquelles, pratiquement, reste comprise chaque variable, on peut calculer les différences δ_1, δ_2, δ_3, δ_4 entre les valeurs extrêmes des fonctions f_1, f_2, f_3, f_4.

Si, dès lors, on veut faire en sorte que les échelles (α_1) et (α_2) d'une part, (α_3) et (α_4) de l'autre aient même longueur, on posera

$$l_1\delta_1 = l_2\delta_2,$$
$$l_3\delta_3 = l_4\delta_4.$$

Ces deux équations jointes à (1) et (3) permettent d'exprimer quatre des modules en fonction du cinquième, l par exemple. On trouve ainsi

$$l_1 = l\frac{\delta_1-\delta_2}{\delta_1},\qquad l_2 = l\frac{\delta_1-\delta_2}{\delta_2},$$
$$l_3 = l\frac{\delta_3-\delta_4}{\delta_3},\qquad l_4 = l\frac{\delta_3-\delta_4}{\delta_4}.$$

Les quatre échelles seront de même longueur si $l_1\delta_1 = l_3\delta_3$, c'est-à-dire

$$\delta_1 - \delta_2 = \delta_3 - \delta_4.$$

([1]) On peut, sur cette figure, placer les systèmes (α_1), (α_2) d'une part, (α_3), (α_4) de l'autre, de côtés différents par rapport à l'axe A*u* des pivots, afin de la rendre plus claire. Mais rien n'empêche évidemment, pour réduire la largeur de l'abaque, de placer les deux couples de systèmes associés d'un même côté de l'axe A*u*.

([2]) Théoriquement, les valeurs limites de trois des variables prises comme indépendantes entraînent celles de la quatrième; mais, en pratique, celle-ci reste généralement comprise entre des valeurs plus resserrées que ces limites théoriques, et qui résultent des données fournies par l'expérience.

Il ne reste plus qu'à choisir le module l pour que les diverses graduations donnent le degré d'approximation exigé.

Second procédé. — On pose

$$(\alpha_1) \qquad u_1 = l_1 f_1,$$
$$(\alpha_2) \qquad u_2 = l_2 f_2,$$
$$(\alpha_3) \qquad u_3 = l_3 f_3,$$
$$(\alpha_4) \qquad u_4 = l_4 f_4,$$

enfin

$$(\alpha) \qquad u = l\alpha,$$

avec

$$(5) \qquad \frac{1}{l} = \frac{1}{l_1} + \frac{1}{l_2} = \frac{1}{l_3} + \frac{1}{l_4}.$$

Dans ce cas, l'axe des pivots est situé à la fois entre les échelles (α_1) et (α_2) et entre les échelles (α_3) et (α_4) (*fig.* 95), les distances

Fig. 95.

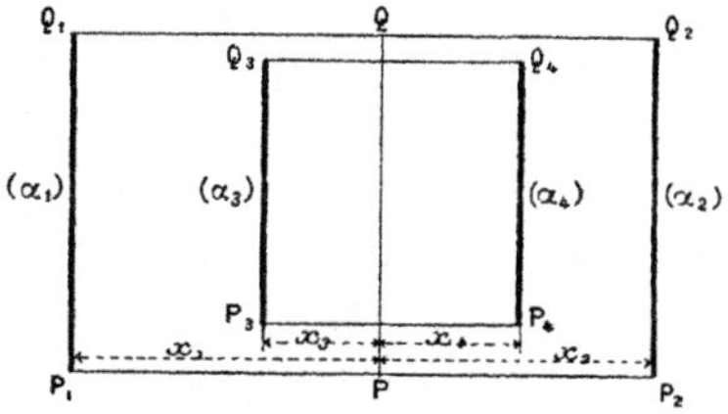

x_1, x_2, x_3, x_4 de cet axe aux supports parallèles de ces échelles étant telles que

$$(6) \qquad \frac{x_1}{x_2} = -\frac{l_1}{l_2}, \qquad \frac{x_3}{x_4} = -\frac{l_3}{l_4}.$$

Si l'on veut ici que les échelles (α_1) et (α_2) d'une part, (α_3) et (α_4) de l'autre soient de même longueur, il faut avoir, en appelant toujours δ_1, δ_2, δ_3, δ_4 les différences entre les valeurs extrêmes des fonctions f_1, f_2, f_3, f_4,

$$l_1\delta_1 = l_2\delta_2, \qquad l_3\delta_3 = l_4\delta_4,$$

ce qui donne

$$l_1 = l\frac{\delta_1 - \delta_2}{\delta_1}, \qquad l_3 = l\frac{\delta_3 + \delta_4}{\delta_3},$$

$$l_2 = l\frac{\delta_1 + \delta_2}{\delta_1}, \qquad l_4 = l\frac{\delta_3 + \delta_4}{\delta_4}.$$

Les quatre échelles seront de même longueur si $l_1\delta_1 = l_3\delta_3$, ou

$$\delta_1 + \delta_2 = \delta_3 + \delta_4.$$

Dans ce cas, comme dans le précédent, si $l_1 = l_3$ et $l_2 = l_4$, on peut faire coïncider les supports des échelles (α_1) et (α_3) d'une part, (α_2) et (α_4) de l'autre. Il suffit, pour cela, de placer les deux graduations d'un même support de part et d'autre de ce support, en adoptant le même côté pour celles qui doivent être associées par le moyen de l'index.

Comparaison des deux procédés. — Le premier procédé présente l'avantage (surtout lorsque les deux couples d'échelles associées sont d'un même côté de l'axe des pivots) que les deux points dont il faut prendre l'alignement avec l'index sont, pour chacune des deux positions de celui-ci, du même côté du pivot. Lorsque cette condition est remplie, on peut se servir pour l'index d'un fil tendu que l'on fixe sur le pivot. Si elle ne l'est pas, comme dans le second procédé, on ne peut plus fixer le fil sur le pivot, et, pour repérer la position du pivot, il convient de munir l'axe sur lequel il se trouve d'une graduation d'ailleurs absolument quelconque. En revanche, ce second procédé a l'avantage de limiter la longueur de la portion utile de l'axe des pivots à celle de la plus grande longueur des échelles parallèles (*fig.* 95), tandis que, dans le premier cas, elle la dépassait sensiblement, à moins que l'on ne diminuât beaucoup la longueur des échelles P_3Q_3 et P_4Q_4 (*fig.* 94).

Cette seconde considération l'emportera généralement sur la première. Toutefois, il y aura des cas où, pratiquement, les points extrêmes des échelles P_2Q_2, P_4Q_4 n'auront pas à être associés respectivement à toute la partie utile des échelles P_1Q_1, P_3Q_3, en sorte que la longueur de la portion utile PQ de l'axe des pivots se trouvera réduite.

Manière d'effectuer la construction. — Quel que soit le procédé employé, on effectuera la construction de la même manière, une fois qu'on aura arrêté les valeurs des modules l_1, l_2, l_3, l_4.

On commencera par tracer l'axe des pivots, puis les supports, en observant, pour leurs écartements par rapport à cet axe, les relations (2) et (3) dans un cas, (6) dans l'autre.

Cela fait, on construira, tout à fait indépendamment les unes des autres, et seulement en vue de la meilleure disposition à obtenir trois des échelles, (α_1), (α_2) et (α_3) par exemple, réduites à leurs portions utiles P_1Q_1, P_2Q_2, P_3Q_3.

Pour fixer la position de la quatrième échelle sur son support, il suffit de fixer celle d'un de ses points. Or il sera toujours facile, par une particularisation convenable, d'obtenir un système de valeurs de α_1^0, α_2^0, α_3^0 et α_4^0 satisfaisant à l'équation. Dès lors, la droite, joignant les points cotés α_1^0 et α_2^0, coupera l'axe des pivots en un point, et la droite unissant ce point au point coté α_3^0 coupera le support de la quatrième échelle au point où devra se trouver la cote α_4^0. Ce point suffira pour déterminer la position de cette dernière échelle.

90. *Exemples.* — Nous allons donner des exemples de l'un et de l'autre procédé :

1° *Abaque des poutres uniformément chargées.* — Si une poutre à section rectangulaire de largeur b et de hauteur h supporte une charge uniformément répartie q par mètre courant sur une portée p, on a, entre ces quantités, la relation

$$\frac{qp^2}{8} = k\frac{bh^2}{6},$$

k étant la limite de travail admise pour le bois par unité de surface (par exemple 60^{kg} par centimètre carré). D'ailleurs la valeur commune des deux membres de cette égalité est le moment de flexion de la section la plus fatiguée.

Posant

$$\frac{4k}{3} = k_1,$$

nous pouvons écrire cette équation

$$\log q + 2\log p = \log b + 2\log h + \log k_1.$$

Prenant donc

$$f_1 \equiv \log q, \qquad f_2 \equiv 2\log p, \qquad f_3 \equiv \log b, \qquad f_4 \equiv 2\log h + \log k_1,$$

nous aurons, par application du premier procédé, l'abaque à double alignement correspondant, en posant

$$
\begin{aligned}
&(q) \qquad u_1 = l_1 \log q,\\
&(p) \qquad u_2 = -l_2 2 \log p,\\
&(b) \qquad u_3 = l_3 \log b,\\
&(h) \qquad u_4 = -l_4(2 \log h + \log k_1),
\end{aligned}
$$

avec

$$\frac{1}{l_2} - \frac{1}{l_1} = \frac{1}{l_4} - \frac{1}{l_3}.$$

La *fig.* 96 donne la réduction au tiers de l'abaque construit d'après ce procédé par M. J. Mandl, lieutenant du Génie dans l'armée autrichienne (1), avec les modules

$$l_1 = 7^{\text{cm}},5, \qquad l_2 = 4^{\text{cm}},72, \qquad l_3 = 12^{\text{cm}},7, \qquad l_4 = 6^{\text{cm}},35.$$

Les échelles graduées sont alors définies par

$$
\begin{aligned}
&(q) \qquad u_1 = 7^{\text{cm}},5 \times \log q,\\
&(p) \qquad u_2 = -9^{\text{cm}},44 \times \log p,\\
&(b) \qquad u_3 = 12^{\text{cm}},7 \times \log b,\\
&(h) \qquad u_4 = -12^{\text{cm}},7 \times \log b - 6,35 \times \log k_1.
\end{aligned}
$$

Si l'on se reporte à la manière d'effectuer la construction indiquée à la fin du n° 89, on verra qu'il est inutile de calculer le terme constant du second membre de cette dernière formule.

M. Mandl a complété cet abaque (2), par un dispositif ingénieux qui permet de déterminer b et h en vue de rendre la section de la poutre semblable à un rectangle donné. Posons

$$\frac{b}{h} = \lambda.$$

---

(1) *Mittheilungen über Gegenstände der Artill.-u.-Genie-Wesens,* 1893. La disposition de la *fig.* 96 suppose le sens positif pris du haut vers le bas.

(2) Sur l'axe des pivots, l'auteur, d'après la remarque faite plus haut, aurait pu inscrire les valeurs du moment de flexion. Il a préféré, avec juste raison, inscrire les numéros d'échantillon des fers du commerce, de type courant en son pays, qui donnent ce moment de flexion. La graduation de gauche se rapporte à des fers à double T, celle de droite à des fers à U. L'index tendu entre le point coté q et le point coté p venant rencontrer l'axe des pivots en un point, il suffit, sur chaque graduation, de prendre le numéro inscrit au-dessus de ce point pour savoir quel est le type de fer correspondant à adopter. Pour l'exemple numérique indiqué en pointillé ($p = 4^{\text{m}},60$, $q = 0^{\text{t}},44$), on a le choix entre le fer à double T n° 16 et le fer à U n° 30. Les fabricants de poutres en fer devraient joindre un abaque de ce genre à leur album d'échantillons pour tous les types de sections.

Fig. 96.

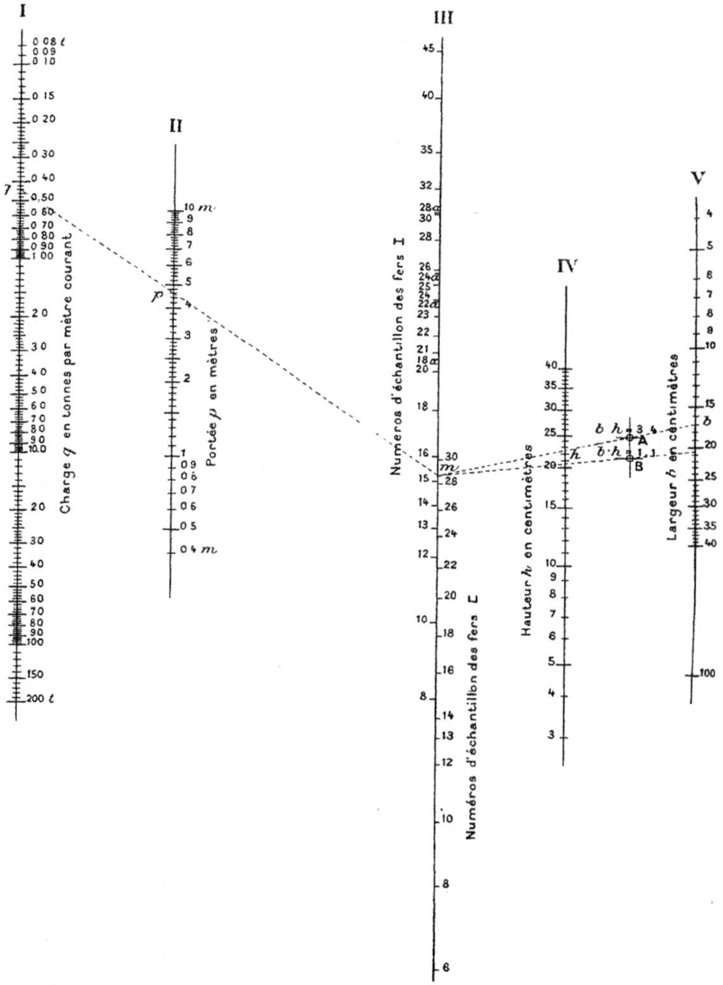
I
II
III
IV
V
Charge q en tonnes par mètre courant
Portée p en mètres
Numeros d'échantillon des fers I
Numéros d'échantillon des fers ⊏
Hauteur h en centimètres
Largeur b en centimètres
b h = 3.4
b h = 1.1
A
B
m
p
q
h
b
0 08 t
200 t
10 m
0 4 m

Nous avons alors

$$\log b - \log h = \log \lambda.$$

Or, si nous faisons un changement d'origine sur l'axe $A_4 u_4$, et si nous remettons l_3 à la place de $12^{cm},7$, nous pouvons écrire les formules définissant les échelles (b) et (h),

$$u_3 = \quad l_3 \log b,$$
$$u_4 = - l_3 \log h.$$

Nous voyons donc que, pour les couples de valeurs satisfaisant à la relation ci-dessus, nous aurons

$$u_3 + u_4 = l_3 \log \lambda.$$

Cette équation définit un point (λ) situé sur la parallèle équidistante des axes $A_3 u_3$ et $A_4 u_4$. Donc, *pour que la section ait la similitude définie par une certaine valeur de* λ, *il suffira que l'index passe par le point* (λ) *correspondant.*

Ayant tracé la parallèle équidistante des supports des échelles (b) et (h), il n'y a qu'à joindre par une droite les points cotés b_0 et h_0, tels que

$$b_0 = \lambda h_0,$$

pour avoir sur cette parallèle le point (λ) correspondant. C'est ainsi, par exemple, que les droites joignant le point (h) coté 20 aux points (b) cotés 15 et 20 donnent les points A et B correspondant respectivement à $\lambda = \frac{3}{4}$ et $\lambda = 1$.

Les lignes pointillées de la *fig.* 92 montrent les positions de l'index pour l'exemple numérique $p = 4^m,60$, $q = 0^t,44$.

Pour $\lambda = \frac{3}{4}$,	on a	$b = 17^{cm}$,	$h = 23^{cm}$,
» $\lambda = 1$,	»	$b = h = 21^{cm}$.	

2° *Abaque de l'écoulement des gaz par des tuyaux.* — M. F. Gaud a reconnu que l'écoulement des gaz dans les tuyaux obéissait à l'équation (¹)

$$h D^5 = 1655 \Delta Q^2,$$

où

h représente la perte de charge kilométrique exprimée en millimètres d'eau;
D le diamètre du tuyau en centimètres;
Δ le poids du mètre cube de gaz en kilogrammes;
Q le débit horaire en mètres cubes.

(¹) *Bull. off. de la Soc. techn. de l'Acétylène*, 2ᵉ année, p. 136; 1898.

Pratiquement, d'ailleurs,

h reste compris entre	0,1	et	300.
D »	0,5	et	25,
Δ »	0,08	et	3,
Q »	0,005	et	100.

Écrivons d'abord l'équation ci-dessus sous la forme

$$\log h + 5 \log D = \log \Delta + 2 \log Q + \log 1655.$$

D'après la remarque faite plus haut, il n'y a pas lieu, pour la construction des échelles, de tenir compte de la constante.

Nous poserons donc, suivant le second procédé,

$$(h) \qquad u_1 = l_1 \log h,$$
$$(D) \qquad u_2 = l_2\, 5 \log D,$$
$$(\Delta) \qquad u_3 = l_3 \log \Delta,$$
$$(Q) \qquad u_4 = l_4\, 2 \log Q.$$

Nous avons d'ailleurs

$$\delta_1 = \log 300 - \log 0,1 = 3,47,$$
$$\delta_2 = 5(\log 25 - \log 0,5) = 8,49,$$
$$\delta_3 = \log 3 - \log 0,08 = 1,57,$$
$$\delta_4 = 2(\log 100 - \log 0,005) = 8,60.$$

Par suite,

$$\delta_1 + \delta_2 = 11,96,$$
$$\delta_3 + \delta_4 = 10,17.$$

Ces deux quantités étant peu différentes l'une de l'autre, les longueurs des échelles, supposées égales pour chaque couple, n'auront elles-mêmes, entre elles, qu'une petite différence.

L'égalité rigoureuse pour chaque couple exigerait que l'on eût, d'une part,

$$l_1 = \frac{11,96}{3,47} l, \qquad l_2 = \frac{11,96}{8,49} l,$$

de l'autre,

$$l_3 = \frac{10,17}{1,57} l, \qquad l_4 = \frac{10,17}{8,6} l.$$

Ces divers rapports sont voisins des suivants :

$$l_1 = \frac{7}{2} l, \qquad l_2 = \frac{7}{5} l,$$

$$l_3 = 6\, l, \qquad l_4 = \frac{6}{5} l,$$

qui satisfont, en outre, rigoureusement aux égalités nécessaires

$$\frac{1}{l} = \frac{1}{l_1} + \frac{1}{l_2} = \frac{1}{l_3} + \frac{1}{l_4}.$$

Si on les adopte, on obtient les longueurs d'échelles voulues pour le

Fig. 97.

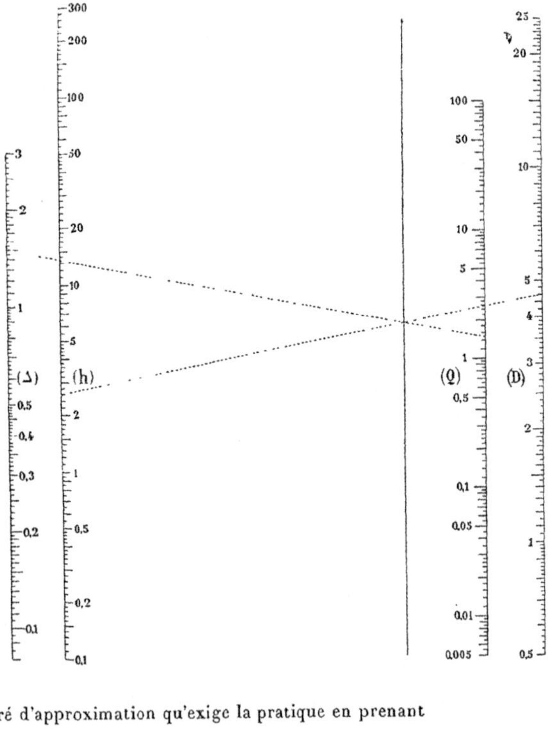

degré d'approximation qu'exige la pratique en prenant

$$l = 20^{mm},$$

d'où

$$l_1 = 70^{mm}, \qquad l_2 = 28^{mm}, \qquad l_3 = 120^{mm}, \qquad l_4 = 24^{mm}.$$

Les échelles sont dès lors définies par

(h) $\qquad u_1 = 70^{mm} \log h,$

(D) $\qquad u_2 = 140^{mm} \log D,$

(Δ) $\qquad u_3 = 120^{mm} \log \Delta,$

(Q) $\qquad u_4 = 48^{mm} \log Q,$

et leurs longueurs sont données, au millimètre près, par

$$L_1 = 70^{mm}(\log 300 - \log 0,1) = 238^{mm},$$
$$L_2 = 140^{mm}(\log 25 - \log 0,5) = 238^{mm},$$
$$L_3 = 120^{mm}(\log 3 - \log 0,08) = 192^{mm},$$
$$L_4 = 48^{mm}(\log 100 - \log 0,005) = 206^{mm}.$$

On voit qu'elles diffèrent peu les unes des autres.

Les distances x_1, x_2, x_3, x_4 de ces échelles à l'axe des supports devront être telles que

$$\frac{x_1}{x_2} = \frac{5}{2}, \qquad \frac{x_3}{x_4} = 5.$$

Pour que l'index rencontre les axes sous des angles qui restent sensiblement compris entre 45° et 90°, il faut que les écartements des échelles (h) et (D) d'une part, (Δ) et (Q) de l'autre, diffèrent peu de la longueur des échelles. On atteint ce résultat en prenant

$$x_1 = 13^{cm}, \qquad x_2 = 5^{cm},2, \qquad x_3 = 15^{cm}, \qquad x_4 = 3^{cm}.$$

C'est avec ces données qu'a été construit l'abaque dont la *fig.* 97 est une réduction.

Les deux positions de l'index marquées en pointillé sur la figure montrent que pour $h = 2,3$, $D = 4,6$, $\Delta = 1,5$, on a $Q = 1,25$.

91. *Échelles rectilignes non parallèles. Abaque du nivellement barométrique.* — Les équations qui viennent d'être représentées, à titre d'exemples, sont de la forme

$$f_1 f_2 = f_3 f_4.$$

Il a suffi de prendre les logarithmes des deux membres pour leur donner la forme voulue, mais elles peuvent, sans subir cette transformation, être traduites en abaques à pivotement. Si, en effet, on appelle α la valeur commune des deux membres de cette équation, on peut représenter les équations

$$f_1 f_2 = \alpha,$$
$$f_3 f_4 = \alpha,$$

en posant d'une part

$$u = l\alpha,$$
$$u_1 = l_1 f_1,$$

de l'autre

$$u = l\alpha,$$
$$u_3 = l_3 f_3,$$

et faisant coïncider les échelles (α).

En voici un exemple emprunté à l'excellent Traité de Topographie de M. Prévot [1].

La différence de niveau Z, en mètres, entre deux stations voisines, est donnée approximativement par la formule

$$Z = 16000\left[1 + \frac{2(t+t')}{1000}\right]\frac{h-h'}{h+h'},$$

où h et t désignent la hauteur barométrique exprimée en millimètres et la température à la station supérieure, h' et t' les mêmes quantités à la station inférieure.

Posant

$$\frac{t+t'}{2} = \theta, \qquad h - h' = \varepsilon, \qquad \frac{h+h'}{2} = \mu,$$

on peut écrire cette formule

$$\frac{Z}{\varepsilon} = \frac{8000 + 32\theta}{\mu}.$$

Appelant α la valeur commune des deux membres de cette équation, quantité qui représente la différence de niveau correspondant à une diffé-

---

(1) *La Topographie appliquée aux Travaux publics* (Ouvrage faisant partie de la *Bibliothèque du Conducteur des Travaux publics;* Dunod, éditeur; 1898). L'abaque ici reproduit figure sur la Planche jointe au Tome I.

M. Prévot a également construit, pour la détermination du poids des cordes filées employées dans les instruments de musique un remarquable abaque à double alignement rentrant dans le type du n° 92, mais s'appliquant à une équation plus compliquée. M. Gustave Lyon, Directeur de la maison Pleyel-Wolff, qui a fait constamment usage de cet abaque au cours des études qui l'ont conduit à l'invention de la harpe chromatique, a, dans une conférence faite le 24 février 1897 devant le Groupe parisien des Polytechniciens, déclaré que l'abaque de M. Prévot lui a fait gagner les onze douzièmes du temps qu'il eût dû, s'il en avait été privé, consacrer au calcul numérique.

Nous citerons encore un abaque de ce genre construit par M. G. Pesci pour le jaugeage des tonneaux (G. C.; t. XXXV; 1899).

rence de pression de 1^{mm}, nous poserons, comme il vient d'être dit,

$$(\alpha) \qquad u = l\alpha,$$

$$(z) \qquad u_1 = l_1 Z,$$

$$(\theta) \qquad u_3 = l_3(8000 + 32\theta).$$

Les échelles (ε) et (μ) seront alors définies respectivement par

$$l_1 \varepsilon u - l u_1 = 0,$$

ou, en désignant par δ_1 la demi-distance des origines A et A_1,

$$(\varepsilon) \qquad x = \delta_1 \frac{l + l_1 \varepsilon}{l - l_1 \varepsilon}$$

et

$$l_3 \mu u - l u_3 = 0,$$

ou, en désignant par δ_3 la demi-distance des origines A et A_3,

$$(\mu) \qquad x = \delta_3 \frac{l + l_3 \mu}{l - l_3 \mu}.$$

Fig. 98.

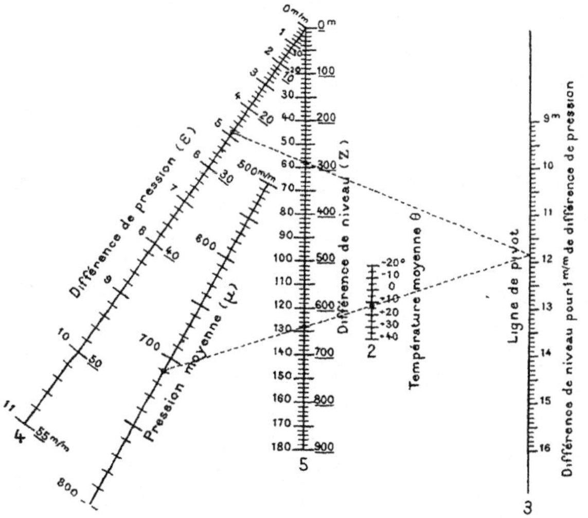

La *fig.* 98 reproduit l'abaque ainsi construit par M. Prévot : 1° avec les modules $l = 10^{mm}$, $l_1 = 0^{mm},1$, $l_3 = \frac{1^{mm}}{120}$; 2° avec les mêmes modules l et l_3 et le module $l_1 = 0^{mm},5$.

Les deux abaques ainsi obtenus ne diffèrent que par leurs graduations (Z) et (ε). Les deux graduations distinctes relatives à un même axe sont placées de part et d'autre de cet axe, ce qui, en l'espèce, est d'autant plus commode que les points de division sont les mêmes d'une graduation à l'autre et que seules les chiffraisons diffèrent, l'une étant quintuple de l'autre.

Pour qu'il n'y ait aucune hésitation dans la façon de lire ces graduations, celles qui doivent être associées dans la seconde position de l'index ont été munies de chiffres soulignés.

Les deux positions de l'index, tracées en pointillé sur la figure, se rapportent à l'exemple numérique pour lequel on a

$$h = 722^{mm},6, \quad h' = 698^{mm},3, \quad t = 15°,2, \quad t' = 12°,$$

d'où

$$\varepsilon = 24^{mm},3, \quad \mu = 710^{mm},4, \quad \theta = 13°,6.$$

L'abaque, pris avec ses graduations soulignées, donne

$$Z = 288^{m}.$$

On aurait pu, pour la disposition des échelles de chacun des deux abaques juxtaposés, appliquer ici ce qui a été dit au n° 73.

92. *Échelles curvilignes.* — Parmi les équations rentrant dans le type général (2) du n° 88, celles qui se rencontrent le plus souvent sont de la forme

$$(E) \qquad f_1 f_2 + \varphi_2 = f_3 f_4 + \varphi_4.$$

Désignant par α la valeur commune des deux membres de cette équation, on aura à représenter simultanément les équations

$$(E') \qquad f_1 f_2 + \varphi_2 = \alpha,$$

$$(E'') \qquad f_3 f_4 + \varphi_4 = \alpha.$$

Pour la première, on pose

$$(\alpha) \qquad u = l\alpha,$$

$$(\alpha_1) \qquad v = -l_1 f_1,$$

ce qui donne pour les points (α_2)

$$(\alpha_2)_0 \qquad l_1 u + l f_2 v = l l_1 \varphi_2$$

ou

(α_2) $$x = \delta\frac{lf_2 - l_1}{lf_2 + l_1}, \qquad y = \frac{ll_1\varphi_2}{lf_2 + l_1}.$$

Pour la seconde,

(α) $$u = l\alpha,$$

(α_3) $$v = -l_3 f_3,$$

ce qui donne pour les points (α_4)

$(\alpha_4)_0$ $$l_3 u + lf_4 v = ll_3\varphi_4$$

ou

(α_4) $$x = \delta\frac{lf_4 - l_3}{lf_4 + l_3}, \qquad y = \frac{ll_3\varphi_4}{lf_4 + l_3}.$$

Il est, bien entendu, nécessaire de faire coïncider les échelles (α) des deux abaques, dont la graduation n'aura d'ailleurs pas à être marquée, et dont le support constituera l'axe des pivots.

Quant aux échelles (α_1) et (α_3), on pourra leur donner le même support en prenant le même axe des v dans les deux cas. Les graduations correspondantes n'auront alors qu'à être portées de part et d'autre de cet axe.

93. *Exemple : Abaque de l'écoulement de l'eau dans les canaux découverts.* — La formule donnée par M. Bazin [1] est la suivante :

$$U = \frac{87\sqrt{RI}}{1 + \frac{\gamma}{\sqrt{R}}},$$

où U désigne la vitesse moyenne en mètres, R le rayon moyen en mètres, I la pente, γ un coefficient numérique qui dépend de la nature de la paroi.

Elle peut s'écrire

$$\frac{\gamma}{R} + \frac{1}{\sqrt{R}} = \frac{87\sqrt{I}}{U}.$$

Sous cette forme, on voit qu'elle rentre dans le type (E) ci-dessus lorsqu'on prend

$$\alpha_1 \equiv \gamma, \qquad \alpha_2 \equiv R, \qquad \alpha_3 \equiv I, \qquad \alpha_4 \equiv U$$

et

$$f_1 \equiv \gamma, \qquad f_2 \equiv \frac{1}{R}, \qquad \varphi_2 \equiv \frac{1}{\sqrt{R}},$$

$$f_3 \equiv 87\sqrt{I}, \qquad f_4 \equiv \frac{1}{U}, \qquad \varphi_4 \equiv 0.$$

---

[1] **O. 30.**

Il en résulte que les quatre échelles seront définies, en vertu de ce qui a été vu au n° 92, par les formules suivantes :

$$(\gamma) \qquad v = -l_1\gamma,$$

$$(\text{R}) \qquad x = \delta\frac{l - l_1\text{R}}{l + l_1\text{R}}, \qquad y = \frac{ll_1\sqrt{\text{R}}}{l + l_1\text{R}},$$

$$(\text{I}) \qquad v = -l_3 87\sqrt{\text{I}},$$

$$(\text{U}) \qquad x = \delta\frac{l - l_3\text{U}}{l + l_3\text{U}}, \qquad y = 0.$$

Les échelles (γ), (I) et (U) sont rectilignes. L'échelle (R) a pour support la courbe dont l'équation, obtenue par élimination de R entre les formules (R), est

$$(1) \qquad x^2 + \frac{4\delta^2}{ll_1}y^2 = \delta^2.$$

La construction de cette ellipse est bien simple. Considérons (*fig.* 99)

Fig. 99.

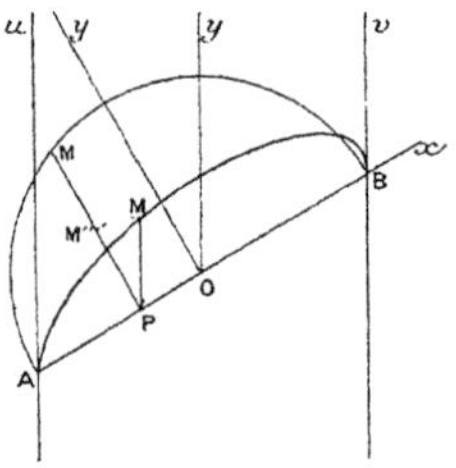

le cercle qui, rapporté à Ox et à la perpendiculaire Oy' élevée en O à cet axe, a pour équation

$$x^2 + y'^2 = \delta^2.$$

C'est le cercle décrit sur AB comme diamètre. Pour une même abscisse x, on a entre l'ordonnée y' du cercle et l'ordonnée y de l'ellipse la relation

$$(2) \qquad y = y'\frac{\sqrt{ll_1}}{2\delta}.$$

Donc, réduisant l'ordonnée PM' du cercle dans le rapport $\frac{\sqrt{ll_1}}{2\delta}$, ce qui donne PM'', on n'a qu'à faire tourner celle-ci en PM de façon à la rendre parallèle à Oy pour avoir le point correspondant M de l'ellipse.

Les expressions (R) et (U) de x montrent en outre que les cotes R et U des points M et P sont liées par la relation

$$(3) \qquad l_1\text{R} = l_3\text{U}.$$

L'abaque, dont la *fig.* 100 est une réduction, a été construit avec les modules

$$l = 8^{mm}, \qquad l_1 = 32^{mm}, \qquad l_3 = 8^{mm},$$

la demi-distance des origines A et B étant

$$\delta = 40^{mm}.$$

En outre, l'échelle (U) étant d'abord supposée s'étendre de A (cote ∞)

Fig. 100.

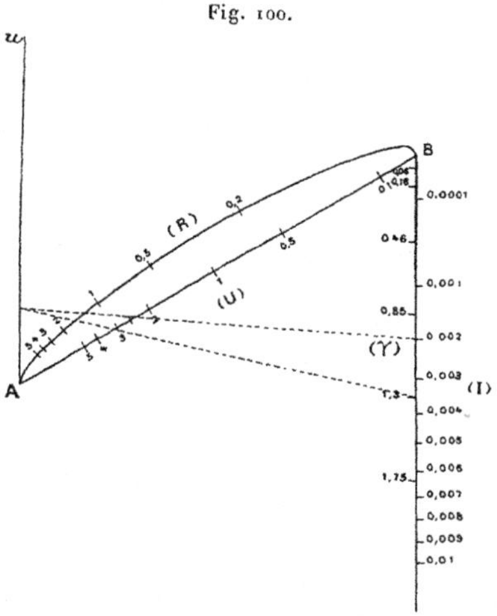

à B (cote 0), on a, pour une raison donnée dans la Remarque qui termine le n° 73, pris l'axe AB des origines incliné à 60° sur la direction des axes Au et Bv.

L'échelle (γ) est alors donnée par

$$v = -\gamma . 32^{mm}.$$

C'est une échelle régulière facile à construire (1). Elle a été portée sur le côté gauche de l'axe Bv.

(1) Les seules valeurs de γ à considérer sont, d'après M. Bazin :

0,06. — Parois très unies (ciment, bois raboté, etc.).
0,16. — Parois unies (planches, briques, pierre de taille, etc.).
0,46. — Parois en maçonnerie de moellons.
0,85. — Parois de nature mixte (terres très régulières, perrés, etc.).
1,30. — Parois en terre dans des conditions ordinaires.
1,75. — Parois en terre d'une résistance exceptionnelle (galets, herbes, etc.).

L'échelle (I), portée sur le côté droit, de $I = 0,0001$ à $I = 0,01$, est définie par

$$v = -\sqrt{I}.715^{mm}.$$

L'échelle (U), portée par l'axe AB des origines, est définie par

$$x = \frac{1-U}{1-U}40^{mm}.$$

C'est une échelle segmentaire (n° 5, 3°), bien facile à construire soit au moyen d'un étalon segmentaire, soit par transformation d'une échelle régulière (n° 7), puisqu'on en connaît immédiatement trois points qui sont le point A coté ∞, le point B coté 0, et le milieu de AB coté 1. Il suffit d'ailleurs de prendre les valeurs de v entre 0,1 et 5.

Pour ce qui est de l'échelle (R), on commencera par tracer l'ellipse qui lui sert de support en remarquant qu'ici le rapport de réduction qui entre dans les formules (2) est

$$\frac{\sqrt{8 \times 32}}{2 \times 40} = \frac{1}{5}.$$

Une fois ce support construit, on a immédiatement l'échelle (R) en remarquant que, d'après la formule (3), qui donne ici

$$4R = U,$$

on a la projection de l'échelle (R) sur AB, faite parallèlement à Au et Bv, en divisant par 4 les cotes de l'échelle (U).

Il suffit de prendre les valeurs de R entre 0,2 et 5.

C'est ici l'axe Au qui sert d'axe des pivots. Pour savoir quelle est sa longueur utile, il suffit d'associer la plus grande valeur de γ ($\gamma = 1,75$) à la plus petite de R ($R = 0,2$). On trouve ainsi un peu moins de $8^{cm},8$.

Les positions de l'index tracées en pointillé sur la *fig.* 100 correspondent à l'exemple numérique $\gamma = 1,3$, $R = 1,6$, $I = 0,002$, pour lequel l'abaque donne $U = 2^{m},4$.

B. — Abaques a transversales diverses.

94. *Abaques à transversale circulaire.* — Si l'on analyse le mode d'emploi des abaques à points alignés, on reconnaît qu'il consiste essentiellement en ceci : *deux points cotés déterminant la position d'une transversale rectiligne (l'index) tracée sur un transparent, si cette transversale passe par un troisième point coté, il existe entre les cotes des trois points une équation dont on a ainsi un mode de représentation.*

L'idée se présente dès lors de remplacer la transversale rectiligne par une transversale quelconque, telle que sa position soit complètement définie par deux points cotés. Cette idée se rencontre dans un Mémoire de M. le capitaine Goedseels (1), professeur à l'École de Guerre de Bruxelles, dont nous allons résumer la substance.

La seule courbe, *invariable de forme,* qui partage avec la ligne droite la propriété d'être déterminée de position par deux points, est un cercle de rayon constant. De même, en effet, qu'une droite définie par deux points peut glisser sur elle-même en faisant naître une translation, un cercle de rayon donné, défini par deux points, peut glisser sur lui-même, en faisant naître une rotation. Le type d'abaque correspondant est donné par la *fig.* 101.

Fig. 101.

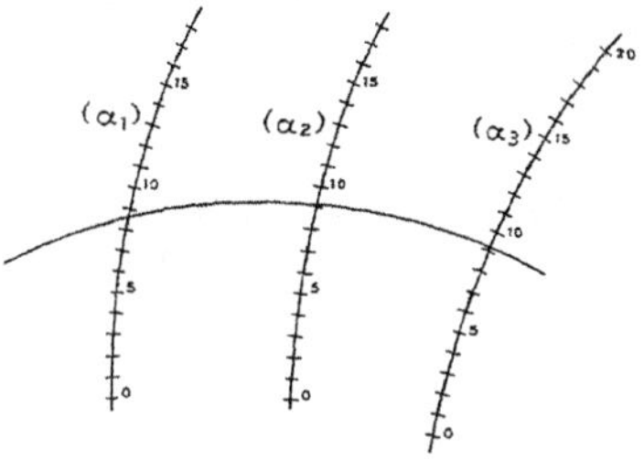

La considération des transversales circulaires ne présente guère qu'un intérêt théorique. Nous nous y arrêterons toutefois un instant pour faire voir que le calcul que nous avons développé au n° 52 permet de mettre sous forme symétrique (2) le type général d'équation ainsi représentable.

L'équation du cercle de rayon R servant de transversale, rapporté à deux axes rectangulaires fixes, mais d'ailleurs quelconques, du plan est

$$(x-\xi)^2+(y-\eta)^2=R^2,$$

ξ et η étant les coordonnées variables de son centre. Exprimant

(1) *Les procédés pour simplifier les calculs ramenés à l'emploi de deux transversales qui se rencontrent au sein d'une graduation.* Bruxelles, 1898.

(2) Ce type d'équation n'est pas, dans le Mémoire de M. Goedseels, donné sous forme symétrique.

que ce cercle passe par les trois points cotés (α_1), (α_2), (α_3), dont les coordonnées sont définies respectivement par

$$(\alpha_i) \qquad x = f_i, \quad y = \varphi_i \quad (i = 1, 2, 3),$$

on a les trois équations

$$\xi^2 + \eta^2 - 2 f_i \xi - 2 \varphi_i \eta + f_i^2 + \varphi_i^2 - R^2 = 0 \qquad (i = 1, 2, 3,).$$

Le problème qui consiste à éliminer ξ et η entre ces trois équations est algébriquement le même que celui qui a été résolu au n° 52, lorsqu'on remplace

$$\begin{array}{lcl} a_i & \text{par} & 1, \\ x & \text{»} & \xi, \\ y & \text{»} & \eta, \\ f_i & \text{»} & -2 f_i, \\ \varphi_i & \text{»} & -2 \varphi_i, \\ \psi_i & \text{»} & f_i^2 + \varphi_i^2 - R^2. \end{array}$$

Nous pouvons donc écrire immédiatement le résultat. Convenant d'abord, pour simplifier l'écriture, de poser d'une manière générale

$$\begin{vmatrix} a_1 & b_1 & c_1 \\ a_2 & b_2 & c_2 \\ a_3 & b_3 & c_3 \end{vmatrix} = | a_i b_i c_i |,$$

et remarquant que

$$| 1 \quad a_i \quad f_i^2 + \varphi_i^2 - R^2 | = | 1 \quad a_i \quad f_i^2 + \varphi_i^2 |,$$

nous avons pour l'équation cherchée

$$\overline{| 1 \quad \varphi_i \quad f_i^2 + \varphi_i^2 |}^2 + \overline{| f_i \quad 1 \quad f_i^2 + \varphi_i^2 |}^2$$
$$+ 4 | f_i \quad \varphi_i \quad 1 | (| f_i \quad \varphi_i \quad f_i^2 + \varphi_i^2 | - R^2 | f_i \quad \varphi_i \quad 1 |) = 0.$$

Si l'on pose

$$f_i^2 + \varphi_i^2 = \psi_i,$$

on voit qu'avec la notation abrégée du n° 52 l'équation précédente peut s'écrire

$$D_f^2 + D_\varphi^2 + 4 D_\psi (D - R^2 D_\psi) = 0.$$

En particulier, si les points (α_1) et (α_2) sont distribués sur Ox, les points (α_3) sur Oy, cette équation, toutes réductions faites, prend la forme simple

$$\varphi_3^2[(f_1+f_2)^2-4R^2]+(\varphi_3^2-f_1f_2)^2=0.$$

95. *Abaques à transversale quelconque et repère. Abaques à équerre.* — Si la transversale est autre qu'une droite ou un cercle (¹), il faut trois (²), au lieu de deux, conditions pour définir sa position par rapport à l'abaque : aussi ne suffira-t-il plus de la faire passer par deux points cotés et faudra-t-il lui imposer, en outre, une condition simple quelconque. Celle qui se présente tout naturellement à l'esprit consiste à mettre en coïncidence avec l'un de ces deux points cotés, un point marqué sur la transversale et que nous appellerons son *repère*.

En faisant varier la nature de cette transversale et la position du repère, on peut engendrer des modes de représentation en nombre pour ainsi dire indéfini, s'appliquant à des équations de types divers. Il s'en faut pourtant que toutes ces sortes d'abaques soient d'un grand intérêt pratique. Ceux qui, à ce point de vue, présenteront le plus d'importance, seront, cela va de soi, ceux pour lesquels la transversale sera de nature simple.

On peut, par exemple, supposer que celle-ci se réduise à un système de deux droites, plus particulièrement à deux droites rectangulaires (³), le repère étant le point de rencontre de ces deux droites. On obtient ainsi le type d'abaque représenté par la *fig.* 102 et que M. Goedseels a appelé *abaque à équerre*.

Il est très facile de former le type général d'équation correspondant. Les trois systèmes de points cotés étant, en effet, définis par les formules

$$x=f_i, \qquad y=\varphi_i \qquad (i=1,2,3),$$

(¹) Rigoureusement il faudrait dire un système de trois droites parallèles ou de trois cercles concentriques, comme on le verra plus loin (nº 145, *Rem.* I).

(²) Pour s'en rendre compte, il suffit de rapporter cette transversale mobile et invariable de forme à deux axes rectangulaires qui lui soient invariablement liés. Sa position se trouve alors définie par celle de ces axes; or cela exige trois conditions, deux d'entre elles définissant, par exemple, la position de l'origine et la troisième l'orientation des axes.

(³) Ces deux droites rectangulaires pourront être soit dessinées sur un transparent, soit constituées par les bords d'une équerre, comme c'est le cas pour le profilomètre Siégler (nº 113).

on a, en écrivant la condition de perpendicularité des droites O'X' et O'Y' dont l'ensemble constitue la transversale,

$$(\varphi_1 - \varphi_2)(\varphi_1 - \varphi_3) + (f_1 - f_2)(f_1 - f_3) = 0.$$

Si les points (α_1) sont distribués sur l'axe Oy, les points (α_2) et

Fig. 102.

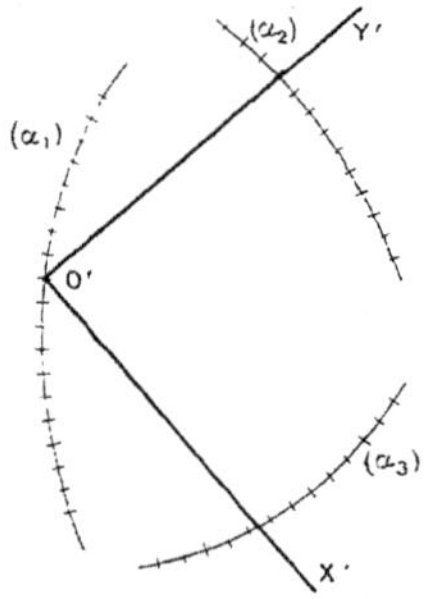

(α_3) sur l'axe Ox, on a $f_1 \equiv 0$, $\varphi_2 \equiv 0$, $\varphi_3 \equiv 0$, et l'équation se réduit à

$$\varphi_1^2 + f_2 f_3 = 0.$$

Un abaque de ce genre se rencontre dans le *profilomètre* de M. Siégler dont il sera question plus loin (n° 113).

96. *Abaques à transversale quelconque pour équations à quatre variables.* — La fixation sur l'abaque de la position d'une transversale quelconque, invariable de forme bien entendu, exigeant trois conditions simples, nous avons dû, pour utiliser une telle transversale dans la représentation d'une équation à trois variables, lui imposer une condition venant s'ajouter à l'obligation de passer par deux points cotés. Nous pourrons donc, au lieu de cette condition supplémentaire réalisée ci-dessus au moyen du repère, lui imposer l'obligation de passer par un troisième point coté et nous aurons ainsi un mode de représentation applicable à des équations *à quatre variables*. Ce genre d'abaque est également proposé par M. Goedseels dans le travail déjà cité.

Reprenons, par exemple, l'équerre du numéro précédent; elle nous donnera le type d'abaque ainsi défini :

On applique, sur l'abaque portant les quatre échelles curvilignes (α_1), (α_2), (α_3), (α_4), *une équerre dont on fait passer l'un des côtés par les points cotés* α_1 *et* α_2 *et l'autre côté par le point coté* α_3. *Ce second côté coupe alors la quatrième échelle au point coté* α_4.

Comme précédemment la forme d'équation correspondante s'obtient immédiatement en écrivant la condition de perpendicularité des deux axes constituant la transversale, ce qui donne

$$(\varphi_1 - \varphi_2)(\varphi_3 - \varphi_4) + (f_1 - f_2)(f_3 - f_4) = 0.$$

Exemple : Abaque des levers tachéométriques. — C'est à M. Goedseels que nous empruntons cet exemple.

Soient h la lecture stadimétrique, i la distance zénithale, a l'azimut donnés pour un point par le tachéomètre, X, Y, Z les coordonnées rectangulaires de ce point. On a, en représentant par C une constante instrumentale,

(1) $$X = h(C \sin i + \cos i) \sin i \cos a,$$

(2) $$Y = h(C \sin i + \cos i) \sin i \sin a,$$

(3) $$Z = h(C \sin i + \cos i) \cos i,$$

ou, en supprimant le terme $h \cos^2 i$, généralement négligeable,

(3′) $$Z = \frac{h}{2} C \sin 2i.$$

On voit que les formules (1), (2) et (3′) se ramènent à une seule équation

(E) $$\alpha_4 = \alpha_2(C \sin\alpha_3 + \cos\alpha_3) \sin\alpha_3 \cos\alpha_1,$$

grâce aux identifications

$(1)_1$ $$\alpha_1 \equiv a, \quad \alpha_2 \equiv h, \quad \alpha_3 \equiv i, \quad \alpha_4 \equiv X,$$

$(2)_1$ $$\alpha_1 \equiv \frac{\pi}{2} - a, \quad \alpha_2 \equiv h, \quad \alpha_3 \equiv i, \quad \alpha_4 \equiv Y,$$

$(3)_1$ $$\alpha_1 \equiv \frac{\pi}{2} - 2i, \quad \alpha_2 \equiv \frac{h}{2}, \quad \alpha_3 \equiv \frac{\pi}{2}, \quad \alpha_4 \equiv Z.$$

Bornons-nous donc à représenter l'équation (E). Or elle peut s'écrire, m, p, q étant trois paramètres arbitraires dont on disposera par la suite,

$$(-q \cos\alpha_1)\left[p\left(\sin^2\alpha_3 + \frac{1}{C}\sin\alpha_3\cos\alpha_3\right)\right] + \left(-\frac{mpq}{\alpha_2}\right)\left(-\frac{\alpha_4}{mC}\right) = 0.$$

Sous cette forme, elle rentre immédiatement dans le type général ci-dessus, grâce aux identifications

$$f_1 \equiv 0, \qquad \varphi_1 \equiv -q \cos\alpha_1.$$

$$f_2 \equiv \frac{mpq}{\alpha_2}, \qquad \varphi_2 \equiv 0,$$

$$f_3 \equiv 0, \qquad \varphi_3 \equiv p\left(\sin^2\alpha_3 + \frac{1}{C}\sin\alpha_3\cos\alpha_3\right),$$

$$f_4 \equiv \frac{\alpha_4}{mC}, \qquad \varphi_4 \equiv 0.$$

Les points (α_1) et (α_3) sont donc distribués sur Oy, de part et d'autre

Fig. 103.

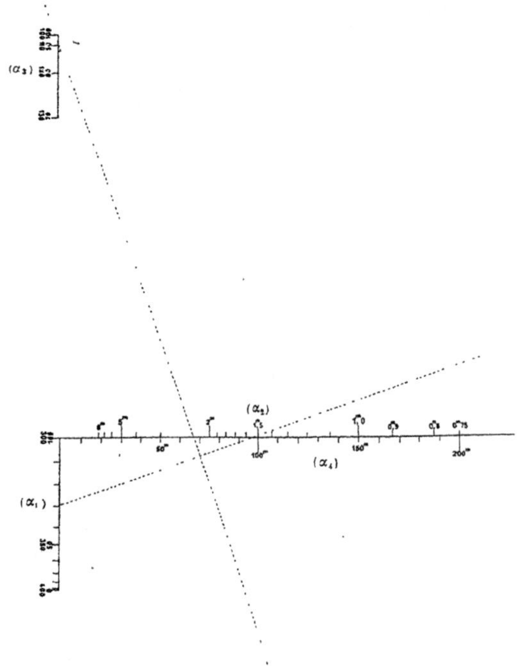

de l'origine, les points (α_2) et (α_4) sur la partie positive de Ox; on distinguera d'ailleurs ces derniers les uns des autres en plaçant les graduations correspondantes de part et d'autre de Ox.

Pour un tachéomètre dont la constante C est égale à 100, ce qui est le cas ordinaire, et en donnant aux paramètres m, p, q les valeurs

$$m = 15, \qquad p = \frac{1}{7,5}, \qquad q = \frac{1}{20},$$

M. Goedseels a obtenu l'abaque dont la *fig.* 103 est la réduction à la moitié.

Les graduations angulaires y sont faites en *grades* [1].

Prenons l'exemple numérique pour lequel les données sont

$$h = 1,54, \qquad a = 70^{g}, \qquad i = 93^{g},$$

d'où l'on déduit immédiatement

$$\frac{h}{2} = 0,77, \qquad \frac{\pi}{2} - a = 30^{g}, \qquad \frac{\pi}{2} - 2i = 314^{g},$$

ce dernier angle, pour être compris entre 0 et $2\pi = 400^{g}$, ayant été augmenté de 2π.

Les trois positions de l'équerre, dont la première seule a été marquée en pointillé sur la figure, donnent successivement :

Pour $\alpha_1 = 70$, $\alpha_2 = 1,54$, $\alpha_3 = 93$,

$$X = \alpha_4 = 66^{m};$$

Pour $\alpha_1 = 30$, $\alpha_2 = 1,54$, $\alpha_3 = 93$,

$$Y = \alpha_4 = 134^{m};$$

Pour $\alpha_1 = 314$, $\alpha_2 = 0,77$, $\alpha_3 = 100$,

$$Z = \alpha_4 = 8^{m}.$$

97. *Abaques à parallèles mobiles.* — La position du transparent, lorsqu'une droite qui y est tracée est amenée à passer par deux points cotés, n'est déterminée, avons-nous vu, qu'à une translation près; mais il est des lignes dont cette translation ne fait pas varier la position : ce sont les droites parallèles à la première. De là l'idée d'un autre mode de représentation appli-

---

(1) Suivant le conseil donné par le colonel Goulier, pour la graduation des mires, les chiffraisons de (α_1) et de (α_3) ont été inscrites de façon que le sens croissant de la graduation soit dirigé vers la droite du chiffre lu normalement. Ce conseil n'a pas été suivi en ce qui concerne la chiffraison de (α_2), parce que, l'abaque étant tenu comme l'indique la figure, les chiffres seraient lus à l'envers.

cable à des équations à quatre variables, qui a été proposé par M. M. Beghin ([1]).

Sur l'abaque portant quatre échelles curvilignes (α_1), (α_2), (α_3) *et* (α_4), *on applique un transparent portant des lignes parallèles équidistantes* (*fig.* 104), *de façon que l'une d'elles,* Δ'_0, *passe par les points cotés* α_1 *et* α_2. *Celle,* Δ', *qui passe alors*

Fig. 104.

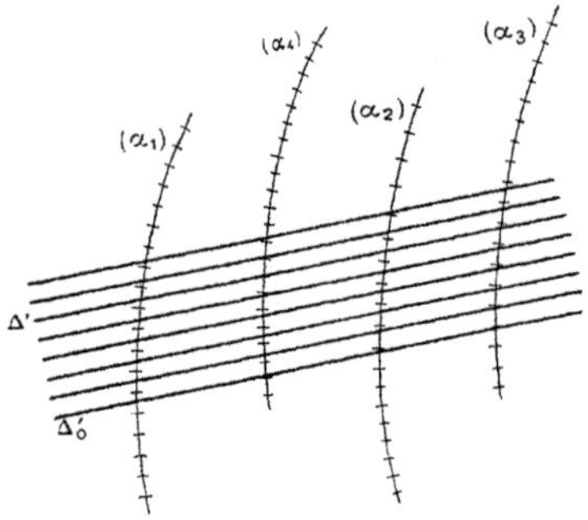

par le point coté α_3 ([2]), *rencontre alors la quatrième échelle en un point dont la cote est* α_4.

Il suffit d'exprimer le parallélisme des droites définies, d'une part par les points (α_1) et (α_2), de l'autre par les points (α_4) et (α_3), pour avoir la forme de l'équation représentée

$$(f_2 - f_1)(\varphi_3 - \varphi_4) - (\varphi_2 - \varphi_1)(f_3 - f_4) = 0,$$

f_4 et φ_4 désignant des fonctions quelconques de α_4. Ce type est le même que celui du numéro précédent, ce qui était évident *a priori*.

Si l'on fait $\alpha_4 \equiv \alpha_1$, on tombe sur un mode de représentation d'une équation à trois variables dans lequel, à la variable α_1 correspondent deux échelles curvilignes (α_1) et $(\alpha_1)'$.

([1]) G. C. t. XXII, p. 124 (1892).

([2]) Cette parallèle Δ' peut n'être pas une de celles qui sont effectivement tracées sur le transparent, mais être interpolée visuellement entre celles-ci. Lorsque les parallèles équidistantes sont suffisamment rapprochées, une telle opération comporte une grande précision.

Comme c'est la première fois que s'offre à nous un exemple de ce genre, nous insisterons sur la remarque que voici :

Lorsqu'à une même variable correspondent plusieurs systèmes gradués sur un abaque, cette variable, prise pour inconnue, ne peut, en général, être obtenue au moyen de l'abaque que par tâtonnements.

Dans l'exemple qui nous occupe, on voit que, pour avoir α_1 lorsque α_2 et α_3 sont donnés, il faut, ayant fait passer la droite Δ'_0 par le point coté α_2, faire tourner le transparent autour de ce point, jusqu'à ce que la cote du point où Δ'_0 coupe l'échelle (α_1) et la cote du point où la parallèle à Δ'_0, passant par le point coté α_3 (parallèle qui varie à chaque instant sur le transparent), coupe l'échelle $(\alpha_1)'$, soient *égales entre elles*.

L'emploi d'un tel abaque ne sera donc avantageux qu'autant que l'on n'aura jamais à prendre la variable α_1 pour inconnue. Il faut observer d'ailleurs que, dans la plupart des formules usitées en pratique, il y a une ou plusieurs variables, souvent même toutes les variables, moins une, pour lesquelles cette condition a lieu (1).

Quel sera, d'autre part, le bénéfice que l'on pourra avoir à retirer d'une méthode de ce genre? Celui, dans certains cas, de substituer à un abaque comportant des *lignes cotées* un autre abaque sur lequel ne figurent que des *points cotés*, dont la supériorité, tant au point de vue de la facilité du dessin que de la commodité et de la précision de la lecture, a déjà été signalée (n° 30).

98. *Exemple* (2) : *Second abaque des murs de soutènement pour des terres profilées suivant leur talus naturel.* — Reprenons l'équation du n° 53

$$k^2 + kp \sin\varphi \cos\varphi - \frac{p}{3} \cos^2\varphi = 0.$$

Nous avons vu qu'elle est représentable au moyen d'un système de cercles et de deux systèmes de droites; en revanche, elle ne l'est pas au moyen

(1) Cette remarque a déjà été formulée, sous une forme un peu différente, dans le renvoi au bas de la page 32.

(2) La modification du profilomètre Siégler, que nous avions proposée naguère (A. P. C., avril 1883, p. 402), est un premier exemple d'application de ce procédé.

de trois systèmes de droites entrecroisés, ni non plus, corrélativement, par points alignés.

La méthode des parallèles mobiles permet néanmoins, comme on va voir, de représenter cette équation uniquement au moyen de systèmes de points cotés; c'est même à l'occasion de cette application que M. Beghin a fait connaître le principe de la méthode.

L'équation peut s'écrire, λ, μ, ν étant des paramètres actuellement indéterminés,

$$-\frac{\mu}{\sin\varphi\cos\varphi}\cdot\frac{\lambda\nu}{\mu}k^2-\lambda p\left(\nu k-\frac{\nu\cot\varphi}{3}\right)=0.$$

Elle rentre alors dans le type général ci-dessus, moyennant les identifications [1]

$$f_1=\frac{\mu}{\sin\varphi\cos\varphi}=\frac{2\mu}{\sin 2\varphi},\qquad \varphi_1=0,$$

$$f'_1=\frac{\nu\cot\varphi}{3},\qquad \varphi'_1=0,$$

$$f_2=0,\qquad \varphi_2=\lambda p,$$

$$f_3=\nu k,\qquad \varphi_3=\frac{\lambda\nu}{\mu}k^2.$$

Les échelles (φ), (φ_1), (p) et (k) seront dès lors définies par les formules

(φ) $\quad x=\dfrac{2\mu}{\sin 2\varphi},\qquad y=0,$

(φ'_1) $\quad x=\dfrac{\nu\cot\varphi}{3},\qquad y=0,$

(p) $\quad x=0,\qquad y=\lambda p,$

(k) $\quad x=\nu k,\qquad y=\dfrac{\lambda\nu}{\mu}k^2.$

Les deux premières auront pour support l'axe Ox, de part et d'autre duquel elles seront marquées, la troisième l'axe Oy, la quatrième la parabole dont l'équation est

$$y=\frac{\lambda x^2}{\mu\nu}.$$

Si l'on prend $\lambda=8^{\text{cm}}$, $\mu=2^{\text{cm}}$, $\nu=6^{\text{cm}}$, on a

(φ) $\quad x=\dfrac{4^{\text{cm}}}{\sin 2\varphi},\qquad y=0,$

(φ') $\quad x=2^{\text{cm}}.\cot\varphi,\qquad y=0,$

(p) $\quad x=0,\qquad y=p.8^{\text{cm}}.$

(k) $\quad x=k.6^{\text{cm}},\qquad y=k^2.24^{\text{cm}}.$

---

[1] On peut ici, bien évidemment, faire correspondre deux échelles à la variable φ, attendu que cet angle, qui représente l'inclinaison naturelle des terres employées, sur l'horizon, n'a, en aucun cas, à être pris comme inconnue.

Pour les mêmes limites des variables qu'au n° 53, et en prenant les axes Ox et Oy inclinés à 45° l'un sur l'autre, on obtient l'abaque de

Fig. 105.

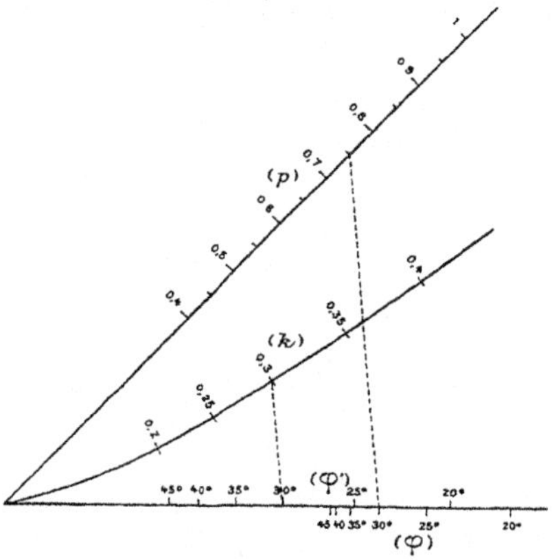

la *fig.* 105. On a, sur cette figure, tracé en pointillé les positions des parallèles correspondant à l'exemple numérique du n° 53, savoir :

$$\varphi = 30^\circ, \qquad p = 0,75.$$

L'abaque donne bien encore

$$k = 0,3.$$

CHAPITRE IV.

SYSTÈMES DE DEUX ÉQUATIONS (1). APPLICATION GÉNÉRALE AU CALCUL DES PROFILS DE REMBLAI ET DE DÉBLAI.

I. — Généralités.

99. *Abaques indépendants, accouplés ou superposés.* — On rencontre dans quelques applications des systèmes d'équations de la forme

$$F(\alpha_1, \alpha_2, \alpha_3) = 0,$$
$$\Phi(\alpha_1, \alpha_2, \alpha_4) = 0.$$

On peut, en utilisant les méthodes exposées dans les deux Chapitres précédents, construire un abaque pour chacune de ces équations. Ces abaques *indépendants* permettent de calculer les valeurs des deux dernières variables lorsqu'on se donne soit α_1 et α_2, soit l'une de celles-ci avec α_3 ou α_4.

Supposons, par exemple, qu'on se donne α_1 et α_3. L'abaque de F fait alors connaître α_2, puis, au moyen de α_1 et α_2, l'abaque de Φ fait connaître α_4.

Mais, si l'on se donne α_3 et α_4, les abaques construits ne permettent d'obtenir α_1 et α_2 que par tâtonnements. On procéderait ainsi : Prenant arbitrairement une même valeur de α_1 sur les deux abaques, on verrait, en la joignant respectivement aux valeurs de α_3 et α_4 données, les valeurs de α_2 qu'elle déterminerait, et l'on ferait varier cette valeur commune de α_1 jusqu'à ce que les deux valeurs obtenues pour α_2 devinssent égales.

(1) On trouvera au Chapitre suivant (n° 139) un autre exemple d'abaque pour un système de deux équations.

Un tel procédé laisserait à désirer sous le rapport de la rapidité et de la précision. Mais il faut bien dire que, lorsque, en pratique, des équations se présentent sous la forme ci-dessus, ce sont les variables α_3 et α_4 qui y sont généralement prises pour inconnues.

Puisque le choix est libre de deux sur trois des systèmes cotés constituant l'abaque d'une équation (n° 46), on peut toujours admettre pour chacune des équations précédentes un système commun répondant à une des variables communes, α_1 par exemple, et, en particulier, un système de droites parallèles. Dans ces conditions, on peut dessiner les deux abaques l'un à côté de l'autre en superposant leurs systèmes de parallèles (α_1), tout en dégageant l'une de l'autre les parties utiles des autres systèmes cotés de chacun d'eux. On obtient ainsi un diagramme dont la disposition est celle de la *fig.* 106, et l'on dit que les deux abaques sont *accouplés* par la variable α_1.

Fig. 106.

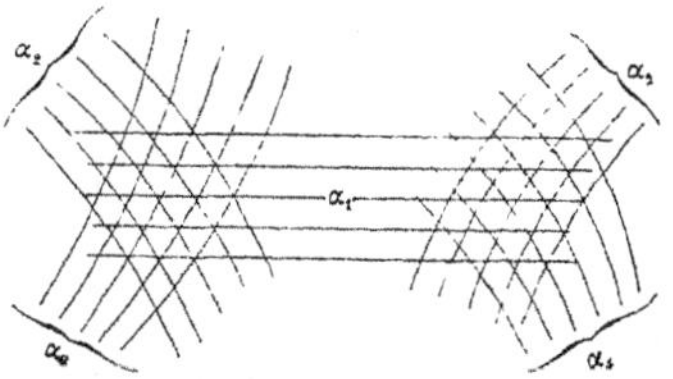

La remarque qui vient d'être faite à propos des abaques indépendants s'applique encore aux abaques accouplés. Ils ne peuvent donner α_1 et α_2, lorsqu'on connaît α_3 et α_4, que par tâtonnements.

Mais, puisque, comme nous venons de le voir, nous disposons librement de deux des systèmes cotés de chaque abaque, adoptons maintenant pour l'un et pour l'autre les mêmes systèmes (α_1) et (α_2). Nous pourrons alors tracer sur le même tableau le système (α_3) et le système (α_4) qui, joints aux deux premiers, constituent l'un l'abaque de F, l'autre l'abaque de Φ. Dans ce cas, le diagramme obtenu présente la disposition de la *fig.* 107, et nous disons que les deux abaques sont *superposés*.

Ici, *les courbes cotées qui correspondent à des valeurs de* α_1, α_2, α_3, α_4 *constituant un système de solutions des équations don-*

nées, passent par un même point. Il est, par suite, indifférent qu'on se donne les valeurs de tel ou tel couple d'entre elles. Les courbes cotées au moyen des valeurs des variables données se coupent en un point par où passent deux courbes prises respectivement dans les deux autres systèmes et dont les cotes sont les valeurs des inconnues.

Fig. 107.

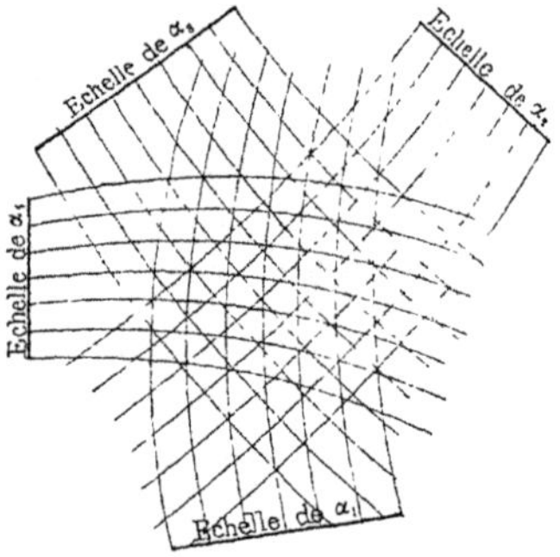

La superposition des deux abaques étant, comme on vient de le voir, toujours chose possible, il semble, *a priori*, qu'on ne doive pas hésiter à y recourir dans tous les cas. Il est cependant une considération qui peut y faire renoncer : il se peut, en effet, que chacun des deux abaques F et Φ soit individuellement susceptible d'anamorphose avec des choix différents pour les systèmes (α_1) et (α_2); dans ce cas, la bien plus grande simplicité de la construction pourra faire renoncer aux avantages de la superposition.

Remarque I. — Si les équations F et Φ sont de la forme

$$f(\alpha_1, \alpha_2) = f_3(\alpha_3),$$
$$f(\alpha_1, \alpha_2) = \varphi_4(\alpha_4),$$

les courbes cotées (α_3) et (α_4) sont géométriquement les mêmes et ne diffèrent que par leurs graduations. Le diagramme formé par les abaques superposés se réduit donc à un ensemble de trois systèmes de courbes cotées, dont l'un pourvu de deux graduations, l'une pour α_3, l'autre pour α_4.

Il va sans dire que, dans ce cas, il ne peut être question de prendre α_3 et α_4 comme données indépendantes. La connaissance de l'une d'elles entraîne celle de l'autre et laisse le système des valeurs de α_1 et α_2 indéterminé.

Remarque II. — Si les équations sont telles qu'il puisse y avoir superposition, et que les quatre systèmes de lignes cotées ne soient composés que de droites, on substituera à celles-ci, en vertu du principe du n° 56, et par l'emploi des coordonnées parallèles (n° 57), de simples points cotés.

Dès lors, la droite joignant les points correspondant à deux des variables coupera les deux dernières échelles en des points dont les cotes seront les valeurs correspondantes des deux autres variables [1].

100. *Exemples* [2]. — 1° *Abaque des triangles sphériques rectangles. Point à la mer.* — La résolution du triangle sphérique ABC, rectangle en A, peut, dans cinq cas sur six, se réduire à l'emploi des deux seules équations

$$\cos\alpha_1 \cos\alpha_2 = \cos\alpha_3, \quad (1)$$

$$\cot\alpha_1 \sin\alpha_2 = \cot\alpha_4. \quad (2)$$

Les cinq éléments à considérer dans le triangle sont, en effet, l'hypoténuse a, les côtés de l'angle droit b et c, et les angles droits B et C, d'où les six cas de résolution :

	Données.	Inconnues.
1er cas................	a, b;	c, B, C;
2e cas..	b, c;	a, B, C:
3e cas.......	a, B;	b, c, C;
4e cas.................	b, B;	a, c, C;
5e cas.................	b, C;	a, c, B;
6e cas.................	B, C;	a, b, c.

---

(1) Indépendamment de l'application de ce genre d'abaque, développée dans les nos 110 et 111, nous citerons encore les échelles (u) et (e) de l'abaque du commandant Bertrand (n° 71), chacune d'elles jointe aux échelles (q), (d) et (j) constituant un abaque du type visé dans la *Remarque II* ci-dessus, et un abaque construit par M. Dariès pour la formule de M. Maurice Lévy, relative à l'écoulement de l'eau dans les conduites (*Nouv. Ann. de la Construction*, 5e série, t. IV, col. 113; 1897).

(2) L'abaque des corrections dynamiques de niveau (n° 36, 2°) peut être cité comme un exemple d'abaques superposés, les deux abaques en lesquels il se décompose ayant en commun les éléments cotés (d) et (η).

Voici comment les équations (1) et (2) permettent de résoudre les cinq premiers cas ([1]) :

1er *cas :*	Pour	$\alpha_3 = a$,	$\alpha_1 = b$,	on a	$\alpha_2 = c$,	$\alpha_4 = B$,
	»	$\alpha_1 = c$,	$\alpha_2 = b$,	»		$\alpha_4 = C$,
2e *cas.*	»	$\alpha_1 = b$,	$\alpha_2 = c$,	»	$\alpha_3 = a$,	$\alpha_4 = B$,
	»	$\alpha_1 = c$,	$\alpha_2 = b$,	»		$\alpha_4 = C$,
3e *cas.*	»	$\alpha_3 = a$,	$\alpha_4 = B$,	»	$\alpha_1 = b$,	$\alpha_2 = c$,
	»	$\alpha_1 = c$,	$\alpha_2 = b$,	»		$\alpha_4 = C$,
4e *cas.*	»	$\alpha_1 = b$,	$\alpha_4 = B$,	»	$\alpha_3 = a$,	$\alpha_2 = c$,
	»	$\alpha_1 = c$,	$\alpha_2 = b$,	»		$\alpha_4 = C$,
5e *cas :*	»	$\alpha_2 = b$,	$\alpha_4 = C$,	»	$\alpha_3 = a$,	$\alpha_1 = c$,
	»	$\alpha_1 = b$,	$\alpha_2 = c$,	»		$\alpha_4 = B$.

Il suffit donc de superposer les abaques des équations (1) et (2) pour pouvoir résoudre à vue, au moyen de l'abaque à quatre systèmes de lignes cotées ainsi obtenu, les cinq cas indiqués ci-dessus.

En prenant tout simplement pour lignes cotées (α_1) et (α_2)

$$(\alpha_1) \qquad x = l\alpha_1,$$

$$(\alpha_2) \qquad y = l\alpha_2,$$

ce qui donne

$$(\alpha_3) \qquad \cos\frac{x}{l}\sin\frac{y}{l} = \cos\alpha_3,$$

$$(\alpha_4) \qquad \cot\frac{x}{l}\sin\frac{y}{l} = \cot\alpha_4,$$

on obtient l'abaque de la *fig.* 108, construit par MM. Favé et Rollet de l'Isle, ingénieurs hydrographes, en vue de l'application suivante ([2]) :

Dans la détermination du point à la mer par la hauteur des astres, on a à résoudre le triangle pôle-zénith-astre PZE (*fig.* 109), connaissant la distance polaire PE $= \delta$, la colatitude PZ $= \lambda$ et l'angle horaire ZPE $= Æ$. Il s'agit d'obtenir la distance zénithale ZE $= z$ et l'azimut BZE $=$ A, ou son supplément PZE ([3]).

On peut, pour effectuer cette résolution, appliquer le procédé de Towson, qui a déjà donné lieu aux tables de Lord Kelvin (Sir William Thomson) et qui consiste à mener par le point E le grand cercle EB normal au méridien PZ.

([1]) On trouvera plus loin (n° 124) un abaque permettant de résoudre tous les cas possibles relatifs aux triangles sphériques.

([2]) *Annales hydrographiques*, 1892.

([3]) C'est cet angle que, dans leur Mémoire, MM. Favé et Rollet de l'Isle représentent par A*z*.

Dans le triangle rectangle PBE nous pouvons, connaissant δ et $\mathcal{H}$, calculer PB $= m$ et BE $= n$. C'est ici le troisième cas de résolution, et, en

Fig. 108.

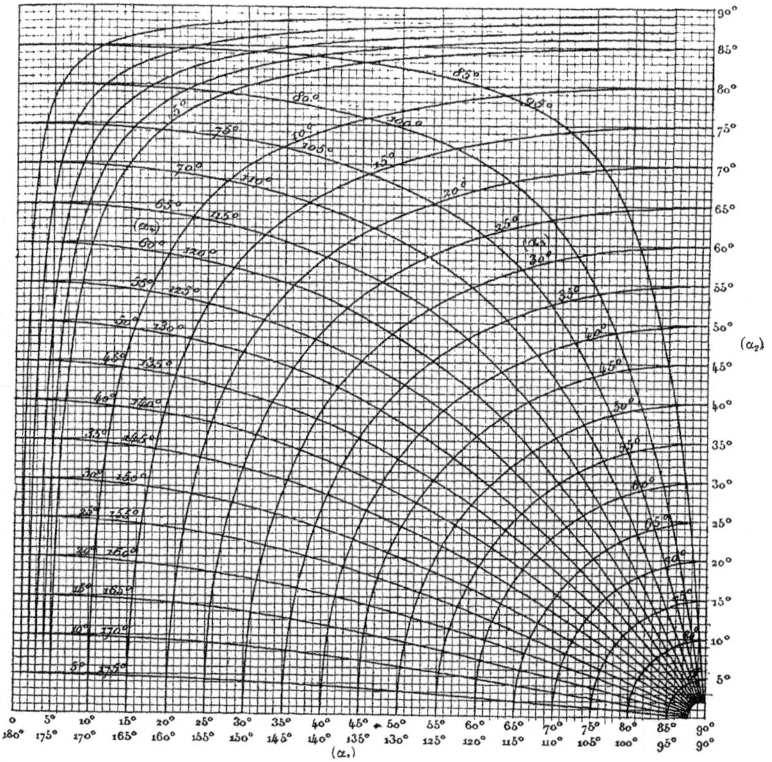

nous reportant au tableau ci-dessus, nous voyons qu'il suffit de prendre

$$\alpha_3 = \delta, \qquad \alpha_4 = \mathcal{H},$$

pour que l'abaque donne

$$\alpha_1 = n, \qquad \alpha_2 = m.$$

Nous connaissons alors, dans le triangle rectangle ZBE,

$$BE = n \quad \text{et} \quad ZB = m - \lambda,$$

et nous devons calculer z et A. C'est ici le deuxième cas de résolution

Fig. 109.

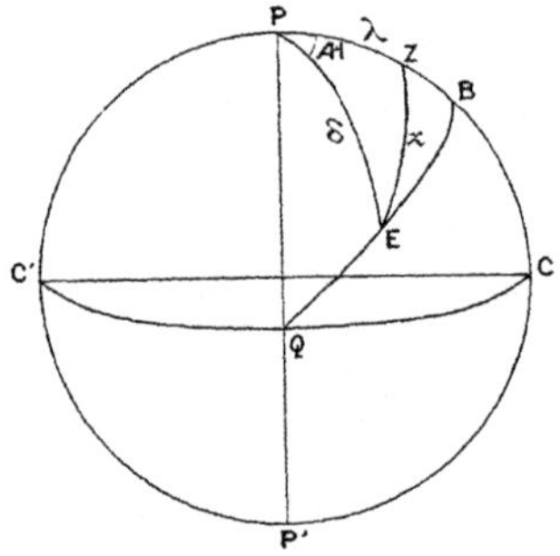

et le même tableau nous montre que pour

$$\alpha_1 = n, \qquad \alpha_2 = m - \lambda,$$

l'abaque donne

$$\alpha_3 = z, \qquad \alpha_4 = A.$$

En résumé, l'emploi de l'abaque pour obtenir z et A, connaissant δ, Æ et λ, sera le suivant :

Ayant pris le point de rencontre des courbes $\alpha_3 = \delta$ et $\alpha_4 =$ Æ, on descend sur la verticale de ce point, au point dont la distance au premier, comptée sur cette verticale, est égale à λ. Les deux courbes passant par ce nouveau point donnent $\alpha_3 = z$ et $\alpha_4 = A$.

En prenant sur les axes Ox et Oy des échelles de 2^{mm} pour 10', et, traçant les courbes de 10' en 10', on obtient facilement l'approximation de la minute qui suffit pour les besoins de la navigation. La *fig.* 110 reproduit, à grandeur d'exécution, un fragment de 10° carrés de l'abaque de MM. Favé et Rollet de l'Isle. L'interpolation parallèlement aux axes s'opère au moyen d'un transparent sur lequel un carré de 1° de côté est subdivisé en carrés de 10' de côté.

Pour les différents usages auxquels cet abaque peut se prêter pour les besoins de la navigation, nous renvoyons au Mémoire des auteurs où la question est traitée dans les plus grands détails.

2° *Abaque des formules de Fresnel pour la réflexion vitrée* (¹). — Ces formules définissent les racines h et k des coefficients de réflexion h^2

Fig. 110.

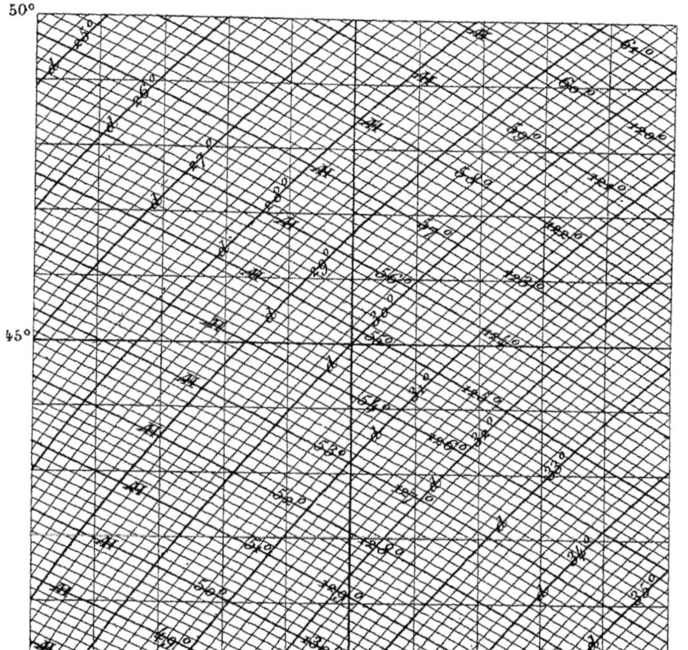

et k^2 de la manière suivante :

(1) $$\frac{1+h}{1-h} = \frac{\cos i}{\sqrt{n^2 - \sin^2 i}},$$

(2) $$\frac{1+k}{1-k} = \frac{n^2 \cos i}{\sqrt{n^2 - \sin^2 i}}.$$

(¹) Construit par le capitaine Lafay (*Journal de Physique théorique et appliquée*, 3ᵉ série, t. VIII, p. 96; 1899).

Pour construire l'abaque de ce système de deux équations, le capitaine Lafay les a d'abord mises sous la forme

$$(1')\qquad \begin{vmatrix} 0 & -\cos^2 i & 1 \\ 1 & (n^2-1) & 1 \\ \left(\dfrac{1+h}{1-h}\right)^2 & 0 & 1 \end{vmatrix} = 0,$$

$$(2')\qquad \begin{vmatrix} 0 & -\cos^2 i & 1 \\ n^4 & (n^2-1) & 1 \\ \left(\dfrac{1+k}{1-k}\right)^2 & 0 & 1 \end{vmatrix} = 0.$$

Suivant ce qui a été vu au n° 61, ces équations expriment respectivement l'alignement des points

$$\begin{cases} x = 0, \\ y = -l'\cos^2 i, \end{cases} \qquad \begin{cases} x = l, \\ y = l'(n^2-1), \end{cases} \qquad \begin{cases} x = l\left(\dfrac{1+h}{1-h}\right)^2, \\ y = 0, \end{cases}$$

et

$$\begin{cases} x = 0, \\ y = -l'\cos^2 i, \end{cases} \qquad \begin{cases} x = ln^4, \\ y = l'(n^2-1), \end{cases} \qquad \begin{cases} x = l\left(\dfrac{1+k}{1-k}\right)^2, \\ y = 0. \end{cases}$$

Le premier abaque se composera donc des trois systèmes rectilignes de

Fig. 111.

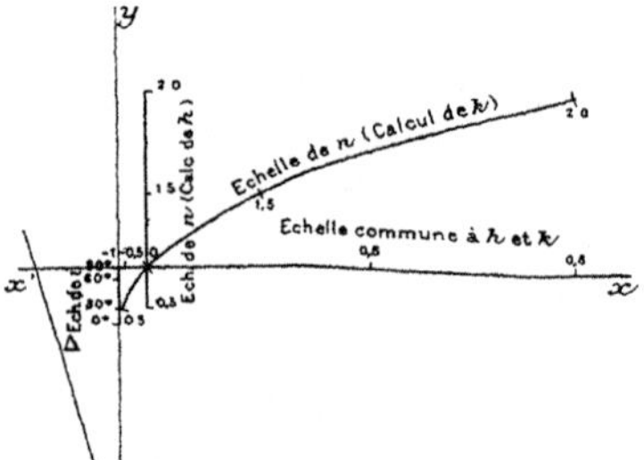

points (i), (n) et (h); le second, des systèmes rectilignes (i) et $(k$ identiques aux systèmes (i) et (h) du précédent et avec lesquels, par conséquent, on pourra les faire coïncider, et du système curviligne $(n)_1$ dont le support est une parabole.

Fig. 112.

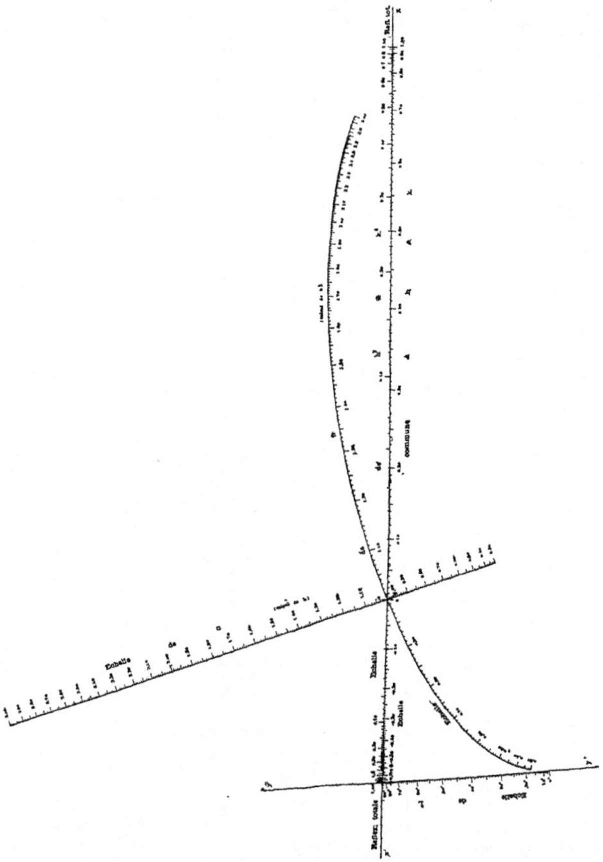

L'abaque de l'ensemble des deux équations comprendra donc une échelle rectiligne (i) portée sur Oy, une échelle rectiligne, à la fois (h) et (k), portée sur Ox, une échelle rectiligne (n), portée sur une parallèle à Oy, *pour le calcul de h*, et une échelle curviligne $(n)_1$, *pour le calcul de k* [1].

En prenant $l' = 2l$, M. Lafay a obtenu un abaque dont la disposition est représentée par la *fig.* 111. Sur cette figure où les points (0, 5), (1), (1, 5) et (2) de l'échelle curviligne ont été marqués, on peut voir que les divisions de cette échelle, très serrées aux environs du point (0, 5), s'espacent beaucoup entre (1, 5) et (2). M. Lafay lui a dès lors appliqué le procédé de transformation homographique décrit au n° 62 (*fig.* 56, 56 *bis* et 57), et dont il est lui-même l'auteur. La droite Δ choisie comme devant être rejetée à l'infini est tracée sur la *fig.* 111.

Les formules de transformation obtenues comme il a été dit à la fin du n° 62 sont ici

$$x' = \frac{140x}{10x + 3y - 30}, \qquad \frac{40y}{10x + 3y - 30}.$$

L'abaque transformé est représenté par la *fig.* 112.

Comme les valeurs de h^2 et de k^2 ne sont pas moins utiles à connaître que celles de h et de k, on a accolé à l'échelle de (h) et (k) celle de (h^2) et (k^2).

Par exemple, pour $i = 36°$, $n = 1,68$, l'index, mené par le point $i = 36°$, et successivement par les points $n = 1,68$ de chacune des échelles (n), donne

$$h^2 = 0,103 \quad \text{et} \quad k^2 = 0,034.$$

II. — Calcul des profils de remblai et de déblai [2].

101. *Généralités.* — Les équations qui s'offrent dans le calcul des profils de remblai et de déblai rentrent dans les types

$$(1) \qquad f_1(\alpha_1) f_2(\alpha_2) = f_3(\alpha_3),$$

$$(2) \qquad [f_1(\alpha_1)]^{m_1} [f_2(\alpha_2)]^{m_2} = f_4(\alpha_4).$$

Pour représenter la première de ces équations par trois systèmes rectilignes, on posera, en représentant par U, V et W trois fonctions linéaires quelconques en x et y [3], soit

$$(3) \qquad f_1 = \frac{U}{V}, \qquad f_2 = \frac{W}{U}, \qquad f_3 = \frac{W}{V},$$

---

(1) Cet abaque à quatre échelles semble, au premier abord, appartenir à la catégorie des abaques *superposés* (n° 99); il n'en est rien. En réalité, il s'agit ici de deux abaques *accouplés par l'échelle* (i), attendu que la seconde échelle commune se rapporte, pour l'un et pour l'autre des deux abaques réunis, à des variables différentes h et k.

(2) **O.19**.

(3) Il va sans dire que ces fonctions linéaires doivent être telles que leurs quotients deux à deux ne se réduisent pas à des constantes.

soit

$$(4) \qquad f_1 = \frac{U}{V}, \qquad f_2 = \frac{V}{W}, \qquad f_3 = \frac{U}{W}.$$

Afin d'employer pour le second abaque au moins un système de lignes cotées commun avec le précédent, nous écrirons l'équation (2) ci-dessus sous la forme

$$(2') \qquad f_1(\alpha_1)[f_2(\alpha_2)]^{\frac{m_2}{m_1}} = [f_4(\alpha_4)]^{\frac{1}{m_1}}.$$

Nous voyons alors qu'il suffit, pour que le second ne se compose que de lignes droites et soit accouplé au premier par la variable α_1, de poser, en appelant T une nouvelle fonction linéaire, soit

$$(5) \qquad f_1 = \frac{U}{V}, \qquad f_2^{\frac{m_2}{m_1}} = \frac{T}{U}, \qquad f_4^{\frac{1}{m_1}} = \frac{T}{V},$$

soit

$$(6) \qquad f_1 = \frac{U}{V}, \qquad f_2^{\frac{m_2}{m_1}} = \frac{V}{T}, \qquad f_4^{\frac{1}{m_1}} = \frac{U}{T}.$$

Cela fait donc, dans l'hypothèse de l'accouplement par la variable α_1, quatre variantes de la solution qui peuvent être résumées dans le tableau ci-dessous :

		1re variante.	2e variante.	3e variante.	4e variante.
1er abaque....	$f_1 =$	$\frac{U}{V}$,	$\frac{U}{V}$,	$\frac{U}{V}$,	$\frac{U}{V}$,
	$f_2 =$	$\frac{W}{U}$,	$\frac{W}{U}$,	$\frac{V}{W}$,	$\frac{V}{W}$,
	$f_3 =$	$\frac{W}{V}$,	$\frac{W}{V}$,	$\frac{U}{W}$,	$\frac{U}{W}$;
2e abaque.....	$f_1 =$	$\frac{U}{V}$,	$\frac{U}{V}$,	$\frac{U}{V}$,	$\frac{U}{V}$,
	$f_2^{\frac{m_2}{m_1}} =$	$\frac{T}{U}$,	$\frac{V}{T}$,	$\frac{T}{U}$,	$\frac{V}{T}$,
	$f_4^{\frac{1}{m_1}} =$	$\frac{T}{V}$,	$\frac{U}{T}$,	$\frac{T}{V}$,	$\frac{U}{T}$.

Si l'on voulait que les abaques fussent superposés, il faudrait, dans le groupe (3) ou le groupe (4), prendre les deux premières équations, ce qui donnerait, pour le système (α_4), soit

$$f_4 = \frac{U^{m_1-m_2}T^{m_2}}{V^{m_1}}, \qquad \text{soit} \qquad f_4 = \frac{U^{m_1}V^{m_2-m_1}}{T^{m_2}},$$

et l'une ou l'autre de ces fonctions rationnelles ne sauraient se réduire à des fonctions linéaires que pour $m_1 = m_2$, auquel cas on retomberait sur la circonstance examinée dans la *Remarque I* du n° 99.

Donc, *la superposition entraîne dans ce cas la nécessité d'admettre un système de lignes cotées non droites,* ce qui met obstacle à l'application du principe des points alignés.

Mais l'anamorphose logarithmique (n° 28) permet de tourner la difficulté. Il suffit, en effet, d'écrire les équations précédentes sous la forme

$$\log f_1 - \log f_2 = \log f_3$$

et

$$m_1 \log f_1 + m_2 \log f_2 = \log f_4,$$

pour qu'en posant

$$\begin{aligned} \log f_1 &= M, \\ \log f_2 &= N, \\ \log f_3 &= M + N, \\ \log f_4 &= m_1 M + m_2 N, \end{aligned}$$

M et N étant deux fonctions linéaires quelconques en x et y, on ait deux abaques superposables, puisque les lignes cotées (α_1) et (α_2) y sont les mêmes, et, de plus, uniquement composés de droites, ce qui permet de les transformer en abaques à points alignés.

Les principes qui viennent d'être exposés contiennent la théorie de tous les abaques qui ont été et pourraient encore être proposés pour le calcul des profils de remblai et de déblai. Nous allons nous étendre sur ce sujet non seulement en raison de l'intérêt intrinsèque qu'il présente pour les ingénieurs, mais encore parce que c'est précisément à son occasion que sont nées la plupart des méthodes d'où est sorti le germe de la Nomographie. On va voir avec quelle simplicité la synthèse réalisée dans ce corps de doctrine permet de retrouver les multiples solutions du problème, dues à différents auteurs, et d'en faire une comparaison critique.

102. *Rappel des formules. Distinction des cas.* — Représentons par

z la cote du sol naturel, prise avec son signe, par rapport à la plate-forme (remblai, signe —; déblai, signe +);
θ la déclivité transversale (tangente de l'angle sur l'horizon) du sol naturel, prise avec le signe + ou avec le signe —, suivant que, à partir de l'axe, le sol est en rampe ou en pente;
b la demi-largeur de la plate-forme;
b' cette demi-largeur augmentée de la largeur du fossé;
b'' la distance à l'axe de l'arête inférieure et intérieure du fossé;
t le talus des remblais;
t' le talus des déblais;
h la profondeur du fossé;
F l'aire de la section du fossé;
φ son périmètre (somme de la largeur au plafond et de la longueur des deux talus);
R l'aire du remblai;
D l'aire du déblai;
e l'emprise;
l la longueur du talus.

Posons, en outre,

$$bt = a, \qquad b't' = a', \qquad \frac{b^2 t}{2} = c, \qquad \frac{b'^2 t'}{2} - \text{F} = c',$$
$$\sqrt{1 + t^2} = \tau, \qquad \sqrt{1 + t'^2} = \tau', \qquad b\tau = \beta, \qquad b'\tau' - \varphi = \beta',$$

et considérons les quantités ε, λ, σ, ε', λ', σ', γ définies par les formules

(1) $$\varepsilon = \frac{a - z}{t + \theta}, \qquad (1') \quad \varepsilon' = \frac{a' + z}{t' - \theta},$$

(2) $$\frac{\lambda + \beta}{\tau} = \frac{a - z}{t + \theta}, \qquad (2') \quad \frac{\lambda' + \beta'}{\tau'} = \frac{a' + z}{t' - \theta},$$

(3) $$\sigma + c = \frac{(a - z)^2}{2(t + \theta)}, \qquad (3') \quad \sigma' + c' = \frac{(a' + z)^2}{2(t' - \theta)},$$

(4) $$\gamma = \frac{z^2}{2|\theta|},$$

$|\theta|$ désignant la valeur absolue de θ.

Remarquons d'ailleurs que les formules (1) et (3) d'une part, (1') et (3') de l'autre nous donnent encore

(3 *bis*) $$\sigma + c = \frac{\varepsilon(a - z)}{2},$$

(3' *bis*) $$\sigma' + c' = \frac{\varepsilon'(a' + z)}{2}.$$

Tous les cas à considérer sont alors au nombre de six, pour lesquels les demi-profils ont été représentés sur la *fig.* 113, et les

Fig. 113.

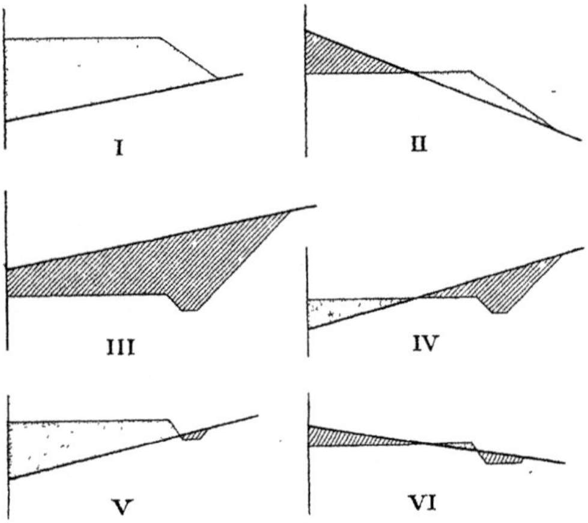

résultats relatifs à ces six cas peuvent se résumer dans le tableau ci-dessous ([1]) :

I. $(z < 0,\ z + b''\theta + h < 0)$:

$$e = \varepsilon, \qquad l = \lambda, \qquad R = \sigma, \qquad D = 0;$$

II. $(z > 0,\ z + b''\theta + h < 0)$:

$$e = \varepsilon, \qquad l = \lambda, \qquad R = \sigma + \gamma, \qquad D = \gamma;$$

([1]) Nous renvoyons pour les démonstrations à notre Mémoire **O.19** d'où est extraite la matière de la présente section.

III. ($z > 0$, $z + b\theta > 0$) :

$$e = \varepsilon', \quad l = \lambda', \quad R = 0, \quad D = \sigma';$$

IV. ($z < 0$, $z + b\theta > 0$) :

$$e = \varepsilon', \quad l = \lambda', \quad R = \gamma, \quad D = \sigma' + \gamma;$$

V. ($z < 0$, $z + b\theta < 0$, $z + b''\theta + h > 0$) :

$$e = \varepsilon', \quad l = \lambda', \quad R = \sigma, \quad D = \sigma' + \sigma;$$

VI. ($z > 0$, $z + b\theta < 0$, $z + b''\theta + h > 0$) :

$$e = \varepsilon', \quad l = \lambda', \quad R = \sigma + \gamma, \quad D = \sigma' + \sigma + \gamma.$$

La distinction des six cas prend une forme plus frappante, grâce à la représentation graphique suivante, proposée par Lalanne.

Les seuls éléments variables d'un profil à l'autre sont la cote z et la déclivité θ du sol. Si ces deux quantités sont prises comme coordonnées rectangulaires d'un point, ce point définit complètement le demi-profil correspondant.

Si nous faisons varier z de -10 à $+10$ et θ de $-0,25$ à $+0,25$, le point figuratif de chaque demi-profil se trouve à l'intérieur du rectangle BCEF (*fig.* 114) construit avec un module de 50^{mm} pour l'axe des x et de 5^{mm} pour l'axe des y.

Si l'on se reporte au tableau ci-dessus, on voit que les limites correspondant aux diverses conditions qui servent à distinguer les cas sont données par les droites [1]

$$z = 0 \quad \text{(AD)},$$
$$z + b\theta = 0 \quad \text{(HG)},$$
$$z + b''\theta + h = 0 \quad \text{(KI)}.$$

Il en résulte que chacun des six cas est caractérisé par la position du point figuratif à l'intérieur de l'un des polygones suivants :

I	DJIFE
II	DJK
III	OABCH
IV	OAG
V	OGIJ
VI	OHKJ

[1] Pour la construction de ces droites sur la *fig.* 114, on a pris $b = 5^m$, $b'' = 5^m,5$, $h = 0^m,5$, données qui se rapportent au profil type adopté plus loin.

Ayant, par ce moyen graphique, déterminé le cas auquel se rapporte un demi-profil donné, on voit que la marche à suivre pour le calcul est donnée par le tableau ci-dessus.

Fig. 114.

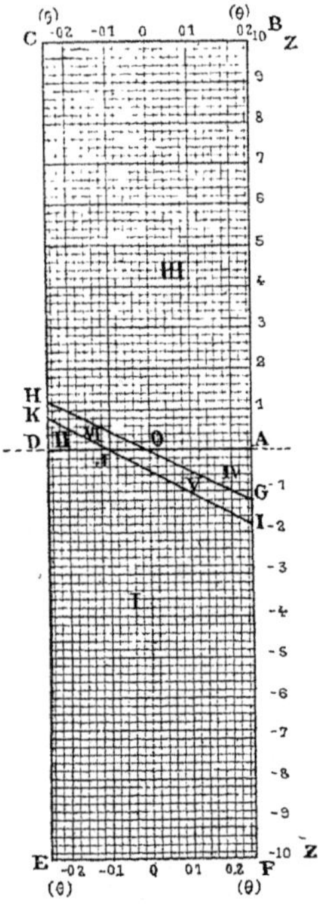

Supposons, par exemple, que l'on se trouve dans le cas IV. On calculera ε' par la formule (1'), λ' par (2'), σ' soit par (3'), soit par (3'*bis*), ε' étant maintenant connu, et γ par (4). Les quantités cherchées, qui sont, dans tous les cas, e, l, R et D, auront alors les valeurs données par la quatrième ligne du tableau ci-dessus.

103. *Abaques d'entrée et de renvoi.* — La solution nomographique du problème se réduit donc à la mise en abaque des formules faisant connaître ε, λ, σ, ε', λ', σ' et γ.

Observons tout d'abord que si l'on rapproche les formules (1) et (2) donnant ε et λ en fonction de ϖ et θ, on voit que la *Remarque I* du n° 99 leur est applicable, c'est-à-dire que l'abaque faisant connaître ε en fonction de ϖ et θ fera également connaître λ moyennant une seconde graduation inscrite à côté des lignes (ε). Même remarque en ce qui concerne les formules (1') et (2'), ce qui nous permet, dans l'exposé qui suit, de négliger les formules (2) et (2'), étant entendu que, une fois les éléments cotés (ε) ou (ε') construits, ils recevront une seconde graduation appropriée à λ ou λ', graduation qui se déduit d'ailleurs de la précédente par la formule

$$\lambda = \varepsilon\tau - \beta$$

ou

$$\lambda' = \varepsilon'\tau' - \beta'.$$

Considérons alors le système des équations (1) et (3) faisant dépendre ε et σ de ϖ et θ. Nous pourrons toujours, par un procédé quelconque, construire *sur une même feuille* pour ces équations des abaques indépendants, accouplés ou superposés (n° 99), dont l'ensemble constituera ce que nous appellerons l'*abaque du remblai* ou abaque **R**.

Au lieu du système des équations (1) et (3), nous pourrions tout aussi bien considérer celui des équations (1) et (3 *bis*) qui lui est équivalent, et nous aurions ainsi un abaque **R** *bis*.

De même, le système des équations (1') et (3'), ou (1') et (3' *bis*), donnerait l'*abaque du déblai* **D** ou **D** *bis*.

Enfin l'équation (4) peut se traduire en un abaque dit *du terme complémentaire* ou **C**.

Ces divers abaques étant ainsi définis, il suffit de jeter les yeux sur le tableau du numéro précédent pour être conduit à la règle qui suit :

*On lit, dans chaque cas, sur un premier abaque, dit d'*ENTRÉE, *l'emprise, la longueur du talus et une portion d'aire de même désignation* (**R** *ou* **D**) *que l'abaque considéré. La portion restante de cette aire se lit sur un ou deux autres abaques, dits de* RENVOI. *Cette portion restante est précisément égale à l'aire de désignation contraire à celle de l'abaque d'entrée.*

Voici d'ailleurs, pour les divers cas, le tableau des abaques d'entrée et de renvoi :

Cas	Abaque d'entrée.	Abaque de renvoi.
I............	R............	néant
II............	R............	C
III............	D............	néant
IV............	D............	C
V............	D............	R
VI............	D............	R et C

Il faut remarquer d'ailleurs, comme le montre clairement la *fig.* 114, que les cas I et III, pour lesquels la lecture sur l'abaque d'entrée suffit, sont de beaucoup les plus fréquents.

Nous sommes donc amenés finalement à construire trois abaques dits *de remblai* (**R** ou **R** *bis*), *de déblai* (**D** ou **D** *bis*), et *du terme complémentaire* (**C**).

Pour ce dernier, nous n'avons ici rien de particulier à dire, l'équation (4) étant d'un type dont nous nous sommes déjà occupés à plusieurs reprises (nos 26, 28, 66).

D'autre part, ce que nous dirons de l'abaque du remblai s'étendra immédiatement à celui du déblai, attendu que d'un cas à l'autre les équations représentées sont à très peu de choses près les mêmes. Cela va nous permettre, dans la revue que nous allons passer des divers types d'abaques qui ont été proposés, de nous borner à ceux du remblai.

104. *Différents types d'abaques.* — Reprenons les équations (1) et (3) dont la représentation simultanée constitue l'abaque **R**, savoir :

$$\varepsilon = \frac{a - z}{t + \theta}, \tag{1}$$

$$\sigma + c = \frac{(a - z)^2}{2(t + \theta)}. \tag{3}$$

Elles se rattachent immédiatement aux équations du n° 101 si l'on fait les identifications

$$\alpha_1 \equiv z, \qquad \alpha_2 \equiv \theta, \qquad \alpha_3 \equiv \varepsilon, \qquad \alpha_4 \equiv \sigma;$$

$$f_1 \equiv a - z, \qquad f_2 \equiv \frac{1}{t + \theta}, \qquad f_3 \equiv \varepsilon, \qquad f_4 \equiv 2(\sigma + c);$$

$$m_1 \equiv 2, \qquad m_2 \equiv 1.$$

On voit donc, en premier lieu, ainsi que cela a été démontré au n° 101, qu'elles ne sauraient, écrites sous cette forme, donner lieu, en raison de l'inégalité de m_1 et m_2, à des abaques superposés sans qu'on y admette un système de lignes cotées non droites.

On sera donc conduit à les représenter au moyen d'abaques accouplés. D'après ce qui a été vu au n° 101, l'*accouplement par la variable* z pourra se faire suivant l'une des quatre variantes

			1re var.	2e var.	3e var.	4e var.
$\mathbf{R}_z$	1er abaque...	$a - z =$	$\frac{U}{V}$,	$\frac{U}{V}$,	$\frac{U}{V}$,	$\frac{U}{V}$,
		$\frac{1}{t+\theta} =$	$\frac{W}{U}$,	$\frac{W}{U}$,	$\frac{V}{W}$,	$\frac{V}{W}$,
		$\varepsilon =$	$\frac{W}{V}$,	$\frac{W}{V}$,	$\frac{U}{W}$,	$\frac{U}{W}$,
	2e abaque....	$a - z =$	$\frac{U}{V}$,	$\frac{U}{V}$,	$\frac{U}{V}$,	$\frac{U}{V}$,
		$\frac{1}{\sqrt{t+\theta}} =$	$\frac{T}{U}$,	$\frac{V}{T}$,	$\frac{T}{U}$,	$\frac{V}{T}$,
		$\sqrt{2(\sigma + c)} =$	$\frac{T}{V}$.	$\frac{U}{T}$,	$\frac{T}{V}$,	$\frac{U}{T}$,

T, U, V, W étant des fonctions linéaires en x et y. Nous représenterons l'abaque résultant de cet accouplement par $\mathbf{R}_z$.

Si l'on voulait faire l'*accouplement par la variable* θ, ce qui donnerait lieu à un abaque $\mathbf{R}_\theta$, il n'y aurait, pour conserver les notations du n° 101, qu'à permuter ci-dessus les indices 1 et 2, ce qui conduirait, dans le tableau précédent, à remplacer les premiers membres par les suivants :

$$\mathbf{R}_\theta \begin{cases} \text{1}^{\text{er}} \text{ abaque...} \begin{cases} \dfrac{1}{t+\theta}, \\ a - z, \\ \varepsilon; \end{cases} \\ \text{2}^{\text{e}} \text{ abaque...} \begin{cases} \dfrac{1}{t+\theta}, \\ (a - z)^2, \\ 2(\sigma + c). \end{cases} \end{cases}$$

De même, l'abaque **R** *bis* correspondant au système des équations (1) et (3 *bis*), qui sont

$$(1) \qquad t - \theta = \frac{a - z}{\varepsilon},$$

$$(3\,bis) \qquad \sigma + c = \frac{(a - z)\varepsilon}{2},$$

donne un abaque $\mathbf{R}_z^{bis}$, avec accouplement par la variable z, dont les quatre variantes sont données par le tableau ci-dessus, où l'on remplace les premiers membres par

$$\mathbf{R}_z^{bis}\left\{\begin{array}{l} 1^{\text{er}}\text{ abaque}\ldots \left\{\begin{array}{l} a - z, \\ \dfrac{1}{\varepsilon}, \\ t - \theta; \end{array}\right. \\ 2^{\text{e}}\text{ abaque}\ldots \left\{\begin{array}{l} a - z, \\ \dfrac{\varepsilon}{2}, \\ \sigma + c, \end{array}\right. \end{array}\right.$$

et un abaque $\mathbf{R}_\varepsilon^{bis}$, défini de même par

$$\mathbf{R}_\varepsilon^{bis}\left\{\begin{array}{l} 1^{\text{er}}\text{ abaque}\ldots \left\{\begin{array}{l} \dfrac{1}{\varepsilon}, \\ a - z, \\ t + \theta; \end{array}\right. \\ 2^{\text{e}}\text{ abaque}\ldots \left\{\begin{array}{l} \dfrac{1}{\varepsilon}, \\ \dfrac{2}{a - z}, \\ \dfrac{1}{\sigma + c}. \end{array}\right. \end{array}\right.$$

Pour avoir des abaques superposés nous devrons, comme on l'a vu au n° **101**, recourir à une anamorphose logarithmique en écrivant les équations (1) et (3) sous la forme

$$\log(a - z) - \log(t + \theta) = \log \varepsilon,$$
$$2 \log(a - z) - \log(t + \theta) = \log(\sigma + c) + \log 2,$$

et posant

$$\log(a - z) = \mathrm{M},$$
$$\log(t + \theta) = \mathrm{N},$$

d'où

$$\log\varepsilon = M + N, \qquad \log(\sigma - c) + \log 2 = 2M - N.$$

Ces quatre dernières équations, où M et N sont des fonctions linéaires en x et y, définissent les quatre systèmes de droites (z), (θ), (ε) et (σ) de l'abaque à superposition. En y remplaçant x et y par les coordonnées parallèles u et v, on substitue à ces quatre systèmes de droites quatre systèmes de points.

Pour les raisons déjà dites (n° 56), c'est ce dernier type d'abaque qu'on devra préférer. Aussi nous y arrèterons-nous davantage (n°s 110, 111 et 112). D'ailleurs, en outre des avantages signalés à l'endroit cité, l'emploi des points alignés offre encore ici, comme on le verra plus loin, celui de permettre de compléter l'abaque par un dispositif fort simple grâce auquel, au moment même de la lecture, on est fixé sur le cas dans lequel on se trouve sans avoir à recourir à la *fig.* 114, et l'on connaît, s'il y a lieu, les abaques de renvoi correspondants.

Nous allons toutefois montrer comment les autres abaques qui ont été proposés pour le même objet rentrent dans les types généraux qui viennent d'être décrits.

105. *Abaques superposés à graduations algébriques.* — Ce sont ceux qui sont obtenus sans anamorphose logarithmique. Nous venons de voir qu'ils ne sont susceptibles de superposition qu'autant qu'on y admet un système de lignes cotées non droites. Il est très remarquable que le premier en date des abaques de cubature, celui de Davaine [1], appartienne précisément à ce type-là. Il est constitué par les systèmes de lignes cotées [2]

(z) $\qquad a - z = x,$

(θ) $\qquad t + \theta = \dfrac{x}{y},$

(ε) $\qquad \varepsilon = y,$

(σ) $\qquad \sigma + c = \dfrac{xy}{2},$

---

[1] *Mémoires de la Société des Sciences de Lille*, 1845.

[2] Ici, comme dans toute la suite de ce Chapitre, on a, pour simplifier l'écriture, fait abstraction des modules. Il suffit, dès lors, de considérer, dans les équations des diverses lignes cotées, x et y comme les rapports respectifs de l'abscisse et de l'ordonnée aux modules correspondants.

ce qui donne la *fig.* 115 [1] où les arcs de courbes appartiennent à des hyperboles ayant Ox et Oy pour asymptotes.

Fig. 115.

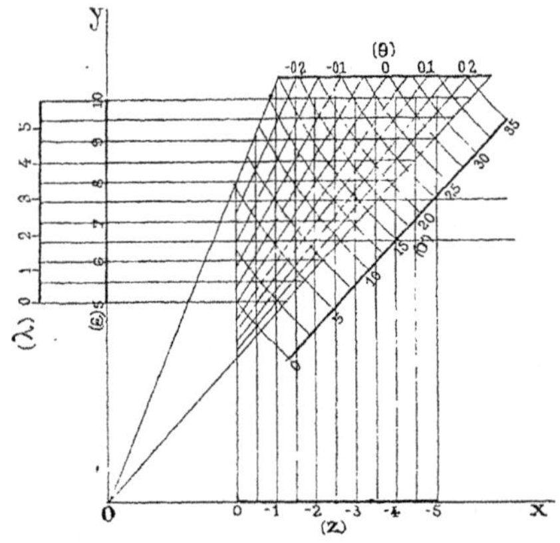

Suivant la remarque faite au début du n° 103, il suffit de munir les droites (ε) d'une seconde graduation définie par

$$\lambda = \varepsilon\tau - \beta$$

pour avoir les valeurs correspondantes de λ. Cette observation serait à répéter pour tous les abaques suivants.

106. *Abaques accouplés* [2]. — Nous n'avons pas, parmi les abaques connus, rencontré un seul exemple d'abaque du type $\mathbf{R}_z$ (n° **104**).

Type $\mathbf{R}_\theta$. — Si, dans la première variante de ce type, on prend

$$U \equiv 1, \qquad V \equiv x, \qquad W \equiv y, \qquad T \equiv 2y,$$

(1) Cette figure, ainsi que les suivantes, ne doit être considérée que comme un schéma.

(2) Parmi les abaques donnés en exemples dans ce paragraphe, les abaques Switkowski et Paulin sont les seuls sur lesquels l'accouplement tel qu'il vient d'être défini ait été réalisé par leurs auteurs. Pour tous les autres, les deux abaques ont été construits séparément.

on obtient les droites cotées

$$1^{\text{er}}\text{ abaque}\ \ldots\ \left\{\begin{array}{l} t - \theta = x, \\ a - z = y, \\ \varepsilon = \dfrac{y}{x}, \end{array}\right.$$

$$2^{\text{e}}\text{ abaque}\ \ldots\ \left\{\begin{array}{l} t + \theta = x, \\ (a - z)^2 = 2y, \\ \sigma + c = \dfrac{y}{x}, \end{array}\right.$$

qui définissent un abaque de M. Massau (¹). Les axes des x des deux abaques étant mis en coïncidence et les axes des y dans le

Fig. 116.

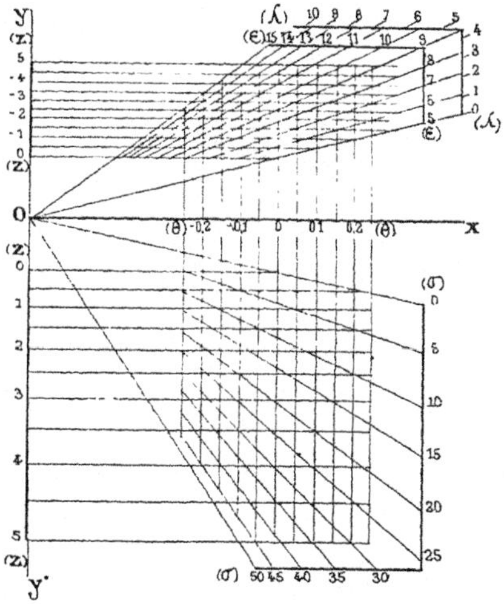

prolongement l'un de l'autre, on obtient la disposition de la *fig.* 116.

Deux autres abaques du même auteur dérivent de la quatrième

(¹) *Ann. de l'Assoc. des Ingénieurs sortis des Écoles spéciales de Gand* (1884) : Mémoire sur l'Intégration graphique (Liv. III ; nᵒˢ 202 et 221).

variante du type $\mathbf{R}_6$ avec les particularisations

$$U = 1, \quad V = x, \quad W = y, \quad T = \frac{y}{2},$$

et

$$U = y, \quad V = x, \quad W = 1, \quad T = \frac{1}{2}.$$

Type $\mathbf{R}_5^{bis}$. — Si, dans la troisième variante de ce type, on prend

$$U = x, \quad V = 1, \quad W = y, \quad T = y,$$

Fig. 117.

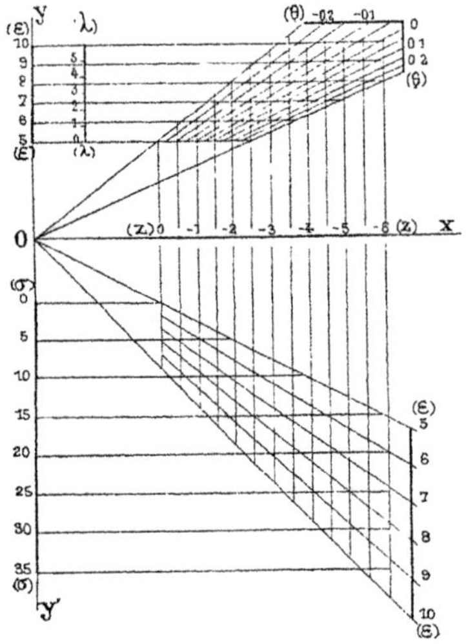

on obtient les droites cotées

$$1^{\text{er}}\text{ abaque}\ldots\ldots\ldots \left\{ \begin{aligned} a - z &= x, \\ \varepsilon &= y, \\ t + \theta &= \frac{x}{y}, \end{aligned} \right.$$

$$2^{\text{e}}\text{ abaque}\ldots\ldots\ldots \left\{ \begin{aligned} a - z &= x, \\ \frac{\varepsilon}{2} &= \frac{y}{x}, \\ \sigma + c &= y, \end{aligned} \right.$$

qui définissent encore un abaque de M. Massau [1], représenté par la *fig.* 117.

Si l'on porte les mêmes valeurs particulières de U, V, W et T dans la deuxième variante, ou si l'on fait dans la quatrième,

$$U = x, \qquad V = y, \qquad W = 1, \qquad T = 1,$$

on obtient encore deux abaques proposés par le même auteur.

Sur l'abaque de la *fig.* 117 (comme d'ailleurs sur tous ceux où interviennent des radiantes) on peut, suivant la remarque faite au n° 55, effacer les droites issues de l'origine, pourvu qu'on les remplace par une droite pivotante autour de ce point, en conservant un point de chacune d'elles muni de sa cote.

Dans ces conditions, rien n'empêche de replier la partie inférieure de la *fig.* 117 sur la partie supérieure, ce qui donne la *fig.* 118. Tel est l'abaque qui a été proposé par M. Switkowski [2].

Fig. 118.

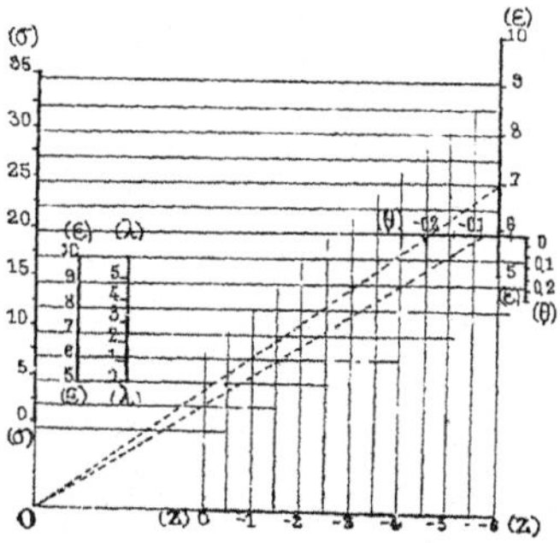

On voit que le mode d'emploi de cet abaque est le suivant :

La droite pivotante étant amenée à passer par le point θ *coupe la verticale* z *en un point dont l'horizontale donne* ε, *sur l'échelle de gauche, et* λ. *La droite pivotante étant alors amenée à passer par le point* ε *de l'échelle de droite coupe la même verticale* z *en un point dont l'horizontale donne* σ.

---

(1) *Ibid.*, n° 223.

(2) *A. P. C.*, 1er semestre 1884; p. 211.

On a indiqué au pointillé sur la *fig.* 118 les deux positions de la droite pivotante pour $z = -2,5$, $\theta = -0,1$.

Type $\mathbf{R}_{\varepsilon}^{bis}$. — Avec

$$U = 1, \quad V = x, \quad W = y - a, \quad T = y + c,$$

la deuxième variante donne

$$1^{\text{er}}\text{ abaque}\ldots\ldots\ldots \left\{ \begin{aligned} \varepsilon &= x, \\ z &= -y, \\ t - \theta &= \frac{y + a}{x}, \end{aligned} \right.$$

$$2^{\text{e}}\text{ abaque}\ldots\ldots\ldots \left\{ \begin{aligned} \varepsilon &= x, \\ a - z &= \frac{2(y + c)}{x}, \\ \sigma &= y. \end{aligned} \right.$$

On obtient ainsi l'abaque construit par M. Paulin (¹) (*fig.* 119).

Fig. 119.

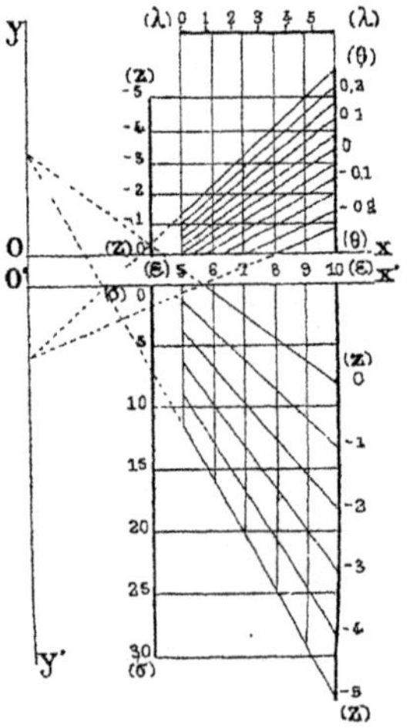

(¹) *A. P. C.*, 2ᵉ semestre, 1889; p. 440.

Avec

$$U = 1, \qquad V = x, \qquad W = y, \qquad T = y,$$

la quatrième variante donne de même

$$1^{\text{er}}\ \text{abaque}\ldots\ldots\ldots \begin{cases} \varepsilon = x, \\ a - z = \dfrac{x}{y}, \\ t + \theta = \dfrac{1}{y}, \end{cases}$$

$$2^{\text{e}}\ \text{abaque}\ldots\ldots\ldots \begin{cases} \varepsilon = x, \\ a - z = \dfrac{2y}{x}, \\ \sigma + c = y. \end{cases}$$

C'est l'abaque qui a été proposé par M. Lanave ([1]) (*fig.* 120).

Fig. 120.

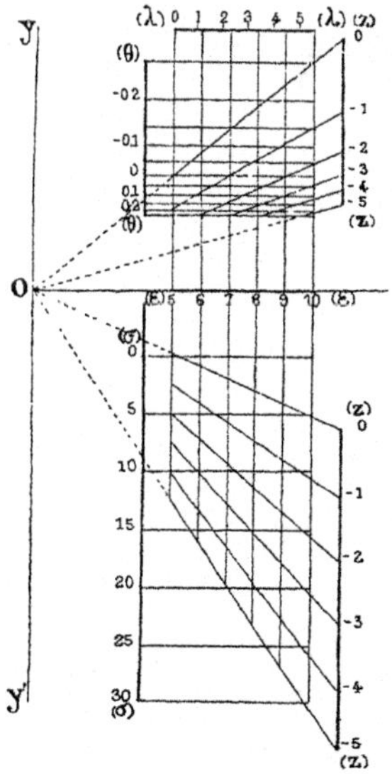

(1) *Revue pratique des Travaux publics*, juillet 1891, p. 148.

107. *Abaques indépendants.* — On peut enfin renoncer à accoupler les abaques en vue de la réalisation d'un autre *desideratum*.

Nous allons en indiquer un exemple dû à M. Rouit ([1]), où l'on s'est proposé de séparer dans chacune des quantités à calculer la partie qui varie avec la largeur de la plate-forme de celle qui en est indépendante, de façon que le même abaque puisse servir si, le long d'un même tracé, la largeur de la plate-forme prend successivement plusieurs valeurs.

Fig. 121.

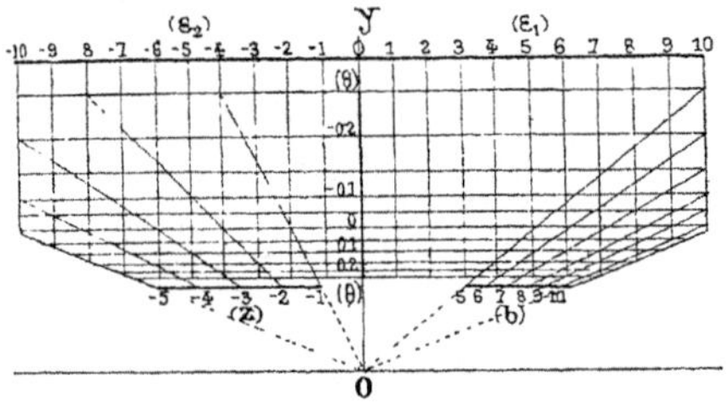

La formule (1) (n° 102), où l'on remplace a par sa valeur, peut s'écrire

$$\varepsilon = \frac{bt}{t+\theta} - \frac{z}{t+\theta}.$$

Construisons à part les abaques des formules

$$\varepsilon_1 = \frac{bt}{t+\theta} \quad \text{et} \quad \varepsilon_2 = \frac{z}{t+\theta}.$$

Il suffit pour cela de prendre pour la première les droites cotées

$$(\varepsilon_1) \quad x = \varepsilon_1, \qquad (\theta) \quad y = \frac{1}{t+\theta}, \qquad (b) \quad x = bty,$$

pour la seconde

$$(\varepsilon_2) \quad x = \varepsilon_2, \qquad (\theta) \quad y = \frac{1}{t+\theta}, \qquad (z) \quad x = zy.$$

([1]) Mémoire autographié; Bordeaux, 1877. Ce procédé est reproduit dans la *Statique graphique* de Favaro-Terrier, t. II, *Calcul graphique*, p. 278. M. Rouit indique plusieurs variantes de son abaque. Nous nous contentons ici d'en reproduire une.

On peut construire ces deux abaques sur la même feuille, les droites (ε_1) et (θ) de l'un coïncidant avec les droites (ε_2) et (θ) de l'autre. On obtient ainsi la *fig.* 121.

Pour se servir de l'abaque, on prend les points de rencontre de l'horizontale (θ) avec les droites (b) et (z). Les cotes des verticales passant par ces points sont ε_1 et ε_2. Il reste ensuite à faire la différence algébrique

$$\varepsilon = \varepsilon_1 - \varepsilon_2.$$

De même, la formule (3 *bis*) (n° 102), où l'on remplace a et c par leurs valeurs, peut s'écrire

$$\sigma = \frac{bt}{2}(\varepsilon - b) - \frac{\varepsilon z}{2}.$$

Construisons à part les abaques des formules

$$\sigma_1 = \frac{bt}{2}(\varepsilon - b), \qquad \text{et} \qquad \sigma_2 = \frac{\varepsilon z}{2}.$$

Il suffit pour cela de prendre pour la première les droites cotées

$$(\sigma_1)\quad x = \sigma_1, \qquad (\varepsilon)\quad y = \varepsilon, \qquad (b)\quad x = \frac{bt}{2}(y - b),$$

pour la seconde

$$(\sigma_2)\quad x = \sigma_2, \qquad (\varepsilon)\quad y = \varepsilon, \qquad (z)\quad x = \frac{z}{2}y.$$

On construira encore ici les deux abaques sur la même feuille

Fig. 122.

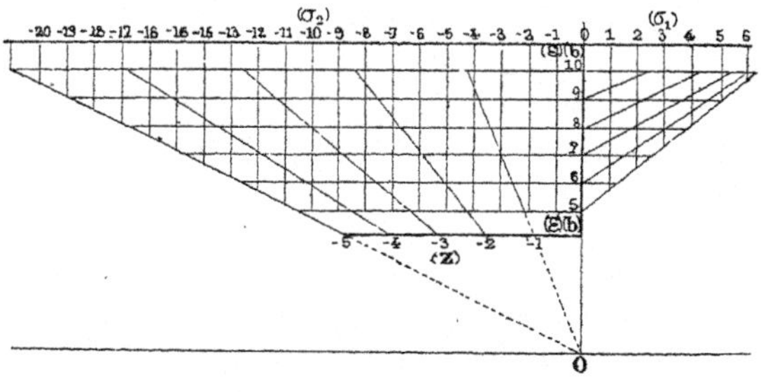

en remarquant que les droites (σ_1) et (ε) de l'un coïncident avec les droites (σ_2) et (ε) de l'autre. On obtient ainsi la *fig.* 122.

L'horizontale (ε) coupe les droites (b) et (z) en des points dont les verticales ont pour cotes σ_1 et σ_2. Il reste ensuite à faire la différence algébrique

$$\sigma = \sigma_1 - \sigma_2.$$

Remarque. — Si la largeur de la plate-forme ne reste pas la même tout le long d'un tracé, elle n'y prend, en tout cas, qu'un très petit nombre de valeurs différentes. Aussi l'économie de temps résultant de ce qu'on n'a à construire qu'une seule paire d'abaques pour ces diverses valeurs nous semble-t-elle plus que compensée par la nécessité de compléter, dans tous les cas, chaque lecture par une opération arithmétique, fût-ce une simple addition.

Si l'on préférait construire séparément les abaques correspondant aux diverses valeurs de la largeur de la plate-forme, de façon à éviter cette addition complémentaire, il suffirait de modifier les abaques précédents de la façon suivante :

Sur le premier abaque, le segment de l'horizontale (θ), compris entre la droite (z) et la droite (b), est égal à ε. Donc, *pour une valeur fixe de b,* la parallèle à la droite (b) menée par le point de rencontre de la droite (z) et de l'horizontale (θ) est une droite (ε). On obtient ainsi un abaque constitué par les droites cotées

$$(z)\quad x = zy, \qquad (\theta)\quad y = \frac{1}{t+\theta}, \qquad (\varepsilon)\quad bty = x + \varepsilon.$$

De même, sur le second abaque, le segment de l'horizontale (ε), compris entre la droite (z) et la droite (b), est égal à σ. Donc, *pour une valeur fixe de b,* la parallèle à la droite (b) menée par le point de rencontre de la droite (z) et de l'horizontale (ε) est une droite (σ). On obtient ainsi un abaque constitué par les droites cotées

$$(z)\quad x = \frac{z}{2}y, \qquad (\varepsilon)\quad y = \varepsilon, \qquad (\sigma)\quad \frac{bty}{2} = x + \sigma + \frac{b^2 t}{2}.$$

Pour déduire directement ces deux derniers abaques des équations (1) et (3 *bis*) il suffit de poser pour le premier

$$a - z = \frac{ay - x}{y}, \qquad t + \theta = \frac{1}{y}, \qquad \varepsilon = ay - x,$$

pour le second,

$$a - z = \frac{ay - 2x}{y}, \qquad \sigma + c = \frac{ay - 2x}{2}, \qquad \varepsilon = y.$$

108. *Abaques superposés à graduations logarithmiques.* — Nous avons vu au n° 104 que, pour avoir des abaques superposés uniquement composés de lignes droites, il suffisait de construire les droites cotées définies par les équations

$$\begin{gathered} \log(a - z) = \mathrm{M}, \\ \log(t + \theta) = \mathrm{N}, \\ \log \varepsilon = \mathrm{M} - \mathrm{N}, \\ \log(\sigma + c) + \log 2 = 2\mathrm{M} - \mathrm{N}, \end{gathered}$$

où M et N sont des fonctions linéaires en x et y.

Lalanne, à qui est dû cet artifice, a fait connaître en 1843 un premier abaque (¹) qui se déduit des formules précédentes lorsqu'on y fait

$$\mathrm{M} \equiv x, \qquad \mathrm{N} \equiv y.$$

Il a ensuite proposé un second abaque, d'une meilleure disposition, obtenu en prenant

$$\mathrm{M} \equiv \frac{x + y}{2}, \qquad \mathrm{N} \equiv y.$$

Les droites cotées de cet abaque ont alors pour équations

$$\begin{aligned} &(z) \qquad & 2\log(a - z) &= x + y, \\ &(\theta) \qquad & \log(t + \theta) &= y, \\ &(\varepsilon) \qquad & 2\log \varepsilon &= x - y, \\ &(\sigma) \qquad & \log(\sigma + c) + \log 2 &= x, \end{aligned}$$

ce qui donne la disposition représentée par la *fig.* 123.

(¹) *A. P. C.*, 1ᵉʳ sem. 1846. En réalité, les premiers abaques de Lalanne n'étaient pas à superposition. Ils ne donnaient que σ en fonction de z et de θ. Ce n'est qu'après la publication faite par Davaine de son abaque (n° 109) où la superposition se rencontre pour la première fois, que Lalanne eut à son tour recours à cet artifice, qu'il combina avec son ingénieuse idée de l'anamorphose logarithmique.

En appliquant à cet abaque l'artifice du transparent mobile (n° 31), qu'il a précisément imaginé à cette occasion, M. Blum a

Fig. 123.

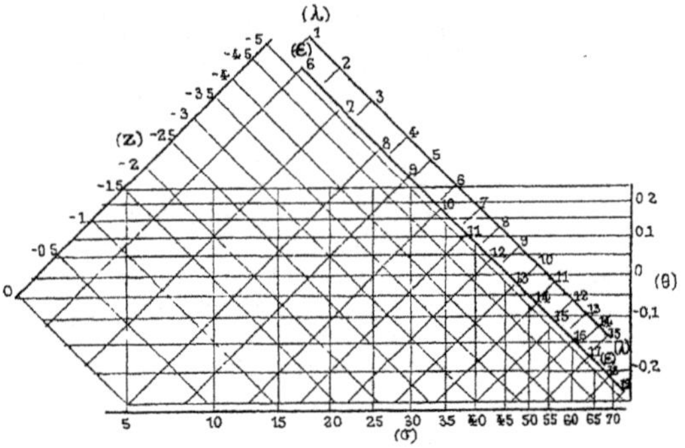

obtenu l'abaque représenté par la *fig.* 124 sur laquelle on a marqué en pointillé, pour une position quelconque du transpa-

Fig. 124.

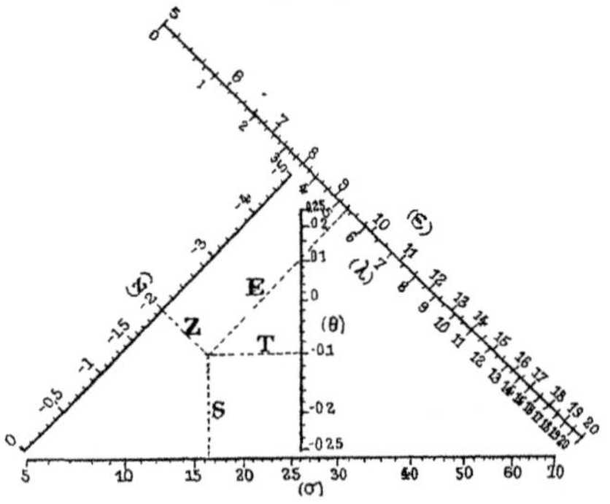

rent, les index Z, T, E, S correspondant respectivement aux échelles (z), (t), (ε), (σ).

Il va sans dire, comme on l'a déjà remarqué plusieurs fois, que la graduation (ε) est doublée par la graduation (λ), en sorte que l'index E fait encore connaître cette dernière quantité.

109. *Abaques hexagonaux.* — Reprenons les équations (1) et (3 *bis*) mises sous la forme logarithmique

$$\log\varepsilon = \log(a - z) - \log(t + \theta),$$

et

$$\log(\sigma + c) + \log 2 = 2\log(a - z) - \log(t + \theta).$$

Chacune d'elles pourra être représentée par un abaque hexagonal, car elle est de la forme requise à cet effet (nº 32). Ils pourront, comme les abaques ci-dessus, avoir en commun l'échelle (θ), mais non l'échelle (z), attendu que, les diverses échelles devant être construites *avec le même module,* l'échelle (z) du second abaque dérivera d'un étalon logarithmique (nº 6), double de celui de l'échelle (z) du premier.

Les deux abaques ne pourront donc qu'être *accouplés par la variable* θ. L'abaque ainsi obtenu est représenté par la *fig.* 125. Son mode d'emploi est le suivant :

LE TRANSPARENT ÉTANT CONVENABLEMENT ORIENTÉ, *on fait passer l'index* T *par le point* θ *et l'index* Z *par le point* z *de l'*ÉCHELLE (z) POUR ε. *On lit alors sous l'index* E *les valeurs de* ε *et de* λ. *On fait ensuite glisser l'index* T *sur lui-même pour amener l'index* Z *dans la position* Z′, *où il passe par le point* z *de l'*ÉCHELLE (z) POUR σ. *On lit alors la valeur de* σ *sous l'index* E *venu en* E′.

Ce dédoublement de la lecture constitue à ce dernier abaque, par rapport au précédent, un désavantage que ne compense pas la plus grande facilité de construction des échelles.

M. Lallemand, à qui est dû le principe de construction de cet abaque, ne s'est occupé que du calcul de σ en fonction de z et de θ. Il ne pouvait, par suite, être frappé de l'inconvénient que nous venons de signaler, et qui résulte de la nécessité du calcul simultané de z et de ε.

Nous indiquerons enfin un artifice auquel M. Lallemand avait eu recours pour tenir compte, sur l'abaque faisant connaître σ, du terme complémentaire. Cet artifice pourrait d'ailleurs être utilisé avec les types d'abaques précédents.

Fig. 125.

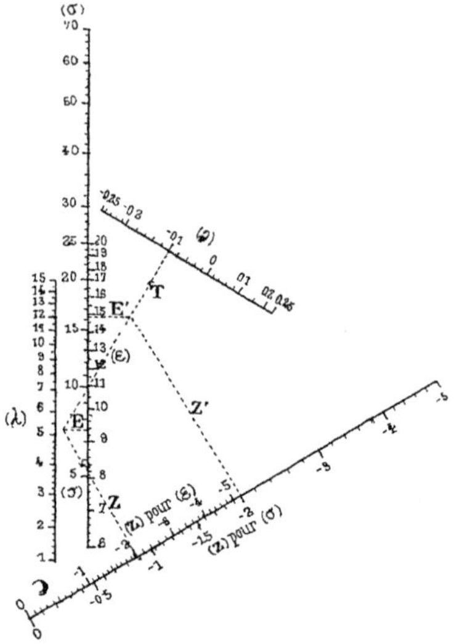

A un couple de valeurs de z et θ correspond sur le plan de l'abaque une position du centre du transparent. Ce point peut être dit le *transformé* du point qui, rapporté aux axes de la *fig.* 114, a pour coordonnées ces valeurs de z et θ. On peut ainsi définir sur le plan de l'abaque la ligne transformée d'une ligne tracée sur le plan de la *fig.* 114 et notamment les transformées des lignes qui limitent les régions correspondant aux divers cas du calcul des profils. On obtient ainsi, sur l'abaque même, la région à l'intérieur de laquelle se trouve le centre du transparent, lorsqu'il y a lieu d'ajouter le terme complémentaire γ, et l'on peut, dans cette région, faire la représentation de ce terme complémentaire en prenant pour (z) et (θ) les systèmes de parallèles engendrés par les axes du transparent.

On obtient ainsi pour γ un système de courbes cotées [1] (*fig.* 126).

Dès lors, si le centre du transparent tombe sur la courbe (γ), il faut, à la lecture σ faite sous l'index E, ajouter la lecture γ. Ce

Fig. 126.

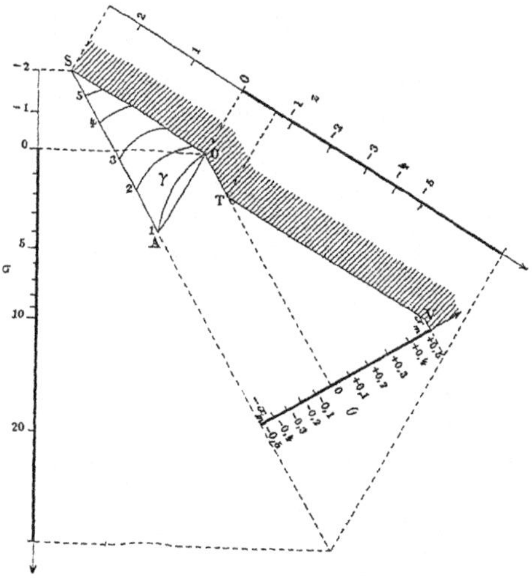

système de courbes (γ) a reçu de M. Lallemand le nom d'*échelle centrale additionnelle*.

L'idée est assurément ingénieuse, mais il vaut mieux, en pratique, tout en figurant les limites de la région pour laquelle doit s'ajouter le terme additionnel, se servir d'un abaque de ce terme construit à part. Cette construction n'a besoin, en effet, d'être faite qu'une fois pour toutes, puisque le terme complémentaire ne dépend d'aucune donnée spéciale au profil type considéré; elle ne comporte, en outre, que des droites parallèles, ce qui permet de recourir encore à l'usage du transparent. Dans le cas contraire,

[1] Cette façon de représenter γ est une application immédiate du procédé indiqué au n° 18 (*fig.* 20), combiné avec une anamorphose.

les courbes (γ), d'une construction assez longue, varient pour chaque abaque particulier.

110. *Abaque* **R** *à points alignés.* — Nous allons, au sujet des abaques à points alignés, entrer dans de plus grands détails pour les raisons données à la fin du n° **104**.

D'après ce qui a été vu à cet endroit, on définira l'abaque à points alignés, pour le remblai ou abaque **R**, en reprenant les équations du n° **108** et y remplaçant M et N par des fonctions linéaires des coordonnées parallèles u et v.

Nous prendrons (¹)

$$M = u, \qquad N = -v.$$

L'abaque sera alors constitué par les systèmes de points cotés (²)

$$(z) \qquad \log(a - z) = u,$$

$$(\theta) \qquad \log(t + \theta) = -v,$$

$$(\varepsilon) \text{ et } (\lambda) \qquad \log\varepsilon = \log(\lambda + \beta) - \log\tau = u + v,$$

$$(\sigma) \qquad \log(\sigma + c) + \log 2 = 2u + v.$$

Les deux premières équations définissent des échelles logarithmiques portées par les axes Au et Bv; les autres, des échelles logarithmiques portées par des axes parallèles à Au et Bv, le premier, Cη, mené par le milieu C de AB, le second, Dζ, mené par le point D au tiers de AB à partir du point A (*fig.* 127).

L'axe Cη portera deux graduations, l'une définie par

$$\delta(\varepsilon) = \frac{\log\varepsilon}{2},$$

l'autre par

$$\delta(\lambda) = \frac{\log(\lambda + \beta) - \log\tau}{2},$$

(¹) Nous posons $V = -v$, et non $V = v$, pour que tous les points cotés correspondant aux quantités à déterminer soient entre les axes sur lesquels sont pris les points cotés correspondant aux quantités données, ce qui permet d'opérer avec plus de précision que s'ils étaient en dehors de ces axes. Cet artifice est indiqué dans la note au bas de la page 145.

(²) Même observation que celle qui est contenue dans la note (²) de la page 267, en ce qui concerne les modules des axes Au et Bv, modules que l'on prend d'ailleurs égaux entre eux en vue de rendre plus approché le tracé indiqué pour la figuration graphique des cas, tant dans ce numéro que dans le suivant.

en représentant par $\delta(\varepsilon)$ et $\delta(\lambda)$ les distances comptées à partir de C.

Fig. 127.

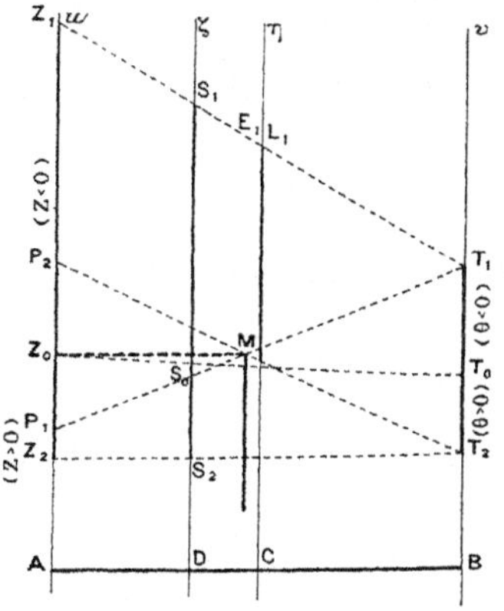

De même, la graduation de l'axe Dζ sera donnée par

$$\delta(\sigma) = \frac{\log(\sigma + c) + \log 2}{3}.$$

Limitation des échelles. — Si l'on se reporte au tableau du n° 103, on voit que l'abaque **R** sert comme abaque d'entrée dans les cas I et II, et comme abaque de renvoi dans les cas V et VI.

Si l'on se reporte ensuite au n° 102 et à la *fig.* 114, on voit que l'on aura à se servir de cet abaque pour des valeurs de θ quelconques comprises entre les limites que l'on s'est assignées (ici $-0,25$ et $0,25$), et pour des valeurs de z comprises entre la limite inférieure -20 et la valeur de z correspondant au point H, c'est-à-dire $0,25b$.

Soient

$$BT_1 = -\log(t - 0,25), \qquad BT_2 = -\log(t + 0,25), \qquad BT_0 = -\log t,$$
$$AZ_1 = \log(a + 20), \qquad AZ_2 = \log(a - 0,25b), \qquad AZ_0 = \log a.$$

L'échelle de θ, dont le zéro sera au point T_0, sera limitée au segment T_1T_2. L'échelle de z, dont le zéro sera au point Z_0, sera limitée au segment Z_1Z_2.

Il sera bon d'ailleurs, sur l'échelle T_1T_2, d'écrire à côté des deux parties correspondantes : *terrain en pente* (partie où θ est négatif); *terrain en rampe* (partie où θ est positif). De même sur l'échelle Z_1Z_2 : *cote en remblai* (partie où z est négatif); *cote en déblai* (partie où z est positif).

Puisque la droite joignant les points z et θ correspondant aux données est toujours comprise entre T_1Z_1 et T_2Z_2, il est inutile de prolonger les graduations des axes $C\eta$ et $D\zeta$ au delà de ces droites.

L'axe $D\zeta$ des surfaces servant lorsque l'abaque est pris comme abaque de renvoi, la graduation devra s'étendre depuis S_1 sur T_1Z_1 jusqu'à S_2 sur T_2Z_2; son zéro est S_0.

L'axe $C\eta$, ne servant que lorsque l'abaque est pris comme abaque d'entrée, portera pour ε et pour λ des graduations allant du point E_1 ou L_1 sur T_1Z_1 à un point qui sera déterminé plus loin.

Il faut remarquer que la droite T_0Z_0 qui joint les zéros des graduations de θ et z coupe l'échelle de ε au point coté b, les échelles de λ et de σ en leurs points zéros.

Figuration des divers cas. — L'abaque sert pour l'entrée (n° **103**) dans les cas I et II, c'est-à-dire (n° **102**) lorsque, z étant quelconque,

$$z + b''\theta + h < 0.$$

Cherchons l'interprétation géométrique de cette condition ([1]).

Si nous associons à chaque valeur de θ la valeur de z telle que

$$z + b''\theta + h = 0,$$

nous obtenons les positions limites de l'index. L'enveloppe de ces positions limites est une certaine courbe dont il serait facile de former l'équation en u et v; mais cela est inutile. Pour la très faible amplitude de variation de θ (de $-0,25$ à $0,25$), on vérifie graphiquement ([2]) que toutes ces positions limites passent très

([1]) C'est là une application de ce qui a été dit à la fin du n° 67, page 150.

([2]) On pourrait se livrer à ce sujet à des calculs qui constitueraient un exercice d'application des coordonnées parallèles, mais qui seraient sans intérêt pratique, la vérification graphique etant parfaitement suffisante, étant donné le but qu'on se propose.

sensiblement par un même point. Nous pouvons prendre pour ce point l'intersection M des deux positions extrêmes T_1P_1 et T_2P_2, données par

$$\theta = -0,25, \qquad z = 0,25\,b'' - h$$

et

$$\theta = 0,25, \qquad z = -0,25\,b'' - h.$$

Dès lors, la seconde condition pour que l'abaque serve pour l'entrée montre que l'index doit passer *au-dessus du point* M. Par le point M, menons en trait gras une parallèle aux axes dans le sens négatif. Si l'index coupe cette droite, c'est qu'il passe au-dessous du point M; par suite, l'abaque ne s'applique pas pour l'entrée.

Pour cette raison, nous appellerons ce trait gras une *barre d'arrêt,* et nous dirons :

L'abaque sert pour l'entrée (cas I et II) si l'index ne rencontre pas la barre d'arrêt. On voit ainsi que l'échelle de ε et λ doit être arrêtée à la droite T_2P_2.

Dans le cas II, c'est-à-dire lorsque $z > 0$, il faut recourir comme abaque de renvoi à celui du terme complémentaire. Or, si $z > 0$, l'index passe au-dessous de Z_0; et, comme il passe au-dessus de M, il coupe nécessairement la droite MZ_0, que nous tracerons en pointillé et que nous appellerons une *barre de renvoi.* Nous pouvons donc dire que, *lorsque l'index rencontre la barre de renvoi, il faut recourir à l'abaque complémentaire.*

Mode d'emploi de l'abaque. — Rapprochant ces remarques de la règle générale donnée pour la lecture au n° **103**, nous obtenons cette règle très simple :

Si l'index rencontre la barre d'arrêt (trait gras), *laisser l'abaque et se transporter sur celui du déblai.*

Si l'index ne rencontre pas la barre d'arrêt, faire immédiatement la lecture de l'emprise et de la longueur du talus.

Pour la surface du remblai : si l'index ne rencontre pas la barre de renvoi, faire simplement la lecture sur l'abaque; si l'index rencontre la barre de renvoi, ajouter à cette lecture la lecture correspondante sur l'abaque dont le nom (terme complémentaire) est inscrit à côté de cette barre de renvoi.

Le terme additionnel fait lui-même connaître la surface du déblai.

111. *Abaque* **D** *à points alignés.* — Nous prendrons les mêmes fonctions M et N que dans le cas du remblai. L'abaque sera, dès lors, constitué par les systèmes de points cotés :

(z) $\log(a' + z) = u,$

(θ) $\log(t' - \theta) = -v,$

(ε') et (λ') $\log\varepsilon' = \log(\lambda' + \beta') - \log\tau' = u + v,$

(σ') $\log(\sigma' + c') + \log 2 = 2u + v.$

A la valeur des constantes près, la graduation des axes Au, Bv, $C\eta$, $D\zeta$, sera donc la même que dans le cas précédent (*fig.* 128).

Fig. 128.

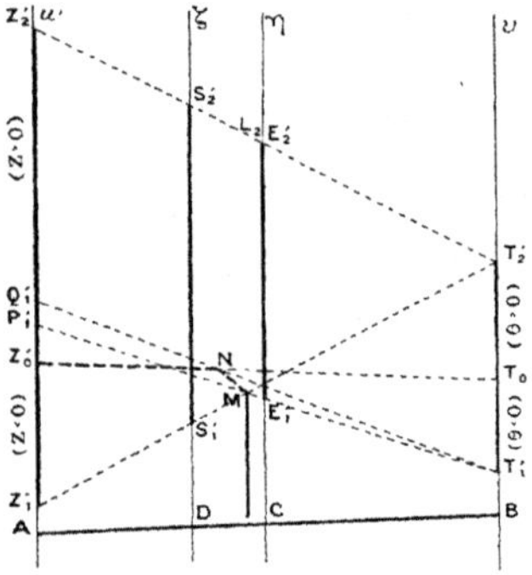

En outre, le sens suivant lequel croîtront z et θ sera renversé ([1]).

Limitation des échelles. — Si l'on se reporte au tableau du n° **103**, on voit que l'abaque de déblai sert comme abaque d'entrée dans les cas III, IV, V, VI.

Si l'on se reporte ensuite au n° **102** et à la *fig.* 114, on voit que l'on aura à se servir de cet abaque pour des valeurs de θ quelconques comprises entre les limites que l'on s'est assignées (ici $-0,25$ et $0,25$) et pour des valeurs de z comprises entre la limite

([1]) Il est bon, pour que ce sens reste le même lorsqu'on passe de l'un des abaques à l'autre, de retourner le second bout pour bout, lorsqu'on le dispose à côté du premier; c'est ce qui a été fait sur la Planche ci-jointe.

supérieure 20 et la valeur de z correspondant au point I, c'est-à-dire $-(0,25\,b''+h)$.

Soient

$$BT'_1 = -\log(t'+0,25), \qquad BT'_2 = -\log(t'-0,25), \qquad BT'_0 = -\log t',$$
$$AZ'_1 = \log(a'-0,25\,b''-h), \qquad AZ'_2 = \log(a'+20), \qquad AZ'_0 = \log a'.$$

L'échelle de θ, dont le zéro sera au point T'_0, sera limitée au segment $T'_1T'_2$. L'échelle de z, dont le zéro sera au point Z'_0, sera limitée au segment $Z'_1Z'_2$.

Ici, comme dans le cas du remblai, on aura soin d'écrire à côté des échelles correspondantes : *terrain en pente, terrain en rampe,* d'une part, *cote en remblai, cote en déblai,* de l'autre.

Puisque l'index reste toujours au-dessous de la droite $T'_2Z'_2$, il est inutile de prolonger les graduations des axes $C\eta$ et $D\zeta$ vers le haut au delà de cette droite.

Nous verrons plus loin comment ces graduations seront arrêtées vers le bas.

Il faut remarquer que la droite $T'_0Z'_0$, qui joint les zéros des graduations de θ et de z, coupe l'échelle de ε' au point coté b', celle de λ' au point coté φ, et celle de σ au point coté F (n° 102).

Figuration des divers cas. — L'abaque sert pour l'entrée (n° 103) dans les cas III, IV, V et VI, c'est-à-dire (n° 102) lorsque, z étant quelconque,

$$z + b''\theta + h > 0.$$

L'interprétation géométrique de cette condition est la même que dans le cas du remblai. Elle conduit encore à la considération du point M donné par l'intersection des droites

$$T'_1P'_1(\theta = -0,25;\ z = 0,25\,b'' - h)$$

et

$$T'_2Z'_1(\theta = 0,25;\ z = 0,25\,b'' - h).$$

Il semble, au premier abord, qu'ici le sens de la barre d'arrêt doive être changé, mais il n'en est rien, car, ainsi que nous venons de le voir, le sens de la croissance pour θ et z est lui-même changé ([1]).

([1]) Ne pas perdre de vue que, sur la Planche, le second abaque a été retourné bout pour bout pour que le sens des graduations soit le même que sur le premier.

Ainsi, *l'abaque sert comme abaque d'entrée si l'index ne rencontre pas la barre d'arrêt.*

Il s'agit maintenant de caractériser les cas IV, V et VI, où l'abaque d'entrée doit être complété par certains abaques de renvoi.

Ces cas sont séparés les uns des autres sur la *fig.* 114 par les droites AD, ou $z = 0$, à laquelle correspond sur l'abaque le point Z'_0, et HG, ou

$$z + b\theta = 0.$$

Exactement de la même manière qu'on l'a fait pour le point M, à propos de l'abaque du remblai, on peut, vu la petite amplitude de la variation de θ, faire correspondre à cette équation le point N défini par les droites

$$T'_0 Z'_0 (\theta = 0;\ z = 0)$$

et

$$T'_1 Q'_1 (\theta = -0{,}25;\ z = 0{,}25\,b);$$

et, suivant que $z + b\theta$ est > 0 ou < 0, l'index passe au-dessus ou au-dessous de N.

Dès lors, les conditions résumées au n° **102** se traduisent ainsi :

Pour le cas IV, l'index passe au-dessous de Z'_0 et au-dessus de N; donc, *il coupe la droite* NZ'_0, qui est dès lors une barre de renvoi au terme complémentaire (n° **103**).

Pour le cas V, l'index passe au-dessous de Z'_0 et au-dessous de N; comme il passe au-dessus de M (sans quoi il couperait la barre d'arrêt), *il coupe la droite* MN, qui est dès lors une barre de renvoi au remblai (*ibid.*).

Pour le cas VI, l'index passe au-dessus de Z'_0 et au-dessous de N; *il coupe donc à la fois les droites* NZ (qui renvoie déjà au terme complémentaire pour le cas IV) et MN (qui renvoie déjà au remblai pour le cas V). Or, précisément, il y a, dans ce cas (*ibid.*), renvoi à la fois au terme complémentaire et au remblai. Il suffit donc de maintenir, pour ce dernier cas, aux droites NZ'_0 et MN la signification qu'on leur a donnée comme barres de renvoi pour les cas précédents.

Mode d'emploi. — Finalement, le mode d'emploi de l'abaque

sera exactement le même que celui énoncé pour l'abaque de remblai, à la fin du n° 31, à cette différence près qu'ici *l'index peut rencontrer à la fois deux barres de renvoi*, et que, *dans ce cas, le terme additionnel à ajouter à la lecture faite directement sur l'abaque, pour la surface du déblai, se compose de la somme des lectures correspondantes sur les deux abaques auxquels renvoient ces barres.*

Ce terme additionnel fait, d'ailleurs, connaître la surface du remblai.

112. *Abaque* **C** *à points alignés.* — L'équation qui donne ce terme complémentaire étant de la forme (4) (n° **102**), il suffit de prendre les points cotés définis par

$$2\log z = u,$$
$$-\log\theta = v,$$
$$\log\gamma + \log 2 = u + v.$$

On obtient ainsi un abaque très facile à construire, attendu que, si le point γ, situé sur l'axe $C\eta$ équidistant de Au et Bv (C étant le milieu de AB), est à la distance $\delta(\gamma)$ du point C, on a

$$\delta(\gamma) = \frac{\log\gamma + \log 2}{2}.$$

On doit, avons-nous vu au n° **102**, entrer dans cet abaque avec la valeur absolue de θ; il n'y a donc pas lieu de s'inquiéter du signe de θ.

De même, z n'entrant dans l'expression de γ que par son carré, il n'y a lieu de s'occuper que de sa valeur absolue.

Limitation des échelles. — L'abaque du terme complémentaire s'applique dans les cas II, IV et VI (n° **103**), c'est-à-dire, puisqu'il ne s'agit ici que des valeurs absolues de θ et z, pour θ compris entre 0 et 0,25 et z compris entre 0 et $0,25b$.

Remarquons que pour $\theta = 0$ ou pour $z = 0$ on a des points à l'infini sur Bv ou Au. Il suffira de faire varier θ de 0,01 à 0,25, et z de 0,1 à $0,25b$.

La limitation de ces deux échelles entraîne celle de l'échelle centrale sur laquelle se lira γ. Cette échelle doit, en effet, s'arrêter à la droite qui joint le point extrême de l'échelle de θ (0,01) au point de l'échelle de z défini par la plus haute valeur correspondante de z, prise en valeur absolue

$$0{,}01\,b'' + h.$$

Les *fig.* 129, 129 *bis* et 129 *ter* gravées sur la Planche ci-jointe représentent les trois abaques, dressés d'après la méthode qui vient d'être indiquée, avec les données particulières :

$$b = 5^{m}, \qquad b' = 6^{m},50, \qquad b'' = 5^{m},50, \qquad h = 0^{m},50,$$

$$t = \frac{2}{3} = 0{,}66, \qquad t' = 1,$$

d'où l'on déduit

$$F = 0^{mq},5, \qquad \varphi = 1^{m},91.$$

Le mode d'emploi de ce triple abaque peut se résumer de la manière suivante :

Pour faire la lecture on tend une droite, dite *index,* entre la *cote,* lue sur l'axe de gauche, et la *déclivité,* lue sur l'axe de droite. On fait la lecture de chaque axe au point où il est rencontré par l'index en se conformant à la règle suivante :

On entre dans l'abaque, **R** *ou* **D**, *sur lequel l'index ne rencontre pas la barre d'arrêt, et on lit immédiatement l'emprise et le talus.*

Si l'index ne rencontre aucune barre de renvoi, on lit, en outre, immédiatement la surface, et celle-ci est de même désignation, **R** *ou* **D**, *que l'abaque dans lequel on se trouve.*

Si l'index rencontre une ou plusieurs barres de renvoi, on se reporte aux abaques indiqués par le mot écrit à côté de chacune de ces barres ([1]). *La somme des lectures faites sur l'abaque d'entrée et sur les abaques de renvoi donne la surface de même désignation que l'abaque d'entrée. La somme des lectures faites sur les abaques de renvoi donne la surface de désignation contraire.*

Remarque. — Il n'a été question jusqu'ici que du calcul d'un demi-profil. Pour passer de la première moitié à la seconde d'un

---

([1]) Le tableau du n° 103 montre qu'il n'y a pas de renvoi dans les cas I et III, de beaucoup les plus fréquents, et qu'il n'y a de double renvoi que dans le cas VI, d'un intérêt purement théorique, comme le cas V.

ABAQUES A POINTS ALIGNÉS POUR LE CALCUL DES PROFILS DE REMBLAI ET DÉBLAI

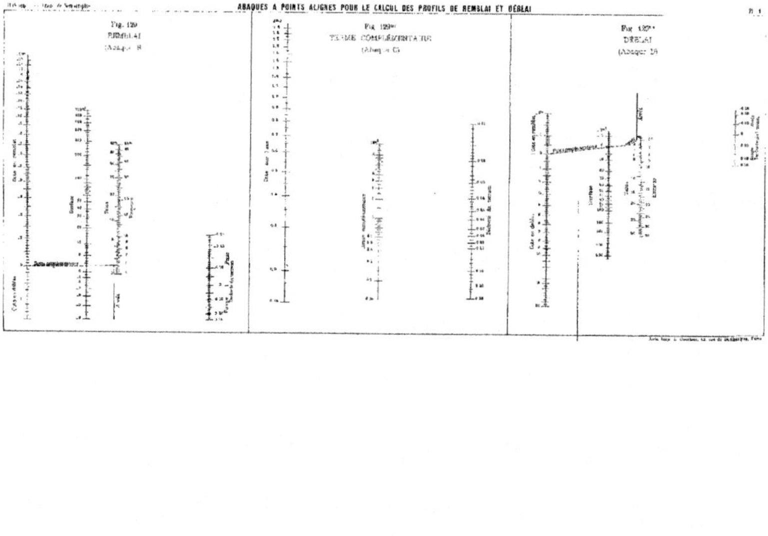

profil donné, si l'on suppose uniforme la déclivité transversale du terrain, il n'y a, en conservant la même valeur pour z, qu'à changer θ en $-\theta$.

113. *Abaque à équerre.* — L'équation (3) du n° 102 peut s'écrire

$$(a - z)^2 = 2(t + \theta)(\sigma + c).$$

Sous cette forme, on voit qu'elle rentre dans le type indiqué à la fin du n° 95, et, par suite, qu'elle peut être représentée au moyen d'un abaque à équerre.

Fig. 130.

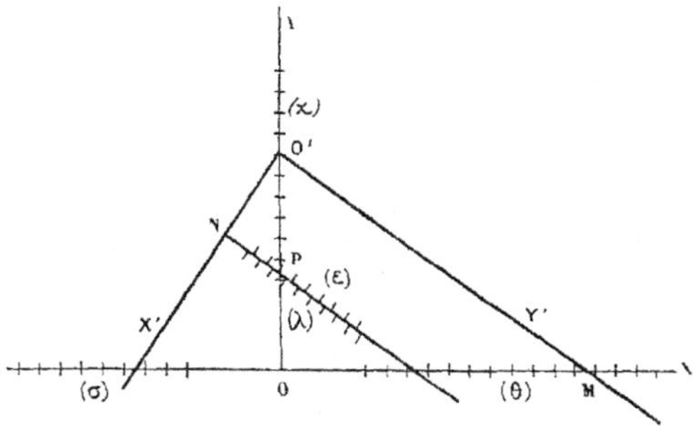

Il suffira de porter sur l'axe des x (*fig.* 130) les échelles

$$x = (t + \theta)l_1,$$
$$x = -2(\sigma + c)l_2,$$

et sur l'axe des y l'échelle

$$y = (a - z)l_3,$$

l_1, l_2, l_3 étant des modules liés par la relation $l_3^2 = l_1 l_2$.

Plaçant alors le sommet O' de l'équerre au point coté z et faisant passer le côté O'Y' par le point coté θ, on lit à la rencontre du côté O'X' et de la troisième échelle la valeur de σ.

Tel est le principe de l'instrument construit par M. Siégler sous le nom de *profilomètre* (¹).

(¹) *A. P. C.*, p. 98, 1881, 1er semestre.

Pour le calcul de ε, et, par suite, de λ obtenu, comme nous l'avons vu, en accolant une seconde graduation à celle de ε, l'auteur a eu recours à l'ingénieux dispositif que voici :

Fixons à l'équerre un axe NP parallèle à $O'y'$ et portons sur cet axe l'échelle

$$y' = \varepsilon l_4,$$

le module l_4 étant tel que, si d est la distance du point O' au point N, on ait

$$\frac{l_4}{d} = \frac{l_3}{l_1}.$$

La similitude des triangles NPO' et OO'M donne

$$\frac{\varepsilon l_4}{d} = \frac{(a-z)l_3}{(t+\theta)l_1},$$

ou, en vertu de l'égalité précédente,

$$\varepsilon = \frac{a-z}{t+\theta},$$

qui est bien la formule (1) du n° 102.

Ce mode de représentation graphique de l'équation liant ε à z et θ ne rentre dans aucun des types d'abaques envisagés jusqu'ici. On verra plus loin (n° 149) comment il dérive de la théorie générale englobant tous les types possibles d'abaques.

114. *Abaque tangentiel.* — Le procédé suivant, dû à M. Willotte (¹), peut être rattaché au principe général du n° 58 dans le cas, envisagé page 128, où à deux des variables (ici z et θ) correspondent de simples points cotés, un de ces systèmes de points, (θ), étant d'ailleurs rejeté à l'infini.

Soit ZOAB le gabarit d'un demi-profil de remblai (*fig.* 131). Pour achever de définir un tel demi-profil, il resterait à tracer la ligne du terrain naturel.

Si l'on considère toutes les positions de cette ligne pour lesquelles l'aire σ du demi-profil conserve une certaine valeur constante, ces positions ont pour enveloppe une certaine courbe qui pourra être cotée au moyen de la valeur choisie pour σ.

(¹) *A. P. C.*, p. 303, 2ᵉ sem., 1880.

Il est très facile de déterminer la nature de cette enveloppe A l'aire de chaque demi-profil considéré on peut, en effet, ajouter une constante, savoir l'aire du triangle que le prolongement de AB ferait avec les droites OA et OZ L'enveloppe est donc une

Fig 131

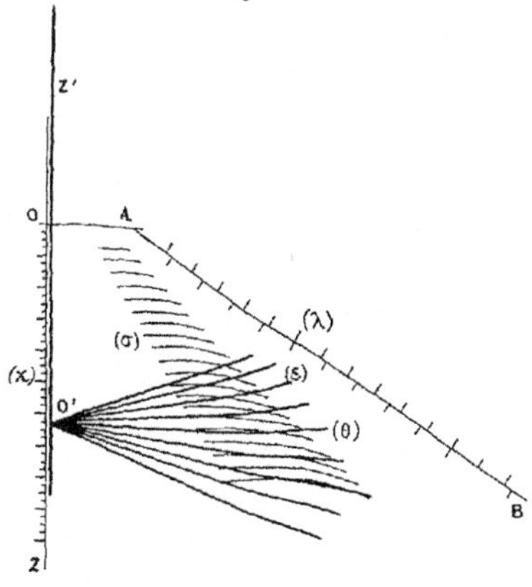

courbe dont la tangente forme avec les droites OZ et AB, prolongées jusqu'en leur point de rencontre, un triangle d'aire constante, c'est, par suite, comme on sait, une hyperbole ayant OZ et AB pour asymptotes

Si, pour un certain nombre de valeurs de σ (1) comprises entre les limites pratiques de cette quantité, on construit la portion utile des hyperboles correspondantes, on obtient le système des enveloppes (σ)

De même, toutes les positions de la ligne du terrain naturel correspondant à une même valeur de ε ou de λ passent nécessai-

---

(1) On peut choisir soit des valeurs de σ croissant par échelons égaux, comme on l'a fait pour les abaques précédents, soit les valeurs correspondant aux hyperboles qui, entre les limites assignées, ont leurs sommets (situés sur la bissectrice de l'angle de OZ et de AB) séparés par des intervalles égaux, ce qui donne pour ces sommets une graduation isograde (n° 8) Ce second choix, proposé par M Willotte, donne un dessin plus satisfaisant Le calcul des cotes se fait d'ailleurs très rapidement, puisque leurs différences secondes sont constantes

rement par un même point de la ligne AB, qui pourra être coté à l'aide de cette valeur de ε ou de λ. On obtient ainsi sur la ligne AB à la fois une échelle (ε) et une échelle (λ).

Cette seconde partie de l'abaque rentre dans la simple application du principe des points alignés, lorsque l'un des trois systèmes de points, ici (θ), est rejeté à l'infini.

Si dès lors on applique sur le tableau ainsi formé un demi-profil dont trois des côtés s'appliquent sur OZ, OA et AB, le quatrième, c'est-à-dire la ligne du terrain naturel, sera tangent à une courbe (σ) dont la cote fera connaître l'aire du demi-profil, et passera par un point de la droite AB, dont les cotes ε et λ donneront la largeur d'emprise et la longueur du talus. Tel est le procédé de M. Willotte, qui suppose, comme on voit, les divers demi-profils dessinés sur un transparent pour être successivement appliqués sur le diagramme. Afin de rattacher complètement ce procédé aux abaques, il suffit de substituer au dessin des demi-profils le dispositif qui consiste : 1° à graduer OZ suivant les valeurs de z prises à partir du point O ; 2° à recourir à l'emploi d'un transparent portant un axe O'Z' qu'on fera glisser le long de OZ et un système de droites issues de O' et cotées au moyen des valeurs de leur déclivité prise par rapport à la direction perpendiculaire à O'Z'.

Il suffira, pour faire la lecture relative à un demi-profil donné, d'appliquer le transparent sur le tableau précédemment défini, de façon que, l'axe O'Z' étant en coïncidence avec OZ, l'origine O' se trouve sur le point de OZ coté z. La droite (θ) du transparent sera alors tangente à la courbe (σ) et passera par le point (ε) ou (λ), dont les cotes sont les valeurs demandées pour les éléments correspondants.

Il sera question plus loin (n° 133) d'un dernier procédé pour le calcul des profils de remblai et de déblai, dû à M. Toulon.

CHAPITRE V.

ÉQUATIONS A PLUS DE TROIS VARIABLES (1)

I — Éléments à plusieurs cotes

A — Droites a deux cotes.

115 *Définition des éléments à deux cotes Points condensés Échelles binaires* — Si nous considérons sur un plan deux systèmes de courbes cotées (α) et (β), dont l'ensemble constitue ce qu'on appelle un *réseau*, chaque point du plan pourra être affecté des cotes des deux courbes, prises l'une dans chaque système, qui s'y rencontrent. On définit ainsi un *point à deux cotes* (α, β).

C'est, on le voit, l'idée même qui conduit à la notion des coordonnées curvilignes dans le plan

A travers le réseau de points à deux cotes qui vient d'être défini, traçons un système simplement infini de lignes C. Chaque point d'une de ces lignes, considéré comme appartenant au réseau, sera muni de deux cotes, et l'ensemble (α, β) de ces deux cotes pourra être affecté a la ligne sur laquelle le point aura été pris, et qui sera dite, dès lors, une *ligne à deux cotes* (α, β)

D'après cette définition, la ligne C possédera une infinité de couples de cotes, mais, lorsqu'une des deux cotes sera donnée, l'autre en résultera.

En effet, se donner l'une des cotes, c'est se donner une courbe, prise dans l'un des systèmes du réseau, sur laquelle devra se

(1) Rappelons que par généralisation de plusieurs des méthodes indiquées pour les équations à trois variables, nous avons déjà obtenu divers modes de représentation applicables à des équations à plus de trois variables, notamment aux nos 37 et 70, et dans le § V du Chap III

trouver le point pris sur la ligne C, ce point est donc déterminé ([1]), et la seconde cote est alors celle de la courbe du second système du réseau passant en ce point La *fig* 132 fournit la

Fig 132

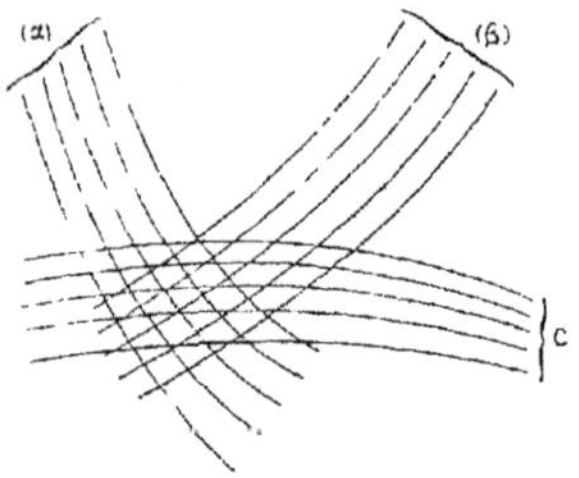

représentation schématique d'un système de lignes C à deux cotes α et β.

De cette notion de lignes à deux cotes va maintenant découler celle d'une nouvelle espèce de points à deux cotes Coupons, en effet, les lignes C par une ligne L quelconque Le point de rencontre de chaque ligne C avec la ligne L pourra être affecté de tous les couples de cotes afférant, en vertu de la définition précédente, à la ligne C considérée, et, de même que précédemment, la connaissance d'une des cotes d'un tel point entraînera, par l'intermédiaire de la ligne C correspondante, celle de l'autre

Chaque point de la ligne L pourra donc être considéré comme provenant de la superposition d'une infinité de points à deux cotes, comme si le réseau de ces points était venu, en quelque sorte, se condenser sur cette ligne Pour cette raison, nous appellerons les points à deux cotes de cette espèce des *points condensés.*

Parmi les systèmes de lignes à deux cotes qui se rencontrent le plus fréquemment dans les applications, il convient de distinguer à part les systèmes de droites parallèles. Considérons un tel sys-

---

([1]) Il pourrait y avoir ainsi plusieurs déterminations distinctes, mais, dans les cas de la pratique ou cette notion intervient, la détermination est généralement unique, et, sauf énonciation expresse du contraire, nous supposerons toujours dans la suite qu'il en est ainsi tème (Δ) (*fig* 133) et rapportons-le à deux axes rectangulaires, l'un Ox perpendiculaire, l'autre Oy parallèle à sa direction

Fig 133

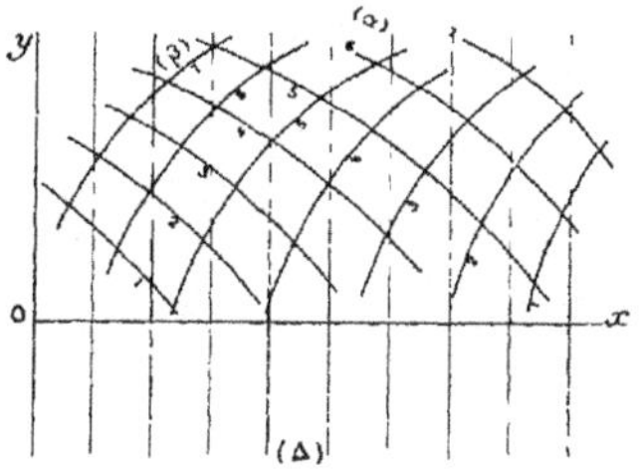

Rapportées à ces deux axes, les courbes (α) et (β) du réseau ont des équations telles que

(1) $$f(x, y, \alpha) = 0,$$

(2) $$\varphi(x, y, \beta) = 0,$$

et l'équation de la droite Δ passant par le point de rencontre de ces courbes, obtenue par élimination de y entre (1) et (2), sera

(3) $$x = \psi(\alpha, \beta)$$

Ainsi le système (Δ) donne sur Ox les valeurs de la fonction $\psi(\alpha, \beta)$. Pour cette raison, l'ensemble qui vient d'être défini peut être dit l'*échelle binaire de la fonction* $\psi(\alpha, \beta)$ *le long de* Ox, suivant la terminologie de M Lallemand (¹)

Réciproquement, étant donnée la fonction $\psi(\alpha, \beta)$, on peut se proposer de construire pour elle une échelle binaire. Il suffira pour cela de se donner une des deux premières équations, (1) par exemple L'équation (2) résultera alors de l'élimination de α entre (1) et (3)

On reconnaît là un cas particulier du principe du n° 46

Il va sans dire que, dans chaque cas particulier, la fonction ψ

(¹) M Lallemand qui, dans son Mémoire autographié sur les abaques hexagonaux, semble avoir, pour la première fois, fait un usage systématique des échelles binaires, déclare, dans la Note préliminaire de ce Mémoire (p 7), être redevable de leur idée première à M. Prévot, chef de bureau au Service du Nivellement général de la France étant donnée, on choisira l'équation (1) en vue de la plus grande simplicité de construction possible On s'attachera notamment, chaque fois que faire se pourra, à n'avoir à tracer que des droites Si, par exemple, la fonction $\psi(\alpha, \beta)$ est de la forme

$$\psi(\alpha, \beta) = U(\alpha)V_1(\beta) + V_2(\beta),$$

on prendra pour équation (3)

$$(3_1) \qquad x = l[U(\alpha)V_1(\beta) + V_2(\beta)],$$

l étant un module quelconque, puis pour équation (1)

$$(1_1) \qquad y = l'U(\alpha),$$

l' étant un autre module, parce qu'alors l'équation (2) sera

$$(2_1) \qquad l'x = lV_1(\beta)y + ll'V_2(\beta),$$

qui représente des droites.

Remarque I. — Les parallèles Δ pourront, dans tous les cas, être tracées équidistantes, mais on pourra aussi se dispenser de les tracer en les remplaçant, ainsi que cela a déjà été vu au n° **13**, par un index mobile maintenu dans une direction parallèle à la leur. Dans ce cas, c'est l'ensemble des courbes (α) et (β) qui sera dit *l'échelle binaire de la fonction* $\psi(\alpha, \beta)$ *le long de* Ox

Remarque II — On peut, pour la plus grande commodité du dessin, déplacer comme on veut l'échelle binaire dans la direction des droites Δ puisque, dans un tel déplacement, les points du réseau qui sont primitivement sur une certaine droite Δ, ne cessent pas de s'y trouver.

Remarque III — L'échelle binaire (α, β) étant accolée à l'axe Ox, les points de cet axe peuvent être considérés comme des points condensés à deux cotes α et β, les couples de cotes de chacun d'eux étant ceux afférents à la parallele à Oy passant en ce point

116. *Fractionnement des échelles binaires.* — Le plus souvent l'échelle binaire de la fonction $\psi(\alpha, \beta)$ accolée à Ox,

$$x = l\psi(\alpha, \beta)$$

sera constituée par des parallèles à cet axe, cotées au moyen des valeurs de α,

$$(\alpha) \qquad y = l'\alpha$$

et par les courbes (β) dont l'équation est

$$(\beta) \qquad x = l\psi\left(\frac{y}{l'}, \beta\right)$$

Supposons que les nécessités de l'application pratique que l'on a en vue exigent que ces courbes soient construites jusqu'à la parallèle PQ à Ox (*fig* 134) correspondant à la valeur limite de α

Fig 134

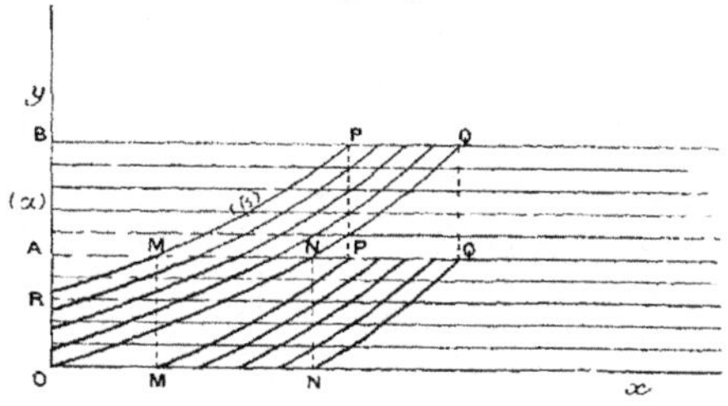

(cote du point B)

Puisqu'on est libre de déplacer une echelle binaire dans le sens perpendiculaire à Ox (*Rem II* du numéro précédent) on pourra, par exemple, en coupant l'échelle le long de l'horizontale du point A, milieu de OB, amener la partie supérieure de l'échelle à se superposer, par une translation parallèle à Oy, à la partie inférieure Dans ce déplacement la portion du système (β) comprise à l'intérieur de MNPQ vient en M'N'P'Q' et les horizontales comprises entre A et B viennent coincider respectivement avec celles qui se trouvent entre O et A Seulement, comme elles conservent leurs cotes, chacune des horizontales de O à A présentera, sur l'échelle binaire définitive, deux cotes distinctes, l'une se référant aux points situés à l'intérieur de ORMN, l'autre aux points situés à l'intérieur de M'N'P'Q'.

L'exemple donné plus loin (n° **118**, 2°) éclaircira ce point. C'est d'ailleurs à cet exemple, dû à M. Chancel, que nous avons emprunté le principe qui vient d'être exposé.

117 *Échelles binaires accolées* — En reprenant chacun des types d'abaques étudiés dans les Chapitres précédents et y remplaçant les éléments, points ou lignes, à une cote qui y interviennent par des éléments de même nature mais à deux cotes, on obtient de nouveaux types d'abaques sur lesquels le nombre des variables est doublé

Par exemple, les abaques à échelles accolées (n° 9), lorsqu'on y remplace les échelles simples par des échelles binaires, fournissent le type représenté par la *fig* 135 où les deux échelles bi-

Fig 135.

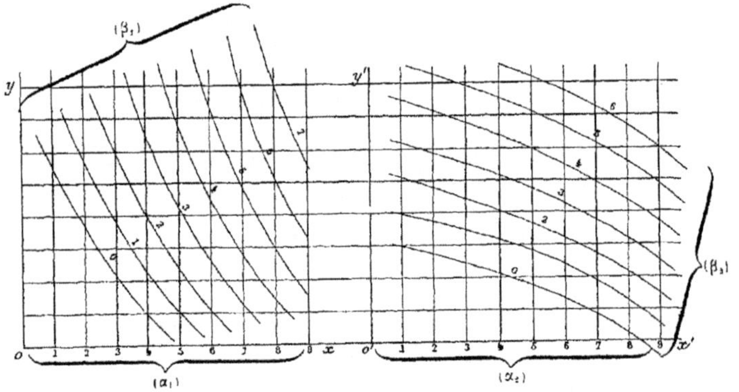

naires, accolées par l'axe Oy, ont été écartées l'une de l'autre dans le sens perpendiculaire à cet axe [1].

On voit immédiatement que le même type d'abaque serait

---

[1] Bien des auteurs ont, indépendamment les uns des autres, eu recours à l'emploi d'échelles binaires accolées en vue d'applications particulières Cet emploi se trouve indiqué, sous sa forme générale, dans le travail de M Lallemand sur les abaques hexagonaux où cet auteur le présente comme dérivant de ce qu'il appelle le principe de l'élimination graphique et qui consiste à relier deux abaques à trois variables par un système commun de courbes cotées.

Dans la déclaration déjà citée (note au bas de la p 297) de la Note préliminaire de son Mémoire, il fait savoir que c'est M Renard, agent du Service du Nivellement général de la France, qui lui en a suggéré l'idée Celle-ci avait obtenu en partant de celui des abaques cartésiens à trois variables (n° 16) et y munissant les parallèles à Ox de deux cotes au lieu d'une par l'adjonction du réseau (α_2, β_2).

L'échelle binaire de gauche donnant

$$x = \psi_1(\alpha_1, \beta_1),$$

et celle de droite

$$y = \psi_2(\alpha_2, \beta_2),$$

on voit que l'équation représentée est de la forme

$$\psi_1(\alpha_1, \beta_1) = \psi_2(\alpha_2, \beta_2)$$

Le mode d'emploi d'un tel abaque est fort simple. Si, par exemple, connaissant α_1, β_1 et α_2 on veut avoir β_2, on n'a qu'à suivre l'horizontale passant par le point de rencontre de la verticale α_1 et de la courbe β_1 jusqu'à la verticale α_2. La courbe passant par ce nouveau point a pour cote β_2

On obtient encore le même type d'abaque en remplaçant, dans un abaque cartésien tel que ceux définis au n° 16, une des échelles simples portées sur Ox et Oy par une échelle binaire, ou, plus généralement, par une échelle à points condensés

Si l'on effectue ce remplacement pour les deux axes on a l'abaque d'une équation à cinq variables (¹).

On peut enfin introduire une sixième variable en munissant les courbes de l'abaque d'un réseau de doubles cotes, ainsi qu'on l'a expliqué au n° 115. Si ces courbes sont des droites parallèles on tombe sur un type d'abaque examiné plus loin (n° 119)

Exemple. Abaque de la prime des porte-mires du Nivellement général. — La *fig.* 136 reproduit l'abaque qui sert, au Service du Nivellement général de la France, à calculer la prime P d'un porte-mire en fonction du nombre total de nivelées N, de la longueur totale nivelée L, et du nombre de jours ouvrables ω (²). Cet abaque est du type cartésien à anamor-

---

d'ailleurs été antérieurement émise, et sous une forme plus générale, par M. Massau dans son Mémoire déjà plusieurs fois cité *Sur l'intégration graphique* (Liv. III, Chap. III, § I, n° 183)

(¹) L'abaque des machines à fraiser que M. F.-J. Vaes a fait connaître en 1894, dans le XVIIIᵉ *Jaarverslag van de Nederlandiche Vereeniging van Werktuig en Scheepsbouwkundigen*, appartient à cette catégorie, les axes Ox et Oy étant munis l'un et l'autre d'échelles à points condensés

(²) Comme chaque opération comprend un aller et un retour, la prime s'applique, en réalité, à 2N nivelées réparties sur la longueur 2L, elle comporte, en outre, le piquetage effectué par la brigade.

phose logarithmique, les axes étant munis de deux échelles binaires l'une

Fig 136

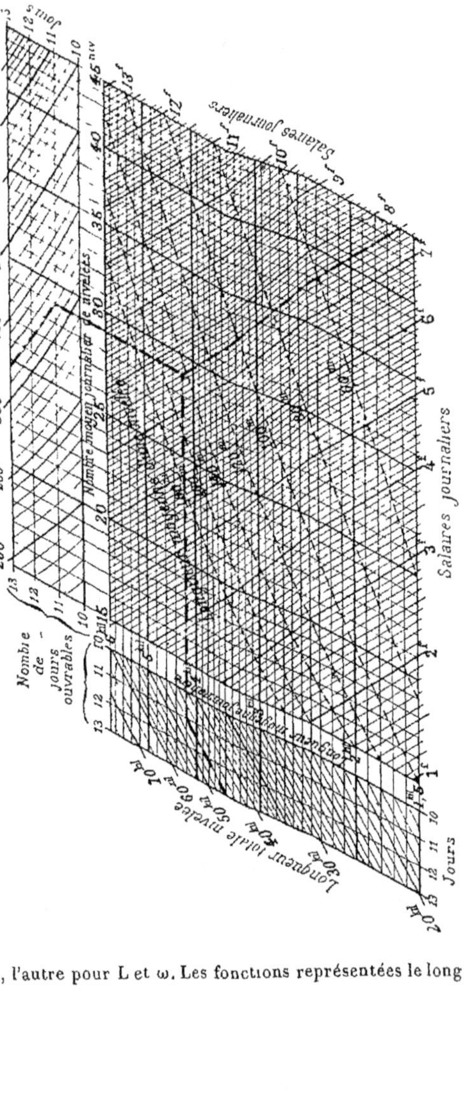

pour N et ω, l'autre pour L et ω. Les fonctions représentées le long de ces axes par ces échelles sont le nombre moyen journalier de nivelées n et la longueur moyenne journalière l, dont les valeurs sont inscrites à côté des axes correspondants. Enfin la longueur moyenne d'une nivelée v, qui résulte de l et n, donne lieu sur l'abaque à des droites cotées.

On voit sur la figure des traits interrompus qui correspondent à l'exemple numérique

$$L = 46^{km}, \qquad N = 321, \qquad \omega = 11,$$

pour lequel l'abaque donne

$$P = 7^{f},50, \qquad l = 4^{km},20, \qquad n = 29, \qquad v = 145^{m}$$

On peut présenter le principe des échelles binaires accolées sous une forme plus générale. Supposons que l'équation à quatre variables

$$F(\alpha_1, \beta_1, \alpha_2, \beta_2) = 0$$

provienne de l'élimination de la variable γ entre les deux équations

$$\Phi(\alpha_1, \beta_1, \gamma) = 0,$$
$$\Psi(\alpha_2, \beta_2, \gamma) = 0$$

Ces deux équations seront représentables, indépendamment l'une de l'autre, par des abaques cartésiens, avec ou sans anamorphose, constitués chacun au moyen d'un système de lignes (β) tracé sur un quadrillage (α, γ) que définiront une échelle (α) portée sur Ox et une échelle (γ) portée sur Oy. On pourra d'ailleurs toujours adopter *une même échelle* (γ) sur les deux abaques. Il suffira dès lors de les accoler par leur axe Oy pour éliminer graphiquement la variable γ et avoir, par suite, la représentation, par deux échelles binaires accolées (α_1, β_1) et (α_2, β_2), de l'équation à quatre variables ci-dessus.

Il y aura même des cas où il sera avantageux, en regardant, dans ce qui précède, α_1 et α_2 comme une seule variable α, d'appliquer ce mode de représentation à une équation à trois variables α, β_1 et β_2, en particulier lorsqu'il en résultera la possibilité de n'avoir à tracer que des droites.

Lorsqu'il s'agira ainsi d'une équation à trois variables, on pourra a[illegible]er, pour les deux abaques partiels $(\alpha, \beta_1, \gamma)$ et

$(\alpha, \beta_2, \gamma)$, non seulement la même échelle (γ), mais encore la même échelle (α), ce qui permettra de superposer ces deux abaques partiels (n° 99). Dans ce cas, il sera inutile de tracer les parallèles (γ) à Ox, puisque les points (α, γ) des deux abaques seront en coïncidence. L'abaque résultant ne se composera dès lors plus que des parallèles (α) à Oy et des deux systèmes de lignes (β_1) et (β_2), qui, par leur entrecroisement, représenteront l'équation en α, β_1 et β_2 donnée, et l'on voit que la transformation reviendra, dans ce cas, à l'application, sous une forme spéciale, du principe de l'anamorphose générale ([1]) (n° 41), l'introduction de la variable γ n'ayant servi qu'à effectuer la disjonction des variables.

118. *Exemples.* 1° *Abaque des annuités.* — Si l'on représente par

A le montant d'un emprunt,
n la durée en années de l'amortissement,
t le taux de l'intérêt,
a le montant de l'annuité,

on a

$$\frac{a}{A} = \frac{\frac{t}{100}}{1 - \frac{1}{\left(1 + \frac{t}{100}\right)^n}}.$$

Cette équation est représentable par l'accolement, le long de Ox par exemple, de deux échelles binaires donnant l'une

$$x = \frac{a}{A} l,$$

et constituée par les droites cotées

(a) $$y = al',$$

(A) $$y = Axl',$$

([1]) Cette idée de principe a été présentée sous forme géométrique et très heureusement utilisée par M. Duplaix, dans un intéressant travail dont nous avons eu connaissance en cours d'impression du présent Ouvrage, et qui est intitulé *Abaques des efforts tranchants et des moments de flexion développés dans les poutres à une travée par les surcharges du Règlement du 29 août 1891 pour les ponts métalliques* (Paris, Carré et Naud, 1899).

l'autre

$$x = \frac{\frac{t}{100}\,l}{1 - \frac{1}{\left(1 + \frac{t}{100}\right)^{n}}},$$

et constituée par les lignes cotées

$$(n)\quad y = nl'', \qquad (t)\quad \left(1+\frac{t}{100}\right)^{y} = \left(\frac{x}{x - \frac{t}{100}}\right)^{l'},$$

l, l' et l'' étant des modules quelconques.

L'abaque ainsi obtenu [1], qui a été construit par M. Prevot, est représenté par la *fig.* 137.

Le mode d'emploi est rappelé par le croquis placé dans l'angle supérieur de droite.

La formule de la première échelle binaire

$$x = \frac{a}{\lambda}\,l$$

montre que les abscisses font connaître dans chaque cas l'annuité $a_1 = \frac{a}{\lambda}$ pour un emprunt de 1 franc. La graduation correspondante a été inscrite à la partie inférieure de l'abaque.

3° *Abaque de la formule de jauge de l'Union des Yachts français.* — Cette formule est

$$T = \frac{\left(Lp - \frac{p^2}{4}\right)\sqrt{s}}{130},$$

où T représente le tonnage de course,
p le périmètre,
L la longueur à la flottaison,
s la surface de voilure.

Elle peut s'écrire

$$\frac{13\,T}{\sqrt{s}} = \frac{Lp - \frac{p^2}{4}}{10}.$$

On voit dès lors qu'elle pourra être représentée par l'accolement le long

(1) Pour donner le degré d'approximation requis par les calculs de banque, cet abaque devrait être construit sous des dimensions qui rendraient son emploi impraticable. Tel quel il permet d'obtenir un résultat approché pouvant être utile lorsqu'on veut se faire une première idée d'une opération projetée.

de Ox des échelles binaires définies par

$$y = \frac{13\,T}{\sqrt{5}}\, l \qquad \text{et} \qquad x = \frac{Lp - \frac{p^2}{4}}{10}\, l,$$

l étant un module quelconque.

Fig. 167.

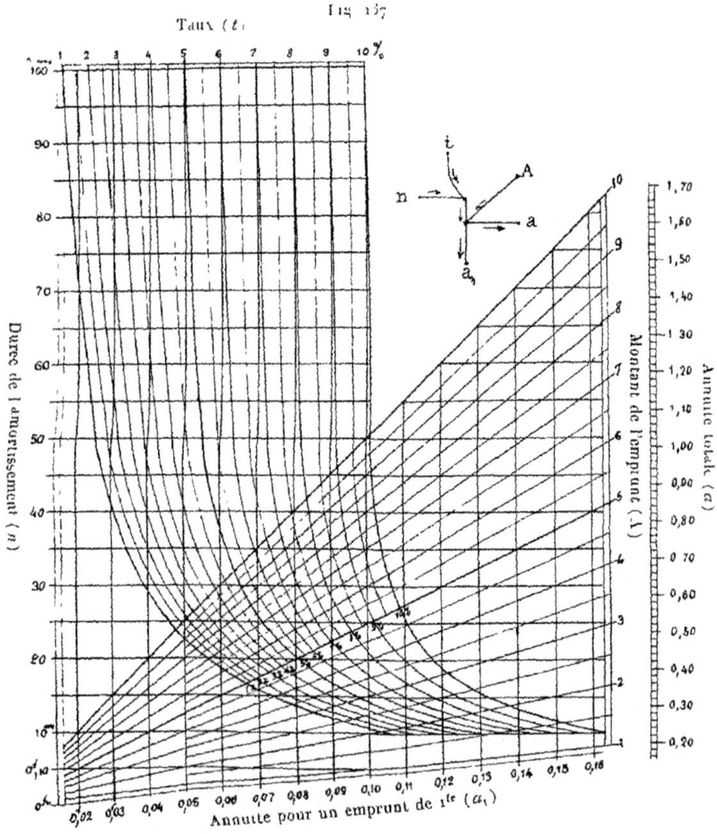

Si l'on représente par l' et l'' d'autres modules, la première sera constituée par les droites cotées

$$(T)\quad y = Tl', \qquad (s)\quad y = x\frac{l'\sqrt{s}}{13l},$$

la seconde par

$$(L)\quad y = l''L, \qquad (p)\quad 10\frac{T}{l} = \frac{p}{l''}y - \frac{p^2}{4}$$

Ce dernier système de droites cotees du second degré rentre dans un type étudié à part (n° 43)

L'abaque correspondant, construit par M Chancel (¹) avec les modules

$$l = l' = 6^{mm},25, \qquad l'' = 2l = 12^{mm},5,$$

et que reproduit la *fig* 138, présente plusieurs particularites intéressantes

1° Les deux echelles binaires ont ete accolées de façon que le point o de l'échelle (T) corresponde au point 16 de l'échelle (L)

En outre, les droites paralleles à Ox correspondantes n'ont été tracées qu'à des intervalles assez grands pour ne pas embrouiller la figure Aux parallèles non tracees, on a substitue, ainsi que cela a eté indique d'une manière générale au n° **14**, un transparent portant d'une part des paralleles que l'on fait glisser sur celles de l'abaque, de l'autre un axe perpendiculaire à leur direction et portant les graduations (T) et (L)

L'emploi de l'abaque peut alors s'énoncer ainsi *le bord inferieur du transparent étant appliqué sur le bord inférieur du cadre, on fait glisser ce transparent jusqu'à ce que le point coté* L *de son échelle mobile se trouve sur la droite cotée p La cote du point de l'echelle mobile qui se trouve alors sur la droite cotee s fait connaître le tonnage* T

Sur la *fig* 138, on a dessine la position de l'echelle mobile pour l'exemple numerique

$$L = 12^m,80, \qquad p = 13^m,80, \qquad s = 210^{mq}$$

Cette position est definie par la condition que le point L = 12,8 se trouve sur la droite $p = 13,8$ On voit que la droite $s = 210$, qui appartient au faisceau (s) inférieur, passe alors par le point

$$T = 14,4,$$

dont la cote est la valeur du tonnage cherche

2° La valeur du perimètre p variant dans le même sens que la longueur L, on a limite chaque droite (p) a la portion qui correspond aux

(¹) *Étude et graphique de la formule de jauge de l'Union des Yachts français* Grenoble, 1894 valeurs de L qui peuvent lui être jointes. C'est là ce qui produit ces sortes de gradins qu'on observe sur la *fig.* 138.

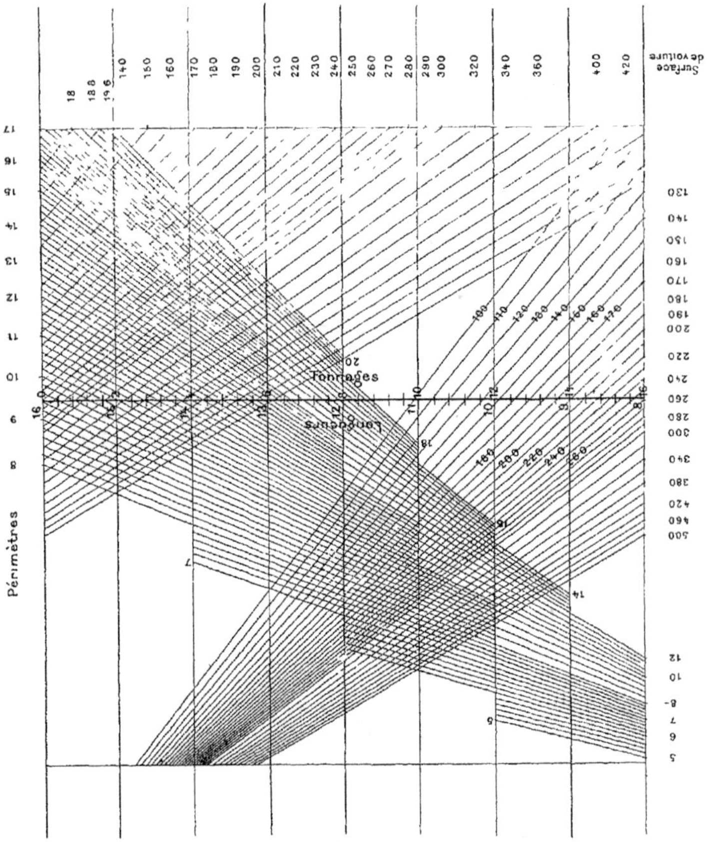

Fig. 138.

3° L'échelle binaire (s, T) a été fractionnée (n° 116) à la ligne $T = 16$, la seconde partie du système (s) étant remontée à la ligne $T = 0$. Si donc on a affaire à un point d'une ligne (s), pris dans le faisceau supérieur, l'horizontale T passant en ce point a pour cote la valeur de T, lue sur l'échelle de droite, *augmentée de* 16.

4° La forme de l'équation représentée montre qu'on peut appliquer le principe des multiplicateurs correspondants (n° 21) en posant

$$L' = \mu L, \qquad p' = \mu p, \qquad s' = \nu^2 s, \qquad T' = \mu^2 \nu T$$

Voici un exemple numérique emprunté à l'auteur.

Les données sont

$$L = 7^{m},62, \qquad p = 7^{m},43, \qquad s = 85^{mq}$$

Pour avoir des nombres rentrant dans les limites de la graduation, prenons les multiplicateurs

$$\mu = 2, \qquad \nu = 2$$

Nous avons ainsi

$$L' = 15,24, \qquad p' = 14,86, \qquad s' = 340$$

L'horizontale $L' = 15,24$ rencontre la droite $p' = 14,86$ en un point dont la verticale coupe la droite $s' = 340$ du faisceau *supérieur* sur l'horizontale $T' = 8,3$. On doit donc prendre, d'après ce qui vient d'être vu (3°),

$$T' = 24,3$$

Donc

$$T = \frac{24,3}{8} = 3,04$$

5° *Abaque pour la résolution des triangles rectilignes dont un angle au moins figure parmi les éléments connus.* — Si α_1, α_2, α_3 représentent les angles d'un triangle quelconque, γ_1, γ_2, γ_3 les côtés opposés, on peut résoudre tous les cas pour lesquels un angle figure parmi les éléments connus au moyen de la formule facile à démontrer

$$(1) \qquad \frac{\tan g \dfrac{\alpha_1}{2}}{\tan g\left[\pi - \left(\alpha_2 + \dfrac{\alpha_1}{2}\right)\right]} = \frac{\gamma_2 - \gamma_3}{\gamma_2 + \gamma_3},$$

dans laquelle on prendra toujours pour γ_2 le plus grand des côtés donnés, lorsqu'on lui adjoint

$$(2) \qquad \alpha_1 + \alpha_2 + \alpha_3 = \pi$$

Les quatre cas à considérer peuvent se résumer ainsi :

	Données	Inconnues
Premier cas	a, B, C	A, b, c
Deuxième cas	b, B, C	A, a, c
Troisième cas	a, b, C	A, B, c
Quatrième cas	a, b, A	B, C, c

Les formules précédentes permettent de les résoudre grâce aux identifications suivantes

Premier cas	Pour	$\alpha_1 = B$, $\alpha_2 = C$,	(2)	donne	$\alpha_3 = A$,
	»	$\alpha_2 = B$, $\alpha_1 = C$, $\gamma_3 = a$	(1)	»	$\gamma_2 = b$,
	»	$\alpha_2 = C$, $\alpha_1 = B$, $\gamma_3 = a$,	(1)	»	$\gamma_2 = c$
Deuxième cas	Pour	$\alpha_1 = B$, $\alpha_2 = C$,	(2)	»	$\alpha_3 = A$,
	»	$\alpha_1 = C$, $\alpha_2 = B$, $\gamma_2 = b$,	(1)	»	$\gamma_3 = a$,
	»	$\alpha_1 = A$, $\alpha_2 = B$, $\gamma_2 = b$,	(1)	»	$\gamma_3 = c$
Troisième cas	Pour	$\alpha_1 = C$, $\gamma_2 = a$, $\gamma_3 = b$,	(1)	»	$\alpha_2 = A$,
	»	$\alpha_1 = c$ $\alpha_2 = A$,	(2)	»	$\alpha_3 = B$,
	»	$\alpha_1 = B$, $\alpha_2 = A$, $\gamma_2 = a$,	(1)	»	$\gamma_3 = c$
Quatrième cas	Pour	$\alpha_2 = A$, $\gamma_2 = a$, $\gamma_3 = b$,	(1)	»	$\alpha_1 = C$,
	»	$\alpha_1 = c$, $\alpha_2 = A$,	(2)	»	$\alpha_3 = B$,
	»	$\alpha_1 = A$, $\alpha_2 = C$, $\gamma_3 = b$,	(1)	»	$\gamma_2 = c$

L'abaque à échelles accolées construit pour l'équation (1) ci-dessus par M. Lallemand est représenté par la *fig.* 139.

En vue d'une plus grande netteté, cet abaque a subi une anamorphose graphique (n° 39). L'exemple du n° 40 n'est autre d'ailleurs que la construction de l'échelle supérieure de cet abaque.

Ici les deux échelles accolées sont placées l'une au-dessus de l'autre, la première étant constituée par les horizontales (γ_2) et les courbes (γ_3), la seconde par les horizontales (α_1) et les courbes (α_2). De l'une à l'autre, les points se correspondent sur les verticales.

Quant à l'abaque de l'équation (2), il a été superposé à l'échelle inférieure. Il a suffi, comme cela a été expliqué au n° 41, de joindre entre eux les points du réseau formé par les courbes (α_1) et (α_2) pour lesquels la somme $\alpha_1 + \alpha_2$ était égale au supplément d'une certaine valeur de α_3 pour avoir la courbe α_3 correspondante et obtenir ainsi le système (α_3).

Comme exemple numérique, plaçons-nous dans le troisième cas en nous donnant

$$a = 70^{m}, \qquad b = 43^{m}, \qquad C = 60^{\circ}$$

Pour rester dans les limites de nos graduations, nous diviserons par 10 la longueur de chaque côté. Dès lors, l'horizontale $\gamma_2 = 7$ et la courbe $\gamma_3 = 4{,}3$ de l'échelle supérieure se coupant en un point, suivons la verticale de ce point jusqu'à l'horizontale $\alpha_1 = 60^{\circ}$ de l'échelle inférieure. Par le point ainsi obtenu passent les courbes $\alpha_2 = 82^{\circ}$ et $\alpha_3 = 38^{\circ}$ donc

$$A = 82^{\circ} \qquad \text{et} \qquad B = 38^{\circ}$$

Puis, si du point de rencontre de l'horizontale $\alpha_1 = 38^{\circ}$ et de la courbe $\alpha_2 = 82^{\circ}$, nous remontons par une verticale à l'échelle supérieure, nous obtenons sur l'horizontale $\gamma_2 = 7$ un point par lequel passe la courbe $\gamma_3 = 6{,}1$, donc

$$c = 61^{m}$$

Fig. 139

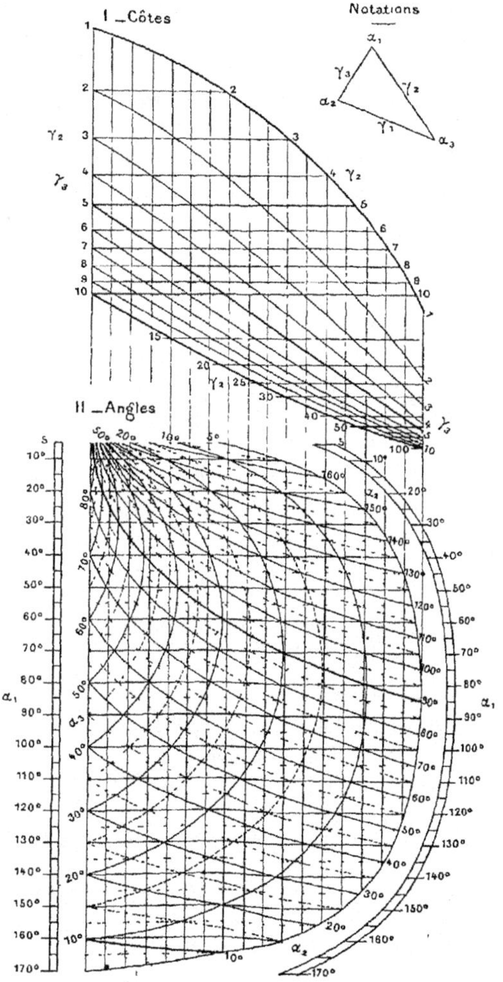

119. *Abaques hexagonaux à échelles binaires.* — En remplaçant une, deux ou trois échelles simples d'un abaque hexagonal (n° 32) par des échelles binaires accolées aux axes correspondants, ainsi que M. Prévot en a eu l'idée (1), on introduit une, deux ou trois nouvelles variables.

La *fig.* 140 indique la disposition générale d'un abaque hexa-

Fig. 140.

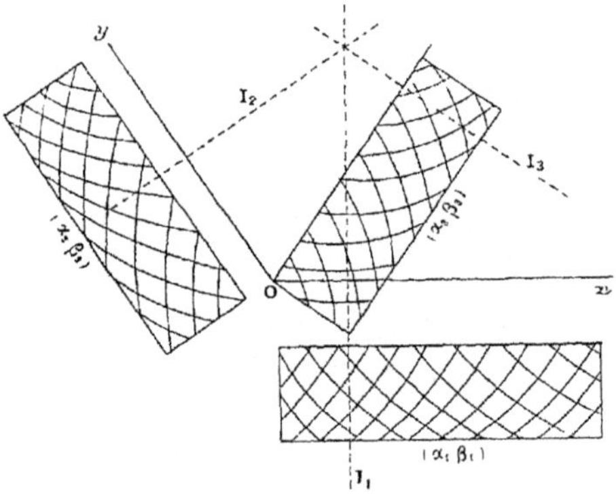

gonal à trois échelles binaires, c'est-à-dire à six variables. Le type de l'équation correspondante est, d'après ce qui a été vu au n° 32,

$$f_1(\alpha_1, \beta_1) + f_2(\alpha_2, \beta_2) = f_3(\alpha_3, \beta_3).$$

On dispose à volonté des trois échelles accolées respectivement aux trois axes de l'abaque hexagonal, pourvu que trois points (α_1, β_1), (α_2, β_2), (α_3, β_3) pris dans chacune de ces échelles et correspondant à une solution particulière de l'équation ci-dessus se trouvent simultanément sous les trois index du transparent.

L'emploi de l'abaque, si, par exemple, on prend β_3 pour inconnue, est le suivant : *deux des index du transparent convenablement orienté passant l'un par le point* (α_1, β_1), *l'autre par le point* (α_2, β_2), *le troisième index coupe la courbe* α_3 *de*

(1) *Voir* la note au bas de la p. 297.

l'échelle binaire correspondante en un point, et la cote de la courbe β_3 passant en ce point est la valeur demandée.

On pourra, dans certains cas, se servir de cette méthode en faisant entrer une même variable dans deux groupes binaires différents, ce qui serait le cas, par exemple, si, dans l'équation ci-dessus, on remplaçait β_3 par β_1. Il convient toutefois de remarquer que, dans ce cas, la variable figurant dans deux groupes binaires ne saurait être prise pour inconnue. *Pour qu'une variable intervenant dans un abaque puisse y être prise comme inconnue, il est évident, en effet, qu'il ne doit lui correspondre sur cet abaque qu'un seul système d'éléments cotés.*

Exemples. 1° *Premier abaque des intérêts composés* (¹). — La formule des intérêts composés est

$$A = a(1 + r)^n,$$

dans laquelle

a désigne le capital placé,
r le taux,
n le nombre d'années du placement,
A le capital produit.

Il suffit de l'écrire sous la forme

$$\log A = \log a + n \log(1 + r)$$

pour voir qu'elle rentre dans le type ci-dessus lorsqu'on prend le long de deux des axes des échelles logarithmiques ordinaires pour A et a, et le long du troisième une échelle binaire pour l'ensemble de n et de r.

Si l est le module des échelles logarithmiques (A) et (a), l'échelle binaire (n, r) sera définie par

$$x = ln \log(1 + r),$$

l'axe des x étant supposé coïncider avec l'axe correspondant de l'abaque hexagonal. On constituera donc cette échelle au moyen de deux systèmes de droites cotées

$$y = l' \log(1 + r),$$
$$l'x = ln y.$$

L'abaque correspondant, pour lequel, sur la *fig.* 141, on a pris

$$l = l' = \frac{2}{3} \times 1^m,$$

(¹) On trouvera plus loin (n° 122), un abaque plus simple pour la même formule.

est dû à M. Prévot. Il prête à une remarque intéressante d'où résulte une

Fig. 141

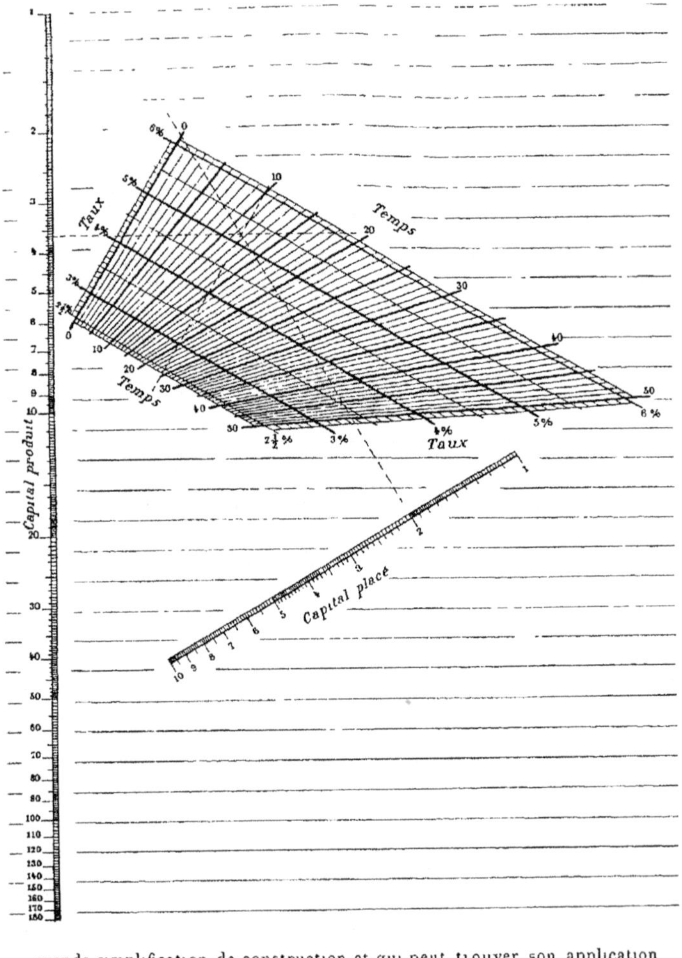

grande simplification de construction et qui peut trouver son application dans des cas analogues Elle consiste en ce que, dans le champ de variation très limité de la variable r, les accroissements de $\log(1-r)$ sont sensiblement proportionnels à ceux de r

Calculons, par exemple, au milieu de cet intervalle, $\log 1{,}04$, en admettant cette proportionnalité Nous aurons

$$\frac{\log 1{,}04 - \log 1{,}025}{\log 1{,}06 - \log 1{,}025} = \frac{1{,}04 - 1{,}025}{1{,}06 - 1{,}025},$$

d'où

$$\log 1{,}04 = \log 1{,}025 + \frac{15}{35}(\log 1{,}06 - \log 1{,}025) = 0{,}0169739$$

La véritable valeur de $\log 1{,}04$ est

$$\log 1{,}04 = 0{,}0170333$$

L'erreur commise est donc

$$\varepsilon = -0{,}0000594$$

ou sensiblement

$$\varepsilon = -0{,}00006$$

Avec la valeur de l' admise sur la *fig* 141, cela donne pour l'écart entre la position de la droite $r = 0{,}04$, obtenue par cette interpolation proportionnelle, et sa position rigoureuse la valeur

$$\tfrac{2}{3} \times 0^{m}{,}00006 = 0^{m}{,}00004,$$

soit $\frac{1}{25}$ de millimètre, écart qui peut être négligé sans inconvénient

La position des index du transparent, marquée en pointillé sur la *fig* 132, correspond à l'exemple numérique $a = 20000^{fr}$, $T = 0{,}04$, $n = 15^{a}$, pour lequel l'abaque donne $A = 36000^{fr}$ (1)

2° *Abaque de la poussée des terres* — M Boussinesq a donné, pour le calcul de la poussée des terres sur un mur vertical de soutènement, la formule suivante

$$P = \varpi \frac{H^2}{2} \frac{\operatorname{tang}^2\left(\frac{\pi}{4} - \frac{\varphi}{2}\right)\cos\left(\frac{\pi}{4} - \frac{\varphi}{2}\right)}{\cos\left[\varphi_1 - \left(\frac{\pi}{4} - \frac{\varphi}{2}\right)\right]},$$

dans laquelle

φ désigne l'angle de frottement des terres sur elles-mêmes,
φ_1 l'angle de frottement des terres sur la maçonnerie
ϖ le poids en tonnes du mètre cube de terre,
H la hauteur en mètres du mur,
P la poussée en tonnes par mètre carré

(1) On peut faire à propos de cet abaque la même observation que celle qui a été présentée au sujet de l'abaque des annuités (note au bas de la page 305)

Fig 145

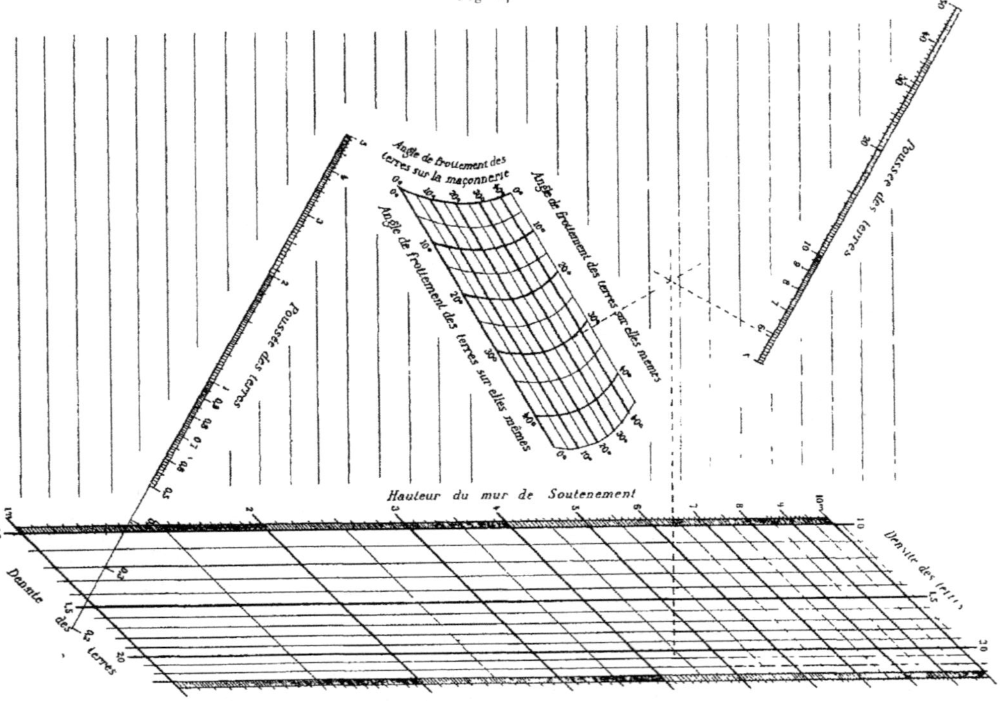

Poussée des terres
Angle de frottement des terres sur la maçonnerie
Angle de frottement des terres sur elles mêmes
Angle de frottement des terres sur elles mêmes
Poussée des terres
Hauteur du mur de Soutenement
Densite des terres
Densite des terres

Pour traduire cette formule en abaque hexagonal, il n'y a qu'à la mettre sous la forme

$$\log P = \log \varpi - 2\log H + 2\log \operatorname{tang}\left(\frac{\pi}{4} - \frac{\varphi}{2}\right)$$
$$- \log\cos\left(\frac{\pi}{4} - \frac{\varphi}{2}\right) - \log 2 - \log\cos\left[\varphi_1 - \left(\frac{\pi}{4} - \frac{\varphi}{2}\right)\right]$$

Le terme du premier membre donne pour P une échelle logarithmique simple, les deux premiers termes du second membre donnent une échelle binaire pour l'ensemble (ϖ, H), et le reste du second membre une échelle binaire pour l'ensemble (φ, φ_1).

L'abaque correspondant, construit par M. Renard, et sur lequel l'échelle de la poussée P a été fractionnée au point $P = 5$ pour que l'abaque tienne dans un cadre plus restreint, est reproduit sur la *fig.* 142.

La position des index du transparent, marquée en pointillé, correspond à l'exemple numérique

$$\varpi = 2^{T}, \qquad H = 4^{m},5, \qquad \varphi = 30^{\circ}, \qquad \varphi_1 = 35^{\circ},$$

pour lequel l'abaque donne $P = 5^{T},87$.

120. *Abaques à glissement.* — L'emploi des échelles binaires peut aussi se combiner avec le principe des abaques hexagonaux à glissement dont il a été question au n° 37.

On aura ainsi la représentation d'une équation de la forme

$$f_1(\alpha_1, \beta_1) + f_2(\alpha_2, \beta_2) + \ldots + f_n(\alpha_n, \beta_n) = 0$$

Exemple. Abaque de l'erreur de réfraction dans le nivellement géométrique. — Si l'on représente par

B la pression barométrique,
D la différence brute de niveau prise en valeur absolue,
L la longueur de la nivelée,
t_2 la température de l'air à la hauteur de la lunette,
t_3 et t_1 ses températures aux points où la ligne de visée rencontre les deux mires d'arrière et d'avant,

et si l'on pose, en outre,

$$\theta = \frac{t_1 + t_2 + t_3}{3},$$
$$\tau = t_2 - t_1, \qquad \tau' = t_3 - t_2,$$

l'erreur de réfraction ε est donnée par la formule

$$(1) \quad \varepsilon = \frac{0^{mm},00108}{76}\,\frac{B}{D}\,\frac{L^2}{(1 + 0,003660\,\theta)^2}(\tau + \tau')\left[\frac{0,4343 - \frac{1}{2}\log(1 - \delta^2)}{\log\frac{1+\delta}{1-\delta}} - \frac{1}{2\delta}\right]$$

δ étant défini par l'équation

$$\frac{\log(1-\delta)}{\log(1-\delta)} = \frac{\tau'}{\tau}. \tag{2}$$

En outre, ε *est ou non de même signe que la différence de niveau* D qui, sur l'abaque, ne sera prise, comme on vient de le dire, qu'en valeur absolue, *suivant que le quotient* $\frac{\tau+\tau'}{D}$ *est négatif ou positif*

Posant

$$\frac{0{,}00108}{76} = k, \qquad 0{,}00366 = \alpha$$

et remarquant qu'en vertu de (2) δ est une fonction de τ et τ', on voit que la formule (1) peut s'écrire

$$\varepsilon = k\frac{B}{D}\frac{L^2}{(1-\alpha\theta)^2}(\tau-\tau')\varphi(\delta),$$

ou encore

$$\log\varepsilon - \log k = \log B - \log D + 2\log L - 2\log(1+\alpha\theta) + \log(\tau+\tau') + \log\varphi(\delta),$$

δ dépendant de τ et de τ' en vertu de l'équation (2)

Sous cette dernière forme, on voit qu'elle est susceptible d'être représentée par un abaque hexagonal à glissement du type de la *fig* 40 (n° 37), comprenant une échelle simple (ε) et trois échelles binaires (B, D), (L, 0) et (τ, τ')

L'échelle (ε) et l'une des échelles binaires (L 0) par exemple, seront accolées à l'axe Ox de la *fig* 40, les deux autres échelles à l'axe Oy, et le glissement aura lieu normalement à l'axe Oz [1]

Si nous représentons par $O_1x_1y_1$, $O_2x_2y_2$, $O_3x_3y_3$ les systèmes d'axes rectangulaires auxquels sont rapportées respectivement ces trois échelles binaires, elles seront définies par

$$(E_1) \qquad z_1 = l(\log B - \log D),$$

$$(E_2) \qquad x_2 = l\,2[\log L - \log(1+\alpha\theta)],$$

$$(E_3) \qquad x_3 = l[\log(\tau-\tau') + \log\varphi(\delta)],$$

où l est le module commun aux trois axes

Pour les deux premières, nous prendrons, en appelant l_1, l_2, l_3 trois nouveaux modules, les systèmes de droites cotées

$$(B) \qquad y_1 = l_1\log B,$$

$$(D) \qquad l_1x_1 = ly_1 - ll_1\log D,$$

[1] Pour passer de la disposition de la *fig* 40 à celle de la *fig* 143, il faut, avec un tel choix d'axes, supposer que l'on fasse tourner la première de 120° dans le sens rétrograde

et

$$(\theta) \qquad y_2 = l_2 \log(1 + \alpha\theta),$$

$$(L) \qquad l_2 x_2 = 2 l l_2 \log L - 2 l y_2.$$

Pour la troisième, nous prendrons d'abord le système

$$(\tau) \qquad y_3 = l_3 \tau.$$

Quant au système (τ'), on serait d'abord tenté, pour le construire, d'ob-

Fig. 143.

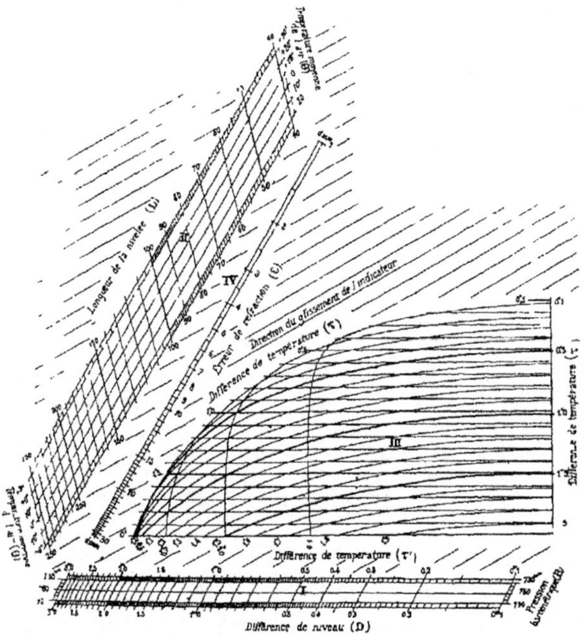

tenir l'équation des courbes qui le composent, en éliminant δ et τ entre les équations (2), (E_3) et (τ) ci-dessus. Malheureusement, cette élimination est impossible. On peut toutefois tirer τ de la dernière de ces équations pour en porter la valeur dans les deux autres, ce qui donne

$$y_1 = l_3\tau' \frac{\log(1-\delta)}{\log(1+\delta)},$$

$$x_1 = l\left[\log\left(\frac{y_3}{l_3} - \tau'\right) + \log\varphi(\delta)\right]$$

Dès lors les coordonnées de chaque point de la courbe τ' se trouvent exprimées en fonctions du paramètre δ, il est possible, en faisant varier ce paramètre, de construire la courbe point par point

L'abaque correspondant, représenté sur la *fig* 153, est dû à M Lallemand

Son mode d'emploi, d'après ce qui a été vu au n° 37, se réduit à ceci *ayant d'abord fait passer les index* I_1 *et* I_2 *du transparent respectivement par les points* (L, θ) *et* (B, D), *on fait glisser ce transparent dans la direction de l'index* I_3 *jusqu'à ce que l'index* I_2 *passe par le point* (τ, τ') *L'index* I_1 *coupe alors l'échelle* (ε) *en un point dont la cote est l'erreur demandée*

Par exemple, pour

$$B = 0^m,76, \quad D = -2^m,55, \quad L = 150^m, \quad \theta = 1°,6, \quad \tau = 0^m,75, \quad \tau' = 0^m,35,$$

l'abaque donne

$$\varepsilon = 0^{mm},6$$

et, comme ici le rapport $\frac{\tau+\tau'}{D}$ est négatif, il faut prendre

$$\varepsilon = -0^{mm},6$$

B — Points à deux cotes (¹)

121 *Points alignés à deux cotes* — Un système de points à deux cotes peut être défini par les coordonnées de chacun de ses

---

(¹) Ce sont les points qui étaient désignés dans notre brochure **O.4** sous le nom de *points doublement isoplèthes* Devant nécessairement nous restreindre ici à un nombre assez limité d'applications, nous signalerons, en outre, comme particulièrement intéressantes celles, relatives à divers problèmes de l'art naval, qui sont dues à M G Pesci, professeur à l'Académie navale de Livourne, et dont voici la liste

Sulla costruzione della curva di ricerca (*Rivista marittima*, décembre 1896),

Sui metodi per cambiare il rilevamento (*Ibid*, mars 1897),

Sul calcolo delle distanze in mare (*Ibid*, juillet 1897),

Quarto contributo alla cinematica navale (*Ibid*, mars 1898),

Abbaco per il calcolo della latitudine (*Ibid*, octobre 1898)

Nous citerons également notre Note **O.15**

M. R Mehmke nous a signalé un graphique de l'écoulement de l'eau dans les points, fonctions des deux cotes α_1 et β_1,

$$x = f_1(\alpha_1, \beta_1), \qquad y = \varphi_1(\alpha_1, \beta_1)$$

Pour obtenir les équations des deux systèmes de courbes cotées (α_1) et (β_1) constituant le réseau, il n'y a qu'à éliminer successivement chacun des deux paramètres entre les équations précédentes, ce qui donne

$$F(x, y, \alpha_1) = 0,$$
$$\Phi(x, y, \beta_1) = 0$$

On peut aussi définir le système (α_1, β_1) par l'équation en coordonnées parallèles de chacun de ses points

$$u f_1(\alpha_1, \beta_1) + v \varphi_1(\alpha_1, \beta_1) - \psi_1(\alpha_1, \beta_1) = 0$$

Si l'on prend, ainsi qu'au n° 60, comme origine O le milieu de la distance AB des origines des axes Au et Bv, comme axe Oy la parallèle à ces axes menée par O, comme axe Ox la droite OB, et si l'on pose $OB = \delta$, les coordonnées cartésiennes du point défini par l'équation ci-dessus sont

$$x = \delta \frac{\varphi_1(\alpha_1, \beta_1) - f_1(\alpha_1, \beta_1)}{\varphi_1(\alpha_1, \beta_1) + f_1(\alpha_1, \beta_1)},$$
$$y = \frac{-\psi_1(\alpha_1, \beta_1)}{\varphi_1(\alpha_1, \beta_1) + f_1(\alpha_1, \beta_1)},$$

et l'élimination successive de β_1 et de α_1 entre ces deux dernières équations donne les équations cartésiennes des systèmes (α_1) et (β_1) constituant par leur ensemble le réseau (α_1, β_1).

Un système de points à deux cotes étant ainsi défini, il n'y a qu'à reprendre tout ce qui a été dit dans les n°s 60 et suivants, en substituant à un, à deux, ou aux trois systèmes de points à une cote, des systèmes de points à deux cotes, pour avoir des abaques à points alignés représentant des équations à quatre, cinq ou six variables.

Si l'on se reporte au n° 60, on voit donc que l'équation la plus

canaux et rivières, publié en 1869 par MM E Ganguillet et W-R Kutter (*Zeitschrift des Œstr Ing und Arch Vereins*, t XXI, p. 50), que ses auteurs ont obtenu par un procédé géométrique direct, mais qui peut être considéré comme une application du principe général étudié ici générale représentable par un abaque à trois systèmes de points à deux cotes est de la forme

$$\begin{vmatrix} f_1(\alpha_1, \beta_1) & \varphi_1(\alpha_1, \beta_1) & \psi_1(\alpha_1, \beta_1) \\ f_2(\alpha_2, \beta_2) & \varphi_2(\alpha_2, \beta_2) & \psi_2(\alpha_2, \beta_2) \\ f_3(\alpha_3, \beta_3) & \varphi_3(\alpha_3, \beta_3) & \psi_3(\alpha_3, \beta_3) \end{vmatrix} = 0$$

L'abaque correspondant à la disposition indiquée par la *fig.* 144

Fig. 144.

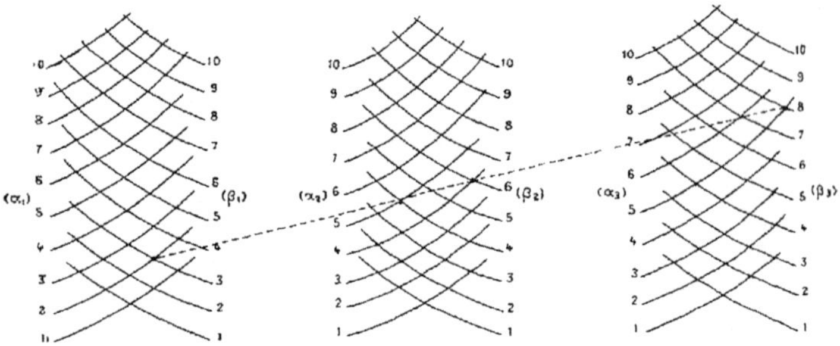

Son emploi se réduit à ceci

Si, par exemple, on prend β_3 pour inconnue, on fait passer l'index par les points de rencontre d'une part des lignes α_1 et β_1, de l'autre des lignes α_2 et β_2, cet index coupe alors la ligne α_3 en un point par lequel passe une ligne β_3 dont la cote est la valeur de l'inconnue demandée

Ainsi, sur la *fig* 144, pour

$$\alpha_1 = 2, \qquad \beta_1 = 3, \qquad \alpha_2 = 4, \qquad \beta_2 = 6, \qquad \alpha_3 = 5,$$

l'abaque donne $\beta_3 = 8$.

Tout ce qui a été dit relativement à la transformation homographique et au fractionnement des abaques à points alignés à une cote pourrait être répété ici

Il va sans dire que l'emploi des points à deux cotes peut être immédiatement étendu aux abaques à *transversale quelconque* (nº 96) qui fournissent alors la représentation d'équations à huit variables (¹)

Parmi les abaques à points alignés comportant des points à deux cotes, ceux qui, de beaucoup, se rencontrent le plus fréquemment dans la pratique, sont constitués au moyen d'un seul système de cette sorte et de deux systèmes de points à une seule cote, distribués sur deux axes parallèles Ils généralisent par conséquent les abaques envisagés aux §§ II (A et B) et III (A) du Chapitre III, et, en ce qui concerne leur disposition, on n'aura qu'à se reporter à ce qui a été dit là

Les équations représentables par des abaques de ce type sont celles de la forme

$$(E) \qquad f_1(\alpha_1) f_3(\alpha_3, \beta_3) + f_2(\alpha_2) \varphi_3(\alpha_3, \beta_3) + \psi_3(\alpha_3, \beta_3) = 0$$

Pour obtenir l'abaque correspondant, il suffit, en représentant par l_1 et l_2 deux modules quelconques, de poser

$$(\alpha_1) \qquad u = l_1 f_1(\alpha_1),$$

$$(\alpha_2) \qquad v = l_2 f_2(\alpha_2)$$

L'équation du point (α_3, β_3) est alors

$$(\alpha_3, \beta_3) \qquad u l_2 f_3(\alpha_3, \beta_3) + v l_1 \varphi_3(\alpha_3, \beta_3) + l_1 l_2 \psi_3(\alpha_3, \beta_3) = 0,$$

et ses coordonnées cartésiennes par rapport aux axes ci-dessus défi-

(¹) Dans son Mémoire sur les abaques à transversales quelconques cité plus haut (nº 94), M Goedseels a même poussé la généralisation plus loin Puisque trois points déterminent la position d'une transversale t_1 de forme donnée, en prenant chacun de ces points muni de deux cotes, on voit que l'on fait dépendre la position de la transversale de 6 variables Une autre transversale t_2 pourra de même dépendre de 6 variables Le point de rencontre (t_1, t_2) de ces deux transversales dépendra donc de 12 variables On pourra de même définir les points (t_3, t_4) et (t_5, t_6) Ces trois points permettront à leur tour de définir la position d'une transversale t, qui dépendra dès lors de 36 variables Si cette transversale t, passe par un point à deux cotes, il en résultera la représentation d'une équation à 38 variables Mais cette transversale t, pourra à son tour être combinée d'une manière analogue avec d'autres transversales correspondant elles-mêmes à plusieurs variables De là le moyen, théoriquement au moins, d'étendre indéfiniment le nombre des variables On verra d'ailleurs plus loin (Chap VI, § I) que ce mode d'extension rentre dans la théorie générale.

nis, si l'on représente toujours par δ la moitié de la longueur AB,

$$(\gamma) \qquad \begin{cases} x = \delta \dfrac{l_1 \varphi_3(\alpha_3, \beta_3) - l_2 f_3(\alpha_3, \beta_3)}{l_1 \varphi_3(\alpha_3, \beta_3) + l_2 f_3(\alpha_3, \beta_3)}, \\[2ex] y = \dfrac{-l_1 l_2 \psi_3(\alpha_3, \beta_3)}{l_1 \varphi_3(\alpha_3, \beta_3) + l_2 f_3(\alpha_3, \beta_3)} \end{cases}$$

L'élimination successive de β_3 et de α_3 entre ces deux équations donne les équations des deux systèmes de lignes du réseau

$$(\alpha_3) \qquad F(x, y, \alpha_3) = 0,$$

$$(\beta_3) \qquad \Phi(x, y, \beta_3) = 0$$

Remarque — Il se peut que les points à deux cotes, entre lesquels on prend des alignements, se réduisent à des points condensés (n° **115**). Soit, par exemple, une équation de la forme

$$f_1(\alpha_1, \beta_1) + f_2(\alpha_2, \beta_2) = f_3(\alpha_3, \beta_3)$$

La méthode qui vient d'être exposée conduit, pour la représenter, à poser

$$u = l_1 f_1(\alpha_1, \beta_1),$$
$$v = l_2 f_2(\alpha_2, \beta_2),$$

ce qui donne

$$l_2 u + l_1 v = l_1 l_2 f_3(\alpha_3, \beta_3).$$

On voit que, bien que dépendant de deux paramètres, les points

Fig 145

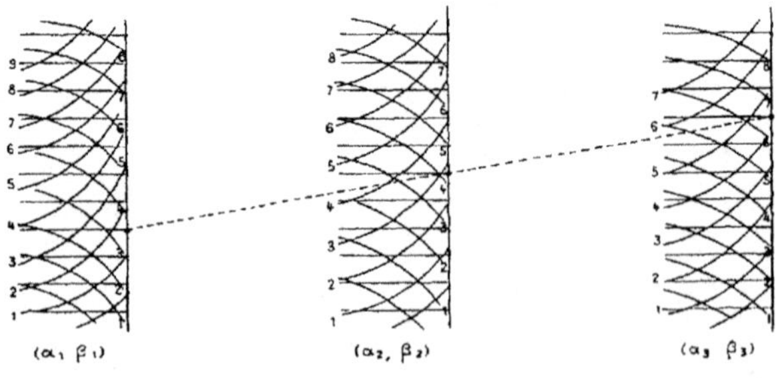

(α_1, β_1) sont tous distribués sur l'axe Au, c'est-à-dire, d'après la terminologie du n° **115**, condensés sur Au. De même les points

(α_2, β_2) sont condensés sur $B\gamma$, et les points (α_3, β_3), condensés sur une parallèle aux deux premiers axes.

Ces points condensés peuvent être définis respectivement sur ces trois axes au moyen d'échelles binaires qui leur sont accolées (n° 115, *Rem. III*). On obtient dès lors un abaque du type représenté par la *fig.* 145.

Si, notamment, nous reprenons l'équation du premier exemple d'application donné au n° 119, nous voyons qu'en posant

$$u = l_1 \log A, \qquad v = - l_2 \log a,$$

nous obtenons

$$l_2 u + l_1 v = n \log(1 + r),$$

équation qui représente le point

$$x = \delta \frac{l_1 - l_2}{l_1 + l_2}, \qquad y = \frac{n \log(1 + r)}{l_1 + l_2}.$$

Il suffit dès lors d'accoler à la parallèle aux axes, définie par la valeur de x, l'échelle binaire que définit l'expression de y, pour avoir sur cette parallèle les points condensés (n, r).

On peut, dans ce cas particulier, éviter l'emploi des points condensés et rentrer dans l'application pure et simple de la méthode générale, comme on va le voir dans le numéro suivant.

122. *Premier exemple. Second abaque des intérêts composés.* — Reprenons la formule des intérêts composés, mise sous forme logarithmique (n° 119, 1°),

$$\log A = \log a + n \log(1 + r).$$

Nous pouvons ici prendre comme éléments cotés (a) et (n)

$$(a) \qquad u = l_1 \log a,$$

$$(n) \qquad v = l_2 n.$$

Cela nous donne, pour l'ensemble des variables A et r, les points à deux cotes définis par l'équation

$$l_2 u + l_1 \log(1 + r) v - l_1 l_2 \log A = 0,$$

ou, en vertu des formules (γ) du numéro précédent,

$$(r) \qquad x = \delta \frac{l_1 \log(1 + r) - l_2}{l_1 \log(1 + r) + l_2},$$

$$(\gamma) \qquad y = \frac{l_1 l_2 \log A}{l_1 \log(1 + r) + l_2}.$$

La première de ces équations ne contenant que r définit les éléments cotés (r) qui sont, comme l'on voit, des droites parallèles aux axes Au

Fig. 146.

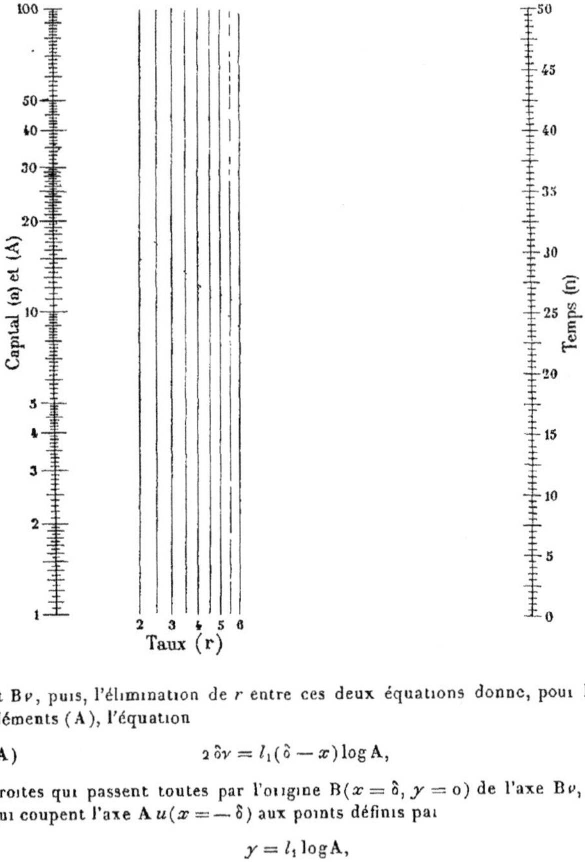

et Bv, puis, l'élimination de r entre ces deux équations donne, pour les éléments (A), l'équation

$$\text{(A)} \qquad 2\delta y = l_1(\delta - x)\log A,$$

droites qui passent toutes par l'origine $B(x = \delta, y = 0)$ de l'axe Bv, et qui coupent l'axe $Au(x = -\delta)$ aux points définis par

$$y = l_1 \log A,$$

qui se confondent avec les points (a). Cette circonstance permet d'éviter le tracé des droites (A). En effet, il suffit, pour avoir une telle droite, de joindre le point B (qui n'est autre que le point $n = 0$) au point de l'échelle (a) coté A. On peut, d'ailleurs, pour réaliser cette droite, se servir de l'index lui-même. L'emploi de l'abaque devient alors analogue à celui des abaques à double alignement (Ch. III, § V, A). Il peut s'énoncer ainsi :

On fait d'abord passer l'index par le point coté a sur l'échelle du capital et le point coté n sur l'échelle du temps, puis on le fait pivoter autour du point où il rencontre la verticale cotée r, de façon à l'amener à passer par le point n = 0. Il coupe alors l'échelle du capital au point coté A.

Sur l'abaque représenté par la *fig.* 146, on a pris $l_2 = 0{,}04\, l_1$ de façon à donner à l'échelle du temps (n) la même longueur qu'a l'échelle du capital (a) et (A), avec les limites adoptées.

Les deux positions de l'index marquées en pointillé sur la figure correspondent à l'exemple numérique déjà envisagé au n° 119 (1°), savoir

$$a = 20000^{\text{fr}}, \qquad n = 15^{\text{a}}, \qquad r = 4\ \%,$$

pour lequel l'abaque donne

$$A = 36000^{\text{fr}}.$$

123. *Deuxième exemple. Abaque de la distance sphérique* (¹). — La distance sphérique φ de deux points en fonction de leurs latitudes λ et λ' et de la différence L de leurs longitudes peut s'écrire, ainsi que l'a remarqué M. Collignon,

$$2\cos\varphi = (1 + \cos L)\cos(\lambda - \lambda') - (1 - \cos L)\cos(\lambda + \lambda').$$

Sous cette forme, elle rentre dans le type (E) du numéro précédent.

Adoptant ici pour δ, l_1 et l_2 une valeur l unique (ce qui a l'avantage de nous donner pour quadrangle limite de l'abaque un carré), nous poserons, en vertu des formules (α_1) et (α_2) du numéro précédent (²),

$$u = -\, l\cos(\lambda + \lambda'),$$
$$v = \quad l\cos(\lambda - \lambda'),$$

ce qui nous donne, pour équation du système (L, φ),

$$u(1 - \cos L) + v(1 + \cos L) - 2\cos\varphi = 0.$$

Les coordonnées cartésiennes du point correspondant, données par les

---

(¹) **O. 4**, p. 84. M. Collignon a, depuis lors, utilisé cet abaque dans sa *Note sur la détermination de l'heure du passage du Soleil dans un plan vertical* (*J. E. P.*, 2ᵉ série, 4ᵉ cahier, p. 123, 1898).

(²) Voir la remarque contenue dans la note au bas de la page 145.

formules (γ) du numéro précédent, sont ici, puisque $\delta = l_1 = l_2 = l$,

$$x = l \cos L,$$
$$y = l \cos \varphi$$

Ici, point d'élimination à faire, puisque chacune des variables L et φ n'entre que dans une des équations Ces équations donnent directement les lignes cotées (L) et (φ) qui sont des parallèles aux axes

L'abaque correspondant obtenu en prenant $l = 4^{cm}$ est représenté par la *fig* 147

Fig 147

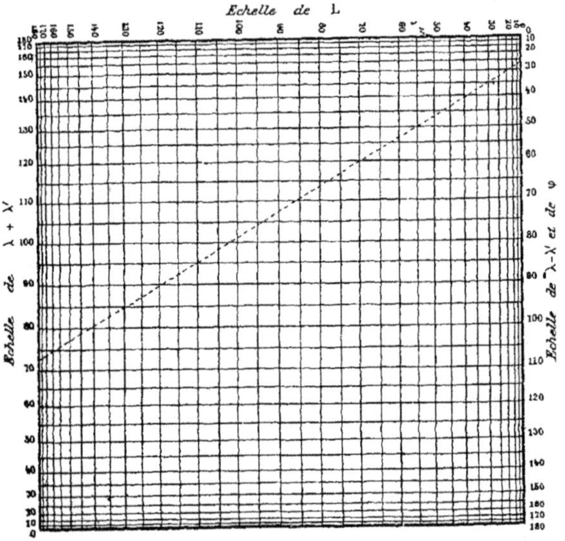

La graduation des horizontales (φ) se confond d'ailleurs, si on l'inscrit sur le bord droit de l'abaque, avec l'échelle ($\lambda - \lambda'$)

La position de l'index, marquée en pointillé sur la figure, correspond à l'exemple numérique suivant, qui fait connaître, sur la mappemonde, la distance sphérique de Paris à Hanoi

$$\lambda = 48°50', \qquad \lambda' = 23°40', \qquad L = 116°$$

L'abaque donne $\varphi = 87°50'$

On peut remarquer que cet abaque permet de résoudre *un triangle sphérique dont on connaît soit trois éléments de même espèce, soit trois éléments consécutifs*

Si, en effet, on connaît les trois côtés a, b, c, on voit qu'en prenant successivement

$$\varphi = a, \quad \lambda = b, \quad \lambda' = c, \quad \text{on a} \quad L = A,$$
$$\varphi = b, \quad \lambda = c, \quad \lambda' = a, \quad \text{»} \quad L = B,$$
$$\varphi = c, \quad \lambda = a, \quad \lambda' = b, \quad \text{»} \quad L = C$$

Si l'on connaît les trois angles, le cas se ramène au précédent par la considération du triangle supplémentaire

Si l'on connaît deux côtés a et b et l'angle compris C, en faisant

$$\lambda = a, \quad \lambda' = b, \quad L = C,$$

on a

$$\varphi = c$$

Connaissant dès lors a, b, c, on est ramené pour le calcul de A et B au cas ci-dessus

La considération du triangle supplémentaire permet de traiter de même le cas où les données comprennent un côté et les deux angles adjacents

L'abaque ci-dessus est intéressant en raison de l'extrême simplicité de sa construction et de la diversité de ses usages On va voir maintenant qu'en sacrifiant un peu de cette simplicité on peut construire un abaque permettant la résolution des triangles sphériques dans tous les cas possibles

124 *Troisième exemple · Abaque général de la Trigonométrie sphérique* (¹) — Les six cas de résolution des triangles sphériques peuvent, par la considération du triangle supplémentaire, se ramener à trois, savoir ceux où deux au moins des côtés figurent parmi les données, et la résolution de ces trois cas peut être effectuée par l'emploi de la seule formule

$$\cos\alpha_1 = \cos\alpha_3 \cos\beta_3 + \sin\alpha_3 \sin\beta_3 \cos\alpha_2, \tag{1}$$

dans laquelle on remplace les variables α_1, α_2, α_3, β_3 par l'un des systèmes de valeurs

(A)	$\alpha_1 = a$,	$\alpha_2 = A$,	$\alpha_3 = b$,	$\beta_3 = c$,
(B)	$\alpha_1 = b$,	$\alpha_2 = B$,	$\alpha_3 = c$,	$\beta_3 = a$,
(C)	$\alpha_1 = c$,	$\alpha_2 = C$,	$\alpha_3 = a$,	$\beta_3 = b$

(¹) O 12

Avec ces différents états des variables qui y figurent, nous donnerons à la formule (1) la désignation de formule (A), (B) ou (C)

Voici, dès lors, comment s'effectuera la résolution dans les trois cas auxquels on est ramené

Cas	Données	Résolution
I	a, b, c	la formule (A) donne A,
		» (B) » B,
		» (C) » C,
II	a, b A	» (A) » c,
		» (B) » B,
		» (C) » C
III	b, c, A	» (A) » a,
		» (B) » B,
		» (C) » C

On voit ainsi que toute la résolution des triangles sphériques pourra s'effectuer au moyen du seul abaque de l'équation (1) qui rentre bien dans le type (E) du n° 121.

Prenant sur les axes Au et Bv des modules égaux à l et représentant toujours par δ la demi-longueur AB, nous voyons que les formules (α_1), (α_2) et (γ) du n° 121 définissant l'abaque seront ici

$$(\alpha_1) \qquad u = l\cos\alpha_1,$$

$$(\alpha_2) \qquad v = -l\cos\alpha_2,$$

$$(\gamma) \qquad \begin{cases} x = \delta\dfrac{\sin\alpha_3\sin\beta_3 - 1}{\sin\alpha_3\sin\beta_3 + 1}, \\ y = l\dfrac{\cos\alpha_3\cos\beta_3}{\sin\alpha_3\sin\beta_3 + 1} \end{cases}$$

La symétrie de ces deux dernières équations en α_3 et β_3 montre qu'ici *les lignes* (α_3) *et les lignes* (β_3) *sont les mêmes* C'est donc cet unique système de lignes qui, en se recoupant lui-même, constitue le réseau (α_3, β_3)

Les équations (γ) étant du premier degré en $\sin\beta_3$ et $\cos\beta_3$, l'élimination de β_3 n'offre aucune difficulté On trouve

$$(\alpha_3) \qquad \frac{(\delta + x)^2}{\sin^2\alpha_3} + \frac{4\delta^2 y^2}{l^2\cos^2\alpha_3} = (\delta - x)^2$$

D'après ce qui vient d'être dit, l'équation (β_3) est la même avec le simple changement de α_3 en β_3

Appelons U et U', V et V' les extrémités des échelles (α_1) et (α_2)

(*fig.* 148) [1], extrémités qui sont données respectivement, pour α_1 et α_2 égaux respectivement à 0° et à 180°, par

$$u = \pm l, \qquad v = \pm l$$

Fig. 148.

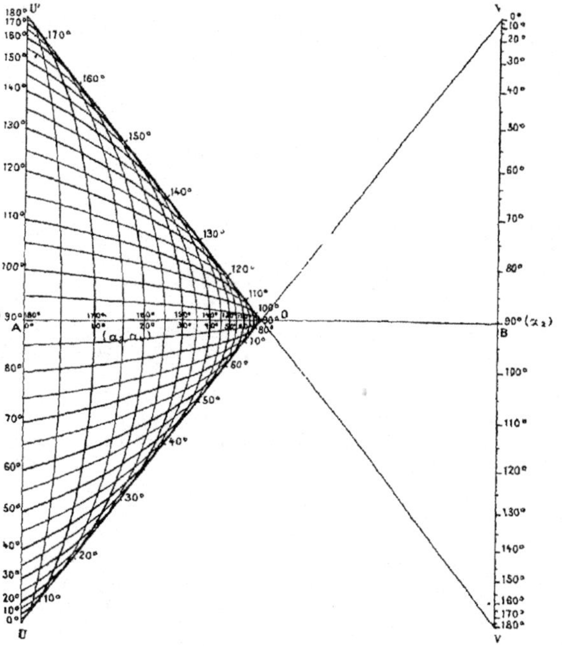

Si l'on cherche les équations des tangentes à l'ellipse α_3 parallèles à Ox on trouve bien aisément

$$y = \pm l$$

Ce sont les droites UV et U'V'. On trouve également que les tangentes issues de l'origine O sont les droites

$$\delta y = \pm lx,$$

---

(1) Sur la *fig.* 148, le sens positif de Au et Bv, et, par suite, celui de Oy a été exceptionnellement pris ***de haut en bas.***

c'est-à-dire les droites UV' et U'V. En résumé, si l'on appelle X_∞ le point situé à l'infini sur OX, on voit que *le système* (α_3) *est constitué par les ellipses inscrites dans le quadrilatère* $OUX_\infty U'$.

On vérifie, en outre, que *le pôle de l'axe* UU' *par rapport à toutes ces ellipses est l'origine* B *de l'axe* VV' (¹).

Une fois les axes UU' et VV' gradués pour les variables α_1 et α_2, il est très facile de construire la portion utile de chaque ellipse α_3. En effet, cette ellipse coupe l'axe AB, ou Ox, au point défini par l'abscisse

$$x = -\delta\frac{1-\sin\alpha_3}{1+\sin\alpha_3},$$

point qui se trouve sur la droite joignant le point $V(x=\delta, y=l)$ au point de l'échelle UU' coté $\alpha_3+90°$, dont les coordonnées sont

$$x=-\delta, \qquad y=l\cos(\alpha_3+90°)=-l\sin\alpha_3$$

Elle coupe l'axe $UU'(x=-\delta)$ aux points de l'échelle correspondante cotés α_3 et $180°-\alpha_3$, et, d'après ce qui vient d'être vu, les tangentes en ces points passent au point B. On se trouve ainsi amené à construire une ellipse connaissant deux points, les tangentes en ces points et la tangente parallèle à la corde qui les joint, construction facile à effectuer (²).

Remarquons que *les ellipses cotées* α_3 *et* $180°-\alpha_3$ *coïncident dans toute leur étendue*. Il suffit donc, pour avoir le système (α_3) tout entier, de faire varier α_3 de 0° à 90°.

Cette coïncidence deux à deux des ellipses (α_3) entraînerait une ambiguïté dans la lecture si l'on n'avait soin de faire la remarque suivante.

Si l'on se reporte aux formules (γ) ci-dessus, on voit que y est positif ou négatif suivant que α_3 et β_3 sont ou non pris du même côté par rapport à 90°.

Donc, *si* α_3 *et* β_3 *sont à la fois supérieurs ou inférieurs à* 90°, *le point de rencontre des ellipses correspondantes se trouve au-dessous de* OA. *Si le contraire a lieu, le point de rencontre des ellipses se trouve au-dessus,* en vertu de la note au bas de la page 331.

Enfin, une autre ambiguïté apparente se produit lorsque $\alpha_3=\beta_3$ ou lorsque $\alpha_3+\beta_3=180°$, parce qu'alors les deux ellipses dont il s'agit de prendre le point de rencontre coïncident dans toute leur étendue, mais ce

---

(¹) Si l'on fait une transformation par polaires réciproques relativement à un cercle de centre B, on voit qu'on obtient un système de coniques concentriques circonscrites au rectangle formé par les points transformés des droites UV, U'V', U'V, UV'. Le centre commun de ces coniques est le point transformé de la droite UU'.

(²) Nous avons, pour cette construction, indiqué un procédé (celui qui a effectivement servi pour la *fig.* 148) dans les *N. A.* (3ᵉ série, t. XII, p. 350), procédé qui se trouve reproduit dans notre *Cours de Géométrie descriptive*, p. 177.

point de rencontre occupe alors une position limite qui est *le point de contact de l'ellipse considérée avec la droite* UV' *si* $\alpha_3 = \beta_3$, *avec la droite* U'V *si* $\alpha_3 + \beta_3 = 180°$.

Le point (α_3, β_3) est ainsi défini sans ambiguïté dans tous les cas, et le mode d'emploi de l'abaque résulte simplement de l'alignement de ce point avec les points α_1 et α_2.

123. *Quatrième exemple. Abaque de l'équation complète du troisième degré.* — Pour représenter l'équation

$$z^3 + nz^2 + pz + q = 0,$$

qui rentre évidemment dans le type (E) du n° 121, il suffit, en appelant l_1 et l_2 deux modules quelconques, de poser

$$(p) \qquad u = l_1 p,$$

$$(q) \qquad v = l_2 q,$$

équations qui définissent deux échelles régulières portées sur Au et Bv. Le point (n, z) est alors défini, en vertu des formules (γ) du n° 121, par

$$(z) \qquad x = \delta \frac{l_2 - l_1 z}{l_2 + l_1 z},$$

$$(\gamma) \qquad y = - \frac{l_1 l_2 (z^3 + n z^2)}{l_2 + l_1 z}.$$

La première de ces équations ne contenant que z définit les éléments cotés relativement à cette variable, qui sont, comme on voit, des parallèles aux axes coordonnés Au et Bv, déterminant, sur l'axe AB des origines, une échelle linéaire (n° 7) qui, dans le cas où $l_1 = l_2$, devient une échelle segmentaire (n° 5, 3°).

Quant aux courbes (n), qui sont des cubiques cuspidales, on pourrait aisément former leur équation en éliminant z entre les équations (z) et (γ), mais cela est inutile.

Lorsqu'on a construit l'une d'entre elles, par exemple la courbe $n = 0$, qui est précisément celle dont nous nous sommes occupé en détail au n° 81, les autres s'en déduisent très aisément. Si, en effet, y_0 et y_n sont respectivement les ordonnées des courbes cotées 0 et n, *pour une même valeur de* z, on a

$$y_n = y_0 - n \frac{l_1 l_2 z^2}{l_2 + l_1 z},$$

et, puisque la fraction qui multiplie n est une constante pour une même valeur de z, on voit que les courbes (n) déterminent sur la droite z *une échelle régulière dont le module est égal à* $\frac{l_1 l_2 z^2}{l_2 + l_1 z}$ *et le sens croissant opposé à celui des échelles* (p) *et* (q).

C'est en se fondant sur cette remarque et en prenant

$$l_1 = l_2 = \frac{3}{5}$$

qu'on a construit l'abaque de la *fig.* 149, dont l'emploi se réduit à ceci : *faire passer l'index par les points cotés p et q et lire les cotes z des verticales passant par les points où cet index rencontre la courbe cotée n.*

On s'est d'ailleurs, en vertu d'une remarque déjà faite à propos de l'équation trinome (nº 81), borné à envisager des valeurs positives de z, les valeurs absolues des racines négatives de l'équation étant données par les racines positives de la transformée en $-z$, c'est-à-dire de l'équation définie par les coefficients $-n$, p et $-q$.

Les équations du troisième degré qui se rencontrent dans la pratique n'ont d'ailleurs, en général, qu'une racine positive, et c'est la seule qu'on ait besoin de calculer.

Les positions de l'index marquées en pointillé sur la figure se rapportent aux équations

$$z^3 + 2z - 6 = 0$$

et

$$z^3 + z^2 - 2,16z - 3,2 = 0,$$

pour lesquelles l'abaque donne respectivement $z = 1,46$ et $z = 1,6$.

Remarquons, en outre, qu'ici s'applique le principe des multiplicateurs correspondants (nº 21) lorsqu'on prend

$$z' = \lambda z, \qquad n' = \lambda n, \qquad p' = \lambda^2 p, \qquad q' = \lambda^3 q.$$

En voici des exemples pris dans la pratique.

1º *Voûte en dôme.* — Bossut, dans ses *Recherches sur l'équilibre des voûtes* (*Mémoires de l'Académie des Sciences*, p. 566, 1774), est amené, à propos d'une voûte en dôme particulière, à résoudre l'équation

$$t^3 + 96t^2 + 721,879t - 7826,051 = 0.$$

En prenant $\lambda = \frac{1}{10}$, on a l'équation

$$t'^3 + 9,6t'^2 + 7,21t' - 7,82 = 0.$$

L'abaque donne pour cette dernière

$$t' = 0,59.$$

Par suite

$$t = 5,9.$$

2º ***Remous d'une rivière.*** — Le remous z d'une rivière à son passage

Fig. [illegible]

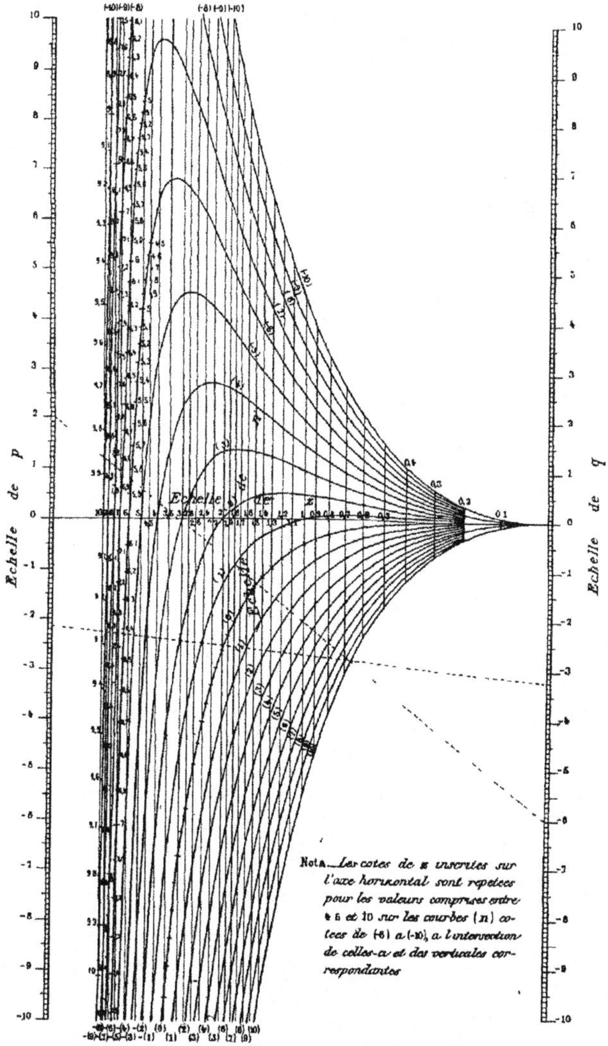
Echelle de p
Echelle de q
Echelle de z
Echelle de n
Nota.— Les cotes de z inscrites sur l'axe horizontal sont répétées pour les valeurs comprises entre ± 5 et 10 sur les courbes (n) cotées de (-5) à (-10), à l'intersection de celles-ci et des verticales correspondantes

sous un pont est donné par l'équation

$$z^3 + (2H - A)z^2 + H(H - 2A)z + B - AH^2 = 0,$$

où

$$A = \frac{Q^2}{2gU^2 l^2 H^2}, \qquad B = \frac{Q^2}{2gL^2},$$

L désignant la largeur de la rivière en amont du pont,
l sa largeur totale sous les arches du pont,
H la profondeur moyenne en amont,
Q le débit de la rivière,
U le coefficient de contraction.

Avec les données suivantes, qui sont celles relevées par d'Aubuisson dans son expérience sur la Veser, savoir

$$L = 180^m,71, \qquad l = 96^m,13, \qquad H = 5^m,37, \qquad Q = 1450^{mc}, \qquad U = 0,9,$$

on a l'équation

$$z^3 + 10,2z^2 + 23,5z - 11,04 = 0$$

Prenant ici $\lambda = \frac{1}{2}$, on a l'équation

$$z'^3 - 5,1z'^2 + 5,9z' - 1,38 = 0,$$

pour laquelle l'abaque donne

$$z' = 0,19,$$

et, par suite,

$$z = 0^m,38 \text{ (}^1\text{)}$$

126. *Cinquième exemple. Abaque de l'équation du quatrième degré.* — Soit l'équation du quatrième degré

$$z^4 + mz^3 + nz^2 + pz + q = 0.$$

Lorsqu'on pose

$$z = mz', \qquad n = m^2 n', \qquad p = m^3 p', \qquad q = m^4 q',$$

elle devient (²)

$$z'^4 + z'^3 + n'z'^2 + p'z' + q' = 0$$

Sous cette forme, il suffit, pour la représenter, de poser

$$(p') \qquad u = l_1 p',$$
$$(q') \qquad v = l_2 q',$$

(¹) L'expérience de d'Aubuisson a donné $z = 0^m,382$.

(²) Il y a lieu ici de faire une double observation.

1° Pour le cas où m serait négatif, il y aurait lieu de construire un second ce qui donne pour les points (n', z')

$$(z') \qquad x = \delta \frac{l_2 - l_1 z'}{l_2 + l_1 z'},$$

$$(\gamma) \qquad y = -\frac{l_1 l_2 (z'^4 + z'^3 + n z'^2)}{l_2 + l_1 z'}$$

On voit que tout ce qui a été dit à propos de la construction de l'abaque précédent peut être répété ici On obtient seulement comme courbes (n) des quartiques au lieu de cubiques Mais, une fois tracée la courbe $n = 0$, les autres s'en déduisent exactement de même qu'au numéro précédent, la relation

$$y_n = y_0 - n \frac{l_1 l_2 z^2}{l_2 + l_1 z}$$

subsistant encore Si donc on construit ce nouvel abaque avec les mêmes modules que le précédent, on voit que les échelles regulières déterminées sur les diverses verticales (z) par les courbes (n) sont les mêmes dans l'un et l'autre cas C'est ainsi qu'a été obtenu l'abaque de la *fig* 150 ([1])

Pour déduire les coefficients n', p', q' des coefficients m, n, p, q et passer ensuite des racines z' aux racines z, on voit qu'il suffit de construire l'abaque de l'équation

$$\alpha = m^i \alpha'$$

pour $i = 1, 2, 3, 4$

Cet abaque rentre lui-même dans le type ici étudié Il suffit, en effet, d'écrire l'équation précédente sous la forme

$$\log \alpha = \log \alpha' + i \log m,$$

---

abaque, analogue à celui qui va être décrit, et correspondant à l'équation

$$z'^4 - z'^3 + n' z'^2 - p' z' + q' = 0$$

Cet abaque servirait notamment à obtenir les valeurs absolues des racines négatives des équations pour lesquelles le coefficient m est positif

2° Pour le cas où $m = 0$, on pourrait construire aussi l'abaque de l'équation

$$z^4 + n z^2 + p z + q = 0,$$

mais la résolution d'une telle équation se ramene immédiatement à l'emploi de l'abaque décrit ci-dessus, au moyen de la transformation $z' = z \pm 1$

([1]) La simple inspection de la figure montre que la portion tracée des courbes (n) comprise entre les axes n'est jamais coupée par une droite en plus de trois points, c'est-à-dire qu'aucune des équations représentées n'a plus de trois racines positives, ce qui est évident *a priori*, attendu que, le coefficient de z^3 dans ces equations étant égal à 1, la somme des racines est égale à -1, ce qui exige que l'une au moins d'entre elles soit négative.

Fig 150

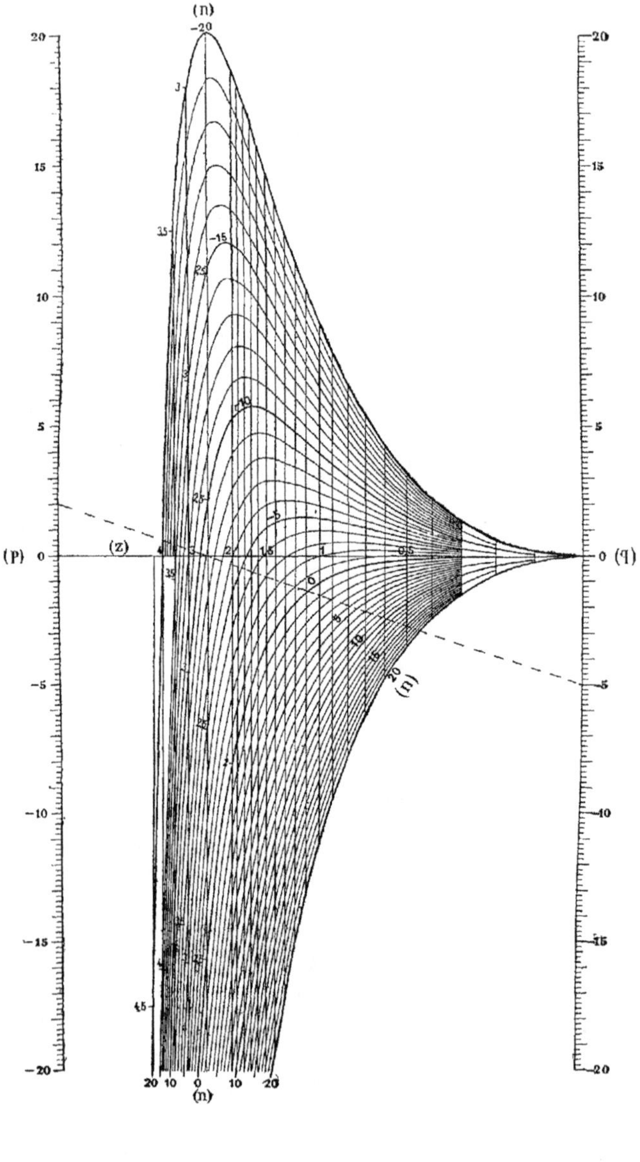

pour voir qu'elle est représentable au moyen des deux systèmes de points à une cote

$$(\alpha) \qquad u = l_1 \log \alpha,$$

$$(m) \qquad v = - l_2 \log m,$$

et le système de points à deux cotes

$$l_2 u + l_1 w - l_1 l_2 \log \alpha' = 0,$$

ou

$$x = \delta \frac{l_1 t - l_2}{l_1 t + l_2},$$

$$y = \frac{l_1 l_2 \log \alpha'}{l_1 t + l_2}.$$

Prenons $l_1 = l_2$ Les échelles (α) et (m) sont alors des échelles logarithmiques de même module portées en sens contraires sur $A u$ et $B v$ Les lignes (t) sont des parallèles à ces axes définies par

$$(t) \qquad x = \delta \frac{t - 1}{t + 1},$$

c'est-à-dire déterminant sur AB une échelle segmentaire, et les lignes (α'), dont l'équation s'obtient par l'élimination de t entre les expressions ci-dessus de x et y, sont définies par

$$(\alpha') \qquad 2\alpha y = l_1 \log \alpha' (\delta - x)$$

Ce sont des droites et l'on voit, en faisant $x = \delta$ et $x = -\delta$, que la droite cotée α' joint l'origine B de l'axe $B v$ au point coté α de l'échelle portée sur $A u$

Cet abaque, où il suffit de donner à t les valeurs 1, 2, 3, 4, est donc très simple à construire (*fig* 151) Au lieu d'inscrire à côte des verticales les valeurs de t, on y a inscrit la désignation des variables correspondantes. En outre, on a, à côté de l'échelle de gauche, inscrit les désignations des diverses variables auxquelles se rapporte cette échelle, c'est-à-dire qui ont été représentées en bloc par la variable α dont on s'est servi pour la construction (1)

Le procédé à suivre pour la résolution d'une équation du quatrième degré est alors le suivant *Faisant passer l'index, sur l'abaque de la fig 151, par le point m de l'échelle de droite, on le fait pivoter autour de ce point pour prendre successivement les points n, p, q de l'échelle de*

(1) Au lieu de construire les radiantes qui figurent sur cet abaque auxiliaire, on peut recourir à un pivotement de l'index, comme pour l'abaque des intérêts composés (*fig* 138) Pour avoir n', par exemple, ayant fait passer l'index par les points m et n, on le fait pivoter autour de son point de rencontre avec la verticale (n') jusqu'à ce qu'il passe par le point x de l'échelle (m) Il donne alors la valeur de n' sur l'échelle (n)

gauche. Ces diverses positions de l'index coupent respectivement les échelles (n'), (p') *et* (q') *en des points dont les cotes font connaître* n', p', q'. *Celles-ci, transportées sur l'abaque de la fig.* 150, *font connaître les racines* z'. *En faisant passer alors sur la fig.* 151 *l'index,*

Fig. 151.

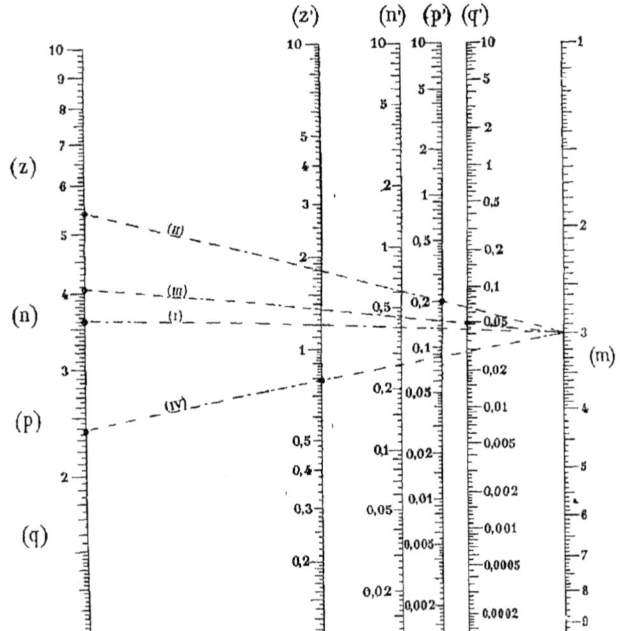

pivotant toujours autour du point m, par les points de l'échelle (z') *cotés au moyen des valeurs de ces racines, on obtient les racines z demandées sur l'échelle de gauche.*

Soit, par exemple, à résoudre l'équation

$$z^4 + 3z^3 - 36z^2 + 54z - 405 = 0$$

Les trois traits mixtes (I), (II) et (III) qui sont marqués sur la *fig.* 151 montrent que, si l'on réduit le coefficient du second terme à l'unité, les trois autres coefficients deviennent respectivement, en valeur absolue, 4, 2 et 5. On a donc à résoudre, au moyen de l'abaque de la *fig.* 150, l'équation

$$z'^4 + z'^3 + 4z'^2 - 2z' - 5 = 0.$$

Le trait mixte marqué sur cette figure et qui unit les points $p = 2$, $q = -5$, coupe la courbe $n = 4$ tout près de la verticale $z = 0,8$, mais un peu en avant. Nous aurons donc pour cette dernière équation

$$z' = 0,79.$$

Le trait pointillé (IV) de la *fig.* 151 montre que la valeur correspondante de z est

$$z = 2,37,$$

comme d'ailleurs, dans ce cas particulier, on le vérifie immédiatement par le calcul.

On pourrait construire des abaques analogues pour l'équation du cinquième degré puisque, comme l'on sait, une telle équation peut toujours, par une transformation appropriée, être mise, suivant le cas, sous l'une des formes

$$z^5 + nz^2 + pz - q = 0,$$
$$z^5 + z^3 + nz^2 + pz + q = 0,$$
$$z^5 - z^3 + nz^2 + pz - q = 0.$$

127. *Droites à doubles enveloppes.* — Les équations appartenant au type (E) du n° 121, c'est-à-dire

$$(E) \qquad f_1(\alpha_1) f_3(\alpha_3, \beta_3) + f_2(\alpha_2) \varphi(\alpha_3, \beta_3) + \psi_3(\alpha_3, \beta_3) = 0,$$

auquel se réfèrent les divers exemples précédents, peuvent être effectivement représentées suivant le mode corrélatif dérivant de l'emploi de la méthode cartésienne, ainsi que la remarque nous en a été faite par le P. Poulain ([1]).

Si nous posons ([2]), en effet,

$$(1) \qquad x = l_1 f_1(\alpha_1), \qquad y = l_2 f_2(\alpha_2),$$

([1]) Dans une Lettre en date du 16 octobre 1891.

([2]) On aperçoit immédiatement la généralisation suivante : si l'équation donnée était de la forme

$$f(\alpha_1, \alpha_2) f_3(\alpha_3, \beta_3) + \varphi(\alpha_1, \alpha_2) \varphi_3(\alpha_3, \beta_3) + \psi_3(\alpha_3, \beta_3) = 0,$$

on poserait encore

$$x = l_1 f(\alpha_1, \alpha_2), \qquad y = l_2 \varphi(\alpha_1, \alpha_2),$$

ce qui déterminerait le point à deux cotes (α_1, α_2) par un réseau dont les deux systèmes constituants seraient définis par l'élimination successive de α_2 et de α_1 entre les expressions de x et de y.

nous définissons un point à deux cotes, α_1 et α_2, qui doit se trouver sur la droite

$$(2) \qquad x l_2 f_3(\alpha_3, \beta_3) + y l_1 \varphi_3(\alpha_3, \beta_3) + l_1 l_2 \psi_3(\alpha_3, \beta_3) = 0,$$

droite que nous pouvons appeler Δ et dont, pour plus de simplicité, nous représenterons l'équation ci-dessus par

$$(2') \qquad \Delta(\alpha_3, \beta_3) = 0$$

Si l'on donne à α_3 une valeur constante, cette droite a une enveloppe $\mathcal{E}_{\alpha_3}$, dont l'équation s'obtient par l'élimination de β_3 entre l'équation (2') et sa dérivée prise par rapport à β_3 ou

$$(3) \qquad \Delta'_{\beta_3}(\alpha_3, \beta_3) = 0$$

On peut ainsi construire les enveloppes $\mathcal{E}_{\alpha_3}$ correspondant aux diverses valeurs de α_3

De même, l'élimination de α_3 entre l'équation (2') et

$$(4) \qquad \Delta'_{\alpha_3}(\alpha_3, \beta_3) = 0$$

permettrait de construire les enveloppes $\mathcal{E}_{\beta_3}$ correspondant aux diverses valeurs de β_3

On voit, dès lors, que l'équation (E) ci-dessus exprime simplement qu'*une tangente commune aux courbes* $\mathcal{E}_{\alpha_3}$ *et* $\mathcal{E}_{\beta_3}$ *passe par le point* (α_1, α_2)

Fig 152

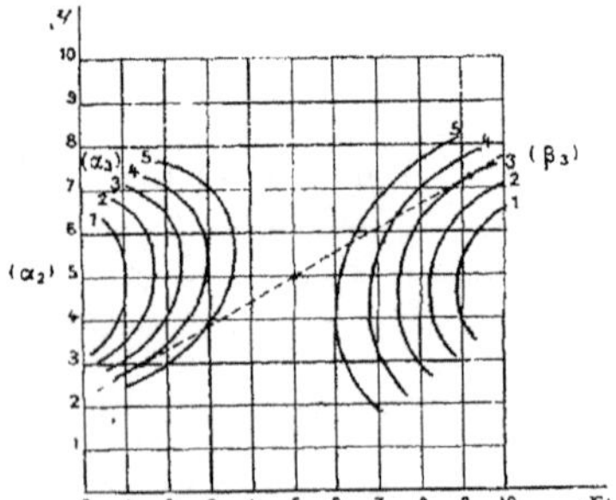

L'abaque comprendra (*fig.* 152) 1° le réseau des parallèles aux axes, défini par les formules (1) et servant à déterminer les points (α_1, α_2), 2° le système des enveloppes $\mathcal{E}_{\alpha_3}$, 3° celui des enveloppes $\mathcal{E}_{\beta_3}$.

Si, par exemple, α_1, α_2, α_3 étant données, on veut avoir β_3, *on fait passer par le point* (α_1, α_2) *un index, posé sur l'abaque, que l'on amène à être tangent à l'enveloppe* $\mathcal{E}_{\alpha_3}$, *et on lit la cote de l'enveloppe* $\mathcal{E}_{\beta_3}$ *qui se trouve en contact avec cet index.*

La lecture d'un tel abaque, si les deux systèmes $\mathcal{E}_{\alpha_3}$ et $\mathcal{E}_{\beta_3}$ sont effectivement composés de courbes, sera généralement moins nette que celle d'un abaque à points alignés. Il est toutefois des cas où les enveloppes de l'un des systèmes se réduisent à des points et où, par suite, l'abaque gagne en netteté.

Soit, par exemple, l'équation complète du troisième degré

$$z^3 + nz^2 + pz + q = 0.$$

Posons

$$x = lp, \qquad y = lq,$$

équations qui définissent un quadrillage régulier parallèle aux axes. Il vient ensuite

$$xz + y + l(z^3 + nz^2) = 0.$$

Lorsque, laissant n fixe, on fait varier z dans cette équation, on obtient une enveloppe $\mathcal{E}_n$ dont l'équation peut s'écrire immédiatement, puisque c'est la condition pour que l'équation ci-dessus ait une racine double en z. La voici :

$$27ly^2 + 4x^3 + n(4n^2l^2y - nlx^2 - 18lxy) = 0.$$

Cette équation définit des cubiques cuspidales (unicursales, de la troisième classe) passant par l'origine, où elles sont tangentes à Ox.

Quant aux enveloppes $\mathcal{E}_z$, obtenues en faisant varier n dans l'équation ci-dessus, z restant fixe, on voit, puisque dans ces conditions la droite correspondante reste parallèle à une direction fixe, qu'elles se réduisent à des points à l'infini.

Pour une direction donnée, la valeur de z est le coefficient angulaire changé de signe. On pourra donc définir ces diverses directions au moyen d'un transparent sur lequel seront marquées, en outre des axes $O'x'$ et $O'y'$, des droites issues de l'origine et cotées au moyen de leur coefficient angulaire changé de signe.

L'usage de l'abaque sera alors le suivant :

Les axes $O'x'$ et $O'y'$ étant maintenus parallèlement à Ox et Oy, on place l'origine O' du transparent en coïncidence avec le point (p, q) du quadrillage de l'abaque. Les racines z de l'équation sont alors les *cotes des droites du transparent qui se trouvent en contact avec la courbe cotée n* (¹)

128. *Trajectoires des contacts.* — Reprenant l'abaque général du numéro précédent, choisissons une des enveloppes $\mathcal{C}_{\beta_3}$ et menons les tangentes communes à cette courbe et à chacune des enveloppes $\mathcal{C}_{\alpha_3}$. Le lieu des points de contact de ces tangentes et des courbes $\mathcal{C}_{\alpha_3}$ sera une certaine courbe $\mathcal{E}_{\beta_3}$ qui pourra être dite *trajectoire des contacts* β_3 *pour le système* (σ_3).

L'équation de cette trajectoire est bien aisée à obtenir, elle résulte simplement de l'élimination de σ_3 entre les équations (2') et (3) du numéro précédent. En effet, ces équations sont celles de deux droites passant par le point de contact de la droite (α_3, β_3) avec son enveloppe $\mathcal{C}_{\alpha_3}$. Par suite, l'élimination de σ_3 donne bien le lieu de ce point correspondant à une valeur fixe de β_3.

Fig. 153.

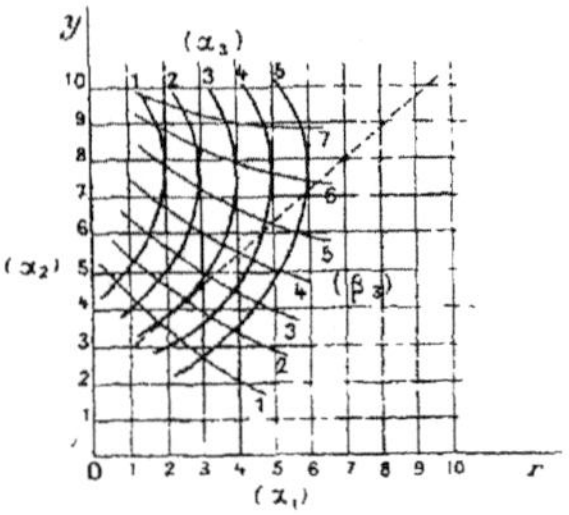

Cette trajectoire $\mathcal{E}_{\beta_3}$ étant tracée et cotée au moyen de la va-

(¹) Pour éviter l'usage du transparent, on pourrait appliquer une transformation homographique ramenant à distance finie la droite de l'infini de l'abaque ci-dessus, celle, par exemple, qui est définie par les formules

$$y = \frac{y'}{y' - a}, \qquad x = \frac{x'}{y - a},$$

et qui fait correspondre à la droite de l'infini la droite $y' = a$. Aux différentes valeurs de z correspondraient alors des points cotés sur cette droite. Le réseau (p, q) serait constitué par des droites (p) issues du point $x' = 0$, $y' = a$, et des parallèles (q) à Ox, et l'on aurait les racines de l'équation en lisant les cotes des points où un index, passant par le point (p, q), viendrait couper la droite $y' = a$, lorsqu'il aurait été amené à être tangent à la courbe cotée (n).

leur correspondante de β_3 pourra, au point de vue de l'usage de l'abaque, remplacer la courbe $\mathcal{C}_{\beta_3}$, qu'il n'y aura partant plus besoin de tracer. L'emploi de l'abaque sera alors le suivant (*fig.* 153) :

Étant données α_1, α_2, α_3, on fait passer par le point (α_1, α_2) du quadrillage un index qu'on amène à être tangent à la courbe (α_3). La cote de la courbe (β_3) passant par le point de contact fait connaître la valeur de β_3 cherchée (¹).

Le principe de ce mode de représentation nous a été, sous forme de l'exemple particulier cité plus bas, communiqué par M. B. Paladini.

Suivant que les courbes $\mathcal{C}_{\beta_3}$ ou les courbes $\mathfrak{C}_{\beta_3}$ seront plus simples à construire, on aura recours aux unes ou aux autres. Par exemple, dans le cas de l'équation complète du troisième degré, traité à la fin du numéro précédent, les courbes $\mathcal{C}_z$ se réduiraient à de simples points, tandis que les courbes $\mathfrak{C}_z$ seraient assez compliquées. Voici, par contre, un exemple, celui même que nous devons à M. Paladini, où l'emploi des trajectoires $\mathfrak{C}$ comporte une réelle simplification. Il s'agit de l'équation

$$(1) \qquad n\sin(\alpha+\omega)+m\sin\omega-\sin\alpha=0,$$

rencontrée par M. Pesci dans son Mémoire sur la Cinématique navale cité plus haut (²), et qui sert à déterminer ω en fonction de m, n et α.

Si nous posons, en appelant l un module quelconque,

$$(2) \qquad x=lm, \qquad y=ln,$$

nous avons les droites à doubles enveloppes $\mathcal{C}_\alpha$ et $\mathcal{C}_\omega$, définies par l'équation

$$(3) \qquad y\sin(\alpha+\omega)+x\sin\omega=l\sin\alpha.$$

La dérivée de cette équation, prise par rapport à ω, est

$$(4) \qquad y\cos(\alpha+\omega)+x\cos\omega=0.$$

Retranchant cette équation, multipliée par $\sin\omega$, de la précédente, mul-

(¹) Il convient de remarquer qu'un tel abaque ne se prête pas également bien, comme les précédents, au choix de l'une quelconque des variables comme inconnue. Si, par exemple, c'est α_3 que l'on cherche, il faut trouver la courbe α_3, dont la tangente, en son point de rencontre avec la courbe β_3, passe par le point (α_1, α_2), ce qui ne peut se faire que par tâtonnement. Il est vrai que, dans un grand nombre de cas de la pratique, c'est toujours la même variable qui est prise pour inconnue.

(²) Note au bas de la page 320.

tipliée par $\cos\omega$, nous avons après suppression du facteur commun $\sin\alpha$,

$$(5) \qquad y - l\cos\omega = 0$$

L'élimination de ω, par addition des carrés (3) et (4), donne

$$(6) \qquad x^2 + y^2 + 2xy\cos\alpha = l^2\sin^2\alpha$$

Telle est l'équation des enveloppes $\mathcal{E}_\alpha$, qui sont des coniques faciles à construire, comme on le verra plus bas.

On trouverait de même pour les enveloppes $\mathcal{E}_\omega$ un autre système de coniques. Mais l'élimination de α entre (3) et (4), qui se trouve effectuée dans (5), fait connaître les trajectoires $\mathcal{C}_\omega$, et l'on voit, d'après (5), que ce sont des droites parallèles à Ox. Il sera donc plus simple ici de recourir à ces trajectoires plutôt qu'aux enveloppes $\mathcal{E}_\omega$.

Pour construire les ellipses $\mathcal{E}_\alpha$, il suffit de remarquer que, si l'on prend pour axes de coordonnées les bissectrices Ox_1 et Oy_1 des angles des axes primitifs, l'équation (6) devient

$$\frac{x_1^2}{2l^2\sin^2\frac{\alpha}{2}} + \frac{y_1^2}{2l^2\cos^2\frac{\alpha}{2}} = 1$$

Autrement dit, si, sur le cercle de centre O et de rayon $l\sqrt{2}$, on prend le point A tel que $\widehat{y_1OA} = \frac{\alpha}{2}$, les demi-axes de l'ellipse $\mathcal{E}_\alpha$ sont les projections de OA sur Ox_1 et Oy_1.

Quant aux droites $\mathcal{C}_\omega$, on peut les prendre superposées aux droites cotées n, leur cote ω étant donnée par celle du point où elles rencontrent le cercle de rayon l $\left(\text{qui n'est autre que } \mathcal{E}_{\frac{\pi}{2}}\right)$ gradué comme un rapporteur à partir de Ox.

En pratique, m et n varient de 0,1 en 0,1 entre 0 et 2, α entre 0° et 180°, et ω entre 0° et 360°.

129. *Abaques à équerre pour la résolution des équations complètes du troisième et du quatrième degré.* — Ayant, aux n°s 125 et 127, décrit des abaques pour la résolution de l'équation complète du troisième degré, nous croyons devoir signaler ici un ingénieux procédé imaginé par M. Massau [1], en vue du même problème, et que nous avons nous-même simplifié.

Ce procédé, déduit par son auteur de considérations de Géométrie dans l'espace, interprétées par la Géométrie descriptive, consiste en ceci.

Étant tracées sur un quadrillage régulier de module l les droites (z) définies par l'équation

$$lz^2 + zx + y = 0,$$

---

[1] *Mémoire sur l'intégration graphique*, liv. III, Ch. III, n° 185.

on déplace une équerre dont le premier côté passe constamment par le point $(n-q, p)$ du quadrillage, c'est-à-dire par le point

$$x = l(n-q), \qquad y = lp,$$

et dont le sommet décrit la verticale cotée n ou

$$x = ln,$$

jusqu'à ce que le second côté de cette équerre coïncide avec une des droites (z). La cote de celle-ci est alors une racine de l'équation

$$z^3 - nz^2 + pz - q = 0$$

En effet, appelant η l'y du sommet de l'équerre, on voit que l'on a d'abord

$$lz^2 - zln + \eta = 0,$$

puis la droite cotée z étant perpendiculaire à celle qui joint le point $x = l(n-q)$, $y = lp$ au point $x = ln$, $y = \eta$, on a aussi

$$\frac{\eta - lp}{lq} z = 1.$$

L'élimination de η entre ces deux équations donne bien l'équation complète du troisième degré ci-dessus, ce qui justifie le procédé.

Les simplifications dont ce procédé est susceptible sont les suivantes

1° Si l'on prend les points d'intersection des droites (z) avec Ox, on obtient les points

$$x = -lz,$$

c'est-à-dire que *la cote d'une droite z est celle du point où elle rencontre l'échelle régulière portée sur Ox, changée de signe*.

2° L'enveloppe des droites (z) étant la parabole

$$x^2 - 2ly = 0,$$

il suffit de tracer cette parabole P (*fig.* 154) pour n'avoir pas à tracer les droites (z).

L'abaque se réduit alors à un quadrillage régulier dont les axes Ox et Oy sont gradués et sur lequel est tracée la parabole P. Son usage se réduit à ceci : *On déplace une équerre dont le sommet décrit la verticale cotée n* (le long de laquelle on peut placer une règle) *et dont un côté passe par le point $(n-q, p)$* (sur lequel on peut placer une pointe fine) *jusqu'à ce que son second côté soit tangent à la parabole* P. *La cote changée de signe du point où ce côté coupe Ox est une racine de l'équation proposée*.

On voit qu'il suffit, dans l'équation du système des droites (z), de remplacer z^2 par $z^3 + mz^2$, pour avoir un abaque de l'équation complète du quatrième degré

$$z^4 + mz^3 + nz^2 + pz + q = 0$$

A chaque valeur de m correspond, bien entendu une courbe enveloppe $\mathcal{E}_m$ analogue à P Il n'y a qu'à tracer le système de ces courbes sur le quadrillage régulier pour que l'abaque se trouve construit

Fig 154

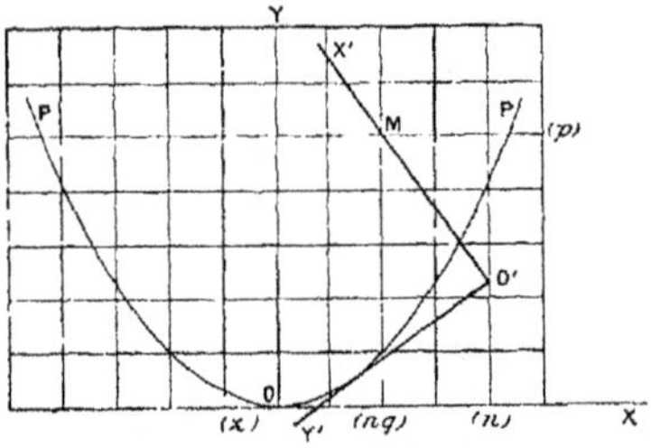

Seulement ici les valeurs de z ne devront plus être inscrites sur l'axe Ox, puisque les cotes des points où cet axe est coupé par la droite

$$l(z^3 + mz^2) - zx + y = 0$$

ne sont pas les mêmes suivant la valeur de m Ces valeurs de z pourraient être données par le coefficient angulaire de la droite correspondante changé de signe. On pourrait aussi recourir à l'emploi des trajectoires de contact $\mathfrak{T}_z$ (n° 128) En effet, le lieu des points de contact des enveloppes $\mathcal{E}_m$ avec les droites correspondant à une même valeur de z est une courbe dont l'équation s'obtiendra, comme on l'a vu au n° 128, en éliminant m entre l'équation ci-dessus et sa dérivée, prise par rapport à z Ici, l'équation et sa dérivée étant linéaires en m, x et y, on voit que ces trajectoires $\mathfrak{T}_z$ seront des droites.

On trouvera plus loin (142, 2°) un autre type d'abaque pour l'équation complète du quatrième degré

130 *Abaques à trois dimensions* — Bien que cela s'écarte un peu de notre sujet, qui vise la représentation *plane* des équations, c'est ici le lieu de faire connaître une curieuse extension à l'espace du principe des points alignés dont M A Adler [1] d'une part, M R Mehmke [2] de l'autre, ont eu séparément l'idée

Si nous reprenons les exemples donnés dans les deux derniers numéros, nous voyons que des équations de la forme

$$f_1(z) + nf_2(z) + pf_3(z) - qf_4(z) = 0 \qquad (1)$$

---

(1) *Wiener Berichte*, t XCXIV, 2e section, p 404

(2) *Zeitschrift fur Mathematik und Physik*, t XLIII, p 338

ont été représentées par l'alignement des points à une cote

$(p) \qquad u = l_1 p,$

$(q) \qquad v = l_2 q$

et du point à deux cotes

$(n, z) \qquad u l_2 f_3(z) - v l_1 f_4(z) - l_1 l_2 [f_1(z) - n f_2(z)] = 0$

Si nous prenons maintenant un système de *coordonnées parallèles dans l'espace* (¹), nous voyons que l'équation (1) exprime que le plan dont les coordonnées sont

$(n)' \qquad u = l_1 n$

$(p)' \qquad v = l_2 p,$

$(q)' \qquad w = l_3 q,$

passe par le point M dont l'équation est

$(z)' \qquad u l_2 l_3 f_2(z) + v l_3 l_1 f_3(z) + w l_1 l_2 f_4(z) + l_1 l_2 l_3 f_1(z) = 0$

Ce point a pour projection, parallèlement aux axes Au, Bv, Cw, sur le plan ABC des origines, le point m, barycentre des points A, B, C respectivement affectés des coefficients $l_2 l_3 f_2(z)$, $l_3 l_1 f_3(z)$, $l_1 l_2 f_4(z)$, et sa distance mM à cette projection, comptée parallèlement aux axes est

$$m\text{M} = \frac{-l_1 l_2 l_3 f_1(z)}{l_2 l_3 f_2(z) + l_3 l_1 f_3(z) + l_1 l_2 f_4(z)}.$$

Lorsqu'on fait varier z le point m décrit sur le plan ABC une certaine courbe γ et le point M engendre, sur le cylindre qui passe par cette courbe γ et a ses génératrices parallèles aux axes, une courbe Γ sur laquelle on peut marquer un certain nombre de ses positions en inscrivant à côté les valeurs de z correspondantes On obtient ainsi le système des points cotés (z) de l'espace, distribués sur une certaine courbe gauche Γ

Dès lors, *pour avoir les valeurs de z correspondant à des valeurs données de n, p, q, il suffit de couper la courbe* Γ *par le plan déterminé par les points cotés n, p, q respectivement sur les axes* Au, Bv, Cw, *et de lire les cotes des points ainsi obtenus sur* Γ

Pour réaliser le plan (n, p, q) dans l'espace, on peut tendre un fil entre les points n et q de Au et de Cw, et amener un œilleton o, fixé à un curseur c mobile le long de Bv, en coïncidence avec le point p En regardant alors par cet œilleton on lit les valeurs de z aux points où le fil semble couper la courbe Γ

(¹) Les coordonnées parallèles de l'espace ont fait, de la part de M H Heddaeus, l'objet d'une dissertation inaugurale pour le doctorat en 1889, devant l'Université de Marbourg, sous le titre *Theorie und Anwendung eines besonderen Ebenencoordinatensystems*

La *fig* 155 représente l'instrument construit, d'après ce principe, par M Mehmke pour la résolution de l'équation complète du troisième degré

$$z^3 + nz^2 + pz + q = 0.$$

Si l'on suppose l'équation pourvue d'un terme de plus

$$f_1(z) + mf_2(z) + nf_3(z) + pf_4(z) + qf_5(z) = 0,$$

on peut, pour chaque valeur de m, traiter l'équation comme il vient d'être dit A chaque valeur de m correspond ainsi une courbe Γ qui peut être cotée au moyen de cette valeur de m Les diverses courbes gauches Γ

Fig 155

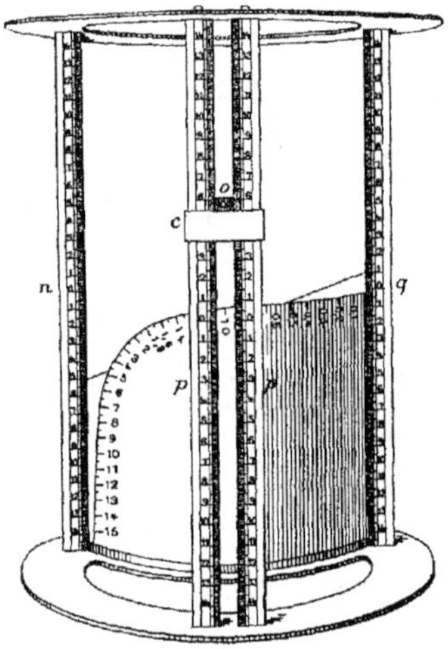

ainsi obtenues et qui constituent le système (m) sont, d'ailleurs, toutes situées sur un même cylindre, attendu que la courbe γ, projection de Γ sur ABC, ne dépendant que des trois derniers termes de l'équation, est la même quel que soit m On pourra donc les tracer toutes sur ce cylindre en marquant également les génératrices de ce cylindre correspondant aux diverses valeurs de z Pourvu alors que le cylindre soit constitué par une matière transparente, comme le celluloïd, à travers laquelle on pourra, de l'œilleton, voir le fil tendu, on aura le moyen d'obtenir les valeurs de z correspondant à des valeurs données de m, n, p, q Un tel abaque pourrait être construit pour l'équation complète du quatrième degré.

C. — Éléments a n cotes

131. *Définition des éléments à n cotes. Échelles multiples.* — On a vu (n° 115) que les éléments, lignes ou points, à deux cotes se définissaient au moyen d'un réseau constitué par deux systèmes de lignes à une cote. Rien n'empêche de munir à son tour l'un de ces deux systèmes, ou même les deux, d'un réseau de doubles cotes, et de continuer de même pour les systèmes constituant les nouveaux réseaux introduits. La répétition de cette opération permet, comme on voit, de multiplier autant qu'on le veut, théoriquement du moins, le nombre des cotes afférentes à un système quelconque d'éléments donnés.

La *fig.* 156 donne, par exemple, la représentation schématique

Fig. 156.

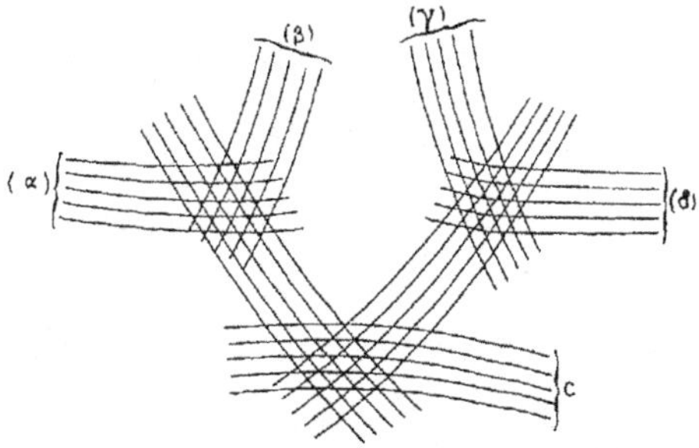

d'un système de courbes C à quatre cotes α, β, γ, δ. La courbe C correspondant à un système de valeurs des quatre variables est celle qui passe par le point de rencontre de la courbe (α, β) et de la courbe (γ, δ). Et l'on voit que, si la courbe C est connue ainsi que trois de ses cotes, la quatrième s'en déduit immédiatement.

Dans le cas où les courbes C deviennent des droites parallèles, ces droites déterminent, sur un axe quelconque perpendiculaire à leur direction, une échelle dont les divers segments, comptés à partir d'une origine arbitrairement choisie, se trouvent être fonctions des cotes afférentes à ces parallèles. On obtient ainsi des *échelles multiples*, dont l'idée, sous la forme particulière indiquée ci-dessous, est due à M. Lallemand.

Considérons un système de parallèles à Oy tracées à travers un réseau (α, β) (*fig.* 157), c'est-à-dire définies par une équation de la forme

$$x = \varphi(\alpha, \beta),$$

et un système de radiantes issues de l'origine, et tracées à travers

Fig. 157.

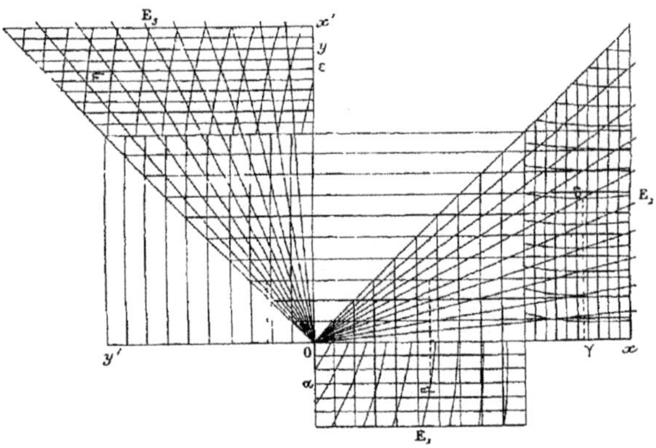

un réseau (γ, δ), c'est-à-dire définies par une équation de la forme

$$y = x\psi(\gamma, \delta).$$

On aura, dès lors, pour les parallèles à Ox passant par les points de rencontre des droites des deux premiers systèmes, l'équation

$$y = \varphi(\alpha, \beta)\,\psi(\gamma, \delta).$$

Ces parallèles donneront donc sur Oy une échelle multiple, celle de la fonction de quatre variables dont l'expression est fournie par la dernière formule.

Faisant coïncider de même l'axe Ox' d'un nouveau système de radiantes à deux cotes ε et η avec l'axe Oy de l'échelle précédente, on voit qu'on obtient, pour les parallèles à cet axe, une équation de la forme

$$y' = \varphi(\alpha, \beta)\,\psi(\gamma, \delta)\,\chi(\varepsilon, \eta),$$

et ainsi de suite

Si, au lieu de radiantes issues de l'origine, on avait, sur le réseau (γ, δ), tracé des droites appartenant à un système simplement infini quelconque, leur équation eût été de la forme

$$y = x\,\psi(\gamma, \delta) + \psi_1(\gamma, \delta)$$

et l'échelle multiple le long de Oy aurait représenté une fonction de la forme

$$y = \varphi(\alpha, \beta)\,\psi(\gamma, \delta) + \psi_1(\gamma, \delta)$$

Il est inutile d'insister davantage sur ce sujet Nous nous contenterons d'indiquer un exemple dû à M. Lallemand et appartenant à la catégorie des abaques hexagonaux

132 *Exemple Abaque de la déviation du compas* — La déviation du compas d'un navire, variable avec la position de celui-ci à la surface du globe, est donnée par la formule [1]

$$\delta = A + m \sin\zeta + n \cos\zeta + B \sin 2\zeta + C \cos 2\zeta,$$

où ζ est le cap du compas, m et n des fonctions de la longitude L et de la latitude l, qui seront définies plus loin, A, B, C des constantes pour le navire donné

Les coefficients m et n étant des fonctions de L et de l peuvent être représentés par des échelles binaires que nous désignerons par $m(L, l)$ et $n(L, l)$

[1] Cette équation peut être représentée plus simplement par la méthode des points alignés au moyen de deux systèmes de points condensés et d'un système de points ordinaires à deux cotes

Il suffit, pour le voir, de poser

$$u = l_1 m,$$
$$v = l_2 n$$

Les quantités m et n étant fonctions de L et de l, les formules définissent deux systèmes de points condensés, aux cotes L et l, déterminés le long de Au et de Bv par des échelles binaires (*Rem* du n° 121, p 324)

On a, en outre, pour l'ensemble des variables δ et ζ les points à deux cotes définis par l'équation

$$l_2 u \sin\zeta + l_1 v \cos\zeta + l_1 l_2 (A + B \sin 2\zeta + C \cos 2\zeta - \delta) = 0$$

Ces points sont déterminés par un réseau (ζ, δ) dans lequel les lignes (ζ) sont des droites parallèles aux axes Au et Bv

Si maintenant nous posons

$$\delta' = m(L, l) \sin\zeta,$$

nous voyons que nous n'aurons qu'à combiner, ainsi qu'on l'a vu au numéro précédent, l'échelle binaire

$$x' = m(L, l)$$

avec les radiantes

$$y' = x' \sin\zeta,$$

pour obtenir l'échelle ternaire

$$y' = m(L, l) \sin\zeta = \delta'(L, l, \zeta)$$

De même, si nous posons

$$\delta'' = n(L, l) \cos\zeta + A + B \sin 2\zeta + C \cos 2\zeta,$$

nous n'aurons qu'à combiner l'échelle binaire

$$x'' = n(L, l)$$

avec les droites cotées (ζ) définies par l'équation

$$y'' = x'' \cos\zeta + A + B \sin 2\zeta + C \cos 2\zeta,$$

pour obtenir l'échelle ternaire

$$y'' = n(L, l) \cos\zeta + A + B \sin 2\zeta + C \cos 2\zeta = \delta''(L, l, \zeta)$$

et, puisque

$$\delta = \delta' + \delta'',$$

il suffira que les échelles ternaires $\delta'(L, l, \zeta)$ et $\delta''(L, l, \zeta)$ soient accolées à deux des axes d'un abaque hexagonal pour que les valeurs de δ soient données par une échelle régulière portée sur le troisième axe (n° 33)

Reste à voir comment on pourra construire les échelles binaires $m(L, l)$ et $n(L, l)$ On a

$$m = \operatorname{arc\,sin} \left[\frac{1}{\lambda}\left(e \operatorname{tang}\theta + \frac{P}{H}\right)\left(1 + \frac{1}{2}\sin B\right)\right],$$

$$n = \operatorname{arc\,sin} \left[\frac{1}{\lambda}\left(f \operatorname{tang}\theta + \frac{Q}{H}\right)\left(1 - \frac{1}{2}\sin B\right)\right],$$

formules où tout est constant, sauf l'inclinaison magnétique θ et la composante magnétique horizontale H, fonctions l'une et l'autre de L et l

Pour construire l'échelle binaire de m

$$x' = m,$$

nous pouvons prendre pour lignes cotées L les parallèles à l'axe des x'

$$y' = L$$

Fig 158

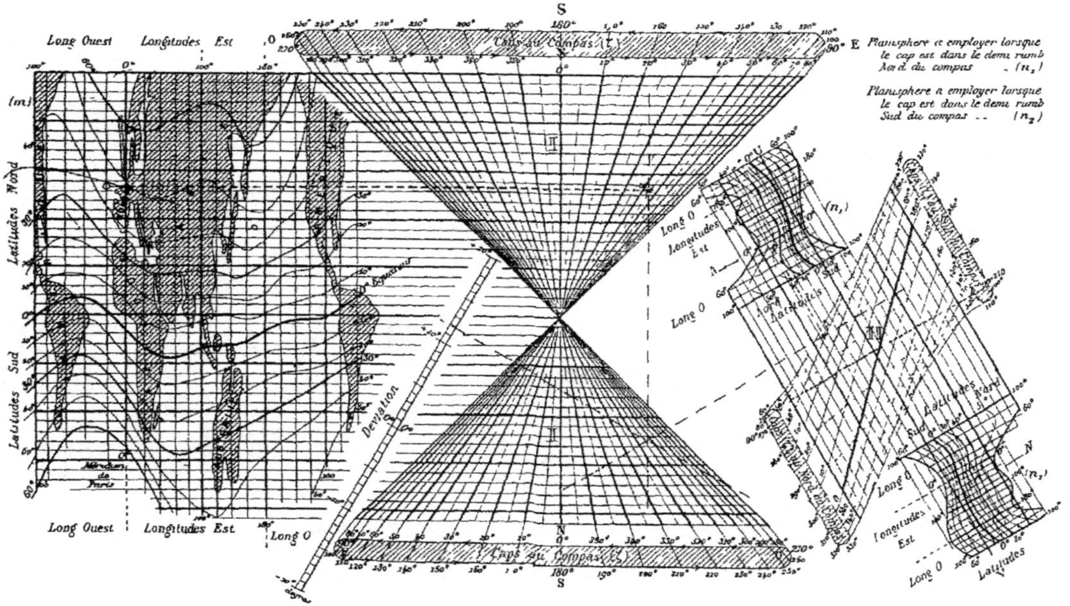
S
N
E
Long Ouest
Longitudes Est
Long O
Latitudes Nord
Latitudes Sud
Méridien de Paris
Équateur
Déviation
Caps au Compas (ζ)
Caps du Sud du Compas
Caps du Nord du Compas
Planisphere a employer lorsque le cap est dans le demi rumb Nord du compas - (n₁)
Planisphere a employer lorsque le cap est dans le demi rumb Sud du compas - - (n₂)

Reste à tracer les courbes cotées (l). Nous nous servirons pour cela des planisphères terrestres sur lesquels sont marquées les courbes, obtenues par l'observation, le long desquelles θ d'une part, H de l'autre, ont une valeur constante. Pour avoir la courbe cotée l il suffit, pour diverses valeurs de L ou y', associées à cette valeur de l, d'avoir les valeurs correspondantes de m ou x'. Or rien n'est plus simple, attendu que pour un couple de valeurs de l et L le planisphère dont il vient d'être question donne les valeurs de θ et H qui, portées dans l'expression de m écrite plus haut (et que l'on peut, au besoin, traduire par un abaque) font, à leur tour, connaître m.

De même pour l'échelle binaire de n.

C'est ainsi qu'a été construit l'abaque de la *fig.* 158, dû à M. Lallemand, qui se rapporte au navire *le Triomphe*, pour lequel les constantes ci-dessus ont les valeurs

$$\begin{array}{llll} A = -1^\circ 9', & e = & 0{,}106, \\ B = 6^\circ 45', & f = & -0{,}013, \\ C = -0^\circ 5', & P = & -0{,}033, \\ \lambda = 0{,}84, & Q = & -0{,}02 \end{array}$$

Pour plus de netteté dans l'échelle ternaire de δ'', on n'a fait varier le cap du compas que d'une demi-circonférence. Afin donc d'avoir la valeur de δ'' correspondant à toutes les valeurs de ζ, on a dû répéter deux fois l'échelle binaire de n (¹), l'une de ses positions correspondant à la graduation du demi-rumb nord, l'autre à celle du demi-rumb sud.

En résumé, *ayant pris dans l'échelle de* δ' (indiquée sur la figure par le chiffre I) *le point de rencontre de la droite* ζ *et de la parallèle au premier axe passant par l'intersection de la droite* L *et de la ligne* l, *et dans l'échelle de* δ'' (indiquée par le chiffre II), *le point de rencontre de la droite* ζ *et de la parallèle au second axe passant par l'intersection de la droite* L *et de la ligne* l (en tenant compte du demi-rumb où se trouve le compas), *il suffit de faire respectivement passer par ces deux points les deux premiers index du transparent convenablement orienté pour que le troisième donne sur le troisième axe, qui porte l'échelle de la déviation, la valeur de* δ.

On a indiqué en pointillé sur la figure les positions de ces index pour l'exemple numérique suivant

$$l = 42^\circ \mathrm{N}, \qquad \mathrm{L} = 20^\circ \mathrm{O}, \qquad \zeta = 41^\circ{,}5$$

L'abaque donne alors

$$\delta = 11^\circ{,}8$$

(¹) Afin de faciliter la lecture, on a, sur l'échelle binaire de m, qui est, en somme, un planisphère anamorphosé, fait figurer les contours des continents. On s'est dispensé de le faire sur l'échelle binaire de n, parce qu'il en serait résulté une certaine confusion dans le dessin.

II — Systèmes mobiles

A — Systèmes divers à translation et à rotation

133 *Systèmes à translation Règles à un tiroir* — Nous avons eu, dans l'application de plusieurs des méthodes précédentes, à nous servir de transparents mobiles à un, deux ou trois index (nos 13, 18, 31, 56) On conçoit *a priori* qu'on pourra donner une nouvelle extension à la représentation plane des équations à plusieurs variables par l'emploi non plus seulement d'index mobiles, mais de systèmes cotés mobiles mis dans certaines relations de position avec les systèmes cotés d'un plan fixe ([1]) C'est un sujet qui sera approfondi plus loin (nos 144 et 145) Avant de l'aborder dans toute sa généralité, nous voulons en indiquer divers cas particuliers plus spécialement dignes d'attention au point de vue pratique

Le cas le plus simple est celui d'un système mobile dont les déplacements se bornent à des translations parallèles à une direction fixe.

Considérons trois axes parallèles O_1x_1, O_2x_2, O_3x_3 tels que celui du milieu puisse glisser entre les deux autres (*fig* 159). Si

Fig. 159

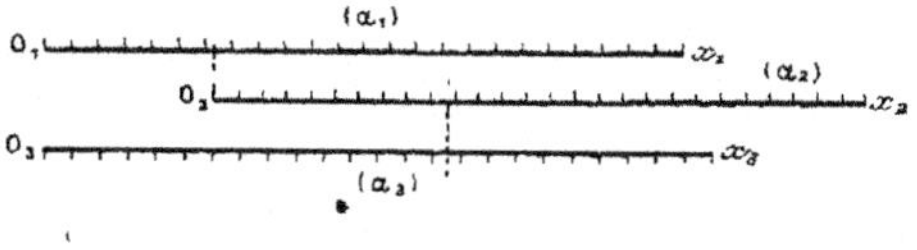

l'origine O_2 est amenée en face du point d'abscisse x_1 et si le point d'abscisse x_2 vient alors en face du point d'abscisse x_3, on a

$$x_1 + x_2 = x_3$$

Si les trois axes portent respectivement les échelles définies

---

([1]) On a déjà, incidemment, rencontré dans ce qui précède quelques exemples de systèmes mobiles (nos 14, 18, 55, 127).

par

$$x_1 = l\,f_1(\alpha_1),$$
$$x_2 = l\,f_2(\alpha_2)$$
$$x_3 = l\,f_3(\alpha_3),$$

on aura donc

$$f_1(\alpha_1) + f_2(\alpha_2) = f_3(\alpha_3)$$

De là un mode de représentation nouveau pour les équations de cette forme, que nous avons déjà rencontrées aux n^{os} **26, 28, 32** et **66**

On pourra réaliser matériellement l'abaque correspondant en gravant les échelles (α_1) et (α_3) sur la face supérieure d'une règle dans laquelle on engagera un tiroir à glissière portant l'echelle (α_2) On retrouve ainsi le type d'instrument connu sous le nom de *règle à calcul*

La plus simple de toutes est celle qui permet d'effectuer la multiplication en traduisant l'équation de cette opération mise sous la forme

$$\log\alpha_3 = \log\alpha_1 + \log\alpha_2$$

Comme ici les échelles (α_1) et (α_3) sont identiques, on peut les supposer confondues La règle à calcul ainsi obtenue, qui se trouve aujourd'hui entre les mains de tous les ingénieurs, est d'un usage trop courant pour que nous croyions devoir nous y arrêter davantage (1), il nous a suffi de faire voir comment elle peut se rattacher à la théorie générale des abaques.

Parmi les équations du type voulu, on peut encore citer celles qui se rencontrent dans le calcul des profils de remblai et de déblai lorsqu'on les a mises sous la forme logarithmique (n° **104**).

---

(1) Rappelons que le principe de la règle à calcul fut proposé par Wingate dès l'époque où Gunter imagina la construction des echelles logarithmiques, soit tout au début du XVIIIe siècle L'usage de la glissière, introduit par Seth Partridge (1671), fut reinventé par Leadbetter (1750) C'est vers 1815 que les frères John, de Soho, firent de la règle à calcul l'objet d'une fabrication courante Introduite en France par Jomard en 1821, cette règle y fut construite par Lenoir, qui la perfectionna dans ses details, ainsi que ses successeurs, Gravet-Lenoir et Tavernier-Gravet M Péraux en a fait connaître diverses variantes possédant des avantages spéciaux Le ruban calculateur du marquis de Viaris en est un ingénieux dérivé M Gros de Perrodil a consacré une brochure à la *Theorie de la règle logarithmique* (Gauthier-Villars, 1885). On doit aussi à M Labosne une *Instruction sur la règle à calcul*, qui contient toutes les indications de

Une règle pour ce genre d'application a été construite par M Toulon (¹), une autre par M Paulin (²)

De même qu'on l'a vu à propos d'autres types d'abaques, les échelles d'une règle à calcul pourront, le cas échéant, être fractionnées En voici un exemple bien simple

Supposons que la partie utile $O_1 x_1$ de l'échelle (α_1) déborde sur la partie utile de l'échelle (α_3) (*fig* 160) A partir de la per-

Fig 160

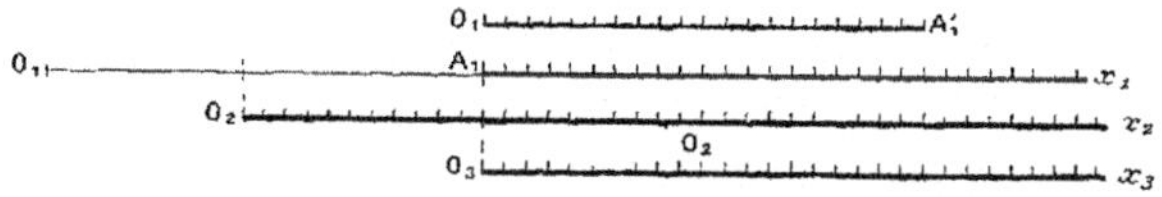

pendiculaire à $O_1 x_1$ menée par O_3, reportons en $O'_1 A'_1$ la portion $O_1 A_1$ de l'échelle (α_1), et fixons au tiroir un index O'_2 dont la distance au trait origine O_2 de l'échelle (α_2) soit précisément égale à $O_1 A_1$ Il est bien clair que lorsque le trait O_2 marquera sur $O_1 A_1$ le point affecté d'une certaine cote α_1, l'index O'_2 marquera sur $O'_1 A'_1$ le trait affecté de la même cote On pourra donc supprimer la portion $O_1 A_1$ de l'échelle (α_1) en la remplaçant par $O'_1 A'_1$ de façon à limiter les deux échelles (α_1) et (α_3), portées par la règle, à une même perpendiculaire à la direction de cette règle

Lorsque le trait O_2 se trouvera engagé entre les échelles de la règle, on se servira de ce trait pour prendre le point α_1 sur la portion $A_1 x_1$ de l'échelle correspondante Lorsque le trait O_2 se trouvera en dehors des échelles de la règle, c'est avec l'index O'_2 qu'on prendra le point α_1 sur le segment $O'_1 A'_1$

---

détail relatives à son emploi On trouvera à ce sujet quelques détails dans notre brochure **O 8**, p 52 à 66

Enfin un nouveau modèle de règle à calcul, construit également par la maison Tavernier-Gravet, a été proposé en ces derniers temps par M A. Beghin, qui a rédigé sur ses nombreux usages une brochure très intéressante

Il convient aussi d'observer que le même principe théorique peut encore être appliqué au moyen de la rotation relative de cercles concentriques munis des mêmes graduations que les règles et leurs tiroirs Ce dispositif, adopté dès 1632 par Oughtred, se retrouve dans divers instruments modernes, comme ceux de M. John Fuller (*Computing telegraph*) et de M Boucher (*cercle à calcul*)

(¹) *Voir* le *Cours de Routes* de M Durand-Claye (2ᵉ édition, p 561)

(²) *Portefeuille des conducteurs des Ponts et Chaussées*, t XXI, p 133; 1889.

Il est bon d'ailleurs d'observer que, dans beaucoup de cas, les traits de la portion O_1A_1 prolongeront exactement ceux de la portion A_1x_1 qui pourront dès lors servir à définir la seconde partie de l'échelle, pourvu qu'ils soient munis d'une seconde chiffraison (¹).

On peut, bien évidemment, remplacer les trois échelles simples (α_1), (α_2) et (α_3) du numéro précédent par des échelles binaires (α_1, β_1), (α_2, β_2), (α_3, β_3). On a ainsi, au moyen d'une règle portant les échelles (α_1, β_1), (α_3, β_3) et munie d'un tiroir portant l'échelle (α_2, β_2), la représentation de l'équation

$$f_1(\alpha_1, \beta_1) + f_2(\alpha_2, \beta_2) = f_3(\alpha_3, \beta_3).$$

Pour mettre en correspondance les points de l'une à l'autre échelle, on peut avoir recours soit à une équerre dont un bord est mis en coïncidence avec un bord de la règle, soit à un curseur portant un index perpendiculaire à la direction de la règle et qui se déplace le long de cette règle.

134. *Règles à plusieurs tiroirs.* — Au lieu d'un seul tiroir, on peut munir la règle de plusieurs tiroirs glissant les uns contre les autres (*fig.* 161). Si la règle porte les échelles (α_1) et (α_n) définies par

$$x_1 = lf_1(\alpha_1),$$
$$x_n = lf_n(\alpha_n),$$

et si les divers tiroirs portent les échelles

$$x_2 = lf_2(\alpha_2),$$
$$x_3 = lf_3(\alpha_3),$$
$$\vdots$$
$$x_{n-1} = lf_{n-1}(\alpha_{n-1}),$$

(¹) La règle à calcul fractionnée, imaginée et réalisée dès 1851 par le lieutenant Mannheim (depuis lors colonel), a, dans la suite, été, sous des formes diverses, réinventée par divers auteurs, notamment par MM. Everett (*Universal proportion Table*), Scherer (*Rechentafel*), Derivry (*Carte à calculs*), Thacker et Billeter (*Cylindres à calcul*). Afin de donner à un tel instrument de calcul un grand développement sans avoir recours au fractionnement, le professeur Georges Fuller, de Belfast, l'a enroulé sous forme d'hélice (*Spiral slide rule*, *voir* notre brochure O 8, p. 60). Les trois derniers instruments cités réalisent des sortes d'abaques à trois dimensions. D'après M. Favaro, la première échelle hélicoïdale aurait, dès 1650, été construite par Milburne.

on voit que si l'on arrête l'origine O_2 en face du point x_1, O_3 en face du point x_2, . . . , O_{n-1} en face du point x_{n-2}, et si le point x_{n-1} se trouve alors en face du point x_n, on a

$$f_1(\alpha_1) + f_2(\alpha_2) + \ldots + f_{n-1}(\alpha_{n-1}) = f_n(\alpha_n).$$

On obtient donc ainsi un nouveau mode de représentation des équations déjà envisagées au n° 37.

Fig. 161.

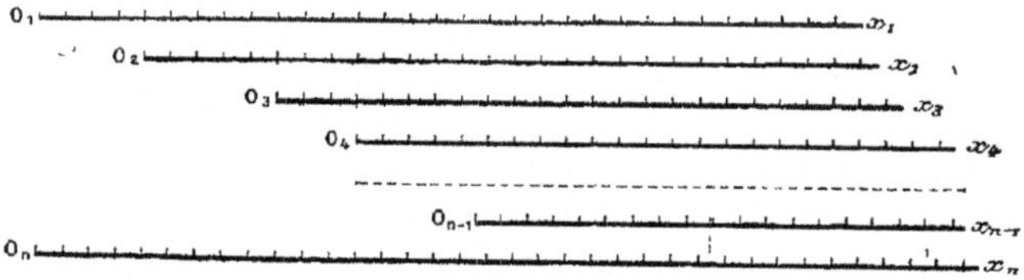

On pourra, bien évidemment aussi, comme dans le cas précédent, remplacer une ou plusieurs de ces échelles simples par des échelles binaires.

Exemple. Règle à calcul pour la traction d'une locomotive. — Si v représente la vitesse en kilomètres par heure, q le poids en tonnes de chaque véhicule remorqué, α l'inclinaison de la voie sur l'horizon, le nombre n des véhicules que peut remorquer une locomotive de type connu est donné, d'après M. A. Frank, par la formule

$$n = \frac{\dfrac{A}{\sqrt{v}} + Bv^2 + C - D \sin\alpha}{Eq + Fv^2 - 1000q \sin\alpha},$$

où A, B, C, D, E, F sont des constantes numériques dépendant de la locomotive considérée.

Cette formule a été représentée par M. F.-J. Vaes, au moyen d'une règle à trois tiroirs de la manière suivante ([1]).

Si l'on pose

$$\frac{A}{\sqrt{v}} + Bv^2 + C = f_1(v),$$

([1]) *Studies over trekkracht van Locomotieven en weerstand van treinen* (*De Ingenieur*, avril 1897).

et

$$1 - \frac{D \sin\alpha}{f_1(v)} = f_2(v, \alpha),$$

$$Eq - Fv^2 = f_3(v, q),$$

$$1 - \frac{1000 q \sin\alpha}{f_3(v, q)} = f_4(v, q, \alpha),$$

on voit que la formule considérée peut s'écrire

$$n = \frac{f_1(v)\, f_2(v, \alpha)}{f_3(v, q) f_4(v, q, \alpha)},$$

ou

$$\log n = \log f_1(v) + \log f_2(v, \alpha) - \log f_3(v, q) - \log f_4(v, q, \alpha)$$

Sous cette forme, on reconnaît qu'elle rentre dans le type général ci-dessus On pourra donc la représenter au moyen d'une règle portant les échelles parallèles

$$x_0 = l \log n,$$

$$x_1 = l \log f_1(v)$$

(l étant un module quelconque), entre lesquelles on fera glisser des tiroirs munis des échelles multiples définies par

$$x_2 = \quad l \log f_2(v, \alpha),$$

$$x_3 = - l \log f_3(v, q),$$

$$x_4 = - l \log f_4(v, q, \alpha)$$

Les deux premières sont des échelles binaires, leur exécution n'offre donc aucune difficulté. On pourra d'ailleurs, pour l'une comme pour l'autre, prendre pour lignes cotées (v) des parallèles à l'axe des x

La dernière est une échelle ternaire, mais rien n'empêchera de construire sur différents tiroirs interchangeables les échelles binaires obtenues en attribuant à α différentes valeurs fixes On se servira, dans chaque cas, du tiroir portant l'échelle (v, q) correspondant à la valeur de α considérée Si, d'ailleurs, les échelles (v, q) correspondant à plusieurs valeurs de α n'empiètent pas les unes sur les autres, on pourra les tracer sur le même tiroir, ce qui est le cas pour l'exemple numérique auquel se rapporte la *fig* 162 Cette figure reproduit un fragment de la règle construite par M. Vaes avec les données

A =	14596,	D =	63 000,
B =	0,0775,	E =	2,5,
C =	— 232,6,	F =	0,0047

La règle même porte les échelles I et V relatives l'une à v, l'autre à n Cette dernière a d'ailleurs été fractionnée ainsi qu'on l'a expliqué à la fin du numéro précédent

Fig 162

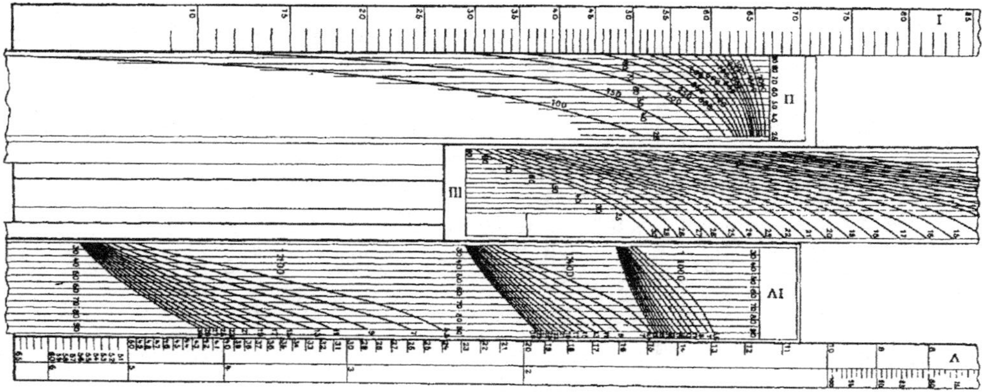

Les tiroirs II et III portent des échelles binaires (v, α) et (v, q) pour chacune desquelles les lignes (v) sont des parallèles aux bords de la règle.

Le tiroir IV porte trois échelles binaires (v, q) correspondant respectivement à $\alpha = \frac{1}{100}$, $\alpha = \frac{1}{400}$ et $\alpha = \frac{1}{1000}$, échelles pour chacune desquelles les lignes v, toujours parallèles aux bords de la règle, sont les mêmes.

L'usage de la règle peut se résumer ainsi : *On fait correspondre le point (v, α) de l'échelle II au point v de l'échelle I, puis le point (v, q) de l'échelle III à l'origine de l'échelle II, puis le point (v, q) du groupe α de l'échelle IV à l'origine de l'échelle III, ou à l'index terminal, marqué sur cette échelle non loin de son extrémité si son origine est trop éloignée* (ce qui est le cas sur la *fig.* 162). *On n'a plus qu'à lire la cote du trait de l'échelle V qui se trouve en face de l'origine de l'échelle IV, cette lecture se faisant le long du bord extérieur ou du bord intérieur suivant que, pour mettre en place l'échelle IV, on s'est servi de l'origine ou de l'index terminal de l'échelle III.*

Il va d'ailleurs sans dire que, puisqu'il s'agit ici d'un nombre de véhicules, on prendra pour n la valeur entière la plus voisine de celle qui serait exactement donnée par l'origine de l'échelle IV.

Par exemple, sur la *fig.* 162, la disposition des tiroirs, qui correspond aux données

$$v = 60^{km}, \qquad q = 15^{r},5, \qquad \alpha = \frac{1}{400},$$

montre que l'on a

$$n = 12.$$

135. *Systèmes à double translation. Résolution des équations trinomes à exposants quelconques.* — On peut combiner la translation de l'échelle dans le sens de sa longueur avec une translation perpendiculaire à cette longueur.

Si, par exemple, nous prenons un abaque à points alignés, constitué au moyen de trois échelles rectilignes parallèles (Ch. III, § II, A), nous pouvons rendre chacune des trois échelles mobile : 1° dans le sens de sa longueur, 2° dans le sens perpendiculaire à cette longueur.

Pour définir la première translation, on peut accoler à l'échelle (α) une échelle (β) dont on amène un point de cote donnée sur l'axe Ox; pour définir la seconde, il suffit de faire passer le support de l'échelle (β) par un point de cote donnée sur une échelle (γ) parallèle à Ox. Dès lors, les coordonnées du point α sont

$$x = l_1[f(\alpha) - \varphi(\beta)], \qquad y = l_2\psi(\gamma)$$

Par suite, en supposant les modules l_1 et l_2 les mêmes pour les diverses échelles parallèles, on voit que l'alignement des points α_1, α_2, α_3 (*fig.* 163) donnera une représentation de l'équation

$$\begin{vmatrix} f_1(\alpha_1) - \varphi_1(\beta_1) & \psi_1(\gamma_1) & 1 \\ f_2(\alpha_2) - \varphi_2(\beta_2) & \psi_2(\gamma_2) & 1 \\ f_3(\alpha_3) - \varphi_3(\beta_3) & \psi_3(\gamma_3) & 1 \end{vmatrix} = 0.$$

En remplaçant les neuf échelles qui viennent d'être définies par des échelles binaires, on a un abaque à dix-huit variables.

Fig. 163.

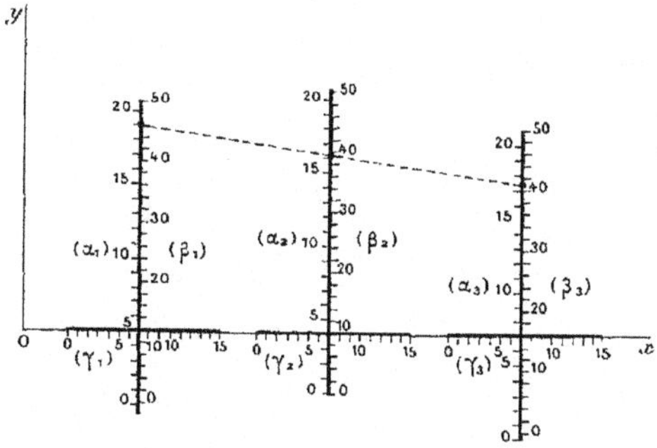

On pourra, sur les trois supports parallèles, supposer les échelles (α) et (β) respectivement confondues. La forme correspondante de l'équation sera la précédente dans laquelle les lettres φ_1, φ_2, φ_3 seraient remplacées par f_1, f_2, f_3.

On pourra aussi attribuer à plusieurs des variables des valeurs constantes. Supposons, par exemple, le point α_3 constamment confondu avec l'origine et le point α_2 variable sur une échelle fixe. La forme correspondante de l'équation sera

$$\begin{vmatrix} f_1(\alpha_1) - f_1(\beta_1) & \psi_1(\gamma_1) & 1 \\ f_2(\alpha_2) & h & 1 \\ 0 & 0 & 1 \end{vmatrix} = 0,$$

ou

$$h[f_1(\alpha_1) - f_1(\beta_1)] - f_2(\alpha_2)\psi_1(\gamma_1) = 0,$$

h étant une constante.

En particulier, prenons pour f_1 et f_2 la fonction logarithmique, et pour ψ_1 la fonction $h\gamma_1$. Nous aurons

$$\log\alpha_1 - \log\beta_1 - \gamma_1 \log\alpha_2 = 0$$

ou

$$\alpha_1 = \beta_1 \alpha_2^{\gamma_1}.$$

Si l'on remplace les lettres α_1, β_1, γ_1 et α_2 respectivement par s, m, μ et z, on peut décrire l'abaque correspondant de la manière suivante.

L'axe Ox *portant une échelle régulière quelconque, on lui élève au point coté* 1 *une perpendiculaire sur laquelle on porte une échelle logarithmique fixe* E *dont le point* 1 *se trouve sur* Ox, *puis on amène une échelle logarithmique mobile* E_m, *de même module que la précédente et qui lui reste parallèle, à passer par le point coté* μ *de* Ox, *son point coté* m *se trouvant sur* Ox. *Si alors une droite, tendue à partir du point* O, *coupe les échelles* E *et* E_m *aux points respectivement cotés* z *et* s, *on a*

$$s = m z^{\mu}.$$

Prenons une seconde échelle mobile E_n pour laquelle nous remplacerons s, m, μ respectivement par t, n, ν. Nous aurons de même

$$t = n z^{\nu}.$$

De là l'ingénieux procédé de M. L. Torres pour la résolution des équations trinomes d'ordre quelconque (¹). Une telle équation peut toujours être mise sous la forme

$$m z^{\mu} \pm n z^{\nu} = 1.$$

Disposons nos deux échelles E_m et E_n comme il vient d'être dit (*fig.* 164). Si nous tendons à partir du point O une droite qui coupe ces échelles en des points dont les cotes s et t soient telles que l'on ait

$$s \pm t = 1,$$

la valeur de z lue sur l'échelle E, à son intersection avec cette droite, est une racine de l'équation ci-dessus.

(¹) Ce procédé graphique constitue le schéma d'une curieuse machine conçue par M. Torres en vue de cette résolution. Les remarquables machines inventées par ce savant ingénieur pour résoudre diverses équations peuvent d'ailleurs toutes être regardées comme des sortes d'abaques mécaniques. Rappelons à ce propos que M. Torres est parvenu, par un véritable prodige d'ingéniosité, à donner une solution absolument générale et complète du problème qui consiste à obtenir mécaniquement les racines non seulement réelles mais imaginaires des équations algébriques de degré quelconque. [*Voir*, à ce sujet, l'article que nous avons fait paraître dans le *Génie civil* (t. XXVIII, p. 179, 1896).]

La disposition des échelles de la *fig.* 164 répond au cas où l'on a

$$m = 2,1 \qquad n = 6,5$$
$$\mu = 4, \qquad \nu = 3$$

On voit que la position de l'index marquée en pointillé au-dessus de Ox

Fig. 164.

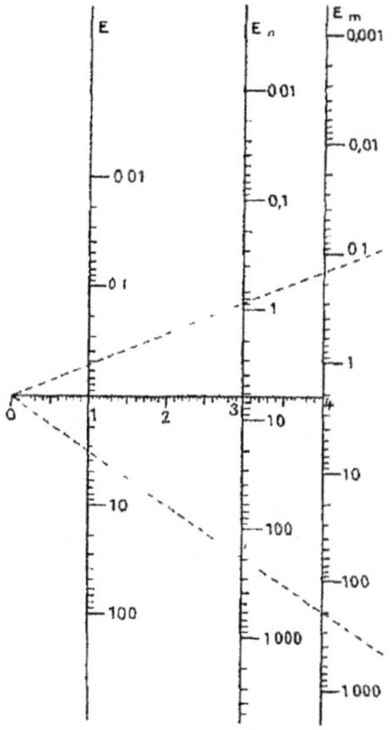

coupe les échelles E_m et E_n en des points dont les cotes 0,11 et 0,89 ont une somme égale à 1. Par suite la cote

$$z = 0,51$$

du point où cet index rencontre l'échelle E est racine de l'équation

$$2,1x^4 + 6,5x^3 = 1.$$

De même, la position de l'index marquée en pointillé au-dessous de Ox coupe les échelles E_m et E_n en des points dont les cotes 200 et 199 diffèrent de 1 (¹). Par suite la cote

$$z = 3,11$$

(¹) L'abaque dont on s'est réellement servi était muni d'échelles logarithmiques ordinaires dont celles de la *fig.* 156 sont la réduction dans le rapport de 1 à 6,25.

du point où cet index rencontre l'échelle E est racine de l'équation

$$2,1x^4 - 6,5x^3 - 1$$

On trouvera d'autres exemples de systèmes à translation dans les abaques à images logarithmiques auxquels une section spéciale (B) est consacrée plus loin.

136. *Systèmes à rotation. Échelles tournantes.* — Après les systèmes à translation, les systèmes mobiles les plus usuels sont ceux à rotation.

Pour commencer par l'exemple le plus simple, prenons une échelle (α) pivotant autour d'un de ses points sur le système supposé fixe des droites parallèles menées perpendiculairement à sa direction primitive Ox [1] (*fig.* 165).

Fig. 165.

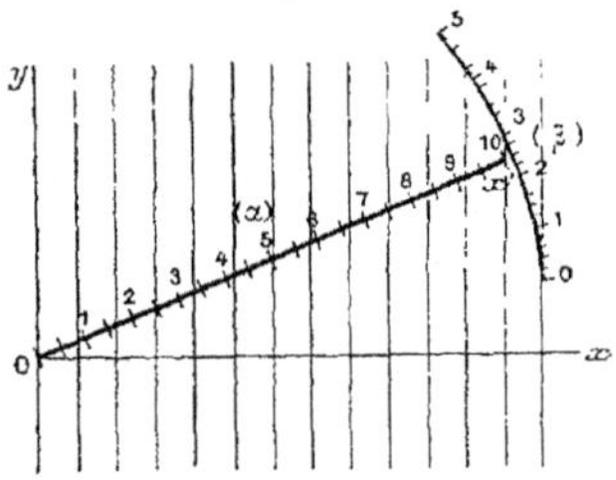

Si l'échelle (α) est définie par

$$x' = l\,f(\alpha),$$

la perpendiculaire à Ox passant par le point α a pour équation

$$x = l\,f(\alpha)\cos\omega,$$

ω étant l'angle que Ox' fait avec Ox.

Supposons tracée sur le plan de l'abaque une courbe portant une graduation quelconque (β). L'angle ω est évidemment fonction de la cote β du point par lequel passe le support Ox' de

(1) Une telle échelle peut être considérée comme dérivant du type général des abaques polaires (nº 55) lorsque les courbes cotées de celui-ci deviennent des droites perpendiculaires à l'axe Ox.

l'échelle (α), ou un index quelconque invariablement lié à ce support On peut donc poser

$$\cos\omega = \varphi(\beta)$$

et, par suite,

$$x = l f(\alpha) \varphi(\beta)$$

L'ensemble de l'échelle mobile (α) et de l'échelle fixe (β), qui peut être dite *échelle de repérage*, équivaut donc à une échelle binaire représentative de la fonction $f(\alpha)\varphi(\beta)$ le long de Ox

Nous n'avons fait aucune hypothèse sur la nature du support de l'échelle curviligne (β) Il va de soi que, dans la plupart des cas, le mieux sera d'adopter un cercle de centre O Quel que soit d'ailleurs ce support, la graduation s'en fera bien aisément au moyen de la relation écrite ci-dessus, qui lie β à ω Dans le cas d'un support circulaire, la graduation (β) est bien évidemment telle que sa projection sur Ox soit l'échelle même de la fonction $\varphi(\beta)$, construite avec un module égal au rayon du cercle

En vue de représenter au moyen d'une échelle tournante les fonctions de la forme $f(\alpha)\varphi(\beta) + \psi(\alpha)$, M Lallemand, à propos de l'application donnée ci-dessous, a eu l'idée de décrire, sur le plan de l'échelle mobile (α), de chaque point α de cette échelle comme centre, un cercle de rayon $l\psi(\alpha)$ La perpendiculaire à Ox, tangente à ce cercle coté α, est alors

$$x = l[f(\alpha)\varphi(\beta) \pm \psi(\alpha)],$$

le signe entre parenthèses étant + ou — suivant qu'il s'agit de la tangente à la partie du cercle concave ou convexe vers Oy.

En accolant à l'axe Ox deux échelles telles que celle-ci, on voit qu'on aura la représentation d'une équation de la forme

$$f_1(\alpha_1)\varphi_1(\beta_1) + \psi_1(\alpha_1) = f_2(\alpha_2)\varphi_2(\beta_2) + \psi_2(\beta_2),$$

pour laquelle une autre méthode a été exposée au n° 92

Remarque — Il suffit de remplacer l'échelle (α) par une échelle binaire (α, α_1), et l'échelle (β) par un réseau de points à deux cotes (β, β_1), pour avoir, par les perpendiculaires à Ox, l'échelle de la fonction $f(\alpha, \alpha_1)\varphi(\beta, \beta_1)$.

137 *Exemple d'application Abaque de la correction des mires* — La correction E d'une hauteur de mire est donnée par la formule

$$E = \left(\frac{\mu - \mu_d}{10}\right) H + f(H),$$

où H représente la hauteur lue, exprimée en décimètres, μ l'indice de compensation au moment de la lecture, μ_d l'indice de compensation au départ, c'est-à-dire une constante, $f(H)$ une fonction définie graphiquement par la traduction en diagramme des résultats de l'etalonnage

L'equation précédente definit donc la correction E en fonction de H et de μ

Une correction analogue étant afferente à chacune des deux mires, la différence de niveau $H'' - H'$ devra être corrigée de la quantité

$$\varepsilon = \left(\frac{\mu'' - \mu''_d}{10}\right) H'' + f_2(H'') - \left[\left(\frac{\mu' - \mu'_d}{10}\right) H' + f_1(H')\right]$$

Cette equation rentre dans le type envisage a la fin du n° 133 On peut donc la représenter au moyen d'une échelle simple à translation (ε) glissant le long de deux echelles binaires fixes (μ', H') et (μ'', H'')

Le o de l'échelle (ε) étant amene en face du point (μ', H'), le point de l'échelle (ε) qui se trouvera en face du point (μ'', H'') fera connaître la correction cherchee

Or, les fonctions représentees par les échelles binaires (μ', H') et (μ'', H'') sont du type considere en second lieu au numéro précédent lorsqu'on fait correspondre respectivement les lettres H et μ aux lettres α et β et que l'on définit les fonctions f, φ, ψ par

$$f = H,$$

$$\varphi = \frac{\mu - \mu_d}{10},$$

$$\psi = f(H)$$

Chacune de ces fonctions pourra donc être représentée par une échelle tournante portant des cercles de rayon $l f(H)$ pour H, et une échelle de repérage pour μ

Il suffira de disposer ces deux échelles sur un même plan, de façon que leurs origines O' et O'' soient sur une même perpendiculaire a la direction de la translation de l'echelle (ε) pour constituer l'abaque demandé

C'est ainsi que M Lallemand a construit celui que représente la *fig.* 166, et qui est en usage au Service du Nivellement général de la France

Chacune des echelles (H') et (H'') est dessinée sur un secteur mobile respectivement autour de O' ou de O'', et qui tourne devant l'echelle (μ') ou (μ'') correspondante

L'index ι' ou ι'' de ce secteur mobile est amené en face de la valeur de μ' ou μ'' se rapportant a l'opération dont on veut corriger le résultat, valeur qui est donnée en centimillimètres Comme cette valeur ne varie pas sensiblement dans le courant d'une journée, pour effectuer la correc-

Fig. 166

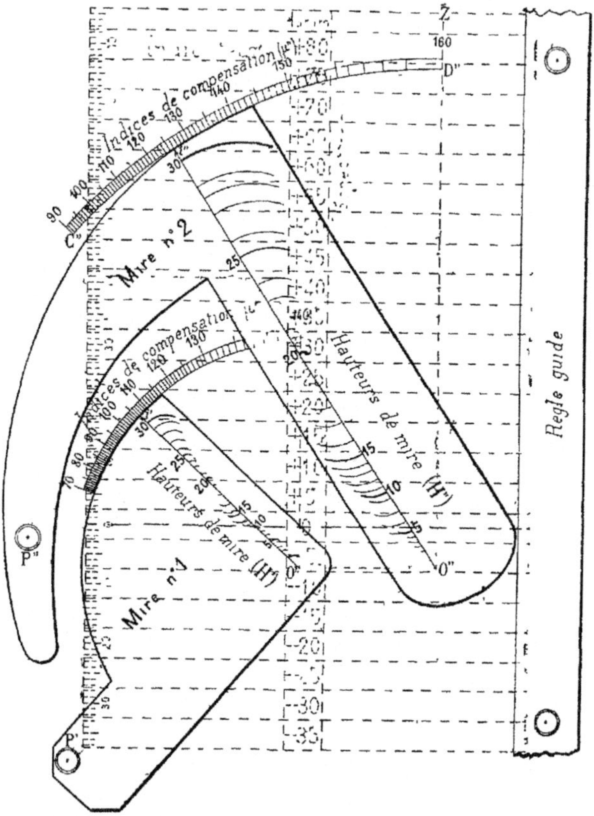

tion des lectures faites dans cette journée, on fixe d'une manière invariable les secteurs, sur la planchette qui porte l'abaque, au moyen de punaises P' et P''

L'échelle de la correction (ε), graduée en décimillimètres et gravée sur une plaque de celluloïd, est indiquée en pointillé sur la figure (¹). Ses déplacements sont guidés par une règle le long de laquelle s'applique un bord du transparent.

La disposition de la *fig.* 166 correspond aux données

$$\mu' = 106^{cm}, \qquad \mu'' = 126^{cm},$$
$$H' = 11^{dm},9, \qquad H'' = 24^{dm}.$$

Les indices ι' et ι'' ayant été placés aux points cotés 106 et 126 des échelles (μ') et (μ'') et l'horizontale o de l'échelle transparente étant amenée tangentiellement au cercle coté 11 de l'échelle (H'), on voit que la tangente horizontale au cercle coté 24 de l'échelle (H'') correspond à la division 40 de l'échelle transparente. On a donc ici

$$\varepsilon = 40^{dm}.$$

138. *Abaque de la lumière diffusée.* — Nous avons vu au n° 133 comment, lorsqu'une équation peut revêtir la forme de déterminant requise pour l'application de la méthode des points alignés, on peut utiliser les systèmes à translation pour augmenter le nombre des variables correspondant à chaque point aligné. Voici un exemple où c'est un système à rotation qui remplit le même office. Cet exemple est emprunté à la Thèse du capitaine Lafay pour le doctorat ès Sciences physiques (²).

$\mathcal{A}$ désignant un angle qui définit la vibration rectiligne incidente, $\mathcal{P}$ un angle qui définit la direction du grand axe de la vibration elliptique diffusée, les mêmes lettres affectées des indices 1 et 2 les mêmes angles pour le cas où la vibration diffusée devient rectiligne, a et b des variables liées aux directions des rayons incidents et diffusés et dépendant de la nature de la surface, l'équation à mettre en abaque est

$$\frac{\sin^2(\mathcal{P}-\mathcal{P}_2)\sin 2(\mathcal{A}-\mathcal{A}_1)}{a}+\frac{\sin^2(\mathcal{P}-\mathcal{P}_1)\sin 2(\mathcal{A}-\mathcal{A}_2)}{b}$$
$$=2\sin(\mathcal{P}-\mathcal{P}_1)\sin(\mathcal{P}-\mathcal{P}_2)\sin(2\mathcal{A}-\mathcal{A}_1-\mathcal{A}_2).$$

Posant

$$\begin{aligned}\mathcal{A}_1-\mathcal{A}_2&=\alpha,\\ 2\mathcal{A}-\mathcal{A}_1-\mathcal{A}_2&=\beta,\\ \mathcal{P}_1-\mathcal{P}_2&=2\alpha',\\ 2\mathcal{P}-\mathcal{P}_1-\mathcal{P}_2&=2\beta',\end{aligned}$$

(¹) Cette échelle prête à l'observation que voici. Comme on n'a besoin que des valeurs arrondies de ε, au lieu d'élever, au support de l'échelle, des perpendiculaires par les points de cote ronde, on les mène par les points moyens entre ceux-ci, en constituant de cette façon des *cases* à tout l'intérieur de chacune desquelles s'applique la cote ronde qui s'y trouve comprise.

(²) *Annales de Chimie et de Physique*, 7ᵉ série, t. XVI, p. 503; 1899.

M. Lafay a remarqué que l'équation précédente pouvait être mise sous la forme

$$\begin{vmatrix} \dfrac{\sin\alpha}{\operatorname{tang}\beta} & \cos\alpha & 1 \\ -a\dfrac{\operatorname{tang}\beta' - \operatorname{tang}\alpha'}{\operatorname{tang}\beta' + \operatorname{tang}\alpha'} & a\dfrac{\operatorname{tang}\beta' - \operatorname{tang}\alpha'}{\operatorname{tang}\beta' + \operatorname{tang}\alpha'} & 1 \\ b\dfrac{\operatorname{tang}\beta' + \operatorname{tang}\alpha'}{\operatorname{tang}\beta' - \operatorname{tang}\alpha'} & b\dfrac{\operatorname{tang}\beta' + \operatorname{tang}\alpha'}{\operatorname{tang}\beta' - \operatorname{tang}\alpha'} & 1 \end{vmatrix} = 0$$

Elle exprime donc l'alignement des trois points

(X) $$x = l\frac{\sin\alpha}{\operatorname{tang}\beta}, \qquad y = l\cos\alpha,$$

(U) $$x = -la\frac{\operatorname{tang}\beta' - \operatorname{tang}\alpha'}{\operatorname{tang}\beta' + \operatorname{tang}\alpha'}, \qquad y = la\frac{\operatorname{tang}\beta' - \operatorname{tang}\alpha'}{\operatorname{tang}\beta' + \operatorname{tang}\alpha'},$$

(V) $$x = lb\frac{\operatorname{tang}\beta' + \operatorname{tang}\alpha'}{\operatorname{tang}\beta' - \operatorname{tang}\alpha'}, \qquad y = lb\frac{\operatorname{tang}\beta' + \operatorname{tang}\alpha'}{\operatorname{tang}\beta' - \operatorname{tang}\alpha'},$$

l étant le module à la fois de Ox et de Oy.

Le point X, qui dépend des deux cotes α et β, est à la rencontre de la droite

(α) $$y = l\cos\alpha$$

avec l'ellipse

(β) $$y^2 + x^2 \operatorname{tang}^2\beta = l^2$$

Les droites et les ellipses correspondantes, cotées sur la *fig.* 167 respectivement au moyen des valeurs de

$$\frac{\alpha}{2} = \frac{1}{2}(\mathcal{A}_1 - \mathcal{A}_2)$$

et de

$$\frac{\beta}{2} = \mathcal{A} - \frac{1}{2}(\mathcal{A}_1 + \mathcal{A}_2),$$

sont faciles à tracer.

Le point U est, on le voit immédiatement, à la rencontre de la seconde bissectrice des axes avec la droite menée, par le point A ($x = -a$, $y = -a$) de la première, parallèlement à la direction OS dont le coefficient angulaire est

$$\mu = \frac{\operatorname{tang}\beta'}{\operatorname{tang}\alpha'}.$$

De même, le point V est à la rencontre de la première bissectrice avec la droite menée, par le point B ($x = b$, $y = -b$) de la seconde, parallèlement à la même direction OS.

Les points A et B donnent naissance sur les bissectrices à des échelles régulières (a) et (b) faciles à marquer.

Pour définir la direction OS on peut tracer sur l'abaque le réseau (α', β'), défini par

$$x = -l \cot \beta', \qquad y = -l \cot \alpha',$$

ainsi que cela a été fait sur la *fig.* 167. La direction OS est alors celle qui va du point O au point (α', β'), et il suffit alors de mener par les points

Fig 167.

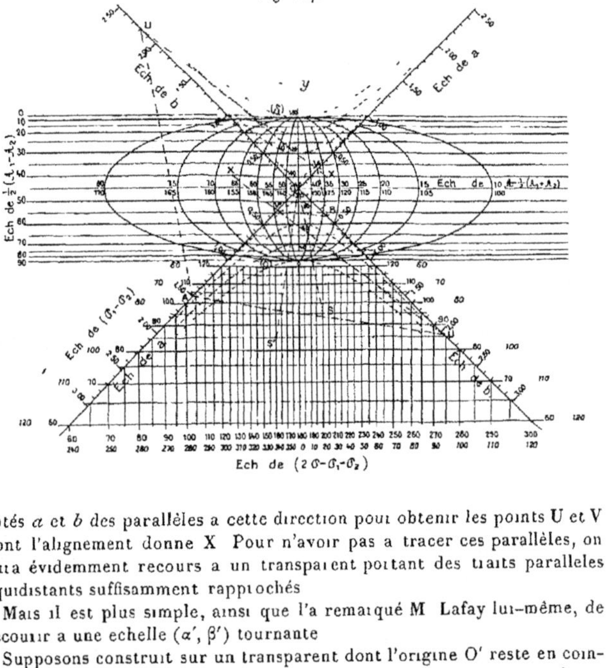

cotés *a* et *b* des parallèles à cette direction pour obtenir les points U et V dont l'alignement donne X Pour n'avoir pas à tracer ces parallèles, on aura évidemment recours à un transparent portant des traits parallèles équidistants suffisamment rapprochés

Mais il est plus simple, ainsi que l'a remarqué M Lafay lui-même, de recourir à une échelle (α', β') tournante

Supposons construit sur un transparent dont l'origine O' reste en coïncidence avec O, et dont les axes $O'x'$ et $O'y'$ sont d'abord en coïncidence avec Ox et Oy, le réseau défini par

$$x' = l \cot \beta', \qquad y' = -l \cot \alpha',$$

symétrique du premier par rapport à Oy Lorsqu'on fera tourner ce transparent autour du point O, de manière à amener le point (α', β') à se trouver sur Oy, il est bien clair que son axe Oy' se confondra alors avec la direction OS précédemment définie Par suite, les droites mêmes de ce transparent parallèles à Oy', qui passeront par les points cotés a et b, détermineront les points U et V.

Remarquons que, si la direction OS passe par le point (α', β'), la direction OS', qui lui est perpendiculaire, passe par le point

$$x' = l \operatorname{tang} \beta', \qquad y' = -l \operatorname{tang} \alpha'.$$

On obtient ainsi un nouveau réseau, que nous désignerons par $(\alpha', \beta')_1$; il ne diffère du précédent que par ses cotes, qui pourront être inscrites à côté des premières, mais en chiffres penchés, afin de l'en distinguer nettement.

Cela permet de ne faire usage que des points situés à l'intérieur de l'angle AOB. Si, en effet, la direction OS est extérieure à cet angle, la direction OS' lui est intérieure. On prend alors les droites AU et BV perpendiculaires à cette direction.

Si l'on a recours au transparent mobile, le réseau $(\alpha', \beta')_1$, symétrique du précédent par rapport à Oy, est défini par

$$x' = -l \operatorname{tang} \beta', \qquad y' = -l \operatorname{tang} \alpha'.$$

Puisqu'ici les droites AU et BV sont perpendiculaires à OS', ce seront les parallèles à Ox', au lieu des parallèles à Oy', qui donneront la direction de ces droites.

L'emploi de l'abaque se résumera donc comme suit :

On amène le point d'intersection des droites cotées $2\mathfrak{P} - \mathfrak{P}_1 - \mathfrak{P}_2$ *et* $\mathfrak{P}_1 - \mathfrak{P}_2$ *du transparent sur l'axe* Oy. *Si, pour que ce point soit à l'intérieur de* AOB, *on a dû lire ses cotes dans le premier système, on prend les points de rencontre* U *et* V *des bissectrices* OA *et* OB *avec les droites du transparent parallèles à* Oy', *qui passent respectivement par les points cotés* a *et* b. *Si, au contraire, les cotes* $2\mathfrak{P} - \mathfrak{P}_1 - \mathfrak{P}_2$ *et* $\mathfrak{P}_1 - \mathfrak{P}_2$ *ont été lues dans le second système, on prend les points* U *et* V *au moyen des droites du transparent passant par* a *et* b, *mais parallèles à* Ox'.

Une droite tendue entre les points U *et* V *coupe alors l'horizontale cotée* $\dfrac{\mathcal{A}_1 - \mathcal{A}_2}{2}$ *sur une ellipse dont la cote fait connaître* $\mathcal{A} - \dfrac{\mathcal{A}_1 + \mathcal{A}_2}{2}$, *d'où l'on déduit immédiatement* $\mathcal{A}$, $\mathcal{A}_1$ *et* $\mathcal{A}_2$ *étant donnés.*

Sur la *fig.* 167, construite dans l'hypothèse d'un système (α, β) fixe, on a, en traits pointillés, tracé les droites AU et BV correspondant aux exemples numériques suivants :

1° *Direction* OS.

Les données sont

$$a = 1{,}5, \qquad b = 0{,}4,$$

$$\mathfrak{P}_1 - \mathfrak{P}_2 = 95^\circ, \qquad \tfrac{1}{2}(\mathcal{A}_1 - \mathcal{A}_2) = 40^\circ,$$

$$2\mathfrak{P} - \mathfrak{P}_1 - \mathfrak{P}_2 = 200^\circ, \qquad \tfrac{1}{2}(\mathcal{A}_1 + \mathcal{A}_2) = 50^\circ.$$

On tire de l'abaque

$$\mathcal{A} - \tfrac{1}{2}(\mathcal{A}_1 - \mathcal{A}_2) = 34°,$$

d'où

$$\mathcal{A} = 84°$$

2° *Direction* OS'

Données :

$$a = 1,5, \qquad b = 0,4,$$

$$\mathfrak{L}_1 - \mathfrak{L}_2 = 95°, \qquad \tfrac{1}{2}(\mathcal{A}_1 - \mathcal{A}_2) = 40°,$$

$$2\mathfrak{L} - \mathfrak{L}_1 - \mathfrak{L}_2 = 340° \qquad \tfrac{1}{2}(\mathcal{A}_1 + \mathcal{A}_2) = 50°$$

On tire de l'abaque

$$\mathcal{A} - \tfrac{1}{2}(\mathcal{A}_1 + \mathcal{A}_2) = 67°,$$

d'où

$$\mathcal{A} = 117°$$

On remarque aussi sur la *fig* 167 des hyperboles tracées en pointillé et marquées δ Leur signification est la suivante

Aux variables a et b est liée la variable δ, différence de phase introduite par la diffusion entre les deux composantes d'une vibration, par l'équation

$$ab = \cos^2\delta$$

Or, les distances OU et OV des points U et V à l'origine sont données, d'après les expressions écrites plus haut des coordonnées de ces points, par

$$OU = a\sqrt{2}\,\frac{\operatorname{tang}\beta' - \operatorname{tang}\alpha'}{\operatorname{tang}\beta' + \operatorname{tang}\alpha'}, \qquad OV = b\sqrt{2}\,\frac{\operatorname{tang}\beta' + \operatorname{tang}\alpha'}{\operatorname{tang}\beta' - \operatorname{tang}\alpha'}.$$

Donc ,

$$OU\ OV = 2ab = 2\cos^2\delta$$

Il en résulte que la droite UV est tangente à une hyperbole ayant Ox et Oy pour asymptotes Ce sont les hyperboles correspondant aux diverses valeurs de δ qu'on a tracées en pointillé sur la *fig* 167 Celle d'entre elles qui est tangente à la droite UV fait connaître la valeur de δ (1)

B — Abaques à images logarithmiques

139. *Nouvel usage de l'anamorphose logarithmique* — L'ingénieuse méthode due à M R Mehmke (2) fournit des

(1) Cette seconde partie de l'abaque rentre, comme l'on voit, dans le type des abaques tangentiels comprenant deux systèmes de points cotés (p 128)

(2) *Civilingenieur*, t XXXV, col 617 (1889) et *Z S*, t XXXV, p 174 (1890) Dans un Mémoire plus récent, M Mehmke a étendu l'application de ces ingénieux principes aux grandeurs complexes (*Z S*, t XL, p 15, 1895)

abaques qui comportent, comme on va voir, des systèmes à translation

Étant donnée une équation entre deux variables

$$F(\alpha_1, \alpha_2) = 0,$$

M. Mehmke appelle *image logarithmique* de cette équation la courbe obtenue par anamorphose logarithmique (n° 28) de celle qui la représenterait en coordonnées cartésiennes, c'est-à-dire celle qui est définie par

$$x = l \log \alpha_1, \qquad y = l \log \alpha_2,$$

l étant un module quelconque.

Cela posé, le principe de la méthode peut s'énoncer ainsi :

Les images logarithmiques des équations de la forme (¹)

$$\pm \alpha_1^{m_1} \alpha_2^{m_2} \pm c' \alpha_1^{m'_1} \alpha_2^{m'_2} \pm c'' \alpha_1^{m''_1} \alpha_2^{m''_2} \pm c''' \alpha_1^{m'''_1} \alpha_2^{m'''_2} = 0$$

que nous désignerons par $[c', c'', c''']$, *peuvent toutes s'obtenir par translation des images logarithmiques du système défini par*

$$\pm \alpha_1^{m_1} \alpha_2^{m_2} \pm \alpha_1^{m'_1} \alpha_2^{m'_2} \pm \alpha_1^{m''_1} \alpha_2^{m''_2} \pm \gamma \alpha_1^{m'''_1} \alpha_2^{m'''_2} = 0,$$

que nous désignerons par $[\gamma]$

Supposons, en effet, ce système rapporté à des axes $O'x'$ et $O'y'$ mobiles relativement aux premiers tout en leur restant respectivement parallèles, et soient x_0, y_0 les coordonnées de l'origine de ces axes mobiles, dans le premier système.

Le point (α'_1, α'_2) du système mobile aura donc, après la translation qui amène l'origine mobile en coïncidence avec le point (x_0, y_0), les coordonnées

$$x = x_0 + l \log \alpha'_1, \qquad y = y_0 + l \log \alpha'_2,$$

ou, en posant

$$x_0 = l \log X_0, \qquad y_0 = l \log Y_0,$$

les coordonnées

$$x = l \log X_0 \alpha'_1, \qquad y = l \log Y_0 \alpha'_2 \quad .$$

(¹) L'anamorphose logarithmique ne s'appliquant qu'aux *valeurs absolues* des variables, il est nécessaire de mettre en évidence les signes des différents termes

Il s'ensuit que, si ce point se trouve maintenant en coïncidence avec le point (α_1, α_2) du système fixe, on a

$$\alpha_1 = X_0 \alpha'_1, \qquad \alpha_2 = Y_0 \alpha'_2$$

Par suite, α_1 et α_2 sont liés par l'équation

$$\pm \frac{\alpha_1^{m_1} \alpha_2^{m_2}}{X_0^{m_1} Y_0^{m_2}} \pm \frac{\alpha_1^{m'_1} \alpha_2^{m'_2}}{X_0^{m'_1} Y_0^{m'_2}} \pm \frac{\alpha_1^{m''_1} \alpha_2^{m''_2}}{X_0^{m''_1} Y_0^{m''_2}} \pm \gamma \frac{\alpha_1^{m'''_1} \alpha_2^{m'''_2}}{X_0^{m'''_1} Y_0^{m'''_2}} = 0,$$

et il suffit de poser

$$\frac{X_0^{m_1} Y_0^{m_2}}{X_0^{m'_1} Y_0^{m'_2}} = c', \qquad \frac{X_0^{m_1} Y_0^{m_2}}{X_0^{m''_1} Y_0^{m''_2}} = c'', \qquad \frac{\gamma X_0^{m_1} Y_0^{m_2}}{X_0^{m'''_1} Y_0^{m'''_2}} = c''',$$

pour que l'image $[\gamma]$ transportée comme il vient d'être dit coïncide avec l'image $[c', c'', c''']$.

Remarquons que ces trois équations de condition, lorsqu'on se reporte à la définition de X_0 et Y_0, peuvent s'écrire

$$(1) \qquad (m_1 - m'_1)x_0 + (m_2 - m'_2)y_0 = l \log c',$$

$$(2) \qquad (m_1 - m''_1)x_0 + (m_2 - m''_2)y_0 = l \log c'',$$

$$(3) \qquad (m_1 - m'''_1)x_0 + (m_2 - m'''_2)y_0 = l \log \frac{c'''}{\gamma}.$$

Les équations (1) et (2) montrent que les droites C' et C'', dont les coefficients angulaires ont respectivement les valeurs fixes $\frac{m_1 - m'_1}{m'_2 - m_2}$ et $\frac{m_1 - m''_1}{m''_2 - m_2}$, et qui passent par l'origine mobile (x_0, y_0), coupent l'axe Oy respectivement aux points dont les ordonnées sont

$$v = \frac{l \log c'}{m_2 - m'_2} = l' \log c', \qquad v = \frac{l \log c''}{m_2 - m''_2} = l'' \log c'',$$

l'équation (3) que la droite C''', dont le coefficient angulaire est égal à $\frac{m_1 - m'''_1}{m'''_2 - m_2}$, et qui passe également par l'origine mobile (x_0, y_0), coupe l'axe Ox au point dont l'abscisse est

$$x = \frac{l}{m_1 - m'''_1} \log \frac{c'''}{\gamma} = l''' \log \frac{c'''}{\gamma}.$$

Construisons le long de Oy les échelles logarithmiques (c') et (c'') de modules l' et l'' et le long de Ox l'échelle logarithmique (γ''') de module l'''

Les trois remarques ci-dessus nous permettent alors d'obtenir facilement l'image logarithmique $[c', c'', c''']$ lorsqu'on a construit sur un transparent le système des images logarithmiques $[\gamma]$, ainsi

Fig. 168

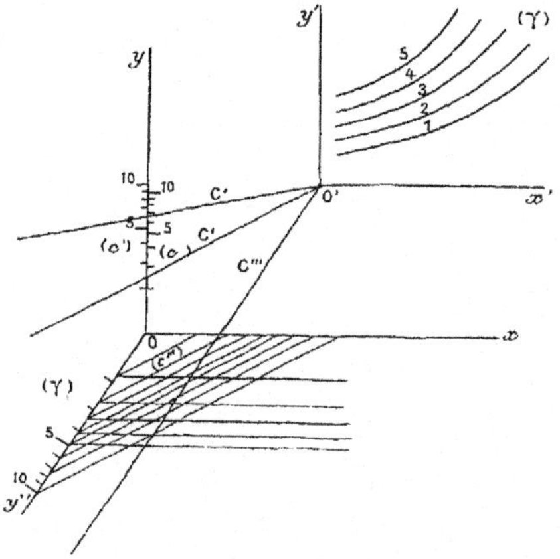

que les droites C', C'' et C''' (*fig.* 168), que nous appellerons les *index* de ce transparent.

Il en résulte, en effet, que *si le transparent, tout en conservant son orientation, est déplacé de façon que les index C' et C'' soient amenés à passer par les points cotés c' et c'' respectivement sur les deux échelles de Oy* (1), *et si, dans cette position, l'index C''' passe par le point coté γ''' de l'échelle de Ox, l'image* $[\gamma]$ *dont la cote γ est égale à $\frac{c'''}{\gamma'''}$ coïncide avec l'image* $[c', c'', c''']$.

On conçoit, d'après cet énoncé, pourquoi le système (γ) peut être dit *fondamental* pour les images $[c', c'', c''']$.

(1) Pour fixer avec précision la position du transparent, il est bon de constituer celui-ci d'une matière rigide (celluloid) ayant un bord B_1 parallèle à Oy et un bord B_2 parallèle à C'. Le bord B_1 étant appliqué sur Oy, on le fait glisser le long d'une règle jusqu'à ce que C' passe par le point (c') de Oy, puis on applique une règle le long du bord B_2 et l'on fait glisser le transparent contre cette règle jusqu'à ce que C'' passe par le point (c'').

On peut, pour éviter le calcul de $\frac{c'''}{\gamma}$ (¹), recourir à l'artifice suivant

Les diverses positions de l'index C''', *qui se déplace parallèlement à lui-même,* donnent sur Ox, ainsi qu'on vient de le voir, les valeurs de

$$x = l''' \log \frac{c'''}{\gamma}$$

Nous pouvons construire le long de Ox une échelle binaire de cette fonction (n° 115) en prenant, pour définir cette échelle, *un axe Oy''' parallèle à la direction fixe de C'''.* Cette échelle sera, dès lors, définie par

$$y = l'' \log \gamma$$

et

$$x + y = l'' \log c''',$$

et la détermination de γ, une fois le transparent mis en place au moyen de c' et c'', se réduira à ceci *la cote γ est celle de l'horizontale de l'échelle binaire (γ, c''') passant par le point où la droite C''' coupe l'oblique cotée c'''*

On conçoit immédiatement comment ce principe permet la résolution d'un système de deux équations simultanées telles que

$$\pm \alpha_1^{m_1} \alpha_2^{m_2} \pm c' \alpha_1^{m'_1} \alpha_2^{m'_2} \pm c'' \alpha_1^{m''_1} \alpha_2^{m''_2} \pm c''' \alpha_1^{m'''_1} \alpha_2^{m'''_2} = 0,$$

$$\pm \alpha_1^{n_1} \alpha_2^{n_2} \pm d' \alpha_1^{n'_1} \alpha_2^{n'_2} \pm d'' \alpha_1^{n''_1} \alpha_2^{n''_2} \pm d''' \alpha_1^{n'''_1} \alpha_2^{n'''_2} = 0,$$

où les exposants sont considérés comme constants et les coefficients comme variables

Pour résoudre ce système d'équations, il suffit de tracer sur le quadrillage logarithmique défini par

$$x = l \log \alpha_1, \qquad y = l \log \alpha_2$$

les images [c', c'', c'''] et [d', d'', d'''] des deux équations ci-dessus Les cotes α_1 et α_2 des différents points de rencontre de ces images sont les systèmes de solutions cherchés Or, ces images peuvent être obtenues par translation du système fondamental (γ), qui

(¹) Il est à peu près aussi simple, et cela a l'avantage de dégager le tableau, d'effectuer ce petit calcul auxiliaire, soit au moyen d'un des nombreux abaques de multiplication décrits dans cet Ouvrage, soit au moyen de la règle à calcul vient d'être défini ci-dessus, et du système fondamental analogue (δ) pour la seconde équation

Les cotes (α_1) et (α_2) des deux systèmes de parallèles constituant le quadrillage pouvant être rejetées sur des parallèles à ces axes, on dispose des axes Ox et Oy pour y accoler d'une part l'échelle binaire (c''', γ), de l'autre les échelles simples (c') et (c'') Si l'on a

$$\begin{aligned} m_2 - m'_2 &= n_2 - n'_2, \\ m_2 - m''_2 &= n_2 - n''_2, \\ m_1 - m'''_1 &= n_1 - n''_1, \\ m_2 - m'''_2 &= n_2 - n'_2, \end{aligned}$$

ces diverses échelles sont identiques aux échelles (d''', δ), (d') et (d'') relatives à la seconde équation et peuvent, par suite, servir également pour elle

S'il n'en est pas ainsi, on fixe la position de l'image [δ] coïncidant avec [d', d'', d'''] sur un second tableau, puis on transporte le second transparent de ce tableau sur le premier où est déjà disposée l'image [c', c'', c'''] en repérant sa position au moyen des points où ses index D′ et D″ coupent les axes portant les graduations (α_1) et (α_2) qui sont les mêmes sur les deux tableaux

Remarque — Si $c''' = 0$, on a $\lambda = 0$, quels que soient c' et c'' Par suite, toutes les images [c', c'', o], que nous représentons plus simplement par [c', c''] sont obtenues par *translation de la seule image* [o], c'est-à-dire que les images logarithmiques de toutes les équations telles que

$$\pm \alpha_1^{m_1} \alpha_2^{m_2} \pm c' \alpha_1^{m'_1} \alpha_2^{m'_2} \pm c'' \alpha_1^{m''_1} \alpha_2^{m''_2} = 0,$$

sont obtenues par translation de l'image de la seule équation

$$\pm \alpha_1^{m_1} \alpha_1^{m_2} \pm \alpha_1^{m'_1} \alpha_2^{m'_2} \pm \alpha_1^{m''_1} \alpha_2^{m''_2} = 0$$

Il suffit, pour obtenir l'image [c', c''] de faire passer les index C′ et C″ respectivement par les points cotés c' et c'' sur les échelles portées par Oy

Dans ce cas, le troisième index C‴ disparaît donc

140. *Images logarithmiques de polynomes* — La méthode précédente se simplifie lorsqu'il s'agit des images logarithmiques d'équations de la forme

$$\alpha_2 = \pm c'\alpha_1^{m'} \pm c''\alpha_1^{m''} \pm c'''\alpha_1^{m'''}$$

Ici, en effet, on a, en se reportant aux notations du numéro précédent

$$m_1 = 0, \quad m'_1 = m', \quad m''_1 = m'', \quad m'''_1 = m''',$$
$$m_2 = 1, \quad m_2 = 0, \quad m''_2 = 0 \quad m'''_2 = 0$$

Par suite, les coefficients angulaires des index C', C'', C''' se réduisent à m, m', m'', les modules l', l'' à l, et *les échelles* (c') *et* (c'') *coïncident avec l'échelle* (α_2)

Pour déterminer γ, on peut prendre le point de rencontre de C''' non plus avec Ox, mais avec Oy, *ce qui, pour* (γ'''), *donne encore l'échelle* (α_2)

On voit donc que le diagramme se réduit en ce cas au quadrillage logarithmique (α_1, α_2) complété par le transparent portant 1° les index C', C'', C''', droites de coefficients angulaires m', m'', m''', menées par son origine, 2° les courbes fondamentales [γ], images logarithmiques des équations

$$\alpha_2 = \pm \alpha_1^{m'} \pm \alpha_1^{m''} \pm \gamma\alpha_1^{m''}$$

Pour avoir l'image [c', c'', c'''], *on place le transparent sur le quadrillage, de façon que les index* C' *et* C'' *passent respectivement par les points cotés* c' *et* c'' *de l'échelle* (α_2) *portée sur* Oy, *et l'on prend parmi les images* [γ] *celle dont la cote est donnée par*

$$\gamma = \frac{c'''}{\gamma'''},$$

γ''' *étant la cote du point où l'index* C''' *coupe la même échelle*

On peut, pour éviter le calcul de γ, recourir, comme dans le cas général, à l'emploi d'une échelle binaire accolée cette fois à Oy.

En outre, la Remarque terminant le numéro précédent s'applique encore et montre que si l'on ne prend que deux termes dans le second membre de l'équation ci-dessus, on obtient les diverses images logarithmiques par les translations d'une seule courbe (1)

Avant d'indiquer quelques exemples d'abaques fondés sur l'emploi des images logarithmiques de polynomes, nous dirons quelques mots de la construction de ces images, d'après M. Mehmke

Fig 169

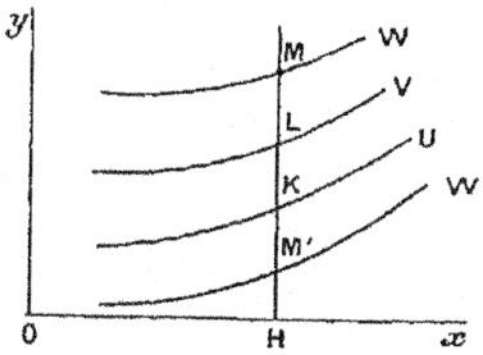

Supposons que deux courbes U et V (*fig* 169) soient les images logarithmiques des fonctions

$$\alpha_2 = u(\alpha_1)$$

et

$$\alpha_2 = v(\alpha_1),$$

c'est-à-dire que, sur l'ordonnée correspondant à l'abscisse α_1, on ait

$$HK = l \log u,$$
$$HL = l \log v$$

Soit, en outre, W l'image logarithmique de la fonction

$$\alpha_2 = u + v,$$

de telle sorte que l'on ait

$$HM = l \log(u + v)$$

On a

$$HM = l \log v + l \log\left(1 + \frac{1}{\frac{v}{u}}\right),$$

d'où

$$HM - HL = LM = l \log\left(1 + \frac{1}{\frac{v}{u}}\right).$$

(1) En supposant bien entendu que les signes des divers termes restent les mêmes Pour chaque combinaison de signes, il faut avoir recours à une courbe spéciale.

Supposons construite la courbe représentative des logarithmes d'addition de Gauss, définie par

$$x = l \log t, \qquad y = l \log\left(1 - \frac{1}{t}\right),$$

courbe que nous appellerons *logarithmique d'addition* [1], et qui est représentée sur la *fig.* 170 par la courbe A lorsqu'on prend $l = 2^{cm}$.

Fig. 170.

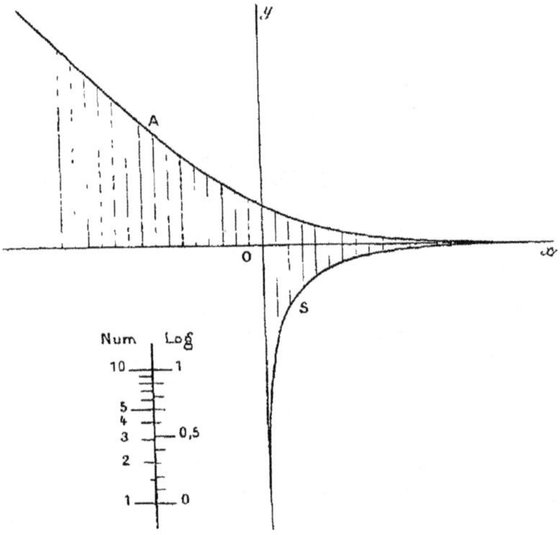

On voit que si $t = \frac{u}{v}$, l'ordonnée correspondante doit être égale à LM. Or, si t a cette valeur, on a

$$x = l \log t = l \log u - l \log v = \mathrm{KL}.$$

Ainsi donc, *pour déduire le point* M *des points* K *et* L, *il suffit de prendre* KL *en abscisse de la courbe* A *sur la fig.* 170, *l'ordonnée correspondante est égale à* LM.

---

[1] La remarquable *machine à résoudre les équations algébriques*, de M. Torres, dont il est question dans la note au bas de la page 366, est fondée en partie sur une traduction mécanique du mode de liaison défini géométriquement par cette courbe.

S'il s'agissait de construire l'image logarithmique W' de

$$\alpha_2 = 1 - u,$$

on verrait de même que M'K *serait l'abscisse de* A *correspondant à l'ordonnée* KL Mais, afin d'éviter toute confusion, il vaut mieux recourir à la courbe *logarithmique de soustraction* définie par

$$x = l \log t, \qquad y = l \log\left(1 - \frac{1}{t}\right)$$

et représentée par S sur la *fig* 170

Le segment IM *est alors égal à l'ordonnée de la courbe* S *correspondant à l'abscisse* KL ([1])

Dès lors, pour construire l'image logarithmique de

$$\alpha_2 = \pm \alpha_1^{m'} \pm \alpha_1^{m''},$$

nous commençons par construire les images logarithmiques de

$$\alpha_2 = \alpha_1^{m'}$$

et de

$$\alpha_2 = \alpha_1^{m''},$$

qui sont précisément les index C' et C'' De ces droites, par le procédé qui vient d'être décrit, nous déduisons immédiatement l'image demandée. Cette image, à son tour, jointe à celle de

$$\alpha_2 = \gamma \alpha_1^{m'''},$$

c'est-à-dire à une droite, permet d'obtenir, toujours par le même procédé, celle de

$$\alpha_2 = \pm \alpha_1^{m'} \pm \alpha_1^{m''} \pm \gamma \alpha_1^{m'''}.$$

141. *Principe des abaques à images logarithmiques* — Le principe des abaques à images logarithmiques est le suivant :

Soit une équation de la forme

$$f(z) = \varphi(z),$$

([1]) M E.-A Brauer a imaginé un curieux appareil dit *compas logarithmique*, muni de trois pointes en ligne droite telles que si deux de ces pointes sont placées sur les points K et L de la *fig* 169, la troisième vient automatiquement se placer au point M Ce compas est décrit dans le *Supplement* au *Katalog der mathematischer Modelle* de M Walter Dyck (p 40)

f et φ étant des polynomes de la forme indiquée au début du numéro précédent. Posons

$$\alpha_1 = f(z) = \varphi(z)$$

Nous pourrons obtenir les images I_f et I_φ de ces polynomes sur un quadrillage logarithmique par le procédé indiqué au numéro précédent si nous avons pour chacun de ces polynomes un transparent portant soit le système des images fondamentales, s'il s'agit d'un polynome à trois termes, soit l'image fondamentale unique, s'il s'agit d'un polynome à deux termes.

Les cotes α_1 des verticales du quadrillage passant par les points de rencontre des images I_f et I_φ sont les racines positives de l'équation donnée, dont les racines négatives pourront, s'il est besoin, s'obtenir de même en valeur absolue comme racines positives de la transformée en $-z$.

Puisque seules les verticales du quadrillage interviennent dans le mode d'emploi de l'abaque, on pourra se dispenser de tracer les horizontales dont les seules cotes devront subsister sur Oy pour permettre, comme on l'a vu au numéro précédent, de fixer la position des index ainsi que la valeur de γ lorsqu'on a affaire à un polynome à trois termes. D'ailleurs, comme on pourrait avoir pour les deux polynomes des échelles binaires différentes pour le calcul de γ, il vaudra mieux, en général, se contenter d'effectuer ce petit calcul à part ainsi qu'on l'a dit dans la note au bas de la page 380.

Nous plaçant donc dans le cas général, nous pourrons décrire comme suit un abaque à images logarithmiques :

L'abaque se compose : 1° d'un plan opaque dont les axes Ox et Oy portent des échelles logarithmiques de même module et sur lequel on a tracé une série de droites (z) parallèles à Oy et passant par les points de division de l'échelle de Ox, 2° de deux transparents portant respectivement les images logarithmiques $[\gamma]$ et $[\delta]$ construites comme il a été dit au n° 140 avec leurs index C', C'', C''' pour l'un, D', D'', D''' pour l'autre.

Quant au mode d'emploi, il se réduit à ceci : *Si les polynomes f et φ ont respectivement pour coefficients c', c'', c''' et d', d'', d''', on place les transparents, dont l'orientation est* *maintenue constante* (¹), *sur le plan opaque, de façon que les index* C′ *et* C″ *d'une part,* D′ *et* D″ *de l'autre, coupent l'échelle de* O*y respectivement aux points dont les cotes sont* c' *et* c'', d' *et* d''. *Si, dans cette position, les index* C‴ *et* D‴ *coupent la même échelle aux points dont les cotes sont* γ''' *et* δ''', *on prend sur les transparents les images de cotes* $\frac{c'''}{\gamma'''}$ *et* $\frac{d'''}{\delta'''}$. *Les cotes des verticales passant par les points de rencontre de ces deux images sont les racines z cherchées.*

Pour distinguer les rôles joués par les divers index, C′ et C″ d'une part, D′ et D″ de l'autre pourront être dits des *index de position*, C‴ et D‴ des *index de résolution*.

Nous allons maintenant indiquer quelques exemples de tels abaques, empruntés également à M. Mehmke.

142. *Exemples.* — 1° *Abaque des équations trinomes de degré quelconque.* — Une équation trinome de degré quelconque peut toujours se mettre sous la forme

$$z^m = \pm p z^n \pm q$$

ou en prenant pour inconnue z^n et posant $\frac{m}{n} = \mu$ (²),

$$z^\mu = \pm p z \pm q$$

Formons les images logarithmiques des deux membres, suivant ce qui a été dit au numéro précédent.

Pour le premier membre, ce sont les droites fixes C_μ passant par l'origine et ayant précisément pour coefficient angulaire μ.

(¹) *Voir* la note au bas de la page 379.

(²) Il est à remarquer qu'une telle équation peut, pour une valeur particulière de μ, être traduite en un abaque à points alignés tels que ceux qui ont été construits pour $\mu = 2$ et $\mu = 3$ aux nᵒˢ 79 et 81. Les points (z), pour cette valeur de μ, seront distribués sur une courbe C_μ, et l'on voit que, pour une certaine valeur de z, les divers points obtenus en faisant varier μ sont distribués sur une parallèle aux axes Au et Bv, attendu que les coordonnées de chaque point (z) sont données par

$$x = \delta\frac{l_1 - l_2 z}{l_1 + l_2 z}, \quad y = \frac{-l_1 l_2 z^\mu}{l_1 + l_2 z}.$$

Si donc z et μ sont considérés tous deux comme variables, les points (z, μ) sont donnés par un réseau comprenant les courbes C_μ et des droites (z) parallèles aux axes Au et Bv. Les courbes C_2 et C_3 d'un tel abaque, les plus importantes pour la pratique, sont tracées sur la *fig.* 80.

Pour le second ce sont, en prenant toutes les combinaisons de signes utiles, les images fondamentales des polynomes (¹)

$$z - 1$$
$$z + 1,$$
$$-z + 1,$$

dessinées sur un transparent avec leurs index D′ et D″ qui, rapportés aux axes mobiles de ce transparent, ont pour équations, puisque les exposants de z sont 0 et 1,

$$y = x,$$

et

$$y = 0$$

L'abaque avec le transparent est représenté par la *fig* 171 dans le cas de l'équation

$$z^3 = 2,1 z + 9,$$

déjà envisagée au n° 81

Fig 171

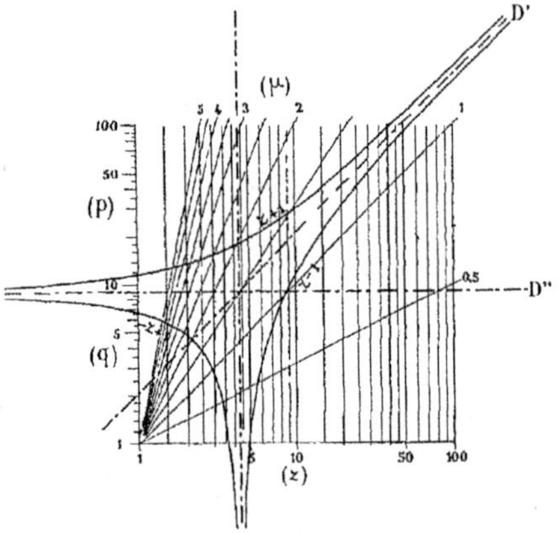

On voit que les index D′ et D″ coupent l'échelle de Oy respectivement aux points cotés 2,1 et 9 Ici il faut prendre, vu les signes, l'intersection

(¹) La premiere et la troisieme de ces images sont évidemment les courbes A et S de la *fig* 170 La seconde est la symétrique de A par rapport à l'index D′ qui leur sert d'asymptote commune Il est inutile d'envisager l'image de $-z-1$, attendu que, si les deux signes du second membre étaient négatifs, l'équation n'aurait pas de racine positive de l'image de $z = 1$ avec la radiante du plan opaque cotée 3 puisque $\mu = 3$. On trouve bien

$$z = 2,4$$

2° *Abaques des équations complètes des degrés 3, 4 et 5.* — Les équations complètes des degrés 3, 4 et 5 peuvent s'écrire respectivement

$$\pm z \pm n = \pm p z^{-1} \pm q z^{-2}$$
$$\pm z^2 \pm m z \pm n = \pm p z^{-1} \pm q z^{-2}$$
$$\pm z^2 \pm l z \pm m = \pm n z^{-1} \pm p z^{-2} \pm q z^{-3}$$

On reconnaît donc, suivant ce qui a été vu au n° 141, qu'on pourra les représenter en appliquant, sur un plan portant simplement l'échelle logarithmique de Oy et les parallèles à cet axe menées par les points de l'échelle logarithmique de Ox, des transparents portant les images logarithmiques des polynomes

$$\pm z \pm 1,$$
$$\pm z^{-1} \pm z^{-2},$$
$$\pm z^2 \pm z \pm \gamma,$$
$$\pm z^{-1} \pm z^{-2} \pm \gamma z^{-3},$$

avec leurs index respectifs. Les images relatives aux polynomes de la première ligne sont celles qui sont tracées sur la *fig.* 171, celles relatives aux

Fig. 172.

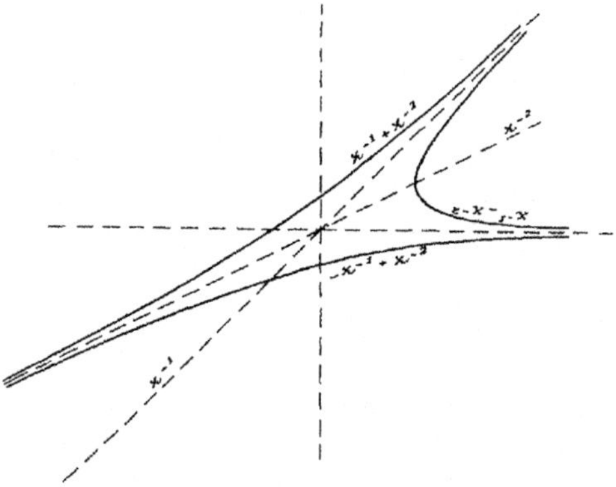

polynomes de la seconde sont représentées par la *fig.* 172. Le mode d'emploi ne diffère pas de celui indiqué dans le cas général (n° 141).

CHAPITRE VI.

THÉORIE GÉNÉRALE. DÉVELOPPEMENTS ANALYTIQUES.

I — Étude générale des abaques au point de vue de leur structure [1]

143 *But de cette étude* — L'examen des divers procédés particuliers de représentation plane, applicables à des équations entre deux, trois, ou un plus grand nombre de variables, qui viennent d'être décrits dans les Chapitres précédents, conduit nécessairement à se poser cette question. Peut-on déterminer et classer *tous les modes possibles de représentation applicables à des équations à n variables?*

Nous avons vu au n° 131 comment on peut définir des éléments, points ou courbes, à un nombre quelconque de cotes. Il est donc évident d'abord que, pour engendrer un mode de représentation d'équations à n variables, il faudra associer ensemble des éléments à plusieurs cotes, tels que la somme des nombres de leurs cotes soit égal à n

Si donc un mode d'association de plusieurs éléments a été déterminé, il suffira de voir de combien de manières différentes n cotes pourront être réparties entre ces éléments pour avoir tous les procédés correspondants valables pour n variables.

On pourra d'ailleurs n'attribuer aucune cote à plusieurs de ces éléments qui seront dits *sans cote*

Il y aura là à résoudre un problème de partition sur lequel nous reviendrons.

Occupons-nous d'abord de reconnaître les diverses façons dont

---

[1] Nous avons, pour la première fois, donné les principes de cette étude dans notre Mémoire O 30

plusieurs éléments, mobiles au besoin les uns par rapport aux autres, peuvent être associés en vue d'engendrer un mode de représentation.

C'est donc au seul point de vue de leur *structure* que nous devons tout d'abord envisager les abaques Une telle étude peut, par une extension de mot toute naturelle, être qualifiée de *morphologique*

Convenons, avant toute chose, de quelques notations que nous emploierons uniformément dans la suite de cette étude Un élément, point ou ligne, dont la nature restera indéterminée sera représentée par la lettre E qu'on fera, s'il y a lieu, suivre entre parenthèses des lettres désignant les cotes y afférentes :

$$E(\alpha, \beta, \gamma, \quad)$$

Parfois, si le nombre seul de ces cotes intervient dans une certaine question c'est ce nombre n que nous mettions dans la parenthèse .

$$E(n)$$

Il arrivera même, lorsqu'il n'en pourra résulter aucune ambiguïté, que nous écrirons simplement (n), ou même n

S'il est spécifié qu'un certain élément est une courbe, une droite, ou un point, nous remplacerons la lettre E correspondante par une des lettres C, D ou P, s'il appartient à un système de cercles concentriques ou confondus, ou à un système de droites parallèles ou confondues, nous lui attribuerons la lettre Γ ou Δ La nécessité de considérer à part les éléments de ce genre apparaîtra plus loin (n° **145**, *Rem I*).

144 *La notion de contact* — Lorsqu'un point se trouve sur une courbe, ou lorsque deux courbes sont tangentes entre elles, nous disons qu'il y a *contact* entre ces éléments.

Pour exprimer qu'il y a contact entre les éléments E et E′, nous emploierons la notation

$$E \rightarrowtail E'$$

Il n'est pas nécessaire de réfléchir bien longtemps pour reconnaître que *la seule relation précise de position qui puisse être jugée à vue est le contact de deux éléments,* dans le sens large où ce mot vient d'être pris.

En effet, les notions de position qui nous sont données par la vue se ramènent aux seules distances angulaires perçues directement par l'œil, et, parmi ces distances angulaires, les seules dont l'œil puisse évaluer exactement la grandeur sont celles qui sont nulles.

Donc, tout mode de représentation graphique d'équations à plusieurs variables ne saurait consister qu'en l'établissement ou la constatation de certains contacts entre divers éléments géométriques

Pour rendre cette idée plus claire, revenons aux exemples les plus simples qui se rencontrent au début de cet Ouvrage :

La représentation d'une équation à deux variables au moyen de deux échelles accolées (n° 9) repose sur le contact des points de l'une des échelles, éléments à une cote, avec les perpendiculaires à la direction de leur support menées par les points de l'autre, également éléments à une cote. La représentation cartésienne au moyen d'une courbe (n° 12), repose sur le contact de cette courbe, élément sans cote, avec le point du quadrillage régulier répondant aux deux variables, élément à deux cotes, etc

Si l'on n'a recours qu'aux éléments tracés sur un même plan, on voit que les seuls modes de représentation possibles se ramènent à la constatation d'un contact entre les deux éléments dépendant respectivement de n_1 et n_2 cotes, ce qui correspond au cas d'une équation à $n_1 + n_2$ variables

C'est ainsi que la juxtaposition de deux échelles binaires (n° 117), par le contact des horizontales à deux cotes de l'une avec les points à deux cotes de l'autre, permet de représenter des équations à quatre variables.

Si l'on a recours, au contraire, à des systèmes tracés sur des plans variables les uns par rapport aux autres ([1]), leurs positions

---

([1]) Il doit être bien entendu que les divers plans variables intervenant dans la question peuvent ne pas se trouver *matériellement* réalisés dans la construction de l'abaque Si, par exemple, cet abaque est constitué par un fil tendu sur diverses échelles graduées (points alignés), l'index réalisé par ce fil tendu doit être considéré comme faisant corps avec un plan appliqué sur le premier Bien que l'on n'ait là qu'une droite variable par rapport à un plan, on doit donc, pour la généralité de l'exposition, considérer cette droite comme appartenant à un plan qui glisse sur le premier respectives devront être définies par certains contacts entre éléments appartenant aux uns et aux autres Il y aura, en outre, un contact à constater sur le tableau formé par les divers systèmes arrêtés dans la position voulue. La répartition des variables se fera alors entre les éléments intervenant dans ces divers contacts

Nous appellerons les premiers des *contacts de position*, le dernier *contact de résolution*

C'est ainsi, par exemple, que, dans l'abaque du n° 137, les contacts de l'index i' avec le point μ', de l'index i'' avec le point μ'' et de l'horizontale cotée o du transparent avec le cercle coté H' sont des contacts de position Le contact du cercle coté H'' avec l'horizontale cotée ε du transparent est le contact de résolution

145 *Abaques à deux plans superposés* — Si deux plans sont simplement superposés, les déplacements de l'un par rapport à l'autre sont à 3 degrés de liberté

Pour s'en rendre compte, il suffit de rapporter chacun de ces plans π et π' à deux axes rectangulaires Ox et Oy d'une part, $O'x'$ et $O'y'$ de l'autre Le plan π' sera complètement défini par rapport au plan π si l'on connaît 1° les coordonnées x_0, y_0 du point O' rapporté aux axes Ox et Oy, 2° l'inclinaison de l'axe $O'x'$ sur Ox, ce qui fait bien trois conditions Lorsqu'on les laisse arbitraires, les déplacements du plan π' par rapport au plan π jouissent donc de trois degrés de liberté

Or, un contact établi entre un élément E appartenant au plan π et un élément E' appartenant au plan π' équivaut à une condition simple. Il faut donc établir trois tels contacts pour fixer la position du plan π' par rapport au plan π (1) Cette fixité sera par suite définie, avec la notation du numéro précédent, par les contacts de position

$$E_1 \mapsto E'_1, \quad E_2 \mapsto E'_2, \quad E_3 \mapsto E'_3$$

---

(1) Exceptionnellement, on pourra, au lieu d'imposer à un élément E'_i l'obligation d'être en contact avec un élément E_i de cote bien déterminée, l'astreindre à être en contact avec deux éléments E_i et E_j entre les cotes desquels existera une certaine relation Nous n'avons rencontré dans cet *Ouvrage* qu'un seul exemple de cette circonstance, au n° 135, ou la droite pivotant autour du point O (*fig* 153) a sa position fixée par la condition de rencontrer les échelles E_m et E_n en des points dont la différence des cotes soit égale à 1 *Il est*

Les deux plans se trouvant alors dans cette position relative parfaitement déterminée, on n'aura plus qu'à constater un contact entre un élément E_4 de l'un des plans et un élément E'_4 de l'autre, qui sera le contact de résolution

$$E_4 \mapsto E'_4$$

Le mode d'emploi d'un abaque quelconque comportant un plan mobile se résumera donc, en général, dans la suite de symboles

$$E_1 \mapsto E'_1, \quad E_2 \mapsto E'_2, \quad E_3 \mapsto E'_3, \quad E_4 \mapsto E'_4$$

Les quatre contacts ainsi dénotés étant simultanés, on peut évidemment prendre comme contacts de position trois quelconques d'entre eux, le quatrième étant alors le contact de résolution Mais, en général, sur un même abaque, la même variable étant toujours prise pour inconnue, le contact de résolution est aussi toujours le même, et il sera, de préférence, inscrit le dernier

Il n'y a, théoriquement au moins, lorsque les divers éléments en présence sont définis géométriquement, aucune difficulté à former le type d'équation correspondant à l'abaque ainsi construit.

Chaque élément E_i du plan fixe a, par rapport à Ox et Oy, une équation de la forme

$$f_i(x, y, \mathcal{C}_i) = 0,$$

où $\mathcal{C}_i$ représente l'ensemble des cotes correspondantes. De même, chaque élément E'_i a par rapport à $O'x'$ et $O'y'$ une équation de la forme

$$\varphi_i(x' \; y', \mathcal{C}'_i) = 0,$$

ou en passant à Ox et Oy et désignant par λ, μ et ν, les paramètres servant à définir l'un des systèmes de coordonnées par rap-

---

essentiel de remarquer que ce mode de détermination rentre bien dans le mode général ci-dessus défini, car les positions de l'élément E'_i en contact avec les éléments E_i et E_j, dont les cotes ont entre elles la relation qui vient d'être dite, ont une certaine enveloppe $\mathcal{C}_i$, en sorte que la condition imposée peut se traduire par le contact

$$\mathcal{C}_i \mapsto E'_i,$$

bien que l'élément $\mathcal{C}_i$ ne figure pas sur le tableau port à l'autre

$$\varphi_i(\lambda x + \sqrt{1-\lambda^2}\, y + \mu, -\sqrt{1-\lambda^2}\, y + \lambda y + \nu, \zeta'_i) = 0,$$

ou encore

$$g_i(x, y, \lambda, \mu, \nu, \zeta'_i) = 0$$

Le contact entre ces deux éléments s'exprimera par une équation telle que

$$\psi_i(\lambda, \mu, \nu, \zeta_i, \zeta'_i) = 0,$$

et l'élimination de λ, μ et ν entre les quatre équations correspondant de cette manière aux quatre contacts donnera l'équation, entre les cotes des huit éléments en présence, ainsi représentée

Remarque I — Il y a lieu d'examiner à part le cas où les éléments E'_1, E'_2 et E'_4 sont des cercles concentriques que nous désignerons alors par la notation Γ'_1, Γ'_2, Γ'_4. Ces cercles peuvent d'ailleurs, leur rayon croissant indéfiniment, devenir des droites parallèles Δ'_1, Δ'_2, Δ'_4 Enfin cercles Γ' ou droites Δ' peuvent se confondre entre eux Nous considérons tous ces cas particuliers comme compris dans le cas général des trois cercles concentriques Γ'_1, Γ'_2, Γ'_4, ce que nous allons dire de celui-ci pouvant immédiatement s'étendre à eux et sous une forme encore plus simple

Si les cercles Γ'_1 et Γ'_2 sont mis en contact respectivement avec les éléments E_1 et E_2, le seul déplacement possible du plan π' est une rotation autour du centre O' En effet, F_1 étant l'élément parallèle à l'élément E_1 à une distance égale à la différence des rayons des cercles Γ'_1 et Γ'_2 (cercle de rayon égal à cette distance et de centre E_1 si cet élément se réduit à un point), le cercle Γ'_2 sera en contact avec l'élément F_1. Par suite, ce cercle Γ'_2, en contact à la fois avec les éléments E_2 et F_1, ne pourra que tourner autour de son centre O', ce qui démontre la proposition

Or, dans cette rotation, le cercle Γ'_4, concentrique aux deux premiers, tourne aussi sur lui-même, et s'il se trouve tout d'abord en contact avec l'élément E_4 il ne cessera pas d'y être pendant toute cette rotation. Le contact $E_3 \mapsto E'_3$ devient dès lors superflu et pourra être laissé indéterminé.

La notation de l'abaque correspondant sera, par suite, si l'on se sert de guillemets pour indiquer le contact indéterminé,

$$E_1 \vdash\!\dashv \Gamma'_1 \quad E_2 \vdash\!\dashv \Gamma'_2, \quad » \vdash\!\dashv », \quad E_4 \vdash\!\dashv \Gamma'_4,$$

ou, en attribuant, dans ce cas, au contact de résolution, l'indice 3,

$$E_1 \vdash\!\dashv \Gamma'_1, \quad E_2 \vdash\!\dashv \Gamma'_2, \quad E_3 \vdash\!\dashv \Gamma'_3, \quad » \vdash\!\dashv »$$

Remarque II — La coïncidence de deux points P et P′ ou de deux droites D et D′, appartenant à l'un et à l'autre plans, équivaut à deux contacts, car, dans un cas, on peut considérer que deux lignes se coupant en P′ sont en contact avec le point P, dans l'autre, que deux points pris sur D′ sont en contact avec la droite D Pour rappeler qu'une telle coïncidence équivaut à un double contact, nous la désignerons par la notation

$$P \vDash\!\Dashv P' \quad \text{ou} \quad D \vDash\!\Dashv D'$$

Si donc, dans le mode d'emploi d'un abaque intervient une telle coïncidence, sa notation sera

$$P_1 \vDash\!\Dashv P'_1, \quad E_2 \vdash\!\dashv E'_2, \quad E_3 \vdash\!\dashv E'_3,$$

ou

$$D_1 \vDash\!\Dashv D'_1, \quad E_2 \vdash\!\dashv E'_2, \quad E_3 \vdash\!\dashv E'_3$$

Remarque III. — Il se peut que les cotes afférentes à un élément du plan π' soient prises sur le plan π, une fois fixée la position relative de ces deux plans, par exemple, que la courbe C′ du plan π' prenne, une fois ce plan fixé par rapport au plan π, la cote ou les cotes d'un point P de ce plan π par lequel elle passe Si α, β, sont les cotes du point P, la courbe C′ sera dénotée

$$C'(\overline{\alpha, \beta, \quad}),$$

la barre qui surmonte les cotes indiquant qu'elles proviennent du plan antérieur à celui qui contient C′

Remarque IV. — Enfin, s'il s'agit d'un point, ce point peut lui-même être formé par la rencontre d'une courbe C du plan π avec une courbe C′ du plan π' fixé sur le premier Un tel point sera désigné par la notation

$$\boxed{C\ C'},$$

ou, en mettant les cotes en évidence,

$$\boxed{C(\alpha\ \beta\ \text{[illegible]})\ \ C(\alpha'\ \beta'\ \text{[illegible]})}$$

146 *Abaques à plusieurs plans superposés* — Ce qui vient d'être dit s'étend immédiatement au cas de plusieurs plans superposes Nous pouvons arbitrairement choisir l'un d'eux π comme plan fixe La position d'un second π' sera alors définie, par rapport au premier, par trois contacts entre éléments correspondants pris sur ces deux plans Ces plans étant ainsi rendus solidaires l'un de l'autre, nous représentons leur ensemble par $(\pi\pi')$, et nous définirons ensuite la position du plan π'', par les contacts de trois de ses éléments avec trois éléments appartenant à l'ensemble $(\pi\pi')$, c'est-à-dire pouvant indifféremment faire corps avec le plan π ou avec le plan π' De même, trois nouveaux contacts fixeront la position du plan π''' par rapport à l'ensemble $(\pi\pi'\pi'')$, et ainsi de suite jusqu'au plan $\pi^{(m)}$ Ces $3m$ contacts de position étant ainsi établis, on constatera l'existence d'un contact de résolution entre un élément pris sur le plan $\pi^{(m)}$ et un élément appartenant à l'ensemble $[\pi\pi'\pi'', \ldots, \pi^{(m-1)}]$

Chacun des $6m+2$ éléments intervenant dans ces $3m+1$ contacts étant muni d'un nombre quelconque de cotes, on engendre ainsi l'*abaque le plus général* qu'il soit possible de concevoir

Avant d'aller plus loin dans cette étude, faisons voir pour plus de clarté comment ce mode général de description des abaques s'applique à quelques-uns de ceux qui ont été précédemment rencontrés

Prenons en premier lieu les *abaques à double alignement* (n° 88), et appelons I' et I'' les deux positions successives de l'index que nous pouvons supposer marquées sur deux plans π' et π'' superposés au premier. Les contacts définissant la position de l'index I' seront en désignant d'une manière générale par $P_i(\alpha_i)$ le point coté α_i, et tenant compte de la *Remarque I* du n° **145**,

$$P_1(\alpha_1) \mapsto I', \quad P_2(\alpha_2) \mapsto I', \quad \text{»} \mapsto \text{»},$$

De même les contacts définissant la position de I'' seront, en tenant compte de la *Remarque III*, du n° 145, et appelant L la ligne des pivots

$$\boxed{L\ I'} \mapsto I'', \quad P_3(\alpha_3) \mapsto I'', \quad » \quad »$$

Le contact de résolution sera enfin

$$P_4(\alpha_4) \mapsto I''.$$

Sous forme plus condensée, la notation de l'abaque pourra s'écrire

$$P_1(\alpha_1) \mapsto I', \quad P_2(\alpha_2) \mapsto I'$$

$$\boxed{L\ I'} \mapsto I'',$$

$$P_3(\alpha_3) \mapsto I'' \quad P_4(\alpha_4) \mapsto I''$$

Prenons maintenant l'abaque du n° 137

Désignons par O_1 et O_2 les points du plan fixe avec lesquels coïncident respectivement les points O' et O'' autour desquels tournent les échelles (H′) et (H″), par (O‴) le trait coté o de l'indicateur transparent, par D le bord de la règle guide, le long duquel glisse le bord D‴ du transparent.

Les trois contacts fixant la position du plan π' qui porte les cercles cotés (H′) sont, en remplaçant, pour plus de régularité, μ' et μ'' par μ_1 et μ_2,

$$O_1 \boxminus O', \quad (\mu_1) \mapsto \iota',$$

ceux du plan π''

$$O_2 \boxminus O'', \quad (\mu_2) \mapsto \iota'',$$

ceux du transparent π'''

$$D \boxminus D''', \quad (H') \mapsto (O'''),$$

et le contact de résolution est

$$(H'') \mapsto (\varepsilon'''),$$

le trait coté ε du transparent étant affecté d'un triple accent pour rappeler qu'il appartient au troisième plan mobile π''' qui est, dans le cas présent, le transparent

Prenons enfin l'abaque du n° 138, sous sa seconde forme, c'est-à-dire en supposant le réseau (α', β') mobile. Il doit être considéré comme constitué par la superposition de trois plans, le premier π

comprenant la partie fixe de l'abaque, c'est-à-dire les points (α, β), (a) et (b), le second π' les points (α', β'), le troisième π'' l'index UV servant à faire la lecture.

La fixation de la position de π' par rapport à π s'effectue en faisant tourner π' autour de son origine O' qui coïncide avec O de façon à amener le point $(\alpha' \beta')$ sur l'axe OY, d'où la notation

$$O \between O', \qquad OY \mapsto (\alpha', \beta')$$

Les points U et V proviennent de la rencontre des bissectrices OU et OV des angles des axes OX et OY avec les parallèles à la direction O'Y' menées par les points (a) et (b) Si nous désignons par $\Delta'_{y'}$ les parallèles à O'Y' nous voyons, en nous reportant aux *Remarques III* et *II* du numéro précédent, que les points U et V seront dénotés

$$\boxed{OU\ \Delta'_{y'}(\bar{a})} \quad \text{et} \quad \boxed{OV\ \Delta'_{y'}(\bar{b})}$$

Par suite, la notation relative au troisième plan, si l'on y comprend le contact de résolution, sera, en appelant Δ'' l'index placé suivant UV,

$$\boxed{OU\ \Delta'_{y'}(\bar{a})} \mapsto \Delta'', \quad \boxed{OV\ \Delta'_{y'}(\bar{b})} \mapsto \Delta'', \quad (\alpha, \beta) \mapsto \Delta'', \quad \text{»} \mapsto \text{»}$$

147. *Types d'abaques correspondant à un nombre donné de variables* — Si dans l'abaque le plus général défini au numéro précédent, on affecte chacun des éléments en contact d'un nombre de cotes, qui d'ailleurs peut être nul, de façon que la somme de tous ces nombres soit égale à n, on a formé un abaque d'équation à n variables

La détermination de tous les types d'abaques applicables à des équations à n variables, et constitués au moyen d'un certain nombre m de plans superposés, consiste donc 1° à former toutes les partitions du nombre n, 2° à distribuer les nombres obtenus au moyen de ces partitions entre les $6m+2$ éléments intervenant dans les $3m+1$ contacts de l'abaque, en ne comptant que pour une les diverses solutions qui peuvent se ramener les unes aux autres par de simples permutations

Il n'y aurait aucun intérêt pratique à développer cette solution dans le cas d'un nombre quelconque de plans superposés et nous nous restreindrons ici aux seuls cas où il n'y a, soit qu'un seul plan, soit que deux plans superposés, et qui embrassent à peu près toutes les applications usuelles On verra d'ailleurs qu'ainsi limité le problème présente encore une certaine ampleur

Dans le cas d'un seul plan, nous l'avons déjà dit, l'usage de l'abaque se borne à la constatation d'un contact entre deux éléments E_1 et E_2 Si donc on a affaire à n variables, il suffira d'attribuer respectivement à ces éléments n_1 et n_2 variables de telle sorte que

$$n_1 + n_2 = n$$

Toutes les solutions de cette partition sont données par le tableau

n_1	n_2
n	0
$n-1$	1
$n-2$	2
.	.
$n - e\left(\frac{n}{2}\right)$,	$e\left(\frac{n}{2}\right)$,

où $e\left(\frac{n}{2}\right)$ représente la partie entière de $\frac{n}{2}$, c'est-à-dire $\frac{n}{2}$ ou $\frac{n-1}{2}$ suivant que n est pair ou impair Il n'y a pas lieu de prolonger davantage le tableau, car on tomberait sur des solutions qui se ramèneraient aux précédentes par permutation entre E_1 et E_2 Représentant donc par $\mathfrak{N}_n^1$ le nombre des types d'abaques à un seul plan pour équations à n variables, on a

$$\mathfrak{N}_n^1 = e\left(\frac{n}{2}\right) + 1$$

Dans le cas de deux plans superposés nous avons trois contacts de position et un contact de résolution, donc huit éléments en présence

$$E_1 \mapsto E'_1, \quad E_2 \mapsto E'_2, \quad E_3 \mapsto E'_3, \quad E_4 \mapsto E'_4,$$

ou, en remplaçant la désignation de chaque élément par le nombre de variables qui lui est attribué à titre de cotes,

$$n_1 \mapsto n'_1, \quad n_2 \mapsto n'_2, \quad n_3 \mapsto n'_3, \quad n_4 \mapsto n'_4,$$

les nombres n_1 n'_1, ..., n'_4 étant tels que

$$\sum_{i=1}^{i=4} (n_i + n'_i) = n$$

Deux solutions ne sauraient d'ailleurs être considérées comme distinctes lorsque l'on peut passer de l'une à l'autre, soit par permutation entre eux des quatre couples ci-dessus, soit par inversion simultanée de l'ordre des nombres entrant dans chaque couple, ce qui revient à un simple échange l'un en l'autre des deux plans superposés

En recherchant, sous réserve de cette observation, toutes les décompositions en somme de huit termes (dont plusieurs nuls au besoin) du nombre n, on obtiendra *tous les genres possibles d'abaques à n variables formés par superposition de deux plans* (¹)

Mais il faut encore remarquer qu'en procédant de la sorte on retrouvera les types d'abaques à un seul plan déjà envisagés Parmi les solutions qui viennent d'être définies il s'en trouvera, en effet, de la forme

$$n - p \mapsto p, \quad 0 \mapsto 0, \quad 0 \mapsto 0, \quad 0 \mapsto 0$$

Or trois contacts d'éléments sans cote du plan π' avec des éléments sans cote du plan π rendent invariable la position relative de ces deux plans Par suite, un abaque possédant une telle notation est, en réalité, un abaque à un seul plan et devra être supprimé parmi les abaques à deux plans.

La détermination du nombre $\mathfrak{N}_n^2$ des abaques à deux plans pour

(¹) Nous ne parlons ici, bien entendu, que des abaques sur lesquels *a chaque variable ne correspond qu'une seule graduation* On peut avoir d'autres types d'abaques à n variables en prenant des abaques à plus de n variables sur lesquels à une même variable correspondent plusieurs graduations Par exemple, l'abaque du n° 98, bien que représentant une équation à trois variables, p, k, φ rentre dans un type d'abaque à quatre variables, la variable φ donnant lieu à deux échelles distinctes sur cet abaque, l'abaque du n° 132, bien que représentant une équation à quatre variables δ, ζ, L et l, rentre dans un type d'abaque à sept variables, chacune des trois dernières variables donnant lieu à deux graduations distinctes sur l'abaque Ainsi que la remarque en a été faite au n° 97, si une variable donne lieu sur un même abaque à plus d'une graduation, elle ne peut être déterminée comme inconnue sur cet abaque que par tâtonnement équations à n variables constitue un problème difficile de partition qui a été résolu par le Major P.-A. Mac-Mahon [1]. On trouve

$$\begin{aligned} \mathcal{N}_2^2 &= 2, \\ \mathcal{N}_3^2 &= 5, \\ \mathcal{N}_4^2 &= 16, \\ \mathcal{N}_5^2 &= 29, \\ \mathcal{N}_6^2 &= 64, \\ \mathcal{N}_7^2 &= 110, \end{aligned}$$

Remarque I. — La répartition des n variables d'une part entre les systèmes ramifiés qui servent à définir un élément à n cotes (n° **131**), de l'autre entre les groupes attachés aux divers éléments en présence, entraîne pour l'équation représentée, qui sera formée dans chaque cas, ainsi qu'on l'a vu au n° **145**, l'existence de certains caractères fonctionnels. Sauf donc pour les cas de $n = 2$ et de $n = 3$, on ne pourra obtenir d'abaque pour une équation *quelconque* à n variables. Fort heureusement les types représentables, d'ailleurs extrêmement généraux, comprennent à peu près toutes les équations qui se rencontrent dans la pratique.

Remarque II. — Si l'un des trois contacts de position a lieu entre éléments sans cote, celui-ci peut être rendu indéterminé, comme on l'a vu à la *Remarque I* du n° **145**, si l'on prend comme éléments sur le plan π' des cercles Γ' concentriques ou confondus ou des droites Δ' parallèles ou confondues.

Remarque III. — Pour les raisons exposées au n° 30, un intérêt particulier s'attache aux abaques sur lesquels les seuls éléments cotés sont des points à une cote. On voit immédiatement que les seuls qui soient susceptibles de revêtir cette forme sont

(1) *S. M.*, t. XXVI, p. 56, 1898. Le dénombrement effectué dans cette Note par M. Mac-Mahon porte à la fois sur les abaques à un seul plan et sur ceux à deux plans superposés, conformément à l'énoncé que nous avions communiqué au savant algébriste anglais. Les nombres obtenus dans cette solution et que nous avons désignés par $\mathcal{G}(n)$ (*Ibid.*, p. 22) doivent donc être diminués de $\mathcal{N}_n^1$, ou $e\left(\frac{n}{2}\right)+1$, pour donner les nombres $\mathcal{N}_n^2$ inscrits ci-dessus.

ceux qui ne comportent que des éléments à une cote en contact avec des éléments sans cote

Nous allons maintenant faire l'application de ces généralités aux abaques a un ou à deux plans pour équations à deux, trois et quatre variables, qui comprennent la plupart de ceux dont on a à faire un usage courant dans la pratique

148 *Équations à deux variables* — D'une manière générale, nous conviendrons de numéroter les divers types distincts correspondant à un nombre n de variables au moyen de chiffres romains pourvus d'un indice inférieur n indiquant le nombre des variables et d'un indice supérieur p, indiquant le nombre des plans superposés constituant l'abaque (¹). Nous écrirons, par exemple, X_n^p pour désigner le dixième type des abaques à n variables et à p plans superposés (²), dont l'ensemble sera lui-même désigné par $\mathcal{A}_n^p$

$\mathcal{A}_2^1$ — Les types d'*abaques à un plan* pour équations à deux variables au nombre de $\mathfrak{N}_2^1 = 2$ sont définis, en ce qui concerne la répartition des variables, par

I_2^1	$2 \mapsto 0$,
II_2^1	$1 \mapsto 1$

Type I_2^1 — La notation d'un tel abaque sera, en mettant en évidence les variables α_1 et α_2,

$$E_1(\alpha_1, \alpha_2) \mapsto E_2$$

Si, par exemple, l'élément E_1 est le point (α_1, α_2) d'un quadrillage dont les axes sont cotés respectivement au moyen de α_1 et de α_2 et si l'élément E_2 est soit une droite, soit une courbe, on obtient les *abaques cartésiens* avec (n° **15**) ou sans anamorphose (n° **12**)

(¹) Il ne faut pas, à ce propos, perdre de vue l'observation contenue dans la note au bas de la page 391

(²) Dans notre Mémoire **O.30** cité au début de ce Chapitre, nous avions adopté un seul numérotage pour les abaques à un ou à deux plans Il est bon, pour éviter toute confusion ultérieure, que l'attention du lecteur soit appelée sur ce changement de notation

Type II_2^1. — Notation

$$E_1(\alpha_1) \mapsto E_2(\alpha_2)$$

Si l'élément E_1 est la perpendiculaire à l'échelle rectiligne (α_1) au point coté α_1 et si l'élément E_2 est le point coté α_2 sur une échelle rectiligne parallèle à la première, on obtient les *abaques à échelles accolées* (n°s 9, 10, 11)

$\mathcal{N}_2^2$ — Quant aux types d'*abaques à deux plans,* au nombre de $\mathcal{N}_2^2 = 2$, ils sont définis par

I_2^2 ..	$1 \mapsto 0$	$1 \mapsto 0$	$0 \mapsto 0$	$0 \mapsto 0$
II_2^2	$1 \mapsto 0$	$0 \mapsto 1$	$0 \mapsto 0$	$0 \mapsto 0$

Type I_2^2. — Notation :

$$E_1(\alpha_1) \mapsto E'_1, \quad E_2(\alpha_2) \mapsto E'_2, \quad E_3 \mapsto E'_3, \quad E_4 \mapsto E'_4.$$

Prenons le type d'*abaque à transparent* du n° 13, et appelons I'_1 et I'_2 les index du transparent qui se coupent au point O' Le point O' étant placé sur la courbe C et le transparent convenablement orienté, c'est-à-dire l'index I'_1 passant par le point X_∞ situé à l'infini dans la direction perpendiculaire à Ox, l'index I'_2 passe par le point $y(\alpha_2)$ de l'échelle (α_2) portée sur Oy, lorsque l'index I'_1 passe par le point $x(\alpha_1)$ de l'échelle (α_1) portée sur Ox. Un tel abaque sera donc dénoté

$$x(\alpha_1) \mapsto I'_1, \quad y(\alpha_2) \mapsto I'_2, \quad C \mapsto O', \quad X_\infty \mapsto I'_1.$$

Il rentre donc bien dans le type général I_2^2 ci-dessus lorsqu'on spécialise la nature des éléments qui interviennent de la manière suivante

$$E_1(\alpha_1) \equiv x(\alpha_1), \quad E_2(\alpha_2) \equiv y(\alpha_2), \quad E_3 \equiv C, \quad E_4 \equiv X_\infty,$$
$$E'_1 \equiv I'_1, \quad E'_2 \equiv I'_2, \quad E'_3 \equiv O', \quad E'_4 \equiv I'_1.$$

Nous avons insisté sur ce premier type d'abaque à deux plans pour bien faire saisir la façon de rattacher un type particulier au type général. Nous nous contenterons dorénavant d'indiquer la spécialisation des éléments conduisant à la détermination de chaque type particulier.

Type II_2^2. — Notation :

$$E_1(\alpha_1) \mapsto E'_1, \quad E_2 \mapsto E'_2(\alpha'_2), \quad E_3 \mapsto E'_3, \quad E_4 \mapsto E'_4.$$

Représentant par C une courbe quelconque, par x' un point quelconque de l'axe $O'x'$, il suffit de faire

$$E_1(\alpha_1) \equiv x(\alpha_1), \quad E_2 \equiv C, \quad E_3 \equiv E_4 \equiv Ox,$$
$$E'_1 \equiv O'y', \quad E'_2(\alpha'_2) \equiv y'(\alpha'_2), \quad E'_3 \equiv O', \quad E'_4 \equiv x',$$

pour tomber sur le type d'abaque du n° 14. D'ailleurs, moyennant la *Remarque II* du n° 145, la notation de cet abaque pourra s'écrire

$$x(\alpha_1) \mapsto O'y', \quad C \mapsto y'(\alpha'_2), \quad Ox \leftrightarrows O'x'.$$

149. *Équations à trois variables.* — $\mathcal{A}^1_3$. Ces types d'abaques, au nombre de $\mathfrak{N}^1_3 = 2$, sont définis par

I^1_3	$3 \mapsto 0$
II^1_3	$2 \mapsto 1$

Type I^1_3. — Notation

$$E_1(\alpha_1, \alpha_2, \alpha_3) \mapsto E_2$$

Si, dans un abaque du type décrit au n° 15, on accole une échelle binaire à l'un des axes de coordonnées, les points du quadrillage deviennent des points à trois cotes mis en contact avec la courbe C sans cote. On obtient donc bien ainsi un abaque I^1_3.

Type II^1_3. — Notation :

$$E_1(\alpha_1, \alpha_2) \mapsto E_3(\alpha_3)$$

Si l'on suppose que l'élément E_1 est un point P et l'élément E_3 une courbe C, on obtient

$$P(\alpha_1, \alpha_2) \mapsto C(\alpha_3).$$

Ce type comprend tous les abaques cartésiens avec (n° 24) ou sans anamorphose (n° 16), le point P étant alors pris dans un quadrillage. Il comprend même tous les abaques à anamorphose générale [1] (n°s 46, 47 et 52), le point P étant alors pris dans un réseau quelconque.

---

[1] Il n'y a pas lieu de s'étonner que les abaques à anamorphose rentrent, avec notre classification, dans le même type que les abaques cartésiens ordinaires, puisque cette classification vise la structure des abaques et non pas la nature géométrique des éléments qui interviennent, nature que fait seule varier l'anamorphose.

C'est ici, pour les équations à plus de deux variables, le seul cas où le rôle joué par les diverses variables, au point de vue de la structure de l'abaque, soit permutable d'une manière quelconque. En effet, les trois courbes (α_1), (α_2) et (α_3) se coupant en un même point, on peut indifféremment considérer ce point comme un point (α_1, α_2) en contact avec la courbe (α_3), un point (α_2, α_3) en contact avec la courbe (α_1), ou un point (α_3, α_1) en contact avec la courbe (α_2). Et comme, d'ailleurs, la nature de ces courbes est quelconque, il en résulte, comme on l'a vu au n° 46, que l'équation représentée est elle-même quelconque.

A partir de $n = 4$, cette circonstance ne se retrouve plus.

$\mathcal{A}_3^2$. — Ces types d'abaques, au nombre de $\mathfrak{N}_3^2 = 5$, sont définis par :

I_3^2	2 ↦ 0	1 ↦ 0	0 ↦ 0	0 ↦ 0
II_3^2	2 ↦ 0	0 ↦ 1	0 ↦ 0	0 ↦ 0
III_3^2	1 ↦ 1	1 ↦ 0	0 ↦ 0	0 ↦ 0
IV_3^2	1 ↦ 0	1 ↦ 0	1 ↦ 0	0 ↦ 0
V_3^2	1 ↦ 0	1 ↦ 0	0 ↦ 1	0 ↦ 0

Observons tout d'abord que, conformément à la *Remarque II* du n° **147**, chacun de ces types d'abaques est susceptible de la variante pour laquelle un des contacts devient indéterminé, les trois éléments de l'un des deux plans qui interviennent dans les autres contacts appartenant à un même système de cercles concentriques Γ′ ou de droites parallèles Δ′.

En outre, conformément à la *Remarque III* du même n° **147**, les types III_3^2, IV_3^2 et V_3^2 peuvent ne comprendre comme éléments cotés que des points, mais alors le type V_3^2 n'est plus susceptible de la variante précédente, attendu que, chacun des deux plans portant nécessairement au moins un système de points, aucun d'eux ne peut être muni uniquement d'un système (Γ′) ou (Δ′).

Voyons maintenant comment divers procédés passés en revue dans cet Ouvrage pour des équations à trois variables rentrent dans ces types $\mathcal{A}_3^2$.

Type I_3^2. — Notation

$$E_1(\alpha_1, \beta_1) \mapsto E'_1, \quad E_2(\alpha_2) \mapsto E'_2, \quad E_3 \mapsto E'_3, \quad E_4 \mapsto E'_4.$$

Désignant par $P(t, p)$ le point de rencontre de l'horizontale (t) et de la radiante (p) de l'*abaque du n° 23* (3°), par $\Delta(t')$, l'horizontale (t') et, suivant la convention faite dans la *Remarque IV* du n° 145, par $\boxed{\Delta(t')\ F}$ le point de rencontre de cette droite et de la courbe F, enfin par $O'x'$ et $O'y'$ les axes du transparent, nous voyons que cet abaque rentre dans le type I_1^2 lorsqu'on prend

$$E_1 = P(t, p), \quad E_2 = \boxed{\Delta(t')\ F}, \quad E_3 = O, \quad E_4 = Ox,$$
$$E'_1 = O'y', \quad E'_2 = O'y', \quad E'_3 = O'y', \quad E'_4 = x'$$

La notation de l'abaque peut alors s'écrire [1], en tenant compte de la *Remarque II* du n° 145,

$$Ox \rightleftarrows O'x', \quad \boxed{\Delta(t')\ F} \mapsto O'y', \quad P(t, p) \mapsto O'y'$$

Type II_1^2 — Notation

$$E_1(\alpha_1, \beta_1) \mapsto E'_1, \quad E_2 \mapsto E'_2(\alpha'_2), \quad E_3 \mapsto E'_3, \quad E_4 \mapsto E'_4$$

On obtiendrait un tel abaque en remplaçant, dans le type du n° 14, l'échelle simple de Ox par une échelle binaire

Type III_3^2 — Notation

$$E_1(\alpha_1) \mapsto E'_1(\alpha'_1), \quad E_2(\alpha_2) \mapsto E'_2, \quad E_3 \mapsto E'_3, \quad E_4 \mapsto E'_4$$

Si les éléments E_1 sont des courbes C, les éléments E'_1 les points de l'axe $O'x'$, les éléments E_2 des points P, l'élément E'_2 l'axe $O'x'$, enfin, si nous réalisons les deux derniers contacts par la coïncidence des origines O et O', nous obtenons un abaque dont la notation est

$$O \rightleftarrows O', \quad P(\alpha_2) \mapsto O'x', \quad C(\alpha_1) \mapsto x'(\alpha'_1),$$

On reconnaît là un *abaque polaire* [2] (n° 55)

Si les éléments E_1 sont des courbes $C(\sigma)$, les éléments E_2 les points $y(z)$ de l'axe Oy pourvus de cotes z, les éléments E'_1 des droites $D'(\theta)$ issues de l'origine O', l'élément E'_2 l'axe $O'x'$ et si l'on remplace les deux derniers contacts entre éléments sans cote

---

(1) Nous intervertissons l'ordre des contacts pour placer en dernier le contact de résolution et donner les contacts de position dans l'ordre où on les effectue. Cette observation s'applique à tous les exemples particuliers suivants

(2) Pour comparer au type d'abaque décrit au n° 55 il faut changer α'_1 en α_1 et α_1 en α_2

par la coïncidence entre Oy et $O'y'$, on obtient la partie de l'*abaque tangentiel* de M. Willotte (n° 114), destinée au calcul de σ, dont la notation est dès lors

$$Oy \rightleftarrows O'y', \quad y(z) \mapsto O'x', \quad C(\sigma) \mapsto D'(0)$$

Pour la partie de l'abaque faisant connaître ε ou λ, il n'y a qu'à remplacer la courbe $C(\sigma)$ par le point $P(\varepsilon)$ ou $P(\lambda)$.

Si les éléments E_1 et E_2 sont des points de l'axe des x portant les deux échelles $x(\alpha_1)$ et $x(\alpha_2)$, les éléments E'_1 les parallèles $\Delta'(\alpha'_1)$ à $O'y'$, l'élément E'_2 l'axe $O'y'$, enfin si les deux derniers contacts sont remplacés par la coïncidence des axes Ox et $O'x'$, on a la notation

$$Ox \rightleftarrows O'x', \quad x(\alpha_2) \mapsto O'y', \quad x(\alpha_1) \mapsto \Delta'(\alpha'_1),$$

qui définit les *règles à tiroir* (¹) (n° 133).

Type IV_3^2. — Notation :

$$E_1(\alpha_1) \mapsto E'_1, \quad E_2(\alpha_2) \mapsto E'_2, \quad E_3(\alpha_3) \mapsto E'_3, \quad E_4 \mapsto E'_4.$$

Si les éléments E_1, E_2, E_3 sont des points $x(\alpha_1)$, $y(\alpha_2)$, $z(\alpha_3)$ portés sur les trois côtés d'un triangle équilatéral, l'élément E_4 le point X_∞ à l'infini dans la direction perpendiculaire à l'axe des x, si enfin, représentant par I'_1, I'_2, I'_3 les trois diagonales d'un hexagone régulier, on prend

$$E'_1 \equiv E'_4 \equiv I'_1, \qquad E'_2 \equiv I'_2, \qquad E'_3 \equiv I'_3,$$

on obtient les *abaques hexagonaux* (n° 32) dont la notation sera

$$X_\infty \mapsto I'_1, \quad x(\alpha_1) \mapsto I'_1, \quad y(\alpha_2) \mapsto I'_2, \quad z(\alpha_3) \mapsto I'_3.$$

Si, rendant le dernier contact indéterminé, on prend pour éléments E'_1, E'_2 et E'_3 une même droite Δ', on a les *abaques tangentiels généraux* (n° 58) dénotés

$$E_1(\alpha_1) \mapsto \Delta', \quad E_2(\alpha_2) \mapsto \Delta', \quad E_3(\alpha_3) \mapsto \Delta', \quad \text{»} \mapsto \text{»},$$

qui, lorsqu'on prend pour éléments E_1, E_2, E_3 des points, donnent les *abaques à points alignés* (n° 56).

Les éléments E_1, E_2, E_3 étant des points P_1, P_2, P_3, si l'on

---

(¹) Pour comparer au n° 133, il faut changer α_2 en α_3 et α'_1 en α_2.

prend pour élément E_1 la courbe C_1 servant de support aux points P_1 et que l'on fasse

$$E'_1 \equiv E'_2 \equiv O'y', \qquad E'_3 \equiv O'x', \qquad E'_4 \equiv O',$$

on a les *abaques à équerre* (n° 95) qui se dénoteront

$$C_1 \mapsto O', \quad P_1(\alpha_1) \mapsto O'y', \quad P_2(\alpha_2) \mapsto O'y', \quad P_3(\alpha_3) \mapsto O'x'$$

Le cas particulier où les points (α_1) et (α_2) sont des points (z) et (θ) portés par Oy et Ox, et les points (α_3) des points (σ) portés par Ox, donne la partie du *profilomètre* Siégler (n° 113) destinée à faire connaître σ

Type V_3^2. — Notation

$$E_1(\alpha_1) \mapsto E'_1, \quad E_2(\alpha_2) \mapsto E'_2, \quad E_3 \mapsto E'_3(\alpha'_3), \quad E_4 \mapsto E'_4$$

Pour

$$E_1(\alpha_1) \equiv y(z), \qquad E_2(\alpha_2) \equiv x(\theta), \qquad E_3 \equiv Oy, \qquad E_4 \equiv Oy,$$
$$E'_1 \equiv O'y', \qquad E'_2 \equiv O'y', \qquad E'_3(\alpha'_3) \equiv P'(\varepsilon), \qquad E'_4 \equiv O',$$

où $P'(\varepsilon)$ désignent les points cotés (ε), on a la partie du même profilomètre destinée à faire connaître ε, et dont la notation est

$$Oy \mapsto O', \quad y(z) \mapsto O'y, \quad x(\theta) \mapsto O'y', \quad Oy \mapsto P'(\varepsilon)$$

150 *Équations à quatre variables* $\mathcal{A}_4^1$. — Ces types d'abaques, au nombre de $\mathfrak{N}_4^1 = 3$, sont définis par

I_4^1	$4 \mapsto 0$
II_4^1	$3 \mapsto 1$
III_4^2	$2 \mapsto 2$

Type I_4^1. — Notation .

$$E_1(\alpha_1, \beta_1, \gamma_1, \delta_1) \mapsto E_2$$

Si aux axes Ox et Oy d'un abaque cartésien à deux variables (n° 12) on accole respectivement des échelles binaires (α_1, β_1) et (γ_1, δ_1) chaque point du quadrillage devient un point à quatre cotes et peut être pris comme élément E_1, la courbe, qui est sans cote, peut être prise comme élément E_2. On a donc bien ainsi un abaque du type I_4^1.

Type II_1^1. — Notation

$$E_1(\alpha_1, \beta_1, \gamma_1) \mapsto E_2(\alpha_2)$$

On obtient un abaque de ce type en prenant un abaque à échelles accolées (n° 9) et remplaçant l'une d'elles par une échelle ternaire (n° 131).

Type III_1^1. — Notation

$$E_1(\alpha_1, \beta_1) \mapsto E_2(\alpha_2, \beta_2)$$

Les *abaques à échelles binaires accolées* (n° 117) rentrent dans ce type, il suffit, pour le voir, de prendre pour éléments E_1 les horizontales passant par les points (α_1, β_1) et pour éléments E_2 les points (α_2, β_2).

$\mathcal{A}_4^2$. — Ces types d'abaques, au nombre de $\mathfrak{N}_4^2 = 16$, sont définis par

I_4^2	$3 \mapsto 0$	$1 \mapsto 0$	$0 \mapsto 0$	$0 \mapsto 0$
II_4^2	$3 \mapsto 0$	$0 \mapsto 1$	$0 \mapsto 0$	$0 \mapsto 0$
III_4^2	$2 \mapsto 1$	$1 \mapsto 0$	$0 \mapsto 0$	$0 \mapsto 0$
IV_4^2	$2 \mapsto 1$	$0 \mapsto 1$	$0 \mapsto 0$	$0 \mapsto 0$
V_4^2	$2 \mapsto 0$	$2 \mapsto 0$	$0 \mapsto 0$	$0 \mapsto 0$
VI_4^2	$2 \mapsto 0$	$1 \mapsto 1$	$0 \mapsto 0$	$0 \mapsto 0$
VII_4^2	$2 \mapsto 0$	$1 \mapsto 0$	$1 \mapsto 0$	$0 \mapsto 0$
VIII_4^2	$2 \mapsto 0$	$1 \mapsto 0$	$0 \mapsto 1$	$0 \mapsto 0$
IX_4^2	$2 \mapsto 0$	$0 \mapsto 2$	$0 \mapsto 0$	$0 \mapsto 0$
X_4^2	$2 \mapsto 0$	$0 \mapsto 1$	$0 \mapsto 1$	$0 \mapsto 0$
XI_4^2	$1 \mapsto 1$	$1 \mapsto 1$	$0 \mapsto 0$	$0 \mapsto 0$
XII_4^2	$1 \mapsto 1$	$1 \mapsto 0$	$1 \mapsto 0$	$0 \mapsto 0$
XIII_4^2	$1 \mapsto 1$	$1 \mapsto 0$	$0 \mapsto 1$	$0 \mapsto 0$
XIV_4^2	$1 \mapsto 0$	$1 \mapsto 0$	$1 \mapsto 0$	$1 \mapsto 0$
XV_4^2	$1 \mapsto 0$	$1 \mapsto 0$	$1 \mapsto 0$	$0 \mapsto 1$
XVI_4^2	$1 \mapsto 0$	$1 \mapsto 0$	$0 \mapsto 1$	$0 \mapsto 1$

Ici la *Remarque II* du n° 147 n'est applicable qu'aux types de I à XIII, les trois derniers ne comportant aucun contact entre éléments sans cote.

Quant à la *Remarque III*, elle ne s'appliquera, au contraire, qu'aux trois derniers.

Il serait facile de former des exemples de ces seize types d'abaques, mais cela serait sans utilité. Nous nous bornerons à faire voir auxquels de ces types se rattachent les abaques à quatre variables et à deux plans, rencontrés dans le corps de l'Ouvrage.

Type IV_1^2. — Notation

$$E_1(\alpha_1, \beta_1) \mapsto E'_1(\alpha'_1), \quad E_2(\alpha_2) \mapsto E'_2, \quad E_3 \mapsto E'_3, \quad E_4 \mapsto E'_4$$

Si les éléments E_1 sont les perpendiculaires Δ à Ox menées par les points (α_1, β_1) d'une échelle binaire accolée à cet axe, E_2 les points $x(\alpha_2)$ de Ox, E'_1 les points $x'(\alpha'_1)$ de $O'x'$, E'_2 l'axe $O'y'$, enfin si l'on remplace les derniers contacts par la coïncidence de Ox et de $O'x'$ suivant la *Remarque II* du n° **145**, on obtient une *règle à tiroir à échelle binaire* (n° **133**) dénotée

$$Ox \equiv O'x', \quad \Delta(\alpha_1, \beta_1) \mapsto x'(\alpha'_1), \quad x(\alpha_2) \mapsto O'y'$$

Type VII_4^2. — Notation :

$$E_1(\alpha_1, \beta_1) \mapsto E'_1, \quad E_2(\alpha_2) \mapsto E'_2, \quad E_3(\alpha_3) \mapsto E'_3, \quad E_4 \mapsto E'_4$$

Ce type comprend la plupart des procédés précédemment étudiés en vue des équations à quatre variables.

Si, par exemple, laissant le dernier contact indéterminé, suivant la *Remarque II* du n° **147**, on prend pour éléments E'_1, E'_2, E'_3, une même droite Δ', les éléments E_1, E_2, E_3 étant des points P_1, P_2, P_3, on a un *abaque à points alignés* pour quatre variables (n° **121**) qui se dénotera

$$P_1(\alpha_1, \beta_1) \mapsto \Delta', \quad P_2(\alpha_2) \mapsto \Delta', \quad P_3(\alpha_3) \mapsto \Delta', \quad \text{»} \mapsto \text{»}$$

Si, dans cette notation, on remplace les points P_2 et P_3 par des courbes C_2 et C_3, on a celle des *abaques à droites à doubles enveloppes* (n° **127**) (¹).

(¹) Il est curieux que ces deux derniers types d'abaques obtenus analytiquement comme corrélatifs l'un de l'autre rentrent, au point de vue de leur structure, dans le même type général.

Quant aux *abaques à trajectoires de contacts* (n° 128), si l'on représente par $C_2(\alpha_2)$ l'enveloppe $\mathcal{E}_{\alpha_2}$ et par $P_3(\alpha_2, \alpha_3)$ le point de rencontre de cette enveloppe et de la trajectoire $\mathfrak{S}_{\alpha_3}$, ils se dénotent

$$P_1(\alpha_1, \beta_1) \mapsto \Delta', \quad C_2(\alpha_2) \mapsto \Delta', \quad P_3(\alpha_2, \alpha_3) \mapsto \Delta', \quad \text{»} \mapsto \text{»}$$

Donc, au point de vue de leur structure, ils doivent être considérés comme des abaques à cinq variables α_1, β_1, α_2, α_3, β_3 dans lesquels deux des variables α_2 et β_3 sont identiques, suivant la remarque contenue dans la note au bas de la page 401.

Si les éléments E_1, E_2, E_3 sont des points pris sur une échelle binaire et deux échelles simples accolées aux côtés x, y, z d'un triangle équilatéral, si l'élément E_4 est le point X_∞ à l'infini dans la direction perpendiculaire à x, et si, en représentant par I'_1, I'_2, I'_3 les diagonales d'un hexagone régulier, on fait

$$E'_1 = E'_4 = I'_1, \quad E'_2 = I'_2, \quad E'_3 = I'_3,$$

on a un *abaque hexagonal* pour quatre variables (n° 119), qui se dénotera

$$X_\infty \mapsto I'_1, \quad P_1(\alpha_1, \beta_1) \mapsto I'_1, \quad P_2(\alpha_2) \mapsto I'_2 \quad P_3(\alpha_3) \mapsto I'_3$$

Si l'élément E_1 est le point $(n-q, p)$ dont les coordonnées sont $x = n - q$, $y = p$, l'élément E_2 la parallèle $\Delta(n)$ à Oy, l'élément E_3 le point $x(z)$ de Ox, l'élément E_4 la parabole P de la *fig.* 154 (p. 348), si, en outre, on fait

$$E'_1 = O'x', \quad E'_2 = O', \quad E'_3 = E'_4 = O'y',$$

le type général VII^3_4 donne l'*abaque à équerre pour l'équation du troisième degré* (n° 129), qui sera, par suite, dénoté

$$(n-p, q) \mapsto O'x', \quad \Delta(n) \mapsto O', \quad P \mapsto O'y', \quad x(z) \mapsto O'y'$$

Type XI^3_4. — Notation

$$E_1(\alpha_1) \mapsto E'_1(\alpha'_1), \quad E_2(\alpha_2) \mapsto E'_2(\alpha'_2), \quad E_3 \mapsto E'_3, \quad E_4 \mapsto E'_4,$$

Si les éléments E_1 et E_2 sont respectivement les systèmes de droites $D_1(p)$ et $D_2(s)$, les éléments E'_1 et E'_2 les points $y'_1(L)$ et $y'_2(T)$ pris sur les échelles (L) et (T), portées l'une et l'autre par $O'y'$, enfin, si l'on remplace les deux derniers contacts par la coïncidence de Ox et de $O'x'$, on a l'*abaque de jauge des yachts* de M. Chancel (n° 118, 2°) qui est alors dénoté

$$Ox \boxminus O'x', \quad D_1(p) \mapsto y'_1(L), \quad D_2(s) \mapsto y'_2(T)$$

Type XII^2_4. — Notation

$$E_1(\alpha_1) \mapsto E'_1(\alpha'_1), \quad E_2(\alpha_2) \mapsto E'_2, \quad E_3(\alpha_3) \mapsto E'_3, \quad E_4 \mapsto E'_4$$

Si en appelant D le support des points P_1, O', un point marqué sur la droite D' et $\Gamma'_1(t)$ un cercle de centre O', on fait

$$E_1 = P_1(V), \quad E_2 = P_2(b), \quad E_3 = P_3(h), \quad E_4 = D,$$
$$E'_1 = \Gamma'_1(t), \quad E'_2 = D' \quad E'_3 = D', \quad E'_4 = O',$$

on obtient l'*abaque du volume du ballast* (nº 80, 2º) alors dénoté

$$D \mapsto O', \quad P_2(b) \mapsto D', \quad P_3(h) \mapsto D', \quad P_1(V) \mapsto \Gamma'_1(t)$$

Si, suivant la *Remarque II* du nº 147, on rend le dernier contact indéterminé en prenant pour éléments E'_3 une droite Δ', parallèle à la droite Δ'_0 prise à la fois pour E'_1 et E'_2, et munie d'une cote α_4 lue sur le plan fixe, on a, les eléments E_1, E_2, E_3 étant des points, un abaque qui se dénote

$$P_1(\alpha_1) \mapsto \Delta'_0, \quad P_2(\alpha_2) \mapsto \Delta'_0, \quad P_3(\alpha_3) \mapsto \Delta'(\bar{\alpha}_4), \quad » \mapsto »,$$

et qui n'est autre qu'un *abaque à parallèles mobiles* (nº 97).

Remarquons enfin que l'abaque du P. Poulain pour l'équation complete du troisième degré (nº 127), lorsqu'on le complète par un transparent à radiantes cotées donnant les valeurs de z, rentre aussi dans ce type général. Si, en effet, on représente par $C(n)$ la courbe cotée n, par $D'(z)$ la radiante du transparent cotée z et par x_∞ le point à l'infini sur Ox, il peut se dénoter

$$x_\infty \mapsto O'x', \quad x(p) \mapsto O'y', \quad y(q) \mapsto O'x', \quad C(n) \mapsto D'(z)$$

Type XIV^2_4. — Notation

$$E_1(\alpha_1) \mapsto E'_1, \quad E_2(\alpha_2) \mapsto E'_2, \quad E_3(\alpha_3) \mapsto E'_3, \quad E_4(\alpha_4) \mapsto E'_4$$

Suivant une remarque faite plus haut les éléments à une cote E_1, E_2, E_3, E_4, étant en contact avec des éléments sans cote,

Fig. 173

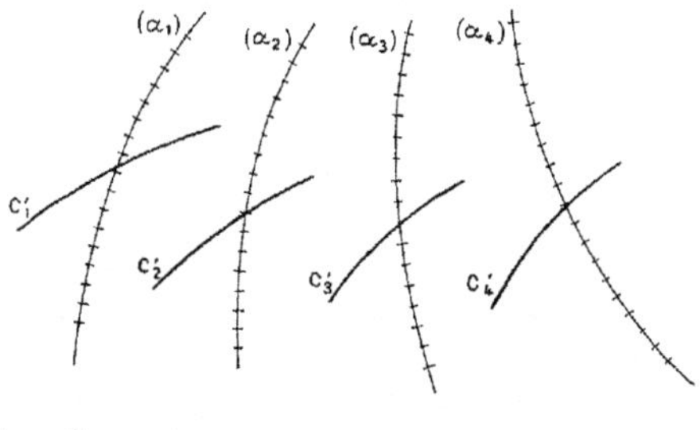

peuvent être des points en contact avec des courbes C'_1, C'_2, C'_3, C'_4 (*fig.* 173).

Si, en outre, les éléments E'_1, E'_2, E'_3, E'_4 se confondent avec une même courbe C' on a un *abaque à transversale quelconque* de M. Goedseels (n° 96)

Type XV_4^2. — Notation

$$E_1(\alpha_1) \mapsto E'_1, \quad E_2(\alpha_2) \mapsto E'_2, \quad E_3(\alpha_3) \mapsto E'_3, \quad E_4 \mapsto E'_4(\alpha'_4)$$

Ici encore les quatre éléments cotés peuvent être des points (*fig* 174)

Fig 174

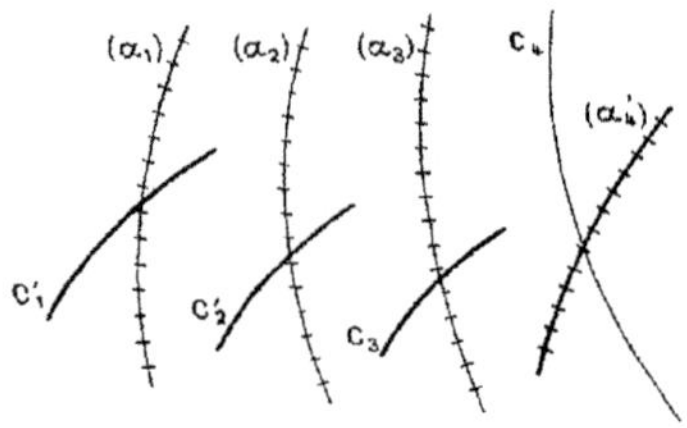

Si, en outre, les courbes C'_1, C'_2 et C'_3 se confondent avec le support du système (α'_4) et la courbe C_4 avec le support du système (α_1), on a un abaque du type représenté par la *fig*. 175, qui a également été proposé par M Goedseels

Fig 175

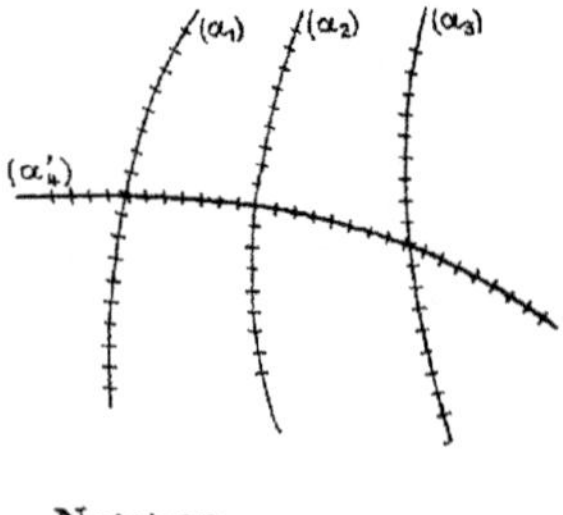

Type XVI_4^1 — Notation

$$E_1(\alpha_1) \mapsto E'_1, \quad E_2(\alpha_2) \mapsto E'_2, \quad E_3 \mapsto E'_3(\alpha'_3), \quad E_4 \mapsto E'_4(\alpha'_4),$$

Lorsque les quatre éléments cotés sont des points on a un abaque tel que celui de la *fig* 176

Fig 176

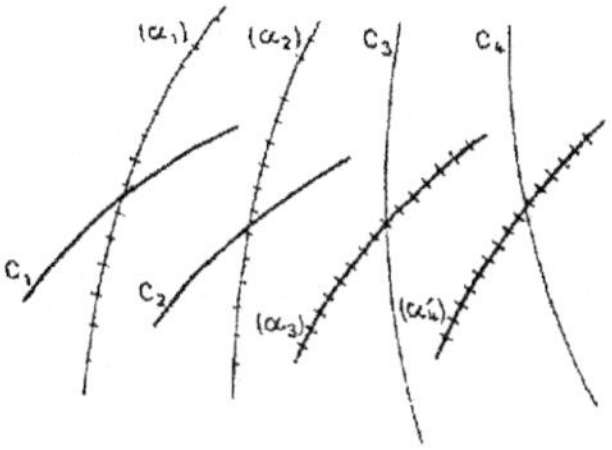

Si les courbes C_3 et C_4 se confondent respectivement avec les supports des systèmes (α_1) et (α_2), les courbes C'_1 et C'_2 avec les

Fig 177

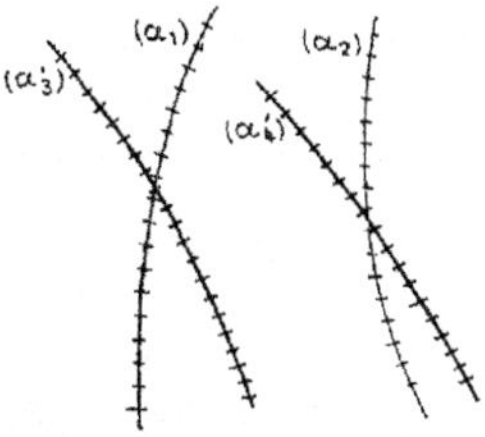

supports des systèmes (α'_3) et (α'_4), on a un abaque du type représenté par la *fig.* 177, encore dû à M Goedseels.

II — **Étude des équations représentables au moyen d'un type d'abaque donné**

A — Caractères différentiels et fonctionnels

151 *Types d'équations répondant aux principaux ty[pes] d'abaques.* — Un type d'abaque étant donné, il est toujo[urs] facile, comme on l'a vu au cours de cet Ouvrage, de former [au] moyen de fonctions arbitraires, entre lesquelles le mode d'em[ploi] de l'abaque établit un certain lien analytique, le type d'équation le plus général correspondant. Nous appellerons ces fonctions arbitraires les *composantes* du type considéré

La question se pose dès lors, *une équation quelconque étant donnée, de reconnaître si elle appartient à un type donné et de former dans ce cas ses composantes.*

La méthode générale pour résoudre ce problème est la suivante : partant du type général considéré il faut d'abord en éliminer les fonctions arbitraires, ce qui conduit à des équations aux dérivées partielles qui doivent être satisfaites si telle équation particulière appartient à ce type, puis remonter par des intégrations convenablement dirigées aux fonctions composantes

Le Calcul différentiel fournit théoriquement le moyen d'effectuer l'élimination des fonctions arbitraires En réalité, les calculs qu'exige cette solution sont généralement inextricables, et l'on n'en vient à bout, dans quelques cas, que grâce à des artifices spéciaux

Dans la pratique, on se borne presque toujours à un simple examen de l'équation qu'on veut représenter, examen qui met en évidence telle ou telle forme caractéristique se retrouvant constamment dans les applications Il n'en est pas moins vrai qu'il y a un réel intérêt à posséder une méthode mathématique permettant de procéder de façon sûre à cette reconnaissance. Une telle méthode a été, comme nous allons le voir, donnée pour les types qui se rencontrent le plus fréquemment en pratique.

Nous tenons auparavant à faire l'observation que voici : pour les *équations à deux variables,* chaque type d'abaque est applicable à l'une *quelconque* d'entre elles. La question ne se pose donc pas

Pour les *équations à trois variables* il existe des modes de représentation applicables à l'une quelconque d'entre elles (nos 16, 46, 55). Le rattachement d'une équation de cette sorte à tel type plus ou moins général n'a donc pour objet que de permettre de lui appliquer un mode de représentation plus simple que les modes généraux.

Pour les *équations à plus de trois variables,* au contraire, il n'existe pas de méthode absolument générale. En rattachant une équation de cette sorte à tel ou tel type que l'on sait traduire par un abaque, c'est donc la *possibilité* même de sa représentation qu'on met en évidence.

Cela dit, nous allons rappeler ici les types généraux d'équations qui se rencontrent le plus fréquemment parmi ceux qui ont été mis en évidence dans le cours de cet Ouvrage, avec l'indication des numéros où sont décrites les méthodes de représentation qui leur sont applicables :

$$\text{(I)} \qquad f_1(\alpha_1) + f_2(\alpha_2) = f_3(\alpha_3) \qquad (\text{n}^{\text{os}}\ 26,\ 32,\ 66,\ 133)$$

$$\text{(I } bis\text{)} \qquad f_1(\alpha_1) f_2(\alpha_2) = f_3(\alpha_3) \qquad (\text{n}^{\text{os}}\ 28,\ 72),$$

ce type se ramenant d'ailleurs au précédent si on le met sous la forme

$$\log f_1(\alpha_1) + \log f_2(\alpha_2) = \log f_3(\alpha_3),$$

$$\text{(II)} \qquad f_1(\alpha_1) f_3(\alpha_3) + f_2(\alpha_2) \varphi_3(\alpha_3) + \psi_3(\alpha_3) = 0 \qquad (\text{n}^{\text{os}}\ 24,\ 78),$$

$$\text{(III)} \qquad \begin{vmatrix} f_1(\alpha_1) & \varphi_1(\alpha_1) & \psi_1(\alpha_1) \\ f_2(\alpha_2) & \varphi_2(\alpha_2) & \psi_2(\alpha_2) \\ f_3(\alpha_3) & \varphi_3(\alpha_3) & \psi_3(\alpha_3) \end{vmatrix} = 0 \qquad (\text{n}^{\text{os}}\ 47,\ 56)$$

Les types (I), (I *bis*), (II) ne sont, comme on voit, que des cas particuliers de ce type (III) [1], auquel on ramène encore très aisément (n° 48) le suivant :

$$\text{(IV)} \qquad \left\{ \begin{aligned} \lambda_1(\alpha_1)\lambda_2(\alpha_2) f_3(\alpha_3) &+ \mu_1(\alpha_1)\mu_2(\alpha_2)\varphi_3(\alpha_3) \\ &+ \nu_1(\alpha_1)\nu_2(\alpha_2)\psi_3(\alpha_3) = 0, \end{aligned} \right.$$

les λ, μ, ν désignant des fonctions linéaires en α_1 ou en α_2.

$$\text{(V)} \qquad f_1(\alpha_1) + f_2(\alpha_2) = f_3(\alpha_3) + f_4(\alpha_4) \qquad (\text{n}^{\text{os}}\ 37,\ 70,\ 89,\ 134),$$

$$\text{(V } bis\text{)} \qquad f_1(\alpha_1) f_2(\alpha_2) = f_3(\alpha_3) f_4(\alpha_4) \qquad (\text{n}^{\text{o}}\ 91),$$

celui-ci se ramenant d'ailleurs au précédent par transformation logarithmique ;

$$\text{(VI)} \qquad f_1(\alpha_1) f_2(\alpha_2) + \varphi_2(\alpha_2) = f_3(\alpha_3) f_4(\alpha_4) + \varphi_4(\alpha_4) \qquad (\text{n}^{\text{os}}\ 92,\ 136),$$

---

[1] Il convient de remarquer dès maintenant que le nombre véritable des fonctions arbitraires entrant dans un type donné, n'est pas nécessairement égal à celui des signes fonctionnels distincts employés à l'écrire. Ainsi, dans le type (II), en divisant par l'une des fonctions de α_3, on voit qu'il n'y a que quatre fonctions arbitraires ; dans le type (III), en divisant chaque ligne du déterminant par un de ses éléments, on voit qu'il n'y en a que six.

$$\text{(VII)}\quad \begin{cases} [\varphi_1(\alpha_1)-\varphi_2(\alpha_2)][\varphi_3(\alpha_3)-\varphi_4(\alpha_4)] \\ \quad +[f_1(\alpha_1)-f_2(\alpha_2)][f_3(\alpha_3)-f_4(\alpha_4)]=0 \end{cases} \quad (\text{n}^{\text{os}}\ 96,\ 97),$$

$$\text{(VIII)}\quad f_1(\alpha_1,\beta_1)=f_2(\alpha_2,\beta_2) \quad (\text{n}^{\text{o}}\ 117)$$

$$\text{(IX)}\quad f_1(\alpha_1,\beta_1)+f_2(\alpha_2,\beta_2)=f_3(\alpha_3,\beta_3) \quad (\text{n}^{\text{os}}\ 119,\ 121,\ 133),$$

$$\text{(X)}\quad \begin{cases} f_1(\alpha_1)f_3(\alpha_3,\beta_3) \\ \quad +f_2(\alpha_2)\varphi_3(\alpha_3,\beta_3)+\psi_3(\alpha_3,\beta_3)=0 \end{cases} \quad (\text{n}^{\text{os}}\ 121,\ 127,\ 128)$$

$$\text{(XI)}\quad \begin{vmatrix} f_1(\alpha_1,\beta_1) & \varphi_1(\alpha_1,\beta_1) & \psi_1(\alpha_1,\beta_1) \\ f_2(\alpha_2,\beta_2) & \varphi_2(\alpha_2,\beta_2) & \psi_2(\alpha_2,\beta_2) \\ f_3(\alpha_3,\beta_3) & \varphi_3(\alpha_3,\beta_3) & \psi_3(\alpha_3,\beta_3) \end{vmatrix}=0 \quad (\text{n}^{\text{o}}\ 121),$$

$$\text{(XII)}\quad f_1(\alpha_1)+f_2(\alpha_2)+\ldots+f_n(\alpha_n)=0 \quad (\text{n}^{\text{os}}\ 37,\ 70,\ 134),$$

$$\text{(XIII)}\quad f_1(\alpha_1,\beta_1)+f_2(\alpha_2,\beta_2)+\ldots+f_n(\alpha_n,\beta_n)=0 \quad (\text{n}^{\text{os}}\ 120,\ 134)$$

La détermination des caractères différentiels dont il a été question plus haut a été, comme on va voir, effectuée pour les types (I) [auquel se ramène (I *bis*)] et (II), de beaucoup les plus fréquents dans la pratique.

Pour le type (III) l'élimination des fonctions arbitraires reste encore à faire, mais on verra qu'on peut former, au moyen de l'équation donnée, certaines équations fonctionnelles qui doivent être identiquement satisfaites si l'équation donnée rentre dans le type en question.

152. *Équations du type (I).* — C'est le comte Paul de Saint-Robert qui a résolu le problème en ce qui concerne les équations du type (I), qu'il considérait au point de vue de leur représentation par des règles à tiroir (n° 133). Voici sa solution [1].

L'équation étant écrite, en représentant, d'une manière générale, par f_i la fonction $f_i(\alpha_i)$ de la seule variable α_i,

$$(1)\qquad f_1+f_2=f_3,$$

on a, en posant

$$\frac{\partial\alpha_3}{\partial\alpha_1}=p_1,\qquad \frac{\partial\alpha_3}{\partial\alpha_2}=p_2,$$

---

[1] *Memorie della R. Accademia di Torino*, 2e série, t. XXV, p. 53, 1871.

et dérivant l'équation considérée successivement par rapport à α_1 et à α_2,

$$f'_1 = f'_3 p_1,$$
$$f'_2 = f'_3 p_2,$$

d'où

$$\frac{p_1}{p_2} = \frac{f'_1}{f'_2}.$$

Posant maintenant

$$\frac{p_1}{p_2} = r,$$

nous avons

(2) $$r = \frac{f'_1}{f'_2},$$

d'où, successivement,

$$\log r = \log f'_1 - \log f'_2,$$

(3) $$\frac{\partial \log r}{\partial \alpha_1} = \frac{f''_1}{f'_1},$$

(4) $$\frac{\partial^2 \log r}{\partial \alpha_1 \, \partial \alpha_2} = 0$$

Telle est l'équation de condition cherchée. Il est facile de la former lorsqu'on se donne une équation quelconque

(5) $$F(\alpha_1, \alpha_2, \alpha_3) = 0,$$

attendu que

$$r = \frac{\partial F}{\partial \alpha_1} \, \frac{\partial F}{\partial \alpha_2}$$

Si, pour la fonction r ainsi calculée l'équation (4) est identiquement vérifiée, l'équation (3) fait connaître f_1, puis l'équation (2) où l'on remplace f'_1 par la valeur qui vient d'être obtenue, donne f_2.

Formant alors la somme $f_1 + f_2$, on est assuré qu'en y remplaçant α_1 ou α_2 par sa valeur en fonction de α_3 tirée de (5), la seconde variable, α_2 ou α_1, disparaîtra en même temps, et on obtiendra ainsi f_3.

Prenons, par exemple, pour équation (5) l'équation

(6) $$\alpha_3 = \alpha_1 \alpha_2 + \sqrt{1 + \alpha_1^2} \sqrt{1 + \alpha_2^2}$$

qui ne semble pas, *a priori*, rentrer dans le type (1). Ici on a

$$p_1 = \alpha_2 + \alpha_1\sqrt{\frac{1+\alpha_2^2}{1+\alpha_1^2}},$$

$$p_2 = \alpha_1 + \alpha_2\sqrt{\frac{1+\alpha_1^2}{1+\alpha_2^2}},$$

d'où

(7) $$r = \sqrt{\frac{1+\alpha_2^2}{1+\alpha_1^2}},$$

par suite,

(8) $$\frac{\partial \log r}{\partial \alpha_1} = -\frac{\alpha_1}{1+\alpha_1^2}$$

et

$$\frac{\partial^2 \log r}{\partial \alpha_1 \partial \alpha_2} = 0.$$

La condition étant remplie, si on porte la valeur (8) de $\frac{\partial \log r}{\partial \alpha_1}$ dans l'équation (3), on a

$$\frac{f''_1}{f'_1} = -\frac{\alpha_1}{1+\alpha_1^2},$$

d'où, en intégrant une première fois,

(9) $$f'_1 = \frac{A}{\sqrt{1+\alpha_1^2}},$$

et une seconde,

(10) $$f_1 = A\log(\alpha_1 + \sqrt{1+\alpha_1^2}) + B,$$

A et B étant des constantes d'intégration, puis, portant les valeurs (7) et (9) de r et de f'_1 dans (2), on a

$$f'_2 = \frac{A}{\sqrt{1+\alpha_2^2}},$$

d'où, en intégrant,

(11) $$f_2 = A\log(\alpha_2 + \sqrt{1+\alpha_2^2}) + C,$$

C étant une nouvelle constante d'intégration. Ajoutant (10) et (11), on a maintenant, puisqu'on sait que l'équation prendra la forme (1),

$$\begin{aligned} f_3 &= A\log(\alpha_1 + \sqrt{1+\alpha_1^2})(\alpha_2 + \sqrt{1+\alpha_2^2}) + B + C \\ &= A\log(\alpha_3 + \alpha_2\sqrt{1+\alpha_1^2} + \alpha_1\sqrt{1+\alpha_2^2}) + B + C \end{aligned}$$

Or l'équation (6) rendue rationnelle s'écrit

$$\alpha_3^2 - 2\alpha_1\alpha_2\alpha_3 = 1 + \alpha_1^2 + \alpha_2^2$$

ou

$$\alpha_3^2 - 1 = \alpha_1^2 + \alpha_2^2 + 2\alpha_1\alpha_2\alpha_3,$$

c'est-à-dire, eu égard à (6),

$$\begin{aligned}\alpha_3^2 - 1 &= \alpha_1^2 + \alpha_2^2 + 2\alpha_1\alpha_2\left(\alpha_1\alpha_2 + \sqrt{1+\alpha_1^2}\sqrt{1+\alpha_2^2}\right)\\ &= \alpha_1^2(1+\alpha_2^2) + \alpha_2^2(1+\alpha_1^2) + 2\alpha_1\alpha_2\sqrt{1+\alpha_1^2}\sqrt{1+\alpha_2^2}\\ &= \left(\alpha_1\sqrt{1+\alpha_2^2} + \alpha_2\sqrt{1+\alpha_1^2}\right)^2.\end{aligned}$$

Par suite, l'expression de f_3 devient

$$f_3 = A\log\left(\alpha_3 + \sqrt{\alpha_3^2 - 1}\right) + B + C,$$

et l'on voit que l'équation (6) peut se mettre sous la forme

$$\log\left(\alpha_1 + \sqrt{1+\alpha_1^2}\right) + \log\left(\alpha_2 + \sqrt{1+\alpha_2^2}\right) = \log\left(\alpha_3 + \sqrt{\alpha_3^2 - 1}\right).$$

Le calcul qui vient d'être développé a eu l'avantage de rendre plus claire la solution générale, mais on pouvait ici, en se fondant sur la théorie des sinus et cosinus hyperboliques sh et ch, opérer plus rapidement la transformation voulue.

Si, en effet, on pose

$$\alpha_1 = \operatorname{sh} u_1, \qquad \alpha_2 = \operatorname{sh} u_2$$

on a

$$\sqrt{1+\alpha_1^2} = \operatorname{ch} u_1, \qquad \sqrt{1+\alpha_2^2} = \operatorname{ch} u_2,$$

et l'équation demandée devient

$$\alpha_3 = \operatorname{sh} u_1 \operatorname{sh} u_2 + \operatorname{ch} u_1 \operatorname{ch} u_2 = \operatorname{ch}(u_1 + u_2).$$

Donc

$$\arg\operatorname{ch}\alpha_3 = u_1 + u_2 = \arg\operatorname{sh}\alpha_1 + \arg\operatorname{sh}\alpha_2.$$

Or

$$\arg\operatorname{ch}\alpha = \int_0^\alpha \frac{d\alpha}{\sqrt{\alpha^2 - 1}} = \log\left(\alpha + \sqrt{\alpha^2 - 1}\right),$$

$$\arg\operatorname{sh}\alpha = \int_0^\alpha \frac{d\alpha}{\sqrt{\alpha^2 + 1}} = \log\left(\alpha + \sqrt{\alpha^2 + 1}\right).$$

Conséquemment l'équation précédente devient

$$\log\left(\alpha_3 + \sqrt{\alpha_3^2 - 1}\right) = \log\left(\alpha_1 + \sqrt{\alpha_1^2 + 1}\right) + \log\left(\alpha_2 + \sqrt{\alpha_2^2 + 1}\right).$$

153 *Équations du type (11)* — 1° *Solution de M Massau* (¹). — Supposant la fonction ψ_3 différente de zéro et divisant par cette fonction, nous pouvons, en remplaçant $\frac{f_3}{\psi_3}$ et $\frac{\varphi_3}{\psi_3}$ par f_3 et φ_3, écrire l'équation

$$(1) \qquad f_1(\alpha_1)f_3(\alpha_3)+f_2(\alpha_2)\varphi_3(\alpha_3)+1=0$$

Prenant les dérivées par rapport à α_1 et à α_2 et posant comme précédemment

$$\frac{\partial\alpha_3}{\partial\alpha_1}=p_1, \qquad \frac{\partial\alpha_3}{\partial\alpha_2}=p_2,$$

nous avons

$$f'_1 f_3+(f_1 f'_3+f_2\varphi'_3)p_1=0,$$
$$\varphi'_2\varphi_3+(f_1 f'_3+f_2\varphi'_3)p_2=0,$$

d'où

$$(2) \qquad \frac{p_2}{p_1}=\frac{\varphi_3}{f_3}\frac{f'_2}{f'_1},$$

équation qui montre que α_3 est une fonction de $\frac{p_1 f'_2}{p_2 f'_1}$ On a donc en annulant à zéro le jacobien de α_3 et de $\frac{p_1 f'_2}{p_2 f'_1}$,

$$\begin{vmatrix} p_1 & \frac{d}{d\alpha_1}\frac{p_1 f'_2}{p_2 f'_1} \\ p_2 & \frac{d}{d\alpha_2}\frac{p_1 f'_2}{p_3 f'_1} \end{vmatrix}=0$$

ou, tous calculs faits,

$$(3) \qquad p_1\frac{f''_2}{f'_2}+p_2\frac{f''_1}{f'_1}=\mathrm{R},$$

si l'on pose

$$\frac{\partial^2\alpha_3}{\partial\alpha_1^2}=r_1, \qquad \frac{\partial^2\alpha_3}{\partial\alpha_1\,\partial\alpha_2}=s, \qquad \frac{\partial^2\alpha_3}{\partial\alpha_2^2}=r_2,$$

puis

$$\mathrm{R}=r_1\frac{p_2}{p_1}-2s+r_2\frac{p_1}{p_2}.$$

(¹) C'est M Demoulin, chargé de cours à l'Université de Gand, qui a eu l'obligeance de nous communiquer l'analyse ici reproduite, dont le résultat seul est mentionné dans le Mémoire déjà cité de l'auteur sur l'*Intégration graphique* (Liv III, Ch. III, n° 178)

Si l'on pose maintenant

$$(4)\qquad \frac{f''_1}{f'_1} = U_1 \qquad \frac{f''_2}{f'_2} = U_2,$$

l'équation (3) devient

$$(5)\qquad p_1 U_2 + p_2 U_1 = R$$

Toute solution de l'équation (1) vérifie l'équation (5) et *réciproquement*, car, de l'équation (5), on peut remonter aux équations (3) et (2), et, si l'on désigne par V_3 une fonction de α_3, celle-ci peut s'écrire

$$V_3 = \frac{p_1 f'_2}{p_2 f'_1}$$

ou

$$\begin{vmatrix} p_1 & V_3 f'_1 \\ p_2 & f'_2 \end{vmatrix} = 0,$$

d'où

$$\alpha_3 = \Phi(V_3 f'_1 + f'_2),$$

équation de la forme (1)

Dérivons maintenant l'équation (5) successivement par rapport à α_1 et à α_2. Cela nous donne

$$(6)\qquad r_1 U_2 + s U_1 + p_2 U'_1 = \frac{\partial R}{\partial \alpha_1},$$

$$(7)\qquad s U_2 + r_2 U_1 + p_1 U'_2 = \frac{\partial R}{\partial \alpha_2}.$$

Dérivant ensuite l'équation (6) par rapport à α_2 on a

$$(8)\qquad \frac{\partial r_1}{\partial \alpha_2} U_2 + \frac{\partial s}{\partial \alpha_2} U_1 + \frac{\partial p_2}{\partial \alpha_2} U'_1 + r_1 U'_2 = \frac{\partial^2 R}{\partial \alpha_1 \partial \alpha_2}.$$

Les équations (5) à (8) donnent les valeurs de U_1, U_2, U'_1, U'_2 et notamment

$$U_1 = S, \qquad U_2 = T$$

On en déduit

$$(9)\qquad \frac{\partial S}{\partial \alpha_2} = 0, \qquad \frac{\partial T}{\partial \alpha_1} = 0$$

On peut voir que les équations (9), qui sont du *cinquième ordre*, forment un système équivalent à l'équation (5).

Soit, en effet, α_3 une solution commune aux équations (9)

Formons les équations

$$(5)' \qquad p_1\lambda - p_2\mu = \mathrm{R},$$

$$(6)' \qquad r_1\lambda - s\mu + p_2\nu = \frac{\partial \mathrm{R}}{\partial\alpha_1},$$

$$(7)' \qquad s\lambda - r_2\mu + p_1\pi = \frac{\partial \mathrm{R}}{\partial\alpha_2},$$

$$(8)' \qquad \frac{\partial r_1}{\partial\alpha_2}\lambda - \frac{\partial s}{\partial\alpha_1}\mu + \frac{\partial p_2}{\partial\alpha_2}\nu + r\pi = \frac{\partial^2 \mathrm{R}}{\partial\alpha_1\,\partial\alpha_2},$$

qui définissent λ, μ, ν, π.

On a

$$\lambda = \mathrm{T}, \qquad \mu = \mathrm{S}$$

et, par suite, en vertu de (9),

$$\frac{\partial\lambda}{\partial\alpha_1} = 0, \qquad \frac{\partial\mu}{\partial\alpha_2} = 0,$$

ce qui prouve que μ est fonction de α_1 seulement et λ de α_2 seulement. Donc, toute fonction vérifiant les équations (9) est une solution de (5).

2° *Solution de M. Lecornu* (1). — Partant de la même équation (1), M. Lecornu forme aussi l'équation (2), puis il pose

$$(10) \qquad \begin{cases} \log\dfrac{\varphi_3}{f_3} = \chi_3, \\ \log f_1' = -\chi_1, \\ \log f_2' = \chi_2, \end{cases}$$

χ_1, χ_2, χ_3 n'étant fonctions respectivement que de α_1, α_2, α_3. On peut alors écrire l'équation (2) sous la forme

$$(11) \qquad \log\frac{p_2}{p_1} = \chi_1 + \chi_2 + \chi_3,$$

d'où

$$\frac{\partial}{\partial\alpha_1}\log\frac{p_2}{p_1} = \chi_1' + \chi_3' p_1$$

et

$$(12) \qquad \frac{\partial^2}{\partial\alpha_1\,\partial\alpha_2}\log\frac{p_2}{p_1} = \chi_3'' p_1 p_2 + \chi_3' s$$

---

(1) *C. R.*, t. CII, p. 815, 1886.

Posant encore

$$(13)\qquad \begin{cases} \dfrac{s}{p_1 p_2} = u, \\[2mm] \dfrac{1}{p_1 p_2}\,\dfrac{\partial^2}{\partial\alpha_1\,\partial\alpha_2}\log\dfrac{p_2}{p_1} = v, \end{cases}$$

cette dernière expression étant du troisième ordre par rapport à α_3, on peut écrire l'équation (12) sous la forme

$$(14)\qquad \chi''_3 - \chi'_3 u = v.$$

Prenant les dérivées de celle-ci par rapport à α_1 et à α_2, on a

$$p_1 \frac{\partial}{\partial\alpha_3}(\chi''_3 - \chi'_3 u) - \chi'_3 \frac{\partial u}{\partial\alpha_1} = \frac{\partial v}{\partial\alpha_1},$$

$$p_2 \frac{\partial}{\partial\alpha_3}(\chi''_3 - \chi'_3 u) + \chi'_3 \frac{\partial u}{\partial\alpha_2} = \frac{\partial v}{\partial\alpha_2},$$

d'où

$$\chi'_3\left(p_2 \frac{\partial u}{\partial\alpha_1} - p_1 \frac{\partial u}{\partial\alpha_2}\right) = p_2 \frac{\partial v}{\partial\alpha_1} - p_1 \frac{\partial v}{\partial\alpha_2}$$

ou

$$(15)\qquad \chi'_3 = \frac{p_2 \dfrac{\partial v}{\partial\alpha_1} - p_1 \dfrac{\partial v}{\partial\alpha_2}}{p_2 \dfrac{\partial u}{\partial\alpha_1} - p_1 \dfrac{\partial u}{\partial\alpha_2}}.$$

Posant

$$(16)\qquad \frac{p_2 \dfrac{\partial v}{\partial\alpha_1} - p_1 \dfrac{\partial v}{\partial\alpha_2}}{p_2 \dfrac{\partial u}{\partial\alpha_1} - p_1 \dfrac{\partial u}{\partial\alpha_2}} = w,$$

expression du quatrième ordre par rapport à α_3, nous pouvons écrire l'équation précédente

$$(17)\qquad \chi'_3 = w,$$

d'où

$$(18)\qquad \chi''_3 p_1 = \frac{\partial w}{\partial\alpha_1}, \qquad \chi''_3 p_2 = \frac{\partial w}{\partial\alpha_2}.$$

Éliminant successivement χ''_3 et χ'_3 entre (14), (17) et chacune des équations (18), on a les deux équations du *cinquième ordre*

$$(19)\qquad \frac{\dfrac{\partial w}{\partial\alpha_1}}{p_1} = \frac{\dfrac{\partial w}{\partial\alpha_2}}{p_2} = v - uw$$

On trouve ainsi un nouveau système de deux équations du cinquième ordre, nécessairement équivalent à celui qu'avait donné la méthode de M. Massau.

Le calcul de u, v, w, que définissent les équations (13) et (16), peut s'effectuer ainsi qu'il suit :

$$(20)\quad \left\{\begin{aligned} u &= \frac{\varsigma}{p_1 p_2},\\ v &= \frac{\frac{\partial u}{\partial \alpha_2}}{p_2} - \frac{\frac{\partial u}{\partial \alpha_1}}{p_1},\\ w &= \frac{1}{v}\left(\frac{\frac{\partial v}{\partial \alpha_2}}{p_2} - \frac{\frac{\partial v}{\partial \alpha_1}}{p_1}\right). \end{aligned}\right.$$

Ces expressions différentielles étant formées, on vérifie si elles satisfont à (19). S'il en est ainsi, il reste à déterminer f_1, f_2, f_3, φ_3.

La première équation (19) montre que w est fonction de α_3. Dès lors (17) donne

$$\chi_3 = \int w\, d\alpha_3.$$

L'équation (11) donne ensuite

$$\chi_1 - \chi_2 = \log\frac{p_2}{p_1} - \chi_3.$$

Si donc nous remplaçons χ_3 par sa valeur en α_1 et α_2, le second membre devient la somme d'une fonction de α_1 qui est χ_1 et d'une fonction α_2 qui est χ_2.

Dès lors, les deux dernières du groupe (10) donnent

$$f'_1 = e^{-\chi_1}, \qquad f'_2 = e^{\chi_2},$$

et, par suite,

$$f_1 = \int e^{-\chi_1} d\alpha_1, \qquad f_2 = \int e^{-\chi_2} d\alpha_2.$$

Enfin l'équation (1), jointe à la première du groupe (10), qui peut s'écrire

$$\frac{\varphi_3}{f_3} = e^{\chi_1},$$

fait connaître f_3 et φ_3.

Remarque. — Nous avons supposé, dans le type (II), la fonction ψ_3 différente de zéro S'il n'en était pas ainsi, l'équation pourrait se mettre sous la forme

$$f_1 + f_2 f_3 = 0,$$

ou

$$\log(-f_1) = \log f_2 + \log f_3,$$

et l'on voit qu'elle rentrerait alors dans le type (*I*), étudié au numéro précédent

154 *Équations du type* (*III*) — Pour les équations de ce type, l'élimination des fonctions arbitraires, qui ne semble pouvoir se faire qu'au prix de calculs fort compliqués, n'a pas encore été réalisée Toutefois, M E. Duporcq ([1]) est parvenu à établir certaines équations fonctionnelles qui, si elles sont satisfaites, permettent de mettre l'équation donnée sous la forme (III) du n° **151** Il commence par chercher la condition pour que la fonction $F(\alpha_1, \alpha_2)$ puisse se mettre sous la forme

$$F(\alpha_1, \alpha_2) = \begin{vmatrix} \varphi_1(\alpha_1) & \psi_1(\alpha_1) \\ \varphi_2(\alpha_2) & \psi_2(\alpha_2) \end{vmatrix}$$

Soient a_2 et b_2 deux valeurs arbitraires de α_2. Les trois fonctions de α_1, $F(\alpha_1, \alpha_2)$, $F(\alpha_1, a_2)$ et $F(\alpha_1, b_2)$ sont de la forme

$$\lambda\varphi_1(\alpha_1) - \mu\psi_1(\alpha_1),$$

λ et μ étant indépendants de α_1. Ces trois fonctions de α_1 sont donc liées par une relation linéaire et homogène Par suite, a_1 et b_1 étant deux valeurs arbitraires de α_1, on a l'identité

$$\begin{vmatrix} F(\alpha_1, \alpha_2) & F(\alpha_1, a_2) & F(\alpha_1, b_2) \\ F(a_1, \alpha_2) & F(a_1, a_2) & F(a_1, b_2) \\ F(b_1, \alpha_2) & F(b_1, a_2) & F(b_1, b_2) \end{vmatrix} = 0.$$

Cette condition est d'ailleurs suffisante, puisqu'on peut alors écrire

$$F(\alpha_1, \alpha_2) = uF(\alpha_1, a_2) + vF(\alpha_1, b_2),$$

u et v ne dépendant que de α_2.

([1]) *C R* (t CXXVII, p. 265, 1er août 1898) et *B D* (2e série, t XXII, p 287, 1898).

On voit, de plus, que les fonctions φ_1 et ψ_1 sont toutes deux de la forme

$$l\,F(\alpha_1, a_2) + m\,F(\alpha_1, b_2),$$

l et m étant des constantes.

Cela posé, cherchons à quelles conditions on peut avoir

$$F(\alpha_1, \alpha_2, \alpha_3) = \begin{vmatrix} f_1(\alpha_1) & \varphi_1(\alpha_1) & \psi_1(\alpha_1) \\ f_2(\alpha_2) & \varphi_2(\alpha_2) & \psi_2(\alpha_2) \\ f_3(\alpha_3) & \varphi_3(\alpha_3) & \psi_3(\alpha_3) \end{vmatrix},$$

déterminant que nous appellerons Δ.

Soient a_2, b_2, c_2 trois valeurs arbitraires de α_2, et a_3, b_3, c_3 trois valeurs arbitraires de α_3. On voit que les quatre fonctions de α_1,

$$F(\alpha_1, \alpha_2, \alpha_3), \quad F(\alpha_1, a_2, a_3), \quad F(\alpha_1, b_2, b_3), \quad F(\alpha_1, c_2, c_3)$$

sont de la forme

$$\lambda\, f_1(\alpha_1) + \mu\, \varphi_1(\alpha_1) + \nu\, \psi_1(\alpha_1),$$

λ, μ, ν étant indépendants de α_1. Il existe donc entre ces quatre fonctions de α_1 une relation linéaire et homogène. Par suite, a_1, b_1, c_1 étant trois valeurs arbitraires de α_1, on a l'identité

$$(1) \qquad \begin{vmatrix} F(\alpha_1, \alpha_2, \alpha_3) & F(\alpha_1, a_2, a_3) & F(\alpha_1, b_2, b_3) & F(\alpha_1, c_2, c_3) \\ F(a_1, \alpha_2, \alpha_3) & F(a_1, a_2, a_3) & F(a_1, b_2, b_3) & F(a_1, c_2, c_3) \\ F(b_1, \alpha_2, \alpha_3) & F(b_1, a_2, a_3) & F(b_1, b_2, b_3) & F(b_1, c_2, c_3) \\ F(c_1, \alpha_2, \alpha_3) & F(c_1, a_2, a_3) & F(c_1, b_2, b_3) & F(c_1, c_2, c_3) \end{vmatrix} = 0.$$

On aura deux autres identités analogues,

(2) et (3),

en opérant de même pour les variables α_2 et α_3.

On voit, de plus, que les fonctions f_1, φ_1, ψ_1 sont toutes trois de la forme

$$l_1\, F(\alpha_1, a_2, a_3) + m_1\, F(\alpha_1, b_2, b_3) + n_1\, F(\alpha_1, c_2, c_3),$$

l_1, m_1, n_1 étant des constantes. On peut même, en remplaçant chacun des éléments du déterminant Δ par la somme des éléments de la même ligne multipliés, dans chaque colonne, par des paramètres convenables, supposer que

$$(A) \qquad f_1 = F(\alpha_1, a_2, a_3), \qquad \varphi_1 = F(\alpha_1, b_2, b_3), \qquad \psi_1 = F(\alpha_1, c_2, c_3).$$

Maintenant l'identité (1) montre qu'il existe trois fonctions u, v et w de α_2 et α_3 telles que

$$F(\alpha_1, \alpha_2, \alpha_3) = u F(\alpha_1, a_2, a_3) + v F(\alpha_1, b_2, b_3) + w F(\alpha_1, c_2, c_3),$$

et il va falloir exprimer que ces trois fonctions peuvent être mises simultanément sous les formes

$$(\delta) \qquad u = \begin{vmatrix} \varphi_2 & \varphi_3 \\ \psi_2 & \psi_3 \end{vmatrix}, \qquad v = \begin{vmatrix} \psi_2 & \psi_3 \\ f_2 & f_3 \end{vmatrix}, \qquad w = \begin{vmatrix} f_2 & f_3 \\ \varphi_2 & \varphi_3 \end{vmatrix}.$$

S'il en est ainsi, la fonction f_2, par exemple, qui figure dans v et dans w, doit, en vertu de la remarque faite plus haut, être à la fois des deux formes

$$f_2 = r_2[l_2\, v(\alpha_2, a_3) + m_2\, v(\alpha_2, b_3)],$$
$$f_2 = r_2[l'_2\, w(\alpha_2, a_3) + m'_2\, w(\alpha_2, b_3)].$$

Cette fonction pourra donc être déterminée à une constante près si les quatre fonctions de α_2

$$(A_2) \qquad v(\alpha_2, a_3), \quad v(\alpha_2, b_3), \quad w(\alpha_2, a_3), \quad w(\alpha_2, b_3)$$

sont liées entre elles par une relation linéaire et homogène, or cela résulte des identités (1) et (2).

En effet, en vertu de (1), les fonctions $v(\alpha_2, \alpha_3)$ et $w(\alpha_2, \alpha_3)$ sont des fonctions linéaires et homogènes des trois fonctions

$$F(a_1, \alpha_2, \alpha_3), \quad F(b_1, \alpha_2, \alpha_3), \quad F(c_1, \alpha_2, \alpha_3)$$

et, en vertu de (2), la fonction de α_2, $F(\eta_1, \alpha_2, \zeta_3)$ est, quels que soient η_1 et ζ_3, une fonction linéaire et homogène des trois fonctions de α_2

$$F(a_1, \alpha_2, a_3), \quad F(b_1, \alpha_2, b_3), \quad F(c_1, \alpha_2, c_3).$$

Les quatre fonctions (A_2) peuvent donc s'exprimer en fonction linéaire et homogène des trois précédentes. Il existe bien, par suite, entre elles une relation linéaire et homogène, et la fonction f_2 se trouve déterminée au facteur constant r_2 près.

De même, au facteur constant r_3 près, on mettra f_3 sous les formes

$$f_3 \equiv r_3[l_3\, v(a_2, \alpha_3) + m_3\, v(b_2, \alpha_3)],$$
$$f_3 \equiv r_3[l'_3\, w(a_2, \alpha_3) + m'_3\, w(b_2, \alpha_3)].$$

D'une manière analogue, on obtiendra finalement trois fonctions $f_2^0, \varphi_2^0, \psi_2^0$ de a_2 et trois fonctions $f_3^0, \varphi_3^0, \psi_3^0$ de a_3 respectivement proportionnelles aux fonctions $f_2, \varphi_2, \psi_2, f_3, \varphi_3, \psi_3$, en sorte que

$$f_2 = r_2 f_2^0, \qquad \varphi_2 = s_2 \varphi_2^0, \qquad \psi_2 = t_2 \psi_2^0,$$
$$f_3 = r_3 f_3^0, \qquad \varphi_3 = s_3 \varphi_3^0, \qquad \psi_3 = t_3 \psi_3^0$$

Posons, en outre,

$$\begin{array}{llll} \varphi_2^0 \psi_3^0 = U, & \varphi_3^0 \psi_2^0 = U', & s_2 t_3 = \lambda, & s_3 t_2 = \lambda', \\ \psi_2^0 f_3^0 = V, & \psi_3^0 f_2^0 = V', & t_2 r_3 = \mu, & t_3 r_2 = \mu', \\ f_2^0 \varphi_3^0 = W, & f_3^0 \varphi_2^0 = W', & r_2 s_3 = \nu, & r_3 s_2 = \nu' \end{array}$$

Si la première égalité (δ) est satisfaite, on a

$$u = \lambda U - \lambda' U'$$

Or cela exige que l'on ait identiquement

$$(4) \qquad \begin{vmatrix} u(\alpha_2, \alpha_3), & U(\alpha_2, \alpha_3), & U'(\alpha_2, \alpha_3) \\ u(a_2, a_3), & U(a_2, a_3), & U'(a_2, a_3) \\ u(b_2, b_3), & U(b_2, b_3), & U'(b_2, b_3) \end{vmatrix} = 0$$

On obtiendra deux identités analogues

(5) et (6),

d'une part entre v, V, V', de l'autre entre w, W, W'

Inversement, si ces conditions sont remplies, on pourra déterminer $\lambda, \mu, \nu, \lambda', \mu', \nu'$ de telle sorte que

$$u = \lambda U - \lambda' U',$$
$$v = \mu V - \mu' V',$$
$$w = \nu W - \nu' W',$$

et l'on en déduira les coefficients $r_2, s_2, t_2, r_3, s_3, t_3$ au moyen des formules qui ont servi à définir $\lambda, \mu, \nu, \lambda', \mu', \nu'$, à la condition toutefois d'avoir

$$(7) \qquad \lambda\mu\nu = \lambda'\mu'\nu'$$

On connaîtra alors $f_2, \varphi_2, \psi_2, f_3, \varphi_3, \psi_3$, les trois premiers éléments f_1, φ_1, ψ_1 étant déterminés par (A)

En résumé, on aura à vérifier les égalités numérotées de (1) à (7), et, quand elles seront satisfaites, on saura déterminer les six éléments du déterminant Δ.

La recherche précédente sera grandement simplifiée si les systèmes de valeurs (a_1, b_1, c_1), (a_2, b_2, c_2), (a_3, b_3, c_3) satisfont à l'équation donnée, de sorte que

$$F(a_1, b_1, c_1) = 0,$$
$$F(a_2, b_2, c_2) = 0,$$
$$F(a_3, b_3, c_3) = 0$$

On n'aura, dans ce cas, qu'à chercher à déterminer les coefficients λ, μ, ..., ν'' tels que l'on ait identiquement

$$F(\alpha_1, \alpha_2, \alpha_3) = \begin{vmatrix} \lambda\, F(\alpha_1, b_1, c_1), & \mu\, F(a_1, \alpha_2, c_1) & \nu\, F(a_1, b_1, \alpha_3) \\ \lambda' F(\alpha_1, b_2, c_2), & \mu' F(a_2, \alpha_2, c_2), & \nu' F(a_2, b_2, \alpha_3) \\ \lambda'' F(\alpha_1, b_3, c_3), & \mu'' F(a_3, \alpha_2, c_3), & \nu'' F(a_3, b_3, \alpha_3) \end{vmatrix},$$

et il sera facile de reconnaître si cette détermination est possible

153 *Équations représentables par des abaques à graduations superposées* — Au sujet traité dans les numéros précédents nous rattacherons la recherche des équations les plus générales auxquelles est applicable le principe de la superposition des graduations sous les deux formes spéciales, importantes aux points de vue des applications, que nous avons envisagées au n° 21

Rappelons que nous avons été conduit par voie d'intuition aux types (1) et (3) donnés dans ce numéro Il s'agissait de voir s'ils étaient bien les plus généraux jouissant de la propriété voulue C'est, nous l'avons déjà dit, à M G Kœnigs, que nous sommes redevable de la solution de ce double problème La voici

Problème I — *Trouver des fonctions* φ, ψ, U *telles que*

$$\varphi(\lambda_1\alpha_1, \lambda_2\alpha_2) \equiv \psi(\lambda_1, \lambda_2, U),$$

U *ne dépendant que de* α_1 *et* α_2

Si nous posons

$$\Omega = \varphi(\lambda_1\alpha_1, \lambda_2\alpha_2), \tag{1}$$

Ω vérifie le système d'équations

$$A(\Omega) = \alpha_1 \frac{\partial\Omega}{\partial\alpha_1} - \lambda_1 \frac{\partial\Omega}{\partial\lambda_1} = 0, \tag{2}$$

$$B(\Omega) = \alpha_2 \frac{\partial\Omega}{\partial\alpha_2} - \lambda_2 \frac{\partial\Omega}{\partial\lambda_2} = 0, \tag{3}$$

$$C(\Omega) = \frac{\partial U}{\partial\alpha_2}\frac{\partial\Omega}{\partial\alpha_1} - \frac{\partial U}{\partial\alpha_1}\frac{\partial\Omega}{\partial\alpha_2} = 0 \tag{4}$$

On a identiquement

$$A\big(B(\Omega)\big) - B\big(A(\Omega)\big) = 0$$

et

$$\begin{aligned}
&A\big(C(\Omega)\big) - C\big(A(\Omega)\big)\\
&\quad = A\left(\frac{\partial U}{\partial \alpha_2}\frac{\partial \Omega}{\partial \alpha_1} - \frac{\partial U}{\partial \alpha_1}\frac{\partial \Omega}{\partial \alpha_2}\right) - C\left(\alpha_1\frac{\partial \Omega}{\partial \alpha_1} - \alpha_2\frac{\partial \Omega}{\partial \alpha_2}\right)\\
&\quad = \left[A\left(\frac{\partial U}{\partial \alpha_2}\right) - C(\alpha_1)\right]\frac{\partial \Omega}{\partial \alpha_1} - A\left(\frac{\partial U}{\partial \alpha_1}\right)\frac{\partial \Omega}{\partial \alpha_2} + C(\lambda_1)\frac{\partial \Omega}{\partial \lambda_1} = 0,
\end{aligned}$$

les dérivées secondes disparaissant d'elles-mêmes, comme on sait. Or on a

$$A\left(\frac{\partial U}{\partial \alpha_2}\right) = \alpha_1\frac{\partial^2 U}{\partial \alpha_1\,\partial \alpha_2}, \qquad C(\alpha_1) = \frac{\partial U}{\partial \alpha_2},$$

$$A\left(\frac{\partial U}{\partial \alpha_1}\right) = \alpha_1\frac{\partial^2 U}{\partial \alpha_1^2}, \qquad C(\lambda_1) = 0.$$

Donc Ω vérifie l'équation

$$(5)\qquad \left(\alpha_1\frac{\partial^2 U}{\partial \alpha_1\,\partial \alpha_2} - \frac{\partial U}{\partial \alpha_2}\right)\frac{\partial \Omega}{\partial \alpha_1} - \alpha_1\frac{\partial^2 U}{\partial \alpha_1^2}\frac{\partial \Omega}{\partial \alpha_2} = 0.$$

De même, en partant de

$$B\big(C(\Omega)\big) - C\big(B(\Omega)\big) = 0,$$

on trouve

$$(6)\qquad \left(\alpha_2\frac{\partial^2 U}{\partial \alpha_1\,\partial \alpha_2} - \frac{\partial U}{\partial \alpha_1}\right)\frac{\partial \Omega}{\partial \alpha_2} - \alpha_2\frac{\partial^2 U}{\partial \alpha_2^2}\frac{\partial \Omega}{\partial \alpha_1} = 0.$$

Si l'on tient compte de (4) les équations (5) et (6) deviennent

$$\left(\alpha_1\frac{\partial^2 U}{\partial \alpha_1\,\partial \alpha_2} - \frac{\partial U}{\partial \alpha_2}\right)\frac{\partial U}{\partial \alpha_1} - \alpha_1\frac{\partial^2 U}{\partial \alpha_1^2}\frac{\partial U}{\partial \alpha_2} = 0,$$

$$\left(\alpha_2\frac{\partial^2 U}{\partial \alpha_1\,\partial \alpha_2} - \frac{\partial U}{\partial \alpha_1}\right)\frac{\partial U}{\partial \alpha_2} - \alpha_2\frac{\partial^2 U}{\partial \alpha_2^2}\frac{\partial U}{\partial \alpha_1} = 0,$$

qu'on peut écrire

$$\frac{\dfrac{\partial^2 U}{\partial \alpha_1\,\partial \alpha_2}}{\dfrac{\partial U}{\partial \alpha_2}} - \frac{\dfrac{\partial^2 U}{\partial \alpha_1^2}}{\dfrac{\partial U}{\partial \alpha_1}} = \frac{1}{\alpha_1},$$

$$\frac{\dfrac{\partial^2 U}{\partial \alpha_1\,\partial \alpha_2}}{\dfrac{\partial U}{\partial \alpha_1}} - \frac{\dfrac{\partial^2 U}{\partial \alpha_2^2}}{\dfrac{\partial U}{\partial \alpha_2}} = \frac{1}{\alpha_2},$$

ou

$$\frac{\partial}{\partial\alpha_1}\log\left(\frac{\frac{\partial U}{\partial\alpha_2}}{\frac{\partial U}{\partial\alpha_1}}\right) = \frac{d\log\alpha_1}{d\alpha_1},$$

$$\frac{\partial}{\partial\alpha_2}\log\left(\frac{\frac{\partial U}{\partial\alpha_1}}{\frac{\partial U}{\partial\alpha_2}}\right) = \frac{d\log\alpha_2}{d\alpha_2},$$

ou encore

$$\frac{\frac{\partial U}{\partial\alpha_2}}{\frac{\partial U}{\partial\alpha_1}} = X_2\alpha_1, \qquad \frac{\frac{\partial U}{\partial\alpha_1}}{\frac{\partial U}{\partial\alpha_2}} = X_1\alpha_2,$$

X_1 et X_2 etant respectivement des fonctions de α_1 seul et de α_2 seul, ce qui exige que l'on ait

$$X_1\alpha_1 X_2\alpha_2 = 1$$

et, par suite,

$$X_1\alpha_1 = m, \qquad X_2\alpha_2 = \frac{1}{m},$$

m étant une constante.

On a donc

$$\frac{\frac{\partial U}{\partial\alpha_2}}{\frac{\partial U}{\partial\alpha_1}} = \frac{\alpha_1}{m\alpha_2},$$

ou

$$\alpha_1\frac{\partial U}{\partial\alpha_2} - m\alpha_2\frac{\partial U}{\partial\alpha_1} = 0,$$

ce qui donne

$$U = f(\alpha_2\alpha_1^m)$$

ou, plus symétriquement,

$$U = f(\alpha_1^{n_1}\alpha_2^{n_2}),$$

n_1 et n_2 étant des constantes

L'identité initiale prendra donc la forme

$$\varphi(\lambda_1\alpha_1, \lambda_2\alpha_2) \equiv \psi\big(\lambda_1, \lambda_2, f(\alpha_1^{n_1}\alpha_2^{n_2})\big)$$

Si l'on fait $\lambda_1\alpha_1 = \alpha'_1$, $\lambda_2\alpha_2 = \alpha'_2$, il vient

$$\varphi(\alpha'_1, \alpha'_2) \equiv \psi\left(\lambda_1, \lambda_2, f\left(\frac{\alpha_1'^{n_1}\alpha_2'^{n_2}}{\lambda_1'^{n_1}\lambda_2'^{n_2}}\right)\right),$$

ou, en attribuant à λ_1 et λ_2 des valeurs numériques quelconques,

$$\varphi(\alpha'_1, \alpha'_2) = \Delta(\alpha_1'^{n_1}\alpha_2'^{n_2}),$$

$\Delta(x)$ étant une fonction quelconque de x Par suite,

$$\varphi(\alpha_1, \alpha_2) = \Delta(\alpha_1^{n_1} \alpha_2^{n_2})$$

On retombe bien ainsi sur la forme (1) du n° 21.

PROBLÈME II — *Trouver les fonctions* φ, ψ, U *telles que*

$$\varphi(\lambda\alpha_1, \lambda^m \alpha_2) \equiv \psi(\lambda, U),$$

U *ne dependant que de* α_1 *et* α_2

Posons encore

$$(1) \qquad \varphi(\lambda\alpha_1, \lambda^m \alpha_2) = \Omega$$

Ici Ω vérifie les équations

$$(2) \qquad A(\Omega) = \alpha_1 \frac{\partial\Omega}{\partial\alpha_1} + m\alpha_2 \frac{\partial\Omega}{\partial\alpha_2} - \lambda \frac{\partial\Omega}{\partial\lambda} = 0,$$

$$(3) \qquad B(\Omega) = \frac{\partial U}{\partial\alpha_2}\frac{\partial\Omega}{\partial\alpha_1} - \frac{\partial U}{\partial\alpha_1}\frac{\partial\Omega}{\partial\alpha_2} = 0$$

On a identiquement

$$A\big(B(\Omega)\big) - B\big(A(\Omega)\big) = 0$$

ou

$$\left(\alpha_1 \frac{\partial^2 U}{\partial\alpha_1\,\partial\alpha_2} + m\alpha_2 \frac{\partial^2 U}{\partial\alpha_2^2} - \frac{\partial U}{\partial\alpha_2}\right)\frac{\partial\Omega}{\partial\alpha_1} - \left(\alpha_1 \frac{\partial^2 U}{\partial\alpha_1^2} + m\alpha_2 \frac{\partial^2 U}{\partial\alpha_1\,\partial\alpha_2} - m\frac{\partial U}{\partial\alpha_1}\right)\frac{\partial\Omega}{\partial\alpha_2} = 0,$$

ou encore, en tenant compte de (3),

$$\left(\alpha_1 \frac{\partial^2 U}{\partial\alpha_1\,\partial\alpha_2} + m\alpha_2 \frac{\partial^2 U}{\partial\alpha_2^2} - \frac{\partial U}{\partial\alpha_2}\right)\frac{\partial U}{\partial\alpha_1} - \left(\alpha_1 \frac{\partial^2 U}{\partial\alpha_1^2} + m\alpha_2 \frac{\partial^2 U}{\partial\alpha_1\,\partial\alpha_2} - m\frac{\partial U}{\partial\alpha_1}\right)\frac{\partial U}{\partial\alpha_2} = 0,$$

qu'on peut écrire

$$\alpha_1\left(\frac{\dfrac{\partial^2 U}{\partial\alpha_1\,\partial\alpha_2}}{\dfrac{\partial U}{\partial\alpha_2}} - \frac{\dfrac{\partial^2 U}{\partial\alpha_1^2}}{\dfrac{\partial U}{\partial\alpha_1}}\right) + m\alpha_2\left(\frac{\dfrac{\partial^2 U}{\partial\alpha_2^2}}{\dfrac{\partial U}{\partial\alpha_2}} - \frac{\dfrac{\partial^2 U}{\partial\alpha_1\,\partial\alpha_2}}{\dfrac{\partial U}{\partial\alpha_1}}\right) - (1-m) = 0$$

Si l'on pose

$$V = \frac{\dfrac{\partial U}{\partial\alpha_2}}{\dfrac{\partial U}{\partial\alpha_1}},$$

cette équation devient

$$\alpha_1 \frac{\partial V}{\partial \alpha_1} + m\alpha_2 \frac{\partial V}{\partial \alpha_2} = (1-m)V$$

On a donc

$$V = \alpha_1^{1-m} \chi\left(\frac{\alpha_1^m}{\alpha_2}\right)$$

En se reportant à l'expression ci-dessus de V on conclut de là que

$$d\alpha_1 + \alpha_1^{1-m} \chi\left(\frac{\alpha_1^m}{\alpha_2}\right) d\alpha_2,$$

ou encore

$$\alpha_1^{m-1}\, d\alpha_1 + \chi\left(\frac{\alpha_1^m}{\alpha_2}\right) d\alpha_2$$

doit admettre un facteur intégrant.

Si nous posons

$$\alpha_2 = u\alpha_1^m,$$

il vient pour cette expression différentielle

$$\alpha_1^{m-1}\, d\alpha_1 + \chi\left(\frac{1}{u}\right)(\alpha_1^m\, du + m\alpha_1^{m-1} u\, d\alpha_1),$$

ou

$$\frac{d\alpha_1}{\alpha_1} + \frac{\chi\left(\frac{1}{u}\right) du}{1 + mu\chi\left(\frac{1}{u}\right)},$$

dont l'intégrale a la forme

$$\log \alpha_1 + \log f(u) = \log \alpha_1 f(u),$$

f étant une fonction arbitraire comme χ

Donc U est de la forme

$$U = F\left[\alpha_1 f\left(\alpha_1 \alpha_2^{\frac{1}{m}}\right)\right],$$

et l'on en conclut, comme à la fin de la solution précédente, que

$$\varphi(\alpha_1, \alpha_2) = \Delta\left[\alpha_1 f\left(\alpha_1 \alpha_2^{\frac{1}{m}}\right)\right],$$

$\Delta(x)$ étant une fonction quelconque de x

On retombe bien ainsi sur la forme (3) du n° 21

B. — Théorie algébrique des équations représentables par trois systèmes linéaires de points alignés

156. *But d'une telle étude.* — Si, dans l'équation générale répondant à un certain type d'abaque, telle que celles qui sont envisagées au n° **151**, on suppose toutes les fonctions arbitraires composantes algébriques, on obtient un certain type général d'équation *algébrique* représentable au moyen du type d'abaque considéré. La question se pose alors, étant donnée une équation quelconque de ce type, de *reconnaître comment on pourra former les fonctions composantes correspondantes et de chercher à quelles conditions ces fonctions seront toutes réelles,* sans quoi ce mode de mise en abaque serait purement illusoire

En outre, comme une telle solution, lorsqu'elle est possible, comporte, en général, une infinité de variantes, on peut se proposer de choisir parmi elles celle qui, à un certain point de vue, offre le plus de simplicité.

Pour les équations du type (III) du n° **151**, où l'on suppose que toutes les fonctions composantes f, φ, ψ sont *linéaires,* nous avons donné une solution absolument complète de la question (¹), que nous allons reproduire ici pour bien préciser l'ordre de recherche algébrique auquel conduit la Nomographie, et dont les lignes précédentes ne peuvent donner qu'une idée assez vague.

On verra, sur cet exemple qui semble pourtant assez simple au premier abord, combien délicate est la discussion que soulève un pareil problème

Lorsque toutes les fonctions f, φ, ψ du type en question sont linéaires, les trois systèmes de points cotés correspondants, définis comme on l'a vu au n° **61**, constituent chacun une *échelle linéaire* (n° 7) On est dès lors tout naturellement conduit à se demander si, par l'emploi de la transformation homographique générale définie au n° **61**, on pourra faire en sorte que ces échelles deviennent régulières (n° 5, 1°) C'est, dans ce cas, la variante que nous considérerons comme offrant le plus de simplicité.

(¹) O 22

De là deux parties distinctes dans cette théorie : 1° *Détermination des fonctions composantes*, 2° *Transformation des échelles linéaires en échelles régulières*.

Nous commencerons par établir quelques formules et faire quelques remarques auxquelles nous aurons à nous référer par la suite.

157. *Formules et remarques préliminaires.* — Étant donné un ensemble de trois systèmes de points cotés, on peut toujours, par une transformation homographique, faire en sorte que les supports des trois systèmes soient des droites assignées d'avance, en distinguant toutefois les cas où ces supports sont ou non concourants.

Premier cas. — Les supports ne sont pas concourants. — Dans ce cas, une transformation homographique permet de faire coïncider deux des supports avec les axes de coordonnées Ox et Oy, et le troisième avec la droite de l'infini du plan Oxy (ce qui revient à faire correspondre à chaque valeur de α_3 une direction du plan). Les trois systèmes sont, dès lors, définis par

$$(a)\quad \begin{cases} x = m_1\alpha_1 + n_1, & y = 0, & t = p_1\alpha_1 + q_1, \\ x = 0, & y = p_2\alpha_2 + q_2, & t = m_2\alpha_2 + n_2, \\ x = p_3\alpha_3 + q_3, & y = m_3\alpha_3 + n_3, & t = 0, \end{cases}$$

et l'équation représentée prend la forme

$$(\mathrm{E}a)\quad \begin{cases} (m_1\alpha_1 + n_1)(m_2\alpha_2 + n_2)(m_3\alpha_3 + n_3) \\ +(p_1\alpha_1 + q_1)(p_2\alpha_2 + q_2)(p_3\alpha_3 + q_3) = 0, \end{cases}$$

qu'on peut écrire

$$(\mathrm{E}'a)\quad \mathrm{M}(\alpha_1 + s_1)(\alpha_2 + s_2)(\alpha_3 + s_3) + \mathrm{P}(\alpha_1 + t_1)(\alpha_2 + t_2)(\alpha_3 + t_3) = 0$$

Deuxième cas. — Les supports sont concourants. — Dans ce cas, une transformation homographique permet de faire coïncider deux des supports avec Ox et Oy, et le troisième avec la bissectrice de l'angle de ces axes. Les trois systèmes sont alors définis par

$$(b)\quad \begin{cases} x = m_1\alpha_1 + n_1, & y = 0, & t = p_1\alpha_1 + q_1, \\ x = 0, & y = m_2\alpha_2 + n_2, & t = p_2\alpha_2 + q_2, \\ x = m_3\alpha_3 + n_3, & y = m_3\alpha_3 + n_3, & t = -(p_3\alpha_3 + q_3), \end{cases}$$

et l'équation représentée prend la forme

$$(\mathrm{E}b) \qquad \frac{p_1 a_1 + q_1}{m_1 a_1 + n_1} + \frac{p_2 a_2 + q_2}{m_2 a_2 + n_2} + \frac{p_3 a_3 + q_3}{m_3 a_3 + n_3} = 0,$$

qu'on peut encore écrire

$$(\mathrm{E}'b) \qquad \frac{t_1}{a_1 + s_1} + \frac{t_2}{a_2 + s_2} + \frac{t_3}{a_3 + s_3} = \mathrm{N}$$

Chacune des équations $(\mathrm{E}a)$ et $(\mathrm{E}b)$ développée est de la forme

$$(\mathrm{E}) \quad \mathrm{A}\alpha_1\alpha_2\alpha_3 + \mathrm{B}_1\alpha_2\alpha_3 + \mathrm{B}_2\alpha_3\alpha_1 + \mathrm{B}_3\alpha_1\alpha_2 + \mathrm{C}_1\alpha_1 + \mathrm{C}_2\alpha_2 + \mathrm{C}_3\alpha_3 + \mathrm{D} = 0$$

Toute la question revient à mettre une équation donnée du type (E) sous l'une des formes $(\mathrm{E}a)$ ou $(\mathrm{E}b)$, en ayant pour tous les paramètres des valeurs *réelles*

En vue d'alléger la suite de notre exposé, nous allons définir ici certaines fonctions des coefficients et faire quelques remarques relatives à des équations qui s'y rattachent et qui joueront plus loin un rôle important.

Posons

$$(\mathrm{I}) \quad \begin{cases} \mathrm{F}_0 = \mathrm{B}_1\mathrm{C}_1 + \mathrm{B}_2\mathrm{C}_2 + \mathrm{B}_3\mathrm{C}_3 - \mathrm{AD}, \\ \mathrm{E}_i = \mathrm{AC}_i - \mathrm{B}_j\mathrm{B}_k, \qquad \mathrm{F}_i = \mathrm{F}_0 - 2\mathrm{B}_i\mathrm{C}_i, \qquad \mathrm{G}_i = \mathrm{B}_i\mathrm{D} - \mathrm{C}_j\mathrm{C}_k \\ (i, j, k = 1, 2, 3) \end{cases}$$

Le discriminant du premier membre de l'équation (E) rendu homogène peut s'écrire

$$(\mathrm{II}) \quad \begin{cases} \Delta = \mathrm{F}_0^2 - 4(\mathrm{B}_1\mathrm{C}_1\mathrm{B}_2\mathrm{C}_2 + \mathrm{B}_2\mathrm{C}_2\mathrm{B}_3\mathrm{C}_3 \\ \qquad + \mathrm{B}_3\mathrm{C}_3\mathrm{B}_1\mathrm{C}_1 - \mathrm{AC}_1\mathrm{C}_2\mathrm{C}_3 - \mathrm{B}_1\mathrm{B}_2\mathrm{B}_3\mathrm{D}), \end{cases}$$

et l'on a

$$(\mathrm{III}) \qquad \mathrm{F}_i^2 - 4\mathrm{E}_i\mathrm{G}_i = \Delta \qquad (i = 1, 2, 3)$$

Si donc on considère les trois équations

$$(\varphi_i) \qquad \varphi_i(\rho) = \mathrm{E}_i\rho^2 + \mathrm{F}_i\rho + \mathrm{G}_i = 0 \qquad (i = 1, 2, 3),$$

la condition de réalité des racines est, pour chacune d'elles,

$$\Delta \geqq 0$$

On a encore

$$(\mathrm{IV}) \quad \begin{cases} \mathrm{E}_i\mathrm{B}_i^2 + \mathrm{F}_i\mathrm{AB}_i + \mathrm{G}_i\mathrm{A}^2 = -\mathrm{E}_j\mathrm{E}_k, \\ \mathrm{E}_i\mathrm{C}_k^2 + \mathrm{F}_i\mathrm{B}_j\mathrm{C}_k + \mathrm{G}_i\mathrm{B}_j^2 = -\mathrm{E}_k\mathrm{G}_j, \\ \mathrm{E}_i\mathrm{D}^2 + \mathrm{F}_i\mathrm{C}_i\mathrm{D} + \mathrm{G}_i\mathrm{C}_i^2 = -\mathrm{G}_j\mathrm{G}_k. \end{cases}$$

On en déduit que *si* $E_k = 0$, *c'est-à-dire si l'équation* (φ_k) *a une racine infinie, l'équation* (φ_i) *a une racine égale à* $\frac{B_i}{A}$, *égale aussi à* $\frac{C_k}{B_j}$, *et de même l'équation* (φ_j) *une racine égale à* $\frac{B_j}{A}$, *égale aussi à* $\frac{C_k}{B_i}$.

Enfin, on voit bien aisément que, *parmi les trois systèmes* E_i, F_i, G_i $(i = 1, 2, 3)$, *il ne peut y en avoir un composé de trois éléments nuls sans qu'il en soit de même pour l'un des deux autres. La variable dont l'indice diffère de ceux de ces deux systèmes entre alors dans un binome qui se met en facteur dans le premier membre de* (E). Cette équation cesse alors d'établir un lien entre les trois variables, et il n'y a plus lieu, dès lors, d'en rechercher une représentation.

Dans le cas où tous les coefficients de (E) sont différents de zéro, cette proposition se démontre ainsi qu'il suit. On a

$$AC_i - B_j B_k = 0, \qquad B_j C_j + B_k C_k - B_i C_i - AD = 0, \qquad B_i D - C_j C_k = 0$$

Tirant A et D des équations extrêmes pour porter leurs valeurs dans l'équation du milieu, on obtient

$$(B_j C_j - B_i C_i)(B_k C_k - B_i C_i) = 0$$

L'un de ces deux facteurs est nécessairement nul ; soit le premier. Rapprochant l'équation qui en résulte des deux extrêmes du groupe précédent, on en conclut que

$$\frac{A}{B_k} = \frac{B_j}{C_i} = \frac{B_i}{C_j} = \frac{C_k}{D} = \frac{1}{\lambda}.$$

Dès lors, l'équation (E), qui peut s'écrire

$$\alpha_i \alpha_j (A\alpha_k + B_k) + \alpha_i (B_j \alpha_k + C_i) + \alpha_j (B_i \alpha_k + C_j) + C_k \alpha_k + D = 0,$$

devient

$$(\alpha_k + \lambda)(A\alpha_i \alpha_j + B_j \alpha_i + B_i \alpha_j + C_k) = 0,$$

ce qui démontre la proposition.

Si un ou plusieurs coefficients de (E) sont nuls, la démonstration ci-dessus se modifie un peu dans la forme, mais subsiste pour le fond. Partout, dans la suite, nous supposons donc E_i, F_i et G_i $(i = 1, 2, 3)$ non nuls à la fois

158 *Formation des fonctions composantes dans le cas de trois systèmes non concourants* — Afin d'éviter toute hypothèse particulière, nous représenterons par i, j, k une permutation quelconque des indices 1, 2, 3 et nous supposerons les équations (E), (Ea), (E$'a$) remplacées par celles que l'on obtient avec ce changement de notation des indices.

Sur la forme (E$'a$), on voit que, pour $\alpha_i = -s_i$, le premier membre de l'équation se réduit à un produit de binomes en α_j et α_k. Or le résultat de cette substitution, dans le premier membre de (E), est

$$(B_i - A s_i)\alpha_j\alpha_k + (C_j - B_k s_i)\alpha_j + (C_k - B_j s_i)\alpha_k + D - C_i s_i$$

Pour que ce polynome se décompose comme il a été dit, il faut que

$$(B_i - A s_i)(D - C_i s_i) - (C_j - B_k s_i)(C_k - B_j s_i) = 0,$$

ou, si l'on se réfère à la définition donnée au numéro précédent, que

$$\varphi_i(s_i) = 0$$

On trouverait même que

$$\varphi_i(t_i) = 0$$

Si donc ρ'_i et ρ''_i sont les deux racines de l'équation (φ_i), on voit que l'équation (E$'a$) peut s'écrire

$$(E''a) \quad M(\alpha_i + \rho'_i)(\alpha_j + \rho'_j)(\alpha_k + \rho'_k) + P(\alpha_i + \rho''_i)(\alpha_j + \rho''_j)(\alpha_k + \rho''_k) = 0$$

Les racines ρ' et ρ'' doivent, d'après cela, être réelles, elles doivent aussi être inégales Si, en effet, on avait $\rho'_i = \rho''_i$, le binome $\alpha_i + \rho_i$ se mettrait en facteur commun et l'équation se décomposerait. Donc, d'après ce qui a été vu au numéro precédent, *pour que l'équation* (E) *soit représentable par trois systèmes linéaires non concourants, il faut que le discriminant* Δ *soit* > 0

On va voir que cette condition nécessaire est également suffisante en prouvant que, lorsqu'elle est remplie, on obtient toujours pour M et P des valeurs réelles.

Il faut d'abord reconnaître le lien qui doit nécessairement exister d'une part entre les racines du groupe (ρ'), de l'autre entre les racines du groupe (ρ'').

Sur la forme $(E''a)$ de l'équation, on voit que son premier membre devient identiquement nul pour $\alpha_i = -\rho'_i$, $\alpha_k = -\rho''_k$. Faisant cette substitution dans le premier membre de (E) et annulant le coefficient du terme en α_j, on a

$$A\rho'_i\rho''_k - B_i\rho''_k - B_k\rho'_i + C_j = 0$$

La substitution $\alpha_j = -\rho'_j$, $\alpha_k = -\rho''_k$ donne de même

$$A\rho'_j\rho''_k - B_i\rho''_k - B_k\rho'_j + C_i = 0$$

Éliminant ρ''_k entre ces deux dernières équations on obtient

$$E_i\rho'_i - B_iC_i = E_j\rho'_j - B_jC_j,$$

ou, en doublant les deux membres, ajoutant à chacun F_0 et tenant compte des formules (I) (n° 157),

$$2E_i\rho'_i + F_i = 2E_j\rho'_j + F_j$$

On trouverait de même

$$2E_i\rho'_i + F_i = 2E_k\rho'_k + F_k$$

Ces deux dernières équations peuvent s'écrire

$$\frac{\partial}{\partial\rho'_i}\varphi_i(\rho'_i) = \frac{\partial}{\partial\rho'_j}\varphi_j(\rho'_j) = \frac{\partial}{\partial\rho'_k}\varphi_k(\rho'_k)$$

Pareillement, on obtiendrait

$$\frac{\partial}{\partial\rho''_i}\varphi_i(\rho''_i) = \frac{\partial}{\partial\rho''_j}\varphi_j(\rho''_j) = \frac{\partial}{\partial\rho''_k}\varphi_k(\rho''_k)$$

On peut donc dire que *les trois racines du groupe* (ρ') *d'une part, du groupe* (ρ'') *de l'autre, donnent une même valeur à la dérivée du polynome* (φ) *correspondant.*

On peut encore remarquer, en résolvant l'équation (φ_i), que

$$2E_i\rho_i + F_i = \pm\sqrt{\Delta}$$

Les racines d'un même groupe correspondent donc à un même signe pris pour $\sqrt{\Delta}$.

En résumé, on est libre de choisir parmi les racines de (φ_i) la racine ρ'_i et la racine ρ''_i, mais une fois ce choix fait, les racines ρ'_j et ρ'_k d'une part, ρ''_j et ρ''_k de l'autre, sont déterminées sans ambiguïté.

Une ou plusieurs des équations (φ) peuvent avoir une racine infinie (jamais les deux, d'après la remarque finale du n° 157). Dès lors, E_i étant nul, la quantité $2E_i\rho_i + F_i$ prend la forme indéterminée de $0 \times \infty$ pour la racine ρ_i infinie, mais comme elle prend la valeur parfaitement déterminee F_i pour la racine ρ_i finie, le criterium indiqué s'applique au moyen de cette seconde racine

Abordons maintenant le calcul de M et P. Pour cela, remarquons que l'identification de ($E''a$) et de (E) conduit à huit équations de la forme

$$MR' + PR'' = K,$$

où R', R'' et K ont les systèmes de valeurs

$$(\Sigma)\quad \left\{\begin{array}{lll} R' = 1, & R'' = 1, & K = A \\ R' = \rho'_i, & R'' = \rho''_i, & K = B_i, \\ \cdot\quad , & , & , \\ R' = \rho'_j\rho'_k, & R'' = \rho''_j\rho''_k, & K = C_i, \\ \cdot\quad , & \cdot , & , \\ R' = \rho'_i\rho_j\rho'_k, & R'' = \rho''_i\rho''_j\rho''_k, & K = D \end{array}\right.$$

Prenons deux de ces équations, distinguées par les indices 0 et 1. Nous en tirons

$$\frac{M}{R''_1 K_0 - R''_0 K_1} = \frac{P}{R'_0 K_1 - R'_1 K_0}$$

Par suite, l'équation ($E''a$) devient

$$(\mathfrak{A})\quad \left\{\begin{array}{l} (R''_1 K_0 - R''_0 K_1)(\alpha_i + \rho'_i)(\alpha_j + \rho'_j)(\alpha_k + \rho'_k) \\ \quad - (R'_1 K_0 - R'_0 K_1)(\alpha_i + \rho''_i)(\alpha_j + \rho''_j)(\alpha_k + \rho''_k) = 0 \end{array}\right.$$

Nous allons voir comment cette équation peut s'adapter à tous les cas possibles caractérisés par le passage à l'infini d'une ou de plusieurs racines ρ' et ρ''

159. Discussion — *Premier cas Les six racines ρ' et ρ'' sont finies.* — Dans ce cas, E_i, E_j, E_k sont différents de zéro. Nous prendrons ici dans le système (Σ)

$$\begin{array}{lll} R'_0 = 1, & R''_0 = 1, & K_0 = A, \\ R'_1 = \rho'_k, & R''_1 = \rho''_k, & K_1 = B_k \end{array}$$

L'équation ($\mathfrak{A}$) devient alors

$$(\mathfrak{A}_1)\quad \left\{\begin{array}{l} (A\rho''_k - B_k)(\alpha_i + \rho'_i)(\alpha_j + \rho'_j)(\alpha_k + \rho'_k) \\ \quad - (A\rho'_k - B_k)(\alpha_i + \rho''_i)(\alpha_j + \rho''_j)(\alpha_k + \rho''_k) = 0 \end{array}\right.$$

Deuxième cas : Une racine est infinie. — Soit $\rho''_k = \infty$ [1], auquel cas $E_k = 0$. L'équation ($\mathfrak{A}_1$) ci-dessus, divisée par ρ''_k, peut s'écrire

$$\left(A - \frac{B_k}{\rho''_k}\right)(\alpha_i + \rho'_i)(\alpha_j + \rho'_j)(\alpha_k + \rho'_k)$$
$$-(A\rho'_k - B_k)(\alpha_i + \rho''_i)(\alpha_j + \rho''_j)\left(\frac{\alpha_k}{\rho''_k} + 1\right) = 0$$

Pour $\rho''_k = \infty$, elle devient

$$(\mathfrak{A}_2) \quad A(\alpha_i + \rho'_i)(\alpha_j + \rho'_j)(\alpha_k + \rho'_k) - (A\rho'_k - B_k)(\alpha_i + \rho''_i)(\alpha_j + \rho''_j) = 0.$$

Troisième cas : Deux racines de même groupe sont infinies. — Soient $\rho''_j = \rho''_k = \infty$, auquel cas $E_j = E_k = 0$. Nous prendrons ici dans le système (Σ)

$$R'_0 = 1, \qquad R''_0 = 1, \qquad K_0 = A,$$
$$R'_1 = \rho'_j\rho'_k, \qquad R''_1 = \rho''_j\rho''_k, \qquad K_1 = C_i$$

L'équation ($\mathfrak{A}$), divisée par $\rho''_j\rho''_k$, peut alors s'écrire

$$\left(A - \frac{C_i}{\rho''_j\rho''_k}\right)(\alpha_i + \rho'_i)(\alpha_j + \rho'_j)(\alpha_k + \rho'_k)$$
$$-(A\rho'_j\rho'_k - C_i)(\alpha_i + \rho''_i)\left(\frac{\alpha_j}{\rho''_j} + 1\right)\left(\frac{\alpha_k}{\rho''_k} + 1\right) = 0$$

Pour $\rho''_j = \rho''_k = \infty$, elle devient

$$(\mathfrak{A}_3) \quad A(\alpha_i + \rho'_i)(\alpha_j + \rho'_j)(\alpha_k + \rho'_k) - (A\rho'_j\rho'_k - C_i)(\alpha_i + \rho''_i) = 0$$

Quatrième cas : Deux racines de groupes différents sont infinies. — Soient $\rho'_j = \rho''_k = \infty$, auquel cas on a encore $E_j = E_k = 0$. Nous prendrons ici

$$R'_0 = \rho'_k, \qquad R''_0 = \rho''_k, \qquad K_0 = B_k,$$
$$R'_1 = \rho'_j, \qquad R''_1 = \rho''_j, \qquad K_1 = B_j$$

L'équation ($\mathfrak{A}$), divisée par $\rho'_j\rho''_k$, peut alors s'écrire

$$\left(B_k\frac{\rho''_j}{\rho''_k} - B_j\right)(\alpha_i + \rho'_i)\left(\frac{\alpha_j}{\rho'_j} + 1\right)(\alpha_k + \rho'_k)$$
$$-\left(B_k - B_j\frac{\rho'_k}{\rho'_j}\right)(\alpha_i + \rho''_i)(\alpha_j + \rho''_j)\left(\frac{\alpha_k}{\rho''_k} + 1\right) = 0$$

[1] Lorsqu'une racine est infinie on peut simplifier le calcul des autres en s'appuyant sur les remarques faites à propos des formules (IV) du n° 157.

Pour $\rho'_j = \rho''_k = \infty$, elle devient

$$(\mathfrak{A}_4)\qquad B_j(\alpha_i + \rho'_i)(\alpha_k + \rho'_k) + B_k(\alpha_i + \rho''_i)(\alpha_j + \rho''_j) = 0$$

On voit qu'ici le terme en $\alpha_i\alpha_j\alpha_k$ a disparu, c'est-à-dire que $A = 0$ C'est là ce qui distingue ce cas du précédent

Cinquième cas Les trois racines d'un même groupe sont infinies — Soient $\rho''_i = \rho''_j = \rho''_k = \infty$, auquel cas $E_i = E_j = E_k = 0$. Nous prendrons ici

$$R'_0 = 1,\qquad R''_0 = 1,\qquad K_0 = A,$$
$$R'_1 = \rho'_i\rho'_j\rho'_k,\qquad R''_1 = \rho''_i\rho''_j\rho''_k,\qquad K_1 = D$$

L'équation ($\mathfrak{A}$) divisée par $\rho''_i\rho''_j\rho''_k$ peut alors s'écrire

$$\left(A - \frac{D}{\rho''_i\rho''_j\rho''_k}\right)(\alpha_i + \rho'_i)(\alpha_j + \rho'_j)(\alpha_k + \rho'_k)$$
$$- (A\rho'_i\rho'_j\rho'_k - D)\left(\frac{\alpha_i}{\rho''_i} + 1\right)\left(\frac{\alpha_j}{\rho''_j} + 1\right)\left(\frac{\alpha_k}{\rho''_k} + 1\right) = 0$$

Pour $\rho''_i = \rho''_j = \rho''_k = \infty$, elle devient

$$(\mathfrak{A}_5)\qquad A(\alpha_i + \rho'_i)(\alpha_j + \rho'_j)(\alpha_k + \rho'_k) - (A\rho'_i\rho'_j\rho'_k - D) = 0$$

Sixième cas · Deux racines de l'un des groupes et une de l'autre sont infinies. — Soient $\rho'_i = \rho''_j = \rho''_k = \infty$, auquel cas on a encore $E_i = E_j = E_k = 0$ Nous prendrons ici

$$R'_0 = \rho'_i,\qquad R''_0 = \rho''_i,\qquad K_0 = B_i,$$
$$R'_1 = \rho'_j\rho'_k,\qquad R''_1 = \rho''_j\rho''_k,\qquad K_1 = C_i$$

L'équation ($\mathfrak{A}$) divisée par $\rho'_i\rho''_j\rho''_k$ peut alors s'écrire

$$\left(B_i - C_i\frac{\rho''_i}{\rho''_j\rho''_k}\right)\left(\frac{\alpha_i}{\rho'_i} + 1\right)(\alpha_j + \rho'_j)(\alpha_k + \rho'_k)$$
$$- \left(B_i\frac{\rho'_j\rho'_k}{\rho'_i} - C_i\right)(\alpha_i + \rho''_i)\left(\frac{\alpha_j}{\rho''_j} + 1\right)\left(\frac{\alpha_k}{\rho''_k} + 1\right) = 0$$

Pour $\rho'_i = \rho''_j = \rho''_k = \infty$, elle devient

$$(\mathfrak{A}_6)\qquad B_i(\alpha_j + \rho'_j)(\alpha_k + \rho'_k) + C_i(\alpha_i + \rho''_i) = 0$$

On voit qu'ici encore il n'y a pas de terme en $\alpha_i\alpha_j\alpha_k$, c'est-à-dire que $A = 0$. En outre, B_i est différent de zéro, ce qui, avec l'hypothèse faite, entraîne nécessairement $B_j = B_k = 0$.

Résumé — Si l'on compare à l'équation (Ea) chacune des équations de ($\mathfrak{A}_1$) à ($\mathfrak{A}_6$), on voit que, pour $\Delta > 0$, la représentation peut être définie par les formules (a) du n° 157, les paramètres m, n, p, q étant donnés par les tableaux ci-dessous dans lesquels on les suppose rangés dans l'ordre

$$\begin{array}{cccc} m_i, & n_i, & p_i, & q_i, \\ m_j, & n_j, & p_j, & q_j, \\ m_k, & n_k, & p_k, & q_k \end{array}$$

Premier cas — $E_i, E_j, E_k \neq 0$:

$$\begin{array}{cccc} 1, & \rho'_i, & 1, & \rho''_i, \\ 1, & \rho'_j, & 1, & \rho''_j \\ A\rho''_k - B_k, & \rho'_k(A\rho''_k - B_k), & B_k - A\rho'_k, & \rho''_k(B_k - A\rho'_k) \end{array}$$

Deuxième cas. — $E_i, E_j \neq 0$, $E_k = 0$ (¹)

$$\begin{array}{cccc} 1, & \rho'_i, & 1, & \rho''_i, \\ 1, & \rho'_j, & 1, & \rho''_j, \\ A, & \rho'_k A, & 0, & B_k - A\rho'_k \end{array}$$

Troisième cas. — $E_i \neq 0$, $E_j, E_k = 0$, $A \neq 0$.

$$\begin{array}{cccc} 1, & \rho'_i, & 1, & \rho''_i, \\ 1, & \rho'_j, & 0, & 1, \\ A, & \rho'_k A, & 0, & C_i - A\rho'_j\rho'_k \end{array}$$

Quatrième cas. — $E_i \neq 0$, $E_j, E_k = 0$, $A = 0$

$$\begin{array}{cccc} 1, & \rho'_i, & 1, & \rho''_i, \\ 0, & 1, & 1, & \rho''_j, \\ B_j, & \rho'_i B_j, & 0, & B_k. \end{array}$$

Cinquième cas — $E_i, E_j, E_k = 0$; $A \neq 0$.

$$\begin{array}{cccc} 1, & \rho'_i, & 0, & 1, \\ 1, & \rho'_j, & 0, & 1, \\ A, & \rho'_k A, & 0, & D - A\rho'_i\rho'_j\rho'_k \end{array}$$

(¹) Dans ce cas $A \neq 0$ nécessairement, car $A = 0$, $E_k = 0$ entraînent soit $B_i = 0$, soit $B_j = 0$, par suite soit $E_j = 0$, soit $E_i = 0$

Sixième cas — $E_i, E_j, E_k = 0$, $A = 0$, $B_i \neq 0$ [1]

$$\begin{matrix} 0, & 1, & 1, & \rho''_i, \\ 1, & \rho'_j, & 0, & 1, \\ B_i, & \rho'_k B_i, & 0, & C_i \end{matrix}$$

160. *Formation des fonctions composantes dans le cas de trois systèmes concourants* — Nous avons vu que lorsque les trois systèmes linéaires sont concourants l'équation (E) est susceptible de prendre la forme (E'*b*) qui peut encore s'écrire

$$N(\alpha_i + s_i)(\alpha_j + s_j)(\alpha_k + s_k) - t_i(\alpha_j + s_j)(\alpha_k + s_k)$$
$$- t_j(\alpha_k + s_k)(\alpha_i + s_i) - t_k(\alpha_i + s_i)(\alpha_j + s_j) = 0$$

On voit que pour $\alpha_i = -s_i$, $\alpha_j = -s_j$, $\alpha_k = -s_k$, elle se décompose en un produit de binomes Il en résulte, comme au n° 158, que s_i, s_j, s_k sont racines respectivement des équations (φ_i), (φ_j), (φ_k).

Ces trois équations doivent donc encore avoir leurs racines réelles Or, si ces racines étaient inégales, l'équation (E) serait représentable par trois systèmes non concourants, ainsi qu'on l'a vu au paragraphe précédent, et cela serait contraire à l'hypothèse actuelle. Chacune des équations (φ) a donc nécessairement ici ses racines égales et, par suite,

$$\Delta = 0$$

Si ρ_i, ρ_j, ρ_k sont ces trois racines, l'équation précédente deviendra donc

$$(E''b) \quad \begin{cases} N(\alpha_i + \rho_i)(\alpha_j + \rho_j)(\alpha_k + \rho_k) - t_i(\alpha_j + \rho_j)(\alpha_k + \rho_k) \\ \quad - t_j(\alpha_k + \rho_k)(\alpha_i + \rho_i) - t_k(\alpha_i + \rho_i)(\alpha_j + \rho_j) = 0. \end{cases}$$

L'identification de cette équation et de (E) donne les huit équations

$$(1) \qquad N = A,$$

$$(2_i) \qquad N\rho_i - t_i = B_i,$$

$$,$$

$$(3_i) \qquad N\rho_j\rho_k - t_j\rho_k - t_k\rho_j = C_i,$$

$$,$$

$$(4) \qquad N\rho_i\rho_j\rho_k - t_i\rho_j\rho_k - t_j\rho_k\rho_i - t_k\rho_i\rho_j = D$$

---

[1] On vient de voir que les deux autres B sont nécessairement nuls

Ayant, dans toutes ces équations, remplacé N par sa valeur (1) l'on tire de (2_i),

$$(5_i)\qquad t_i = A\rho_i - B_i$$

Faisons maintenant la somme de (2_i), (2_k) et (3_j) respectivement multipliées par ρ_k, ρ_i et -1. Il vient

$$(6_j)\qquad \rho_k(A\rho_i - B_i) = B_k\rho_i - C_j$$

De même, la somme de (2_k), (3_i), (3_j) et (4), respectivement multipliées par $\rho_i\rho_j$, $-\rho_i$, $-\rho_j$ et 1 donne

$$(7_k)\qquad \rho_j(B_k\rho_i - C_j) = C_i\rho_i - D$$

Cela posé, nous pourrons calculer t_i, t_j, t_k dans tous les cas possibles.

Remarquons d'abord que nous pouvons, au moyen de ces formules, vérifier que chaque équation (φ) a ses racines égales.

Si, en effet, entre les équations (6_k) et (7_k) nous éliminons $\rho_i\rho_j$, nous obtenons

$$(8_k)\qquad E_i\rho_i + E_j\rho_j + B_k C_k - AD = 0$$

Si maintenant, de la somme des équations (8_k) et (8_j) nous retranchons l'équation (8_i), nous obtenons

$$2E_i\rho_i + F_i = 0$$

ou

$$\frac{d}{d\rho_i}\varphi_i(\rho_i) = 0,$$

ce qui démontre que ρ_i est racine double de (φ_i) et, par suite, que $\Delta = 0$, comme nous l'avions prévu *a priori*.

Passons maintenant à l'examen des divers cas qui peuvent se présenter.

161. *Discussion. — Premier cas Les trois racines sont finies.* — Dans ce cas, E_i, E_j, E_k sont différents de zéro

D'après (1) et (5) l'équation ($E'b$) devient

$$\frac{A\rho_i - B_i}{\alpha_i + \rho_i} + \frac{A\rho_j - B_j}{\alpha_j + \rho_j} + \frac{A\rho_k - B_k}{\alpha_k + \rho_k} = A$$

ou

$$(\mathfrak{F}_1)\qquad \frac{A\rho_i - B_i}{\alpha_i + \rho_i} + \frac{A\rho_j - B_j}{\alpha_j + \rho_j} - \frac{A\alpha_k + B_k}{\alpha_k + \rho_k} = 0$$

Deuxième cas. Une des racines est infinie. — Soit $\rho_k = \infty$, auquel cas $E_k = 0$. En vertu de (6_j) et (6_i) l'équation $(\mathfrak{B}_1)$, multipliée par ρ_k, peut s'écrire

$$\frac{B_k\rho_i - C_j}{\alpha_i + \rho_i} + \frac{B_k\rho_j - C_i}{\alpha_j + \rho_j} - \frac{A\alpha_k + B_k}{\dfrac{\alpha_k}{\rho_k} + 1} = 0$$

Pour $\rho_k = \infty$, elle devient

$$\frac{B_k\rho_i - C_j}{\alpha_i + \rho_i} + \frac{B_k\rho_j - C_i}{\alpha_j + \rho_j} - (A\alpha_k + B_k) = 0$$

ou

$$(\mathfrak{B}_2) \qquad \frac{B_k\rho_i - C_j}{\alpha_i + \rho_i} - \frac{B_k\alpha_j + C_i}{\alpha_j + \rho_j} - A\alpha_k = 0$$

Troisième cas : Deux des racines sont infinies. — Soient $\rho_j = \rho_k = \infty$, auquel cas $E_j = E_k = 0$.

En vertu de (7_k), l'équation $(\mathfrak{B}_2)$, multipliée par ρ_j, peut donc s'écrire

$$\frac{C_i\rho_i - D}{\alpha_i + \rho_i} - \frac{B_k\alpha_j + C_i}{\dfrac{\alpha_j}{\rho_j} + 1} - A\rho_j\alpha_k = 0$$

Or, pour obtenir $(\mathfrak{B}_2)$, nous avons supposé $\rho_k = \infty$, et, d'après (6_i), pour $\rho_k = \infty$, on a $A\rho_j = B_j$. L'équation précédente peut donc s'écrire

$$\frac{C_i\rho_i - D}{\alpha_i + \rho_i} - \frac{B_k\alpha_j + C_i}{\dfrac{\alpha_j}{\rho_j} + 1} - B_j\alpha_k = 0$$

Pour $\rho_i = \infty$, elle devient

$$\frac{C_i\rho_i - D}{\alpha_i + \rho_i} - (B_k\alpha_j + C_i) - B_j\alpha_k = 0$$

ou

$$(\mathfrak{B}_3) \qquad \frac{C_i\alpha_i + D}{\alpha_i + \rho_i} + B_k\alpha_j + B_j\alpha_k = 0$$

Quatrième cas. Les trois racines sont infinies. — On a donc $E_i = E_j = E_k = 0$. L'équation $(\mathfrak{B}_3)$, multipliée par ρ_i, s'écrit

$$\frac{C_i\alpha_i + D}{\dfrac{\alpha_i}{\rho_i} + 1} + B_k\rho_i\alpha_j + B_j\rho_i\alpha_k = 0.$$

Or, pour obtenir $(\mathfrak{B}_3)$, nous avons supposé $\rho_j = \rho_k = \infty$, et, d'après (7_k) et (7_j), pour $\rho_j = \rho_k = \infty$, on a $B_k\rho_i = C_j$, $B_j\rho_i = C_k$

L'équation précédente peut donc s'écrire

$$\frac{C_i\alpha_i + D}{\frac{\alpha_i}{\rho_i} + 1} + C_j\alpha_j + C_k\alpha_k = 0$$

Pour $\rho_i = \infty$, elle devient

($\mathfrak{B}_4$) $$C_i\alpha_i + C_j\alpha_j + C_k\alpha_k + D = 0$$

Ce dernier cas n'a d'ailleurs été envisagé qu'à titre de vérification, car il est de toute évidence que l'hypothèse $\Delta = E_i = E_j = E_k = 0$ entraîne nécessairement $A = B_i = B_j = B_k = 0$.

Résumé — Si l'on compare à l'équation (Eb) chacune des équations de ($\mathfrak{B}_1$) à ($\mathfrak{B}_4$), on voit que, pour $\Delta = 0$, la représentation peut être définie par les formules (b) du n° **157**, les paramètres m, n, p, q étant définis par les tableaux ci-dessous, dans lesquels on les suppose rangés dans l'ordre

$$\begin{matrix} m_i, & n_i, & p_i, & q_i, \\ m_j, & n_j, & p_j, & q_j, \\ m_k, & n_k, & p_k, & q_k \end{matrix}$$

Premier cas. — $E_i, E_j, E_k \neq 0$.

$$\begin{matrix} 1, & \rho_i, & 0, & A\rho_i - B_i, \\ 1, & \rho_j, & 0, & A\rho_j - B_j, \\ 1, & \rho_k, & -A, & -B_k \end{matrix}$$

Deuxième cas — $E_i, E_j \neq 0$, $E_k = 0$ (¹).

$$\begin{matrix} 1, & \rho_i, & 0, & B_k\rho_i - C_j, \\ 1, & \rho_j, & -B_k, & -C_i, \\ 0, & 0, & -A, & 0 \end{matrix}$$

Troisième cas. — $E_i \neq 0$, $E_j = E_k = 0$ (²).

$$\begin{matrix} 1, & \rho_i, & C_i, & D, \\ 0, & 1, & B_k, & 0, \\ 0, & 1, & B_j, & 0 \end{matrix}$$

(¹) Ici, comme on l'a déjà vu n° 159 (*Résumé*, deuxième cas), $A \neq 0$ nécessairement.

(²) L'équation ($\mathfrak{B}_3$) montre qu'ici $A = B_i = 0$

Quatrième cas — $E_i = E_j = E_k = 0$

$$\begin{matrix} 0, & 1, & C_i, & & 0 \\ 0, & 1, & C_j, & , & 0 \\ 0, & 1, & C_k, & & D \end{matrix} \quad (1)$$

162 *Passage aux échelles régulières dans le cas de trois systèmes non concourants* — Si nous considérons l'ensemble des trois systèmes de points cotés

$$(\alpha_i) \qquad x = f_i(\alpha_i), \qquad y = \varphi_i(\alpha_i), \qquad t = \psi_i(\alpha_i),$$

nous en obtenons la transformation homographique la plus générale en prenant

$$(\alpha'_i) \qquad \begin{cases} x = \lambda_1 f_i + \mu_1 \varphi_i + \nu_1 \psi_i, \\ y = \lambda_2 f_i + \mu_2 \varphi_i + \nu_2 \psi_i, \\ t = \lambda_3 f_i + \mu_3 \varphi_i + \nu_3 \psi_i, \end{cases}$$

---

(1) On peut donner des faits algébriques qui viennent d'être examinés l'interprétation géométrique suivante Si, dans l'équation (E) du n° 157, on regarde α_1, α_2 et α_3 comme des coordonnées courantes, on voit que cette équation représente une surface du troisième ordre passant par les droites du plan de l'infini situées dans les plans de coordonnées, et ayant, par suite, pour points doubles les sommets du triangle formé par ces trois droites

Lorsque $\Delta > 0$, les plans $\alpha_i + \rho'_i = 0$ et $\alpha_j + \rho''_j = 0$ $(i, j = 1, 2, 3)$ se coupent deux à deux suivant des droites réelles de la surface Lorsque i et j sont différents, la droite correspondante est à distance finie et parallèle à l'axe des coordonnées α_k Si une des racines devient infinie le plan correspondant se confond avec le plan de l'infini

Lorsque $\Delta = 0$, $\rho'_i = \rho''_i$ pour $i = 1, 2, 3$ Les deux droites parallèles à chaque axe de coordonnées se confondent en une seule, et ces trois droites doubles concourent en un même point qui constitue un quatrième point double de la surface On saisit ainsi la raison géométrique de l'annulation du discriminant Δ dans ce cas

La théorie ci-dessus présentée fournit donc un mode de représentation plane des surfaces du troisième ordre ayant trois points doubles dans le plan de l'infini Dans ce mode de représentation, à tout point de la surface correspond une droite du plan, à chaque section de la surface faite parallèlement à un des plans de coordonnées, un point coté

Il suffirait d'appliquer en sens contraire la transformation dualistique qui nous a permis de passer des abaques à droites entrecroisées (n° 47) aux abaques à points alignés (n° 56) pour obtenir une représentation point par point de la surface sur le plan.

Si $A = 0$, la surface se décompose en le plan de l'infini et un hyperboloïde La condition $\Delta > 0$ signifie que l'hyperboloïde est à une nappe Lorsque $\Delta = 0$, cet hyperboloïde se réduit à un cône le déterminant de la transformation,

$$H = \begin{vmatrix} \lambda_1, & \mu_1, & \nu_1 \\ \lambda_2, & \mu_2, & \nu_2 \\ \lambda_3, & \mu_3, & \nu_3 \end{vmatrix},$$

étant différent de zéro

Pour que les points (α'_i) forment un système *régulier*, il faut et il suffit que t soit constant et différent de zéro, c'est-à-dire que *dans* $\lambda_3 f_i + \mu_3 \varphi_i + \nu_3 \psi_i$ *le coefficient du terme en* α_i *soit nul et le terme constant différent de zéro*

Nous allons rechercher maintenant si, par un choix convenable des paramètres λ, μ, ν rendant H différent de zero, on peut réaliser la condition précédente pour les trois systèmes linéaires d'une équation (E) ou seulement pour deux et même pour un d'entre eux

Si l'équation est représentable par trois systèmes non concourants ($\Delta > 0$), on peut prendre comme formules (α) les formules (a) du n° 157 où l'on remplace 1, 2, 3 par i, j, k Les formules (α') sont alors

$$(\alpha' a)\quad \begin{cases} x = (\lambda_1 m_i + \nu_1 p_i)\alpha_i + \lambda_1 n_i + \nu_1 q_i, \\ x = (\mu_1 p_j + \nu_1 m_j)\alpha_j + \mu_1 q_j + \nu_1 n_j, \\ x = (\lambda_1 p_k + \mu_1 m_k)\alpha_k + \lambda_1 q_k + \mu_1 n_k, \\ y = (\lambda_2 m_i + \nu_2 p_i)\alpha_i + \lambda_2 n_i + \nu_2 q_i, \\ y = (\mu_2 p_j + \nu_2 m_j)\alpha_j + \mu_2 q_j + \nu_2 n_j, \\ y = (\lambda_2 p_k + \mu_2 m_k)\alpha_k + \lambda_2 q_k + \mu_2 n_k, \\ t = (\lambda_3 m_i + \nu_3 p_i)\alpha_i + \lambda_3 n_i + \nu_3 q_i, \\ t = (\mu_3 p_j + \nu_3 m_j)\alpha_j + \mu_3 q_j + \nu_3 n_j, \\ t = (\lambda_3 p_k + \mu_3 m_k)\alpha_k + \lambda_3 q_k + \mu_3 n_k \end{cases}$$

Les équations exprimant que chacun de ces systèmes est régulier sont donc, d'après la remarque faite ci-dessus,

$$(\eta a)\quad \begin{cases} \lambda_3 m_i + \nu_3 p_i = 0, & \text{avec la condition} & \lambda_3 n_i + \nu_3 q_i \neq 0, \\ \mu_3 p_j + \nu_3 m_j = 0, & \text{»} & \mu_3 q_j + \nu_3 n_j \neq 0, \\ \lambda_3 p_k + \mu_3 m_k = 0, & \text{»} & \lambda_3 q_k + \mu_3 n_k \neq 0. \end{cases}$$

Remarquons tout d'abord qu'en vertu des conditions ci-dessus *on ne saurait admettre une solution dans laquelle plus d'un des paramètres* λ_3, μ_3, ν_3 *serait nul.*

Tout revient donc, dans chaque cas, à essayer de satisfaire au plus grand nombre possible des équations (ηa) en observant cette condition. Mais, si cette seule condition est remplie par une solution, les trois conditions inscrites en regard des équations (ηa) sont satisfaites En effet, si, λ_3 et ν_3 n'étant pas nuls à la fois, on avait

$$\lambda_3 m_i + \nu_3 p_i = 0 \qquad \text{et} \qquad \lambda_3 n_i + \nu_3 q_i = 0,$$

il en résulterait $\frac{m_i}{p_i} = \frac{n_i}{q_i}$ Par suite, comme on le voit en se reportant à la forme $(\mathrm{E}a)$ de l'équation (E) (n° 157), α_i disparaîtrait de cette équation De même pour les deux autres équations (ηa)

Pour que les trois systèmes puissent être rendus réguliers à la fois, c'est-à-dire pour qu'il y ait compatibilité entre les équations (ηa), on peut remarquer qu'il faut que

$$m_1 m_2 m_3 + p_1 p_2 p_3 = 0,$$

c'est-à-dire, si l'on se reporte à $(\mathrm{E}a)$, que

$$\mathrm{A} = 0$$

On verra plus loin que cette condition nécessaire n'est pas suffisante

Les équations (ηa) ne contenant que les éléments de la troisième ligne du déterminant H, on peut disposer arbitrairement de ceux des deux premières lignes, à la condition toutefois de ne pas rendre H identiquement nul

Si, par exemple, λ_3 est différent de zero (ce qui est partout le cas dans ce paragraphe), on pourra prendre

$$\begin{array}{lll} \lambda_1 = 0, & \mu_1 = 0, & \nu_1 = 1, \\ \lambda_2 = 0, & \mu_2 = 1, & \nu_2 = 0, \end{array}$$

ce qui donne $\mathrm{H} = -\lambda_3$

Dans cette hypothèse, les formules $(\alpha' a)$ deviennent

$$(\alpha a_0) \quad \left\{ \begin{array}{lll} x = p_i \alpha_i + q_i, & y = 0, & t = (\lambda_3 m_i + \nu_3 p_i)\alpha_i + \lambda_3 n_i + \nu_3 q_i \\ x = m_j \alpha_j + n_j, & y = p_j \alpha_j + q_j, & t = (\mu_3 p_j + \nu_3 m_j)\alpha_j + \mu_3 q_j + \nu_3 n_j \\ x = 0, & y = m_k \alpha_k + n_k, & t = (\lambda_3 p_k + \mu_3 m_k)\alpha_k + \lambda_3 q_k + \mu_3 n_k \end{array} \right.$$

On voit que les supports sont pour (α_i) l'axe des x, pour (α_k) l'axe des y, pour (α_j) la droite

$$\nu_3 x + \mu_3 y = 1$$

Cela posé, nous allons chercher, sous la condition sus-énoncée, à satisfaire à une ou plusieurs des équations (ηa) dans chacun des cas que nous avons été amené à considérer (n° 199)

163. *Discussion* — *Premier cas* $E_i, E_j, E_k \neq 0$ — Les équations (ηa) sont ici

$$(\eta a_1) \quad \left\{ \begin{array}{r} \lambda_3 + \nu_3 = 0, \\ \mu_3 + \nu_3 = 0, \\ (B_k - A\rho'_k)\lambda_3 + (A\rho''_k - B_k)\mu_3 = 0 \end{array} \right.$$

Elles sont généralement incompatibles, mais on peut toujours satisfaire aux deux premières en prenant [1]

$$\lambda_3 = 1, \qquad \mu_3 = 1, \qquad \nu_3 = -1$$

Les formules (αa_0) deviennent donc

$$(\alpha a_1) \quad \left\{ \begin{array}{lll} x = \alpha_i + \rho''_i, & y = 0, & t = \rho'_i - \rho''_i, \\ x = \alpha_j + \rho'_j, & y = \alpha_j + \rho''_j, & t = \rho''_j - \rho'_j, \\ x = 0, & y = (A\rho''_k - B_k)(\alpha_k + \rho'_k), & t = (\rho''_k - \rho'_k)(A\alpha_k + B_k) \end{array} \right.$$

En outre, l'équation (σ_j) est ici

$$y - x = 1$$

Si $A = 0$, le système (α_k) devient lui-même régulier

Deuxième cas · $E_i, E_j \neq 0$, $E_k = 0$. — Les équations (ηa) sont ici

$$(\eta a_2) \quad \left\{ \begin{array}{r} \lambda_3 + \nu_3 = 0, \\ \mu_3 + \nu_3 = 0, \\ \mu_3 = 0 \end{array} \right.$$

---

(1) Il faut bien remarquer que, dans ce cas comme dans tous ceux de ce numéro et du n° 165, nous faisons un choix particulier des paramètres, compatible avec les équations de condition correspondantes, mais que nous pourrions faire ce choix d'une infinité d'autres façons

On satisfait encore aux deux premières en prenant

$$\lambda_3 = 1, \qquad \mu_3 = 1, \qquad \nu_3 = -1$$

Les formules (αa_0) deviennent donc

$$(\alpha a_2) \quad \begin{cases} x = \alpha_i + \rho''_i, & y = 0, & t = \rho'_i - \rho''_i, \\ x = \alpha_j + \rho'_j, & y = \alpha_j + \rho''_j, & t = \rho''_j - \rho'_j, \\ x = 0, & y = A(\alpha_k + \rho'_k), & t = A\alpha_k + B_k \end{cases}$$

Ici, comme on l'a déjà remarqué au n° **159**, A ne peut pas être nul, et, par suite, le troisième système n'est jamais régulier

Troisième cas $E_i \neq 0$, E_j, $E_k = 0$, $A \neq 0$ — Les équations (ηa) sont ici

$$(\eta a_3) \quad \begin{cases} \lambda_3 + \nu_3 = 0, \\ \nu_3 = 0, \\ \mu_3 = 0 \end{cases}$$

On satisfait à la première et à la dernière en prenant

$$\lambda_3 = 1, \qquad \mu_3 = 0, \qquad \nu_3 = -1$$

Les formules (αa_0) deviennent donc

$$(\alpha a_3) \quad \begin{cases} x = \alpha_i + \rho''_i, & y = 0, & t = \rho'_i - \rho''_i, \\ x = \alpha_j + \rho'_j, & y = 1, & t = -(\alpha_j + \rho'_j), \\ x = 0, & y = A(\alpha_k + \rho'_k), & t = C_i - A\rho'_j\rho'_k \end{cases}$$

Quatrième cas . $E_i \neq 0$, E_j, $E_k = 0$, $A = 0$ — Les équations (ηa) sont ici

$$(\eta a_4) \quad \begin{cases} \lambda_3 + \nu_3 = 0, \\ \mu_3 = 0, \\ \mu_3 = 0 \end{cases}$$

On satisfait à toutes trois en prenant

$$\lambda_3 = 1, \qquad \mu_3 = 0, \qquad \nu_3 = -1$$

Les formules (αa_0) deviennent

$$(\alpha a_4) \quad \begin{cases} x = \alpha_i + \rho''_i, & y = 0, & t = \rho'_i - \rho''_i, \\ x = 1, & y = \alpha_j + \rho''_j, & t = -1, \\ x = 0, & y = B_j(\alpha_k + \rho'_k), & t = B_k. \end{cases}$$

Cinquième cas : $E_i, E_j, E_k = 0$, $A \neq 0$. — Les équations (ηa) sont ici

$$(\eta a_5) \quad \begin{cases} \lambda_3 = 0, \\ \nu_3 = 0, \\ \mu_3 = 0 \end{cases}$$

On ne peut ici, sous la condition requise, satisfaire qu'à une seule de ces équations, par exemple à la seconde en prenant

$$\lambda_3 = 1,$$
$$\mu_3 = 1,$$
$$\nu_3 = 0$$

Les formules (αa_0) deviennent donc

$$(\alpha a_5) \quad \begin{cases} x = 1, & y = 0, & t = \alpha_i + \rho'_i, \\ x = \alpha_j + \rho'_j, & y = 1, & t = 1, \\ x = 0, & y = A(\alpha_k + \rho'_k), & t = A(\alpha_k + \rho'_k) + D - A\rho'_i\rho'_j\rho'_k. \end{cases}$$

Sixième cas. $E_i, E_j, E_k = 0$, $A = 0$. — Les équations (ηa) sont ici

$$(\eta a_6) \quad \begin{cases} \nu_3 = 0, \\ \nu_3 = 0, \\ \mu_3 = 0 \end{cases}$$

Cette fois on satisfait aux deux premières en posant encore

$$\lambda_3 = 1,$$
$$\mu_3 = 1,$$
$$\nu_3 = 0$$

Les formules (αa_0) deviennent donc

$$(\alpha a_6) \quad \begin{cases} x = \alpha_i + \rho''_i, & y = 0, & t = 1, \\ x = \alpha_j + \rho'_j, & y = 1, & t = 1, \\ x = 0, & y = B_i(\alpha_k + \rho'_k), & t = B_i(\alpha_k + \rho'_k) + C_i \end{cases}$$

164. ***Passage aux échelles régulières dans le cas de trois systèmes concourants.*** — Lorsqu'une équation appartient à cette catégorie ($\Delta = 0$), on peut prendre comme formules (α) les formules (b) du n° **157**, où l'on remplace 1, 2, 3 par i, j, k. Les formules (σ') du n° 162 deviennent alors

$$(\alpha' b)\quad\left\{\begin{array}{l}
x = (\lambda_1 m_i + \nu_1 p_i)\alpha_i + \lambda_1 n_i + \nu_1 q_i,\\
x = (\mu_1 m_j + \nu_1 p_j)\alpha_j + \mu_1 n_j + \nu_1 q_j,\\
x = [(\lambda_1 + \mu_1) m_k - \nu_1 p_k]\alpha_k + (\lambda_1 + \mu_1) n_k - \nu_1 q_k,\\
y = (\lambda_2 m_i + \nu_2 p_i)\alpha_i + \lambda_2 n_i + \nu_2 q_i,\\
y = (\mu_2 m_j + \nu_2 p_j)\alpha_j + \mu_2 n_j + \nu_2 q_j,\\
y = [(\lambda_2 + \mu_2) m_k - \nu_2 p_k]\alpha_k + (\lambda_2 + \mu_2) n_k - \nu_2 q_k,\\
t = (\lambda_3 m_i + \nu_3 p_i)\alpha_i + \lambda_3 n_i + \nu_3 q_i,\\
t = (\mu_3 m_j + \nu_3 p_j)\alpha_j + \mu_3 n_j + \nu_3 q_j,\\
t = [(\lambda_3 + \mu_3) m_k - \nu_3 p_k]\alpha_k + (\lambda_3 + \mu_3) n_k - \nu_3 q_k
\end{array}\right.$$

Les équations exprimant que chacun de ces systèmes est régulier sont, d'après la remarque du n° 162,

$$(\eta b)\quad\left\{\begin{array}{llr}
\lambda_3 m_i + \nu_3 p_i = 0, & \text{avec la condition} & \lambda_3 n_i + \nu_3 q_i \neq 0,\\
\mu_3 m_j + \nu_3 p_j = 0, & \quad\text{»}\qquad\text{»} & \mu_3 n_j + \nu_3 q_j \neq 0,\\
(\lambda_3 + \mu_3) m_k - \nu_3 p_k = 0, & \quad\text{»}\qquad\text{»} & (\lambda_3 + \mu_3) n_k - \nu_3 q_k \neq 0
\end{array}\right.$$

On voit que ces conditions ne permettent pas d'avoir $\nu_3 = 0$, en même temps que λ_3, μ_3 ou $\lambda_3 + \mu_3$, mais on peut prendre $\lambda_3 = \mu_3 = 0$, avec $\nu_3 \neq 0$ En outre, le raisonnement déjà fait au n° 162 montre que si la condition précédente est remplie par un système de valeurs satisfaisant à une des équations (ηb), les conditions inscrites en regard des équations (ηb) le sont aussi *ipso facto*

Remarquons encore que pour que les trois systèmes soient réguliers, c'est-à-dire pour qu'il y ait compatibilité entre les équations (ηb) il faut que

$$m_1 p_2 p_3 + m_2 p_3 p_1 + m_3 p_1 p_2 = 0,$$

c'est-à-dire, si l'on se reporte à (Eb), que

$$A = 0$$

Comme précédemment, cette condition nécessaire n'est pas suffisante, ainsi qu'on le verra par la suite.

Les équations (ηb) ne contenant que les éléments de la troisième ligne du déterminant H, on peut disposer arbitrairement de ceux des deux premières lignes, à la condition toutefois de ne pas rendre H identiquement nul.

Si, par exemple, λ_3 est différent de zéro, on pourra prendre

$$\lambda_1 = 0, \quad \mu_1 = 0, \quad \nu_1 = 1,$$
$$\lambda_2 = 0, \quad \mu_2 = 1, \quad \nu_2 = 0,$$

ce qui donne $H = -\lambda_3$. Les formules $(\alpha' b)$ deviennent alors

$$(\alpha b_0)\quad \left\{\begin{array}{ll} x = p_i\alpha_i + q_i, & y = 0, \\ x = p_j\alpha_j + q_j, & y = m_j\alpha_j + n_j, \\ x = -(p_k\alpha_k + q_k), & y = m_k\alpha_k + n_k, \\ \multicolumn{2}{l}{t = (\lambda_3 m_i + \nu_3 p_i)\alpha_i + \lambda_3 n_i + \nu_3 q_i,} \\ \multicolumn{2}{l}{t = (\mu_3 m_j + \nu_3 p_j)\alpha_j + \mu_3 n_j + \nu_3 q_j,} \\ \multicolumn{2}{l}{t = [(\lambda_3 + \mu_3)m_k - \nu_3 p_k]\alpha_k + (\lambda_3 + \mu_3)n_k - \nu_3 q_k} \end{array}\right.$$

Si $\lambda_3 = 0$, mais que ν_3 soit différent de zéro, on pourra prendre

$$\lambda_1 = 1, \quad \mu_1 = 0, \quad \nu_1 = 0,$$
$$\lambda_2 = 0, \quad \mu_2 = 1, \quad \nu_2 = 0,$$

ce qui donne $H = \nu_3$. Les formules $(\alpha' b)$ deviennent alors

$$(\alpha b'_0)\quad \left\{\begin{array}{ll} x = m_i\alpha_i + n_i, & y = 0, \\ x = 0, & y = m_j\alpha_j + n_j, \\ x = m_k\alpha_k + n_k, & y = m_k\alpha_k + n_k, \\ \multicolumn{2}{l}{t = (\lambda_3 m_i + \nu_3 p_i)\alpha_i + \lambda_3 n_i + \nu_3 q_i,} \\ \multicolumn{2}{l}{t = (\mu_3 m_j + \nu_3 p_j)\alpha_j + \mu_3 n_j + \nu_3 q_j,} \\ \multicolumn{2}{l}{t = [(\lambda_3 + \mu_3)m_k - \nu_3 p_k]\alpha_k + (\lambda_3 + \mu_3)n_k - \nu_3 q_k} \end{array}\right.$$

Cela posé, envisageons chacun des cas définis au n° **161**.

165. *Discussion.* — *Premier cas* $E_i, E_j, E_k \neq 0$ — Les équations (ηb) sont ici

$$(\eta b_1)\quad \left\{\begin{array}{l} \lambda_3 = 0, \\ \mu_3 = 0, \\ \lambda_3 + \mu_3 + A\nu_3 = 0 \end{array}\right. \text{—}$$

On peut, sous les conditions requises, satisfaire dans tous les cas aux deux premières en prenant

$$\lambda_3 = 0, \quad \mu_3 = 0, \quad \nu_3 = 1.$$

Puisque λ_3 est nul et ν_3 non, il faut avoir recours aux formules

$(\alpha b'_0)$ qui deviennent

$$(\alpha b_1)\quad \begin{cases} x = \alpha_i + \rho_i, & y = 0, & t = A\rho_i - B_i, \\ x = 0, & y = \alpha_j + \rho_j, & t = A\rho_j - B_j, \\ x = \alpha_k + \rho_k, & y = \alpha_k + \rho_k, & t = A\alpha_k + B_k. \end{cases}$$

On voit que le support de (α_k) est la droite $y = x$

Si $A = 0$, le système (α_k) devient lui-même régulier.

Deuxième cas $E_i, E_j \neq 0$, $E_k = 0$ — Les équations (ηb) sont ici

$$(\eta b_2)\quad \begin{cases} \lambda_3 = 0, \\ \mu_3 - B_k\nu_3 = 0, \\ \nu_3 = 0 \end{cases}$$

On satisfait aux deux premières en prenant

$$\lambda_3 = 0, \qquad \mu_3 = B_k, \qquad \nu_3 = 1$$

Les formules $(\alpha b'_0)$ deviennent donc

$$(\alpha b_2)\quad \begin{cases} x = \alpha_i + \rho_i, & y = 0, & t = B_k\rho_i - C_j, \\ x = 0, & y = \alpha_j + \rho_j, & t = B_k\rho_j - C_i, \\ x = 1, & y = 1, & t = A\alpha_k + B_k \end{cases}$$

Ici, ainsi qu'on l'a déjà remarqué au n° **161**, A ne peut pas être nul

Troisième cas : $E_i \neq 0$, $E_j, E_k = 0$. — Les équations (ηb) sont ici

$$(\eta b_3)\quad \begin{cases} \lambda_3 + C_i\nu_3 = 0, \\ \nu_3 = 0, \\ \nu_3 = 0 \end{cases}$$

On satisfait aux deux dernières en prenant

$$\lambda_3 = 1, \qquad \mu_3 = 1, \qquad \nu_3 = 0$$

Comme λ_3 est différent de zéro, on a recours, cette fois, aux formules (αb_0) qui deviennent

$$(\alpha b_3)\quad \begin{cases} x = C_i\alpha_i + D, & y = 0, & t = \alpha_i + \rho_i, \\ x = B_k\alpha_j, & y = 1, & t = 1, \\ x = -B_j\alpha_k, & y = 1, & t = 2. \end{cases}$$

Quatrième cas $E_i, E_j, E_k = 0$ — Les équations (ηb) sont ici

$$(\eta b_4) \qquad \begin{cases} \nu_3 = 0, \\ \nu_3 = 0, \\ \nu_3 = 0 \end{cases}$$

On satisfait à toutes trois en prenant

$$\lambda_3 = 1, \qquad \mu_3 = 1, \qquad \nu_3 = 0$$

Les formules (αb_0) deviennent alors

$$(\alpha b_4) \qquad \begin{cases} x = C_i \alpha_i, & y = 0, & t = 1, \\ x = C_j \alpha_j, & y = 1, & t = 1, \\ x = -(C_k \alpha_k + D), & y = 1, & t = 2 \end{cases}$$

166. *Résumé général.* — Tous les résultats qui précèdent peuvent se résumer dans le tableau suivant où une quantité positive est désignée par $+$, une quantité non nulle quelconque par θ Si l'un de ces signes est souligné, c'est qu'il découle *nécessairement* des autres hypothèses placées sur la même ligne.

Δ	E_i	E_j	E_k	A	Systèmes réguliers	Formules correspondantes	
+	θ	θ	θ	θ	(α_i), (α_j)	(αa_1)	n° 163
+	0	θ	0	0	(α_i), (α_j), (α_k)	(αa_1)	
+	θ	θ	0	$\underline{\theta}$	(α_i), (α_j)	(αa_2)	
+	θ	0	0	θ	(α_i), (α_k)	(αa_3)	
+	θ	0	0	0	(α_i), (α_j), (α_k)	(αa_4)	
+	0	0	0	θ	(α_j)	(αa_5)	
+	0	0	0	0	$(B_i \neq 0)$, (α_i), (α_j)	(αa_6)	
0	θ	0	θ	θ	(α_i), (α_j)	(αb_1)	n° 165
0	θ	θ	θ	0	(α_i), (α_j), (α_k)	(αb_1)	
0	θ	θ	0	$\underline{\theta}$	(α_i), (α_j)	(αb_2)	
0	θ	0	0	$\underline{\theta}$	(α_j), (α_k)	(αb_3)	
0	0	0	0	$\underline{0}$	(α_i), (α_j), (α_k)	(αb_4)	

On peut donc énoncer cette proposition.

Pour qu'une équation (E) *soit représentable par trois systèmes linéaires de points alignés, il faut et il suffit que son dis-*

criminant Δ *soit supérieur ou égal à zéro. Ces trois systèmes linéaires peuvent être rendus réguliers lorsque,* A *étant nul, ou bien les quantités* E_i, E_j, E_k *sont toutes trois différentes de zéro, ou bien deux de ces quantités sont nulles, la troisième et* Δ *étant ensemble ou nuls ou non nuls*

Si E_i, E_j, E_k *étant nulles,* A *et* Δ *ne le sont pas, un seul des trois systèmes linéaires peut être rendu régulier*

Dans tous les autres cas on peut rendre réguliers deux de ces systèmes

Soit, par exemple, l'équation de la multiplication

$$\alpha_1\alpha_2 - \alpha_3 = 0$$

Ici,

$$\Delta = 1, \qquad E_1 = E_2 = E_3 = 0, \qquad A = 0$$

Donc, d'apres la septième ligne du tableau ci-dessus, cette équation sera représentable par trois systèmes linéaires non concourants dont deux réguliers seulement La *fig.* 73 en est un exemple

Soit maintenant l'équation

$$\frac{1}{\alpha_1} + \frac{1}{\alpha_2} = \frac{1}{\alpha_3}$$

ou

$$\alpha_2\alpha_3 + \alpha_3\alpha_1 - \alpha_1\alpha_2 = 0$$

Ici

$$\Delta = 0, \qquad E_1 = E_2 = E_3 = 1, \qquad A = 0$$

Donc, d'après la neuvième ligne du tableau, cette équation sera représentable par trois systèmes réguliers concourants C'est ce que montre la *fig* 76.

C. — Représentation des équations quadratiques au moyen de droites et de cercles entrecroisés [1]

167. *Conditions requises.* — Une étude comme celle qui vient d'être développée, outre qu'elle se compliquerait rapidement, serait sans utilité si elle s'appliquait à des équations d'un type

---

[1] O **29**.

moins courant que le type (III) du n° 151 Il y a toutefois intérêt à examiner dans quelles conditions certains types d'abaques s'appliquent à des catégories particulières d'équations. Nous allons en donner un exemple en recherchant comment les abaques composés d'un système de cercles et de deux systèmes de droites (n° 52) peuvent s'adapter à la représentation des équations quadratiques à trois variables

Revenant donc à l'avant-dernière équation écrite au n° 52, cherchons comment, en prenant pour les fonctions f, φ, ψ des polynomes du premier et du second degré, nous pourrons arriver à rendre cette équation quadratique, c'est-à-dire du second degre par rapport à l'ensemble des variables α_1, α_2, α_3

Pour cela, représentons par

λ le degre des polynomes		$\left\{ \begin{array}{l} \varphi_1\psi_2 - \varphi_2\psi_1 \\ \psi_1 f_2 - \psi_2 f_1, \end{array} \right.$
μ	»	$f_1\varphi_2 - f_2\varphi_1,$
ν	»	$\left\{ \begin{array}{l} f_3, \\ \varphi_3, \end{array} \right.$
π	»	ψ_3

On voit que la partie entre crochets de l'équation en question sera du degré 2λ, et que le reste du premier membre de cette équation comprendra un polynome du degré $2\mu + \pi$ et un autre du degré $\lambda + \mu + \pi$ Pour que l'équation soit quadratique, il faut donc que l'on ait

$$2\lambda \leqq 2, \qquad 2\mu + \pi \leqq 2, \qquad \lambda + \mu + \nu \leqq 2,$$

ν et π ne pouvant d'ailleurs être nuls à la fois, puisque alors α_3 disparaîtrait de l'équation. Ces conditions ne peuvent être réalisées que dans les trois hypothèses

$$\begin{array}{llll} \lambda = 1, & \mu = 0, & \nu = 1, & \pi = 2, \\ \lambda = 0, & \mu = 1, & \nu = 1, & \pi = 0, \\ \lambda = 0, & \mu = 0, & \nu = 2, & \pi = 2, \end{array}$$

qui donnent respectivement

$$2\lambda = 2, \qquad 2\mu + \pi = 2, \qquad \lambda + \mu + \nu = 2$$

ou

$$2\lambda = 0, \qquad 2\mu + \pi = 2, \qquad \lambda + \mu + \nu = 2$$

Nous allons faire voir que les deux dernières hypothèses doivent être écartées. Prenant, en effet, pour les polynomes f_1, φ_1, ψ_1, f_2, φ_2, ψ_2 le degré le moindre, c'est-à-dire le premier (car avec le degré zéro les variables α_1 et α_2 disparaîtraient de l'équation), cherchons à faire en sorte que les polynomes $\varphi_1\psi_2 - \varphi_2\psi_1$ et $\psi_1 f_2 - \psi_2 f_1$ soient du degré $\lambda = 0$, c'est-à-dire se réduisent à des constantes. Si nous posons, d'une manière générale,

$$f_i = m_i\alpha_i + n_i, \qquad \varphi_i = p_i\alpha_i + q_i, \qquad \psi_i = r_i\alpha_i + s_i,$$

nous voyons que la condition requise exige que l'on ait

$$(1) \qquad m_1 r_2 - m_2 r_1 = 0,$$
$$(2) \qquad p_1 r_2 - p_2 r_1 = 0,$$
$$(3) \qquad m_1 s_2 - n_2 r_1 = 0$$
$$(4) \qquad n_1 r_2 - m_2 s_1 = 0,$$
$$(5) \qquad p_1 s_2 - q_2 r_1 = 0,$$
$$(6) \qquad q_1 r_2 - p_2 s_1 = 0$$

De (1) et (2), on tire

$$(7) \qquad \frac{m_1}{m_2} = \frac{p_1}{p_2} = \frac{r_1}{r_2} = \rho,$$

ρ désignant la valeur commune quelconque de ces rapports

Les équations (4) et (6) deviennent dès lors, lorsqu'on y remplace m_2, p_2, r_2 par leurs valeurs tirées de là et que l'on supprime le facteur $\frac{1}{\rho}$,

$$(4') \qquad n_1 r_1 - m_1 s_1 = 0,$$
$$(6') \qquad q_1 r_1 - p_1 s_1 = 0$$

Les équations (3) et (4') donnent alors

$$\frac{m_1}{r_1} = \frac{n_2}{s_2} = \frac{n_1}{s_1},$$

(5) et (6')

$$\frac{p_1}{r_1} = \frac{q_2}{s_2} = \frac{q_1}{s_1},$$

d'où

$$(8) \qquad \frac{n_1}{n_2} = \frac{q_1}{q_2} = \frac{s_1}{s_2}$$

et

$$(9) \qquad \frac{m_1}{n_1} = \frac{p_1}{q_1} = \frac{r_1}{s_1}.$$

Rapprochant (9) de (7) et de (8), on voit qu'on a de même

$$(10)\qquad \frac{m_2}{n_2} = \frac{p_2}{q_2} = \frac{r_2}{s_2}.$$

Les égalités (7) et (8) établissent que les systèmes du premier degré (α_1) et (α_2) ont même point de convergence, les égalités (9) et (10) que ce point est à l'infini Quelles que soient les valeurs attribuées à α_1 et à α_2, les droites cotées correspondantes donneraient ce point à l'infini

L'emploi de l'abaque deviendrait illusoire

Le raisonnement précédent suppose d'ailleurs les divers coefficients différents de zéro. Pourrait-on, au moyen de valeurs nulles, satisfaire à l'ensemble des égalités (7), (9) et (10) équivalent à celui des égalités (1) à (6)?

On voit immédiatement que non, car si $m_1 = p_1 = r_1 = 0$ ou $m_2 = p_2 = r_2 = 0$, la variable α_1 ou la variable α_2 disparaît de l'équation

Si $m_1 = 0$ et $m_2 = 0$, on doit avoir $n_1 = 0$ et $n_2 = 0$, et les systèmes de droites (α_1) et (α_2) sont parallèles, hypothèse également inadmissible comme on vient de le voir.

Les deux hypothèses pour lesquelles $\lambda = 0$ doivent donc être écartées Reste celle pour laquelle on a

$$\lambda = 1, \qquad \mu = 0, \qquad \nu = 1, \qquad \pi = 2$$

La condition $\lambda = 1$ entraîne les égalités (7), qui, à leur tour, donnent

$$(11)\qquad m_1 p_2 - m_2 p_1 = 0$$

La condition $\mu = 0$ entraîne, d'une part, l'égalité précédente, déjà réalisée, de l'autre,

$$(12)\qquad m_1 q_2 - n_2 p_1 = 0,$$

$$(13)\qquad n_1 p_2 - m_2 q_1 = 0$$

Remplaçant, dans (13), m_2 et p_2 par les valeurs proportionnelles m_1 et p_1 tirées de (7), on a

$$(14)\qquad n_1 p_1 - m_1 q_1 = 0$$

De (12) et (14), on tire

$$\frac{m_1}{p_1} = \frac{n_2}{q_2} = \frac{n_1}{q_1}, \tag{15}$$

et, si l'on remplace, dans (13), n_1 et q_1 par les valeurs proportionnelles tirées de là, on a

$$n_2 p_2 - m_2 q_2 = 0 \tag{16}$$

Les égalités (14) et (16) peuvent être substituées à (12) et (13) Elles expriment que les centres de convergence des faisceaux (α_1) et (α_2) sont l'un et l'autre rejetés à l'infini

Mais, de (15), on tire

$$n_1 q_2 - n_2 q_1 = 0$$

Il en résulte que

$$f_1 \varphi_2 - f_2 \varphi_1 = 0$$

identiquement, et comme, dans l'équation proposée, la variable α_1 n'entre que dans le déterminant qui est multiplié par ce facteur, cette variable disparaîtrait de l'équation.

Pour satisfaire aux égalités (11), (14) et (16), sans que cette circonstance se produise, il faut prendre

$$m_1 = m_2 = p_1 = p_2 = 0$$

Comme, en outre, les coefficients r_1 et r_2 sont nécessairement différents de zéro, puisque, s'il n'en était pas ainsi, α_1 et α_2 disparaîtraient des équations (α_1) et (α_2), on pourra les prendre égaux à 1

En résumé, *l'équation représentée sera quadratique lorsque à α_1 et α_2 correspondront les systèmes de droites parallèles*

$$(\alpha_1) \qquad n_1 x + q_1 y + s_1 + \alpha_1 = 0,$$
$$(\alpha_2) \qquad n_2 x + q_2 y + s_2 + \alpha_2 = 0,$$

et à α_3 le système de cercles

$$(\alpha_3) \quad (x^2 + y^2) + (m_3\alpha_3 + n_3)x + (p_3\alpha_3 + q_3)y + t_3\alpha_3^2 + r_3\alpha_3 + s_3 = 0$$

Remarquons que les centres de ces cercles, dont les coordonnées sont données par les équations

$$2x + m_3\alpha_3 + n_3 = 0,$$
$$2y + p_3\alpha_3 + q_3 = 0,$$

se trouvent sur la droite

$$2(p_3 x - m_3 y) + n_3 p_3 - m_3 q_3 = 0.$$

L'enveloppe de ces cercles est la conique

$$(m_3 x + p_3 y + r_3)^2 - 4 t_3 [(x^2 + y^2) + n_3 x + q_3 y + s_3] = 0,$$

à laquelle ils sont bitangents, ce qui montre que la droite précédente est un axe de cette conique

168 *Formation des fonctions composantes pour une équation quadratique donnée* — On peut se demander si inversement toute équation quadratique en α_1, α_2, α_3, telle que

$$(Q)\quad \left\{ \begin{aligned} & A_1\alpha_1^2 + A_2\alpha_2^2 + A_3\alpha_3^2 + 2B_1\alpha_2\alpha_3 + 2B_2\alpha_3\alpha_1 + 2B_3\alpha_1\alpha_2 \\ & \qquad + 2C_1\alpha_1 + 2C_2\alpha_2 + 2C_3\alpha_3 + D = 0 \end{aligned} \right.$$

est susceptible d'être ainsi représentée.

Pour nous en rendre compte, éliminons α_1 et α_2 entre les équations (α_1), (α_2) et Q, et cherchons s'il est possible de déterminer pour les coefficients des deux premières des valeurs *réelles,* telles que l'équation quadratique en x et y résultante représente un cercle.

Si l'on tire α_1 et α_2 des équations (α_1) et (α_2) ci-dessus pour les porter dans l'équation (Q), on obtient en égalant entre eux les coefficients des termes en x^2 et y^2 de l'équation obtenue, et annulant celui du terme en xy, les équations

$$A_1 n_1^2 + A_2 n_2^2 + 2B_3 n_1 n_2 = A_1 q_1^2 + A_2 q_2^2 + 2B_3 q_1 q_2,$$
$$A_1 n_1 q_1 + A_2 n_2 q_2 + B_3(n_1 q_2 + n_2 q_1) = 0$$

De la seconde, on tire

$$q_2 = - q_1 \frac{A_1 n_1 + B_3 n_2}{A_2 n_2 + B_3 n_1}.$$

Partant, dans la précédente, on trouve, après réduction,

$$q_1^2 = \frac{(A_2 n_2 + B_3 n_1)^2}{A_1 A_2 - B_3^2}.$$

Le numérateur de cette fraction étant positif, on voit que la réalité de q_1 exige

$$(17)\qquad A_1 A_2 - B_3^2 > 0$$

Comme on peut permuter entre eux les indices affectés aux trois variables, on voit que la condition de réalité peut s'exprimer ainsi :

Si, dans l'équation (Q), *les variables* α_1, α_2 *et* α_3 *sont considérées comme les coordonnées courantes d'un point de l'espace, il faut que la section, par l'un des plans de coordonnées, de la quadrique définie par cette équation soit du genre elliptique* (¹)

Supposant la condition remplie, on a

$$q_1 = \pm \frac{A_2 n_2 + B_3 n_1}{\sqrt{A_1 A_2 - B_3^2}}, \tag{18}$$

et, par suite,

$$q_2 = \mp \frac{A_1 n_1 + B_3 n_2}{\sqrt{A_1 A_2 - B_3^2}} \tag{19}$$

Le choix de n_1 et n_2 est libre, à cette seule réserve près qu'on ne saurait prendre à la fois $n_1 = n_2 = 0$, parce qu'alors, q_1 et q_2 étant nuls aussi, les deux faisceaux de droites (α_1) et (α_2) seraient tout entiers rejetés à l'infini.

Quant à s_1 et s_2, qui n'entrent pas dans les équations de condition, on peut les choisir arbitrairement. Nous prendrons

$$s_1 = s_2 = 0$$

Dès lors, n_1 *et* n_2 *étant quelconques mais non nuls à la fois*, q_1 et q_2 ayant les valeurs (18) et (19), et l'inégalité de condition (17) étant satisfaite, on pourra représenter l'équation (Q) au moyen d'un abaque constitué par les systèmes de droites

$$n_1 x + q_1 y + \alpha_1 = 0, \tag{α_1}$$

$$n_2 x + q_2 y + \alpha_2 = 0, \tag{α_2}$$

(¹) Ce résultat comporte l'interprétation géométrique fort simple que voici, et qui nous a été communiquée par M Duporcq si, par exemple, le plan $z = 0$ donne une section elliptique, considérons le cylindre ayant cette section pour base et ses génératrices parallèles à Oz Soit P un plan de section circulaire de ce cylindre L'abaque n'est autre que la projection cylindrique, parallèlement à Oz, de la quadrique sur le plan P La conique enveloppe est le contour apparent de la quadrique et le système de cercles

$$(\alpha_3)\quad \left\{\begin{aligned} &(x^2 - y^2)(A_1 n_1^2 + A_2 n_2^2 + 2 B_3 n_1 n_2) \\ &\quad - 2[(B_1 n_2 + B_2 n_1)\alpha_3 + C_1 n_1 + C_2 n_2]x \\ &\quad - 2[(B_1 q_2 - B_2 q_1)\alpha_3 + C_1 q_1 + C_2 q_2]y \\ &\qquad\qquad + A_3 \alpha_3^2 + 2 C_3 \alpha_3 + D = 0 \end{aligned}\right.$$

Remarque. — Puisque les cercles (α_3) ont leurs centres en ligne droite, on doit pouvoir, en prenant cette droite comme axe des y, faire en sorte que l'équation de ces cercles ne contienne pas de terme en x Or il semble ne pas pouvoir en être ainsi dans le cas général, puisque nous venons de voir que n_1 et n_2 ne sauraient être nuls à la fois Mais cette contradiction n'est qu'apparente, il ne faut pas oublier, en effet, que nous avons pris $s_1 = s_2 = 0$ En rétablissant pour l'un de ces coefficients une valeur quelconque, on verrait que l'on peut en disposer de façon à annuler le coefficient du terme en x

FIN

INDEX ALPHABÉTIQUE.

Les numéros inscrits sont ceux des pages correspondantes
Les astérisques renvoient aux notes en bas des pages

TABLE DES MATIÈRES.

CHAPITRE II.

Équations à trois variables Abaques à entrecroisement

I — ABAQUES CARTÉSIENS.

II — ANAMORPHOSE

III — EMPLOI D'UN TRANSPARENT A TROIS INDEX ABAQUES HEXAGONAUX ANAMORPHOSE GRAPHIQUE

CHAPITRE III

Suite des équations à trois variables Abaques à alignement

V. — Abaques dérivés des abaques à points alignés

A. *Abaques à double alignement*

B. *Abaques à transversales diverses*

CHAPITRE IV.

Systèmes de deux équations. Application générale au calcul des profils de remblai et de déblai

I. — Généralités

II. — Calcul des profils de remblai et de déblai

CHAPITRE V

Équations à plus de trois variables.

I — Éléments à plusieurs cotes

A Droites à deux cotes

B Points à deux cotes

CHAPITRE VI

Théorie générale. Développements analytiques.

FIN DE LA TABLE DES MATIÈRES

26647 Paris — Imprimerie GAUTHIER-VILLARS, quai des Grands-Augustins, 55.